案例详解视频大讲堂

AutoCAD 2016 办公空间设计案例详解

CAX 技术联盟

周晓飞 编著

电子工业出版社

Publishing House of Electronics Industry

北京·BEIJING

内 容 简 介

本书主要面向室内设计领域，以理论结合实践的写作手法，系统讲解了 AutoCAD 2016 在办公与行政空间室内设计中的具体应用技能。本书采用"完全案例"的编写形式，技术实用、逻辑清晰，是一本简明易学的参考书。

全书共 13 章，内容涉及室内设计 AutoCAD 基础、常用平面及立面图例的绘制、创建室内设计绘图模板、总经理办公室室内设计、公司接待室室内设计、广告公司办公室室内设计、装饰公司办公室室内设计、传媒公司办公室室内设计、银行大厅室内设计、移动营业厅室内设计、保险公司室内设计、保险公司电气图设计、施工图打印方法与技巧等内容。

本书实例通俗易懂，实用性和操作性极强，层次性和技巧性突出，不仅可以作为建筑装饰设计初中级读者的学习用书，也可作为大中专院校相关专业的教材。

图书在版编目（CIP）数据

AutoCAD 2016 办公空间设计案例详解/周晓飞编著. —北京：电子工业出版社，2017.2

（案例详解视频大讲堂）

ISBN 978-7-121-30798-0

I. ①A… II. ①周… III. ①办公室－室内装饰设计－计算机辅助设计－AutoCAD 软件 IV. ①TU238-39

中国版本图书馆 CIP 数据核字（2017）第 007403 号

策划编辑：许存权

责任编辑：许存权 特约编辑：谢忠玉等

印　　刷：北京嘉恒彩色印刷有限责任公司

装　　订：北京嘉恒彩色印刷有限责任公司

出版发行：电子工业出版社

　　　　　北京市海淀区万寿路 173 信箱　　邮编：100036

开　　本：787×1 092　1/16　印张：33　字数：950 千字

版　　次：2017 年 2 月第 1 版

印　　次：2017 年 2 月第 1 次印刷

定　　价：79.00 元（含 DVD 光盘 1 张）

凡所购买电子工业出版社图书有缺损问题，请向购买书店调换。若书店售缺，请与本社发行部联系，联系及邮购电话：（010）88254888，88258888。

质量投诉请发邮件至 zlts@phei.com.cn，盗版侵权举报请发邮件至 dbqq@phei.com.cn。

本书咨询联系方式：（010）88254484，xucq@phei.com.cn。

前　　言

AutoCAD 是美国 Autodesk 公司计算机辅助设计的旗舰产品，广泛应用于建筑、机械、航空、航天、电子、兵器、轻工、纺织等诸多设计领域，如今，此软件先后经历 20 多次的版本升级换代，已成为一个功能完善的计算机首选绘图软件，受到世界各地数以百万计工程设计人员的青睐，是广大技术设计人员不可缺少的得力工具。

本书采用"完全案例"的编写形式，案例典型、步骤详尽，与设计理念和创作构思相辅相成，专业性、层次性、技巧性等特点的组合搭配，使本书的实用价值达到一个新的层次。

■ 本书内容

本书主要面向室内装修设计领域，以 AutoCAD 2016 中文版为设计平台，由浅入深、循序渐进地讲述了办公与行政空间设计领域内施工图的基本绘制方法和全套操作技能，全书分为 3 部分，共 13 章，具体内容如下。

第一部分为基础篇，主要介绍室内设计理论知识、AutoCAD 基础操作技能、室内绘图模板的制作、室内平立面模块的绘制等内容，具体章节安排如下。

第 1 章　室内设计 AutoCAD 基础　　　第 2 章　常用平面及立面图例的绘制

第 3 章　创建室内设计绘图模板

第二部分为施工图篇，主要介绍各类办公室、接待室、银行大厅、营业厅等空间设计，方案图纸涉及装修布置图、地面材质图、吊顶图、灯具图、室内立面图、电气图等，具体章节安排如下。

第 4 章　总经理办公室室内设计　　　第 5 章　公司接待室室内设计

第 6 章　广告公司办公室室内设计　　　第 7 章　装饰公司办公室室内设计

第 8 章　传媒公司办公室室内设计　　　第 9 章　银行大厅室内设计

第 10 章　移动营业厅室内设计　　　第 11 章　保险公司室内设计

第 12 章　保险公司电气图设计

第三部分为输出篇，主要介绍打印设备的配置、图纸的页面布局、模型快速打印、布局精确打印以及多种比例并列打印等内容，具体的章节安排如下。

第 13 章　施工图打印方法与技巧

在本书最后的附录中给出了 AutoCAD 一些常用的命令快捷键，掌握这些快捷键可以改善绘图环境，提高绘图效率。

本书结构严谨、内容丰富、图文结合、通俗易懂，实用性、操作性和技巧性等贯穿全书，具有极强的实用价值和操作价值，不仅可作为高等学校、高职高专院校的培训用书，尤其适合作为建筑制图设计人员和急于投身到该制图领域的广大读者的最佳向导。

■ 随书光盘

本书附带了 DVD 多媒体动态演示光盘，本书所有综合范例最终效果及在制作范例时所用到的图块、素材文件等都收录在随书光盘中，光盘内容主要有以下几个部分。

◆ "\案例\"目录：书中所有实例的最终效果文件按章收录在随书光盘的"案例"文件夹中，读者可随时查阅。

◆ "\图块\"目录：书中所使用的图块按章收录在随书光盘的"图块"文件夹中。

◆ "\视频\"目录：书中所有工程案例的多媒体教学文件，按章收录在随书光盘的"视频"文件夹中，避免了读者的学习之忧。

■ 读者对象

本书适合 AutoCAD 初中级读者和希望提高 AutoCAD 设计应用能力的读者，具体说明如下。

★ 工程设计领域从业人员　　　　　★ 初学 AutoCAD 的技术人员

★ 大中专院校的师生　　　　　　　★ 相关培训机构的教师和学员

★ 参加工作实习的"菜鸟"

■ 本书作者

本书主要由周晓飞编写，另外，陈晓东、王晓明、李秀峰、陈磊、张明明、吴光中、魏鑫、石良臣、刘冰、林晓阳、唐家鹏、温正、李昕、刘成柱、乔建军、张迪妮、张岩、温光英、郭海霞、王芳、丁伟、张樱枝、谭贡霞、矫健、丁金滨等也为本书的编写做了大量工作，虽然作者在本书的编写过程中力求叙述准确、完善，但由于水平有限，书中欠妥之处在所难免，请读者及各位同行批评指正。

■ 读者服务

为了方便解决本书疑难问题，读者在学习过程中遇到与本书有关的技术问题，可以发邮件到邮箱 caxbook@126.com，或访问作者博客 http://blog.sina.com.cn/caxbook，我们将尽快给予解答，竭诚为您服务。

编著者

目　录

第一部分 基 础 篇

第1章 AutoCAD 室内设计基础

本章首先讲解室内设计的基础知识，其中包括室内设计的内容、室内设计的六要素、室内空间的三个组成元素、室内设计中的 15 种空间类型以及室内空间的分隔方式等内容。

接下来讲解室内设计施工图样的组成，室内设计的施工图样包括原始结构图、平面布置图、地面布置图、顶面布置图、电气图、立面图以及冷、热水管走向图。

最后讲解了 AutoCAD 2016 的操作基础，其中包括 AutoCAD 2016 的工作界面、AutoCAD 命令调用的方法、控制图形的显示、精确绘制图形等内容。

■ 学习内容

✧ 室内设计基础
✧ 室内设计施工图样的组成
✧ AutoCAD 2016 操作基础

1.1 室内设计基础

本节讲解关于室内设计的基础知识，其中包括室内设计的内容、室内设计的六要素、室内空间的三个组成元素、室内设计中的 15 种空间类型、室内空间的分隔方式。

1.1.1 室内设计的内容

现代的室内设计，是一门实用艺术，也是一门综合性科学，同时也被称为室内环境设计。

室内环境的内容，主要涉及界面空间形状、尺寸、室内的声、光、电和热的物理环境，以及室内的空气环境等室内客观环境因素。对于从事室内设计的人员来说，不仅要掌握室内环境的诸多客观因素，更要全面地了解和把握室内设计的以下具体内容。

1）室内空间形象设计

这将针对设计的总体规划，设计决定室内空间的尺度和比例，以及空间和空间之间的衔接、对比和统一等关系。

2）室内装饰装修设计

这是指在建筑物室内进行规划和设计的过程中，将要针对室内的空间规划，组织并创造出合理的室内使用功能空间，就需要根据人们对建筑使用功能的要求，进行室内平面功能的分析和有效的布置，对地面、墙面、顶棚等各界面线形和装饰设计，进行实体与半实体建筑结构的设计处理。

以上两点，主要围绕着建筑构造进行设计，是为了满足人们在使用空间中的基本实质环境的需求。

3）室内物理环境设计

在室内空间中，还要充分地考虑室内良好的采光、通风、照明和音质效果等方面的设计处理，并充分协调室内环控、水电等设备的安装，使其布局合理，如图1-1所示。

4）室内陈设艺术设计

主要强调在室内空间中，进行家具、灯具、陈设艺术品以及绿化等方面进行规划和处理。其目的是使人们在室内环境工作、生活、休息时感到心情愉快、舒畅。使其能够满足并适应人们心理和生理上的各种需求，起到柔化室内人工环境的作用，在高速度、高信息的现代社会生活过程中具有使人心理平衡稳定的作用，如图1-2所示。

图1-1　室内物理环境设计　　　　　　　图1-2　室内陈设艺术设计

1.1.2　室内设计六要素

室内设计包括六大要素，分别为功能、空间、界面、饰品、经济、文化。

1）室内空间形象设计

功能至上是家庭装修设计的根本，住宅本来就和人的关系最为密切，如何满足每个不同的家庭成员的生活细节所需，是设计师们经常与客户沟通的一个重要环节。我们常说业主是第一设计师，一套缺少功能的设计方案只会给人华而不实的感觉，只有把功能放在首位才能满足每个家庭成员的生活细节之需，使家庭生活舒适、方便、向上。

2）空间

围绕功能规划，空间设计是运用界定的各种手法进行室内形态的塑造，塑造室内形态的主要依据是现代人的物质需求和精神需求，以及技术的合理性。常见的空间形态有：封闭空间、虚拟空间、灰空间、母子空间、下沉空间、地台空间等。

3）界面

界面是建筑内部各表面的造型、色彩、用料的选择和处理。它包括墙面、顶面、地面以及相交部分的设计。设计师在做一套设计方案时常会给自己明确一个主题，就像一篇文章要有中心思想，使住宅建筑与室内装饰完美地结合，鲜明的节奏、变幻的色彩虚实的对比、点线面的和谐，设计师们就像谱写一曲百听不厌的乐章。

4）饰品

饰品就是陈设物，是当建筑室内设计完成，功能、空间、界面整合后的点睛之笔，给居室以生动之态、温馨气氛、陶冶性情、增强生活气息的良好效果。

5）经济

如何使业主在有限的投入下达到物超所值的效果是每个设计师的职业准则。合理有机地布局各部分，达到诗意、韵味是设计的至高境界。

6）文化

充分表达并升华每位业主的居室文化是设计的追求。每位业主的生活习惯、社会阅历、兴趣爱好、审美情趣都有所不同，家居的个性化、文化底蕴也得以体现。不断创作优秀作品是设计师不断进步的源泉。

1.1.3 室内空间的三个组成元素

室内空间包括三个组成元素，分别为基面、顶面、垂直面。

1）基面

基面通常是指室内空间的底界面或底面，建筑上称为"楼地面"或"地面"。

- 水平基面：水平基面的轮廓越清楚它所划定的基面范围就越明确。
- 抬高基面：采用抬高部分空间的边缘形式以及利用基面质地和色彩的变化来达到这一目的。
- 降低基面：将部分基面降低，来明确一个特殊的空间范围，这个范围的界限可用下降的垂直表面来限定。

2）顶面

顶面即室内空间的顶界面，在建筑上称为"天花"或"顶棚"、"天棚"等。

3）垂直面

垂直面又称"侧面"或"侧界面"，是指室内空间的墙面（包括隔断）。

1.1.4 室内设计中的 15 种空间类型

弄清室内空间的组成元素之后，总结一下室内空间的类型有哪些。

1）结构空间

通过对外露部分的观赏，来领悟结构构思及营造技艺所形成的空间美的环境。具有现代感、力度感、科技感和安全感，如图 1-3 所示。

2）开敞空间

开敞的程度取决于有无侧界面，侧截面的围合程度，开洞的大小及启闭的控制能力。具有外向性，限定度和私密性较小，强调与周围环境的交流、渗透，讲究对景、借景，与大自然或周围空间的融合，如图 1-4 所示。

图 1-3　结构空间

图 1-4　开敞空间

3）封闭空间

用限定性比较高的围护实体（承重墙、轻体隔墙等）包围起来的、无论是视觉、听觉、小气候等都有很强的隔离性的空间称为封闭空间。具有领域感、安全感和私密性，其性格是内向的、拒绝性的，如图1-5所示。

4）动态空间

动态空间引导人们从动的角度观察周围事物，把人们带到一个由空间和时间相结合的"第四空间"，如图1-6所示，其特色如下。

（1）利用机械化、电气化、自动化的设备如电梯、自动扶梯等加上人的各种活动，形成丰富的动势。

（2）组织引人流动的空间系列，方向性比较明确。

（3）空间组织灵活，人的活动路线不是单向而是多向。

（4）利用对比强烈的图案和有动感的线型。

（5）光怪陆离的光影，生动的背景音乐。

（6）引进自然景物，如瀑布、花木、小溪、阳光乃至禽鸟。

（7）楼梯、壁画、家具、使人时停、时动、时静。

（8）利用匾额、楹联等启发人们对动态的联想。

图1-5　封闭空间　　　　　　　　　　　图1-6　动态空间

5）悬浮空间

室内空间在垂直方向的划分采用悬吊结构时，上层空间的底界面不是靠墙或柱子支撑，而是依靠吊竿支撑，因而人们在其上有一种新鲜有趣的"悬浮"之感。也有不用吊竿，而用梁在空中架起一个小空间，颇有一种"漂浮"之感。具有通透完整，轻盈高爽，并且低层空间的利用也更为自由、灵活，如图1-7所示。

6）静态空间

静态空间效果如图1-8所示，且包括以下6种特点。

（1）空间的限定度比较强，趋于封闭型。

（2）多为尽端空间，序列至此结束，私密性较强。

图1-7　悬浮空间　　　　　　　　　　　图1-8　静态空间

（3）多为对称空间（四面对称或左右对称），除了向心、离心以外，较少其他的倾向，达到一种镜台的平衡。

（4）空间几何陈设的比例、尺度协调。

（5）色调淡雅和谐，光线柔和，装饰简洁。

（6）视线转换平和，避免强制性引导视线的因素。

7）流动空间

它的主旨是不把空间作为一种消极静止的存在而是把它看作一种生动的力量。在空间设计中，避免孤立静止的体量组合，而追求连续的运动的空间，如图1-9所示。

8）虚拟空间

虚拟空间的范围没有十分完备的隔离形态，也缺乏较强的限定度，是只靠部分形体的启示，依靠联想和"视觉完形性"来划定的空间，所以又称"心理空间"，如图1-10所示。

图1-9　流动空间

图1-10　虚拟空间

9）共享空间

共享空间的产生是为了适应各种频繁的社会交往和丰富多彩的旅游生活的需要。它往往处于大型公共建筑（主要是饭店）内的公共活动中心和交通枢纽，含有多种多样形式的、具有多种功能含义的、充满了复杂与矛盾的中性空间，或称"不定空间"，如图1-11所示。

10）母子空间

母子空间是对空间的二次限定，是在原空间（母空间）中，用实体性或象征性手法再限定出的小空间（子空间），如图1-12所示。

图1-11　共享空间

图1-12　母子空间

11）不定空间

由于人的意识与行为有时存在模棱两可的现象，"是"与"不是"的界限不完全是以"两极"的形式出现，于是反映在空间中，就出现一种超越绝对界限的（功能的或形式的）、具有多种功能含义的、充满了复杂与矛盾的中性空间，或称"不定空间"，如图1-13所示。

12）交错空间

在水平面上采用垂直围护面的交错配置，形成空间在水平方向的穿插交错，左右逢源；在垂直方向则打破了上下对位，而创造上下交错覆盖，俯仰相望的生动场景，如图1-14所示。

图1-13 不定空间

图1-14 交错空间

13）凹入空间

是在室内某一墙面或角落局部凹入的空间，通常只有一面或两面墙开敞，所以受干扰较少，其领域感与私密性随凹入的深度而加强，如图1-15所示。

14）外凸空间

是室内凸向室外的部分，可与室外空间很好地融合，视野非常开阔，如图1-16所示

图1-15 凹入空间

图1-16 外凸空间

15）下沉空间

室内地面局部下沉，可限定出一个范围比较明确的空间，称为下沉空间，如图1-17所示

16）迷幻空间

迷幻空间的特色是追求神秘、幽深、新奇、动荡、光怪陆离、变幻莫测的、超现实的戏剧般的空间效果。在空间造型上，有时甚至不惜牺牲实用性，而利用扭曲、断裂、倒置、错位等手法，家具和陈设奇形怪状，以形式为主，如图1-18所示

图1-17 下沉空间

图1-18 迷幻空间

1.1.5 室内空间的分隔方式

室内空间的分隔方式其中包括绝对分隔、局部分隔及弹性分隔。

1）绝对分隔

用承重墙、到顶的轻体隔墙等限定度（隔离视线、声音、温湿度等的程度）高的实体界面分隔空间，称为绝对分隔。

2）局部分隔

用片段的面（屏风、翼墙、不到顶的隔墙和较高的家具等）划分空间，称为局部分隔。它的特点介于绝对分隔与象征性分隔之间，有时界线不大分明。象征性分隔：用片段、低矮的面；罩、栏杆、花格、构架、玻璃等通透的隔断；家具、绿化、水体、色彩、材质、光线、高差、悬垂物、音响、气味等因素分隔空间，属于象征性分隔。

3）弹性分隔

利用拼装式、升降式、直滑式等活动隔断的帘幕、家具、陈设等分隔空间，可以根据使用要求而随时启闭或移动，空间也随之或大或小，或分或和。

具体分隔方法如下。

（1）用建筑结构分。

（2）用色彩、材质分。

（3）用水平面高差分隔。

（4）用家具分隔。

（5）用装饰构架分隔。

（6）用水体、绿化分隔。

（7）用照明分隔。

（8）用陈设及装饰造型分隔

（9）用综合手法分隔。

1.2 室内设计施工图样的组成

在确定室内设计方案之后，需要绘制相应的施工图以表达设计意图。施工图一般由两个部分组成：一是供木工、涂装工、电工等相关施工人员进行施工的装饰施工图；二是真实反映最终装修效果、供设计评估的效果图。其中施工图是装饰施工、预算报价的基本依据，是效果图绘制的基础，效果图必需根据施工图进行绘制。装饰施工图要求准确、翔实，一般使用 AutoCAD 进行绘制，如图 1-19 所示。

而效果图一般由 3ds max 绘制，它根据施工图的设计进行建模、编辑材质、设置灯光、渲染，最终得到如图 1-20 所示的彩色图。效果图反映的是装修的用材、家具布置和灯光设计的综合效果，由于是三维透视彩色图，没有任何装修专业知识的普通业主也可轻易地看懂设计方案，了解最终的装修效果。

一套室内装饰施工图通常由多张图样组成，一般包括原始结构图、平面布置图、顶面布置图、电气图、立面图等。

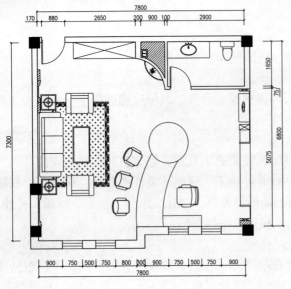

图 1-19　施工图　　　　　　　　　　图 1-20　效果图

1.2.1　原始结构图

在经过实地量房之后，需要将测量结果用图样表示出来，包括房型结构、空间关系、尺寸等，这室内设计绘制的第一张图，即原始结构图，如图 1-21 所示。其他专业的施工图都是在原始结构图的基础上进行绘制的，包括平面图、顶面图、地面图、电气图等。

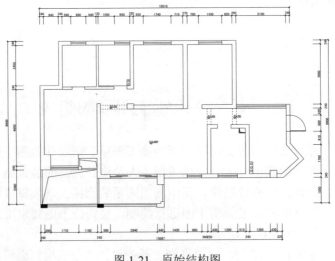

图 1-21　原始结构图

1.2.2　平面布置图

平面布置图是室内装饰施工图样中的关键性图样。它是在原建筑结构的基础上，根据业主的要求和设计师的设计意图，对室内空间进行详细的功能划分和室内设施定位，如图 1-22 所示。

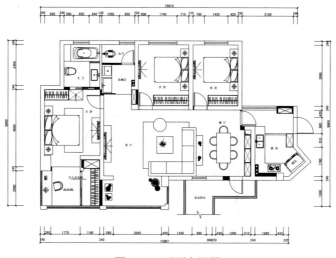

图 1-22　平面布置图

1.2.3　地面布置图

地面布置图是用来表示地面做法的图样，包括地面用材和形式。其形成方法与平面布置图相同，所不同的是地面平面图不需绘制室内家具，只需绘制地面所使用的材料和固定于地面的设备与设施图形，如图 1-23 所示。

图 1-23　地面布置图

1.2.4　顶面布置图

顶面布置图主要用来表示顶棚的造型和灯具的布置，同时也反映了室内空间组合的标高关系和尺寸等。其内容主要包括各装饰图形、灯具、说明文字、尺寸和标高。有时为了更详细地表示某处的构造和做法，还需要绘制该处的剖面详图。与平面布置图一样，顶面布置图也是室内装饰设计图中不可缺少的图样，如图 1-24 所示。

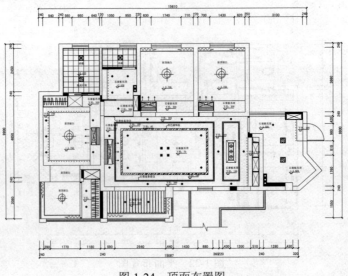

图 1-24　顶面布置图

1.2.5　电气图

电气图主要用来反映室内的配电情况，包括配电箱规格、型号、配置以及照明、插座、开关线路的敷设和安装说明等，如图 1-25 所示为电气图中的照明平面图。

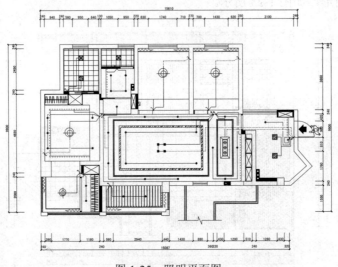

图 1-25　照明平面图

1.2.6　立面图

立面图是一种与垂直界面平行的正投影图，它能够反映垂直界面的形状、装修做法和其上的陈设，是一种很重要的图样。立面图所要表达的内容为 4 个面(左右墙面、地面和顶棚)所围合成的垂直界面的轮廓和轮廓里面的内容，包括按正投影原理能够投影到画面上的所有构配件，如门、窗、隔断和窗帘、壁饰、灯具、家具、设备与陈设等。

如图 1-26 所示为某客厅电视墙立面图。

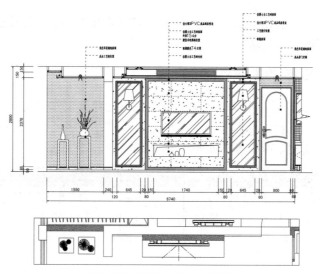

图 1-26　客厅电视墙立面图

1.2.7　冷、热水管走向图

室内装潢中，管道有给水（包括热水和冷水）和排水两个部分。冷热水管走向图就是用于描述室内给水和排水管道、开关等用水设施的布置和安装情况，如图 1-27 所示。

图 1-27　冷热水管走向图

1.3　AutoCAD 2016 操作基础

AutoCAD 软件是由美国欧特克有限公司（Autodesk）出品的一款自动计算机辅助设计软件，可以用于绘制二维制图和基本三维设计，通过它无须懂得编程，即可自动制图，因此它在全球广泛使用，可以用于土木建筑，装饰装潢，工业制图，工程制图，电子工业，服装加工等多方面领域。

本节介绍 AutoCAD 2016 的工作界面、命令调用的方法、控制图形显示的方法、精确绘制图形等内容，为后面章节的深入学习奠定坚实的基础。

1.3.1 AutoCAD 2016 的工作界面

启动 AutoCAD 2016 后，默认的界面为【草图与注释】工作空间，该空间界面包括应用程序按钮、快速访问工具栏、标题栏、菜单栏、工具栏、十字光标、绘图区、坐标系、命令行、标签栏、状态栏及文本窗口等，如图 1-28 所示。

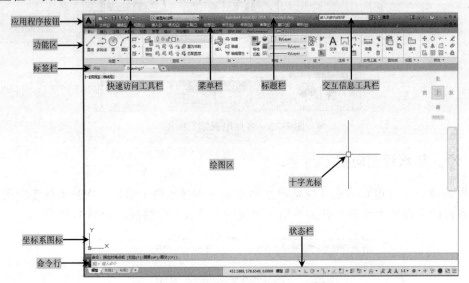

图 1-28　AutoCAD 2016 默认的工作界面

下面将对 AutoCAD 工作界面中的各元素进行详细介绍。

1）【应用程序】按钮

【应用程序】按钮位于窗口的左上角，单击该按钮，可以展开 AutoCAD 2016 管理图形文件的命令，如图 1-29 所示，用于新建、打开、保存、打印、输出及发布文件等。

图 1-29　应用程序菜单

2）功能区

功能区位于绘图窗口的上方，由许多面板组成，这些面板被组织到依据任务进行标记的选项卡中。功能区面板包含的很多工具和控件与工具栏和对话框中的相同。

默认的【草图和注释】空间中功能区共有 11 个选项卡：默认、插入、注释、参数化、视图、管理、输出、附加模块、A360、精选应用和 Performance。每个选项卡中包含若干个面板，每个面板中又包含许多由图标表示的命令按钮，如图 1-30 所示。

图 1-30　功能区选项卡

功能区主要选项卡的作用如下。

- 默认：用于二维图形的绘制和修改，以及标注等，包含绘图、修改、图层、注释、块、特性、实用工具、剪贴板等面板。
- 插入：用于各类数据的插入和编辑。包含块、块定义、参照、输入、点云、数据、链接和提取等面板。
- 注释：用于各类文字的标注和各类表格和注释的制作，包含文字、标注、引线、表格、标记、注释缩放等面板。
- 参数化：用于参数化绘图，包括各类图形的约束和标注的设置以及参数化函数的设置，包含几何、标注、管理等面板。
- 视图：用于二维及三维制图视角的设置和图纸集的管理等。包含二维导航、视图、坐标、视觉样式、视口、选项板、窗口等面板。
- 管理：包含动作录制器、自定义设置、应用程序、CAD 标准等面板。用于动作的录制，CAD 界面的设置和 CAD 的二次开发以及 CAD 配置等。
- 输出：用于打印、各类数据的输出等操作。包含打印和输出为 DWF/PDF 面板。

3）标签栏

文件标签栏位于绘图窗口上方，每个打开的图形文件都会在标签栏显示一个标签，单击文件标签即可快速切换至相应的图形文件窗口，如图 1-31 所示。

单击标签上的 ✕ 按钮，可以关闭该文件；单击标签栏右侧的 ⊕ 按钮，可以快速新建文件；右击标签栏空白处，会弹出快捷菜单（图 1-32），利用该快捷菜单可以选择【新建】、【打开】、【全部保存】、【全部关闭】命令。

图 1-31　标签栏　　　　　　　　　　　　　　　　　　　图 1-32　快捷菜单

4）快速访问工具栏

快速访问工具栏位于标题栏的左侧，它提供了常用的快捷按钮，可以给用户提供更多的方便。默认的【快速访问工具栏】由 7 个快捷按钮组成，依次为【新建】、【打开】、【保存】、【另存为】、【打印】、【重做】和【放弃】，如图 1-33 所示。

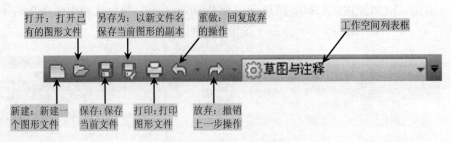

图 1-33　快速访问工具栏

AutoCAD 2016 提供了自定义快速访问工具栏的功能，可以在快速访问工具栏中增加或删除命令按钮。单击快速访问工具栏后面的展开箭头，如图 1-34 所示，在展开菜单中选中某一命令，即可将该命令按钮添加到快速访问工具栏中，选择【更多命令】还可以添加更多的其他命令按钮。

5）菜单栏

在 AutoCAD 2016 中，菜单栏在任何工作空间都不会默认显示。在【快速访问】工具栏中单击下拉按钮 ，并在弹出的下拉菜单中选择【显示菜单栏】选项，即可将菜单栏显示出来，如图 1-35 所示。

图 1-34　自定义快速访问工具栏

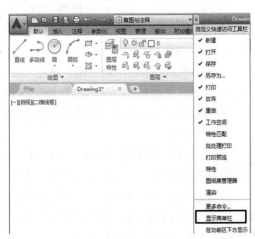

图 1-35　显示菜单栏

菜单栏位于标题栏的下方，包括了 12 个菜单：【文件】、【编辑】、【视图】、【插入】、【格式】、【工具】、【绘图】、【标注】、【修改】、【参数】、【窗口】、【数据视图】，几乎包含了所有绘图命令和编辑命令，如图 1-36 所示。

图 1-36　菜单栏

技 巧

单击菜单项或按下 Alt + 菜单项中带下画线的字母（例如格式 Alt+O），即可打开对应的下拉菜单。

6）标题栏

标题栏位于 AutoCAD 窗口的顶部，如图 1-37 所示，它显示了系统正在运行的应用程序和用户正打开的图形文件的信息。第一次启动 AutoCAD 时，标题栏中显示的是 AutoCAD 启动时创建并打开的图形文件名，名称为 Drawing1.dwg，可以在保存文件时对其进行重命名操作。

图 1-37　标题栏

7）绘图区

图形窗口是屏幕上的一大片空白区域，是用户进行绘图的主要工作区域，如图 1-38 所示。图形窗口的绘图区域实际上是无限大的，用户可以通过【缩放】、【平移】等命令来观察绘图区的图形。有时为了增大绘图空间，可以根据需要关闭其他界面元素，例如工具栏和选项板等。

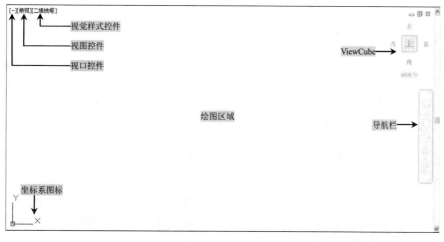

图 1-38　绘图区

图形窗口左上角有 3 个快捷功能控件，可以快速修改图形的视图方向和视觉样式，如图 1-39 所示。

在图形窗口左下角显示有一个坐标系图标，以方便绘图人员了解当前的视图方向及视觉样式。此外，绘图区还会显示一个十字光标，其交点为光标在当前坐标系中的位置。移动鼠标时，光标的位置也会相应地改变。

绘图区右上角同样也有 3 个按钮：【最小化】按钮 ⊟、【最大化】按钮 回 和【关闭】按钮 ⊠，在 AutoCAD 中同时打开多个文件时，可通过这些按钮来切换和关闭图形文件。

8）命令行

命令行窗口位于绘图窗口的底部，用于接收输入的命令，并显示 AutoCAD 提示信息。在 AutoCAD 2016 中，命令行可以拖动为浮动窗口，如图 1-40 所示。

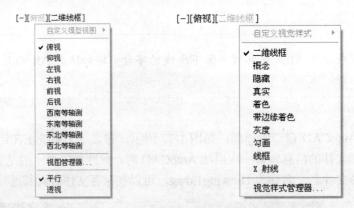

图 1-39　快捷功能控件菜单

图 1-40　命令行浮动窗口

提示

将光标移至命令行窗口的上边缘，按住鼠标左键向上拖动即可增加命令窗口的高度。

AutoCAD 文本窗口是记录 AutoCAD 命令的窗口，是放大的命令行窗口。执行 TEXTSCR 命令或按 F2 键，可打开文本窗口，如图 1-41 所示，记录了文档进行的所有编辑操作。

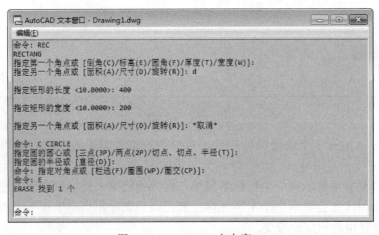

图 1-41　AutoCAD 文本窗口

9）状态栏

状态栏用来显示 AutoCAD 当前的状态，如对象捕捉、极轴追踪等命令的工作状态。同时 AutoCAD 2016 将之前的模型布局标签栏和状态栏合并在一起，并且取消显示当前光标位置，如图 1-42 所示。

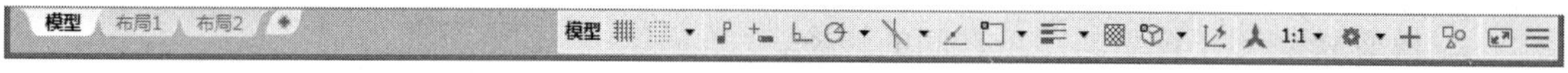

图 1-42　状态栏

在状态栏上空白位置单击鼠标右键，系统弹出右键快捷菜单，如图 1-43 所示。选择【绘图标准设置】选项，系统弹出【绘图标准】对话框，如图 1-44 所示，可以设置绘图的投影类型和着色效果。

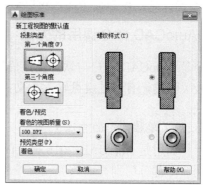

图 1-43　状态栏右键快捷菜单

图 1-44　绘图标准对话框

状态栏中各按钮的含义如下。

- 推断约束：该按钮用于创建和编辑几何图形时推断几何约束。
- 捕捉模式：该按钮用于开启或者关闭捕捉。捕捉模式可以使光标能够很容易地抓取到每一个栅格上的点。
- 栅格显示：该按钮用于开启或者关闭栅格的显示。栅格即图幅的显示范围。
- 正交模式：该按钮用于开启或者关闭正交模式。正交光标只能走 X 轴或者 Y 轴方向，不能画斜线。
- 极轴追踪：该按钮用于开启或者关闭极轴追踪模式。用于捕捉和绘制与起点水平线成一定角度的线段。
- 二维对象捕捉：该按钮用于开启或者关闭对象捕捉。对象捕捉能使光标在接近某些特殊点的时候能够自动指引到那些特殊的点。
- 三维对象捕捉：该按钮用于开启或者关闭三维对象捕捉。对象捕捉能使光标在接近三维对象某些特殊点的时候能够自动指引到那些特殊的点。
- 对象捕捉追踪：该按钮用于开启或者关闭对象捕捉追踪。该功能和对象捕捉功能一起使用，用于追踪捕捉点在线性方向上与其他对象的特殊点的交点。
- 允许/禁止动态 UCS：用于切换允许和禁止 UCS（用户坐标系）。
- 动态输入：动态输入的开始和关闭。
- 线宽：该按钮控制线框的显示。
- 透明度：该按钮控制图形透明显示。
- 快捷特性：控制【快捷特性】选项板的禁用或者开启。
- 选择循环：开启该按钮可以在重叠对象上显示选择对象。
- 注释监视器：开启该按钮后，一旦发生模型文档编辑或更新事件，注释监视器会自动显示。

⬇ 模型 模型：用于模型与图纸之间的转换。

⬇ 注释比例 ⚲ 1:1 ▾：可通过此按钮调整注释对象的缩放比例。

⬇ 注释可见性 ⚲：单击该按钮，可选择仅显示当前比例的注释或是显示所有比例的注释。

⬇ 切换工作空间 ✿：切换绘图空间，可通过此按钮切换 AutoCAD 2016 的工作空间。

⬇ 全屏显示 ▣：AutoCAD 2016 的全屏显示或者退出。

⬇ 自定义 ☰：单击该按钮，可以对当前状态栏中的按钮进行添加或删除，方便管理。

1.3.2 AutoCAD 命令调用的方法

命令是 AutoCAD 用户与软件交换信息的重要方式，在 AutoCAD 2016 中，执行命令的方式是比较灵活的，有通过键盘输入、功能区、工具栏、下拉菜单栏、快捷菜单等几种调用命令的方法。

1）使用菜单栏调用的方法

菜单栏调用是 AutoCAD 2016 提供的功能最全、最强大的命令调用方法。AutoCAD 绝大多数常用命令都分门别类地放置在菜单栏中。例如，若需要在菜单栏中调用【矩形】命令，选择【绘图】|【矩形】菜单命令即可，如图 1-45 所示。

2）使用功能区调用的方法

三个工作空间都是以功能区作为调整命令的主要方式。相比其他调用命令的方法，功能区调用命令更为直观，非常适合不能熟记绘图命令的 AutoCAD 初学者。

功能区使绘图界面无需显示多个工具栏，系统会自动显示与当前绘图操作相应的面板，从而使应用程序窗口更加简洁。因此，可以将进行操作的区域最大化，使用单个界面来加快和简化工作，如图 1-46 所示。

图 1-45 菜单栏调用【矩形】命令   图 1-46 功能区面板

3）使用工具栏按钮调用的方法

与菜单栏一样，工具栏不显示于三个工作空间中，需要通过【工具】|【工具栏】|【AutoCAD】命令调出。单击工具栏中的按钮，即可执行相应的命令。用户可以在其他工作空间绘图，也可以根据实际需要调出工具栏，如 UCS、【三维导航】、【建模】、【视图】、【视口】等。

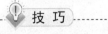 技 巧

为了获取更多的绘图空间，可以按住快捷键 Ctrl+0 隐藏工具栏，再按一次即可重新显示。

4）命令行输入的方法

使用命令行输入命令是 AutoCAD 的一大特色功能，同时也是最快捷的绘图方式。这就要求用户熟记各种绘图命令，一般对 AutoCAD 比较熟悉的用户都用此方式绘制图形，因为这样可以大大提高绘图的速度和效率。

AutoCAD 绝大多数命令都有其相应的简写方式。如【直线】命令 LINE 的简写方式是 L，【矩形】命令 RECTANGLE 的简写方式是 REC，如图 1-47 所示。对于常用的命令，用简写方式输入将大大减少键盘输入的工作量，提高工作效率。另外，AutoCAD 对命令或参数输入不区分大小写，因此操作者不必考虑输入的大小写。

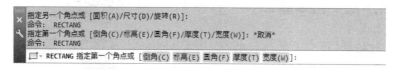

图 1-47　命令行调用【矩形】命令

在命令行输入命令后，可以使用以下的方法响应其他任何提示和选项。

- 要接受显示在尖括号"[　]"中的默认选项，则按 Enter 键。
- 要响应提示，则输入值或单击图形中的某个位置。
- 要指定提示选项，可以在提示列表（命令行）中输入所需提示选项对应的亮显字母，然后按 Enter 键。也可以使用鼠标单击选择所需要的选项，如图 1-47 所示，在命令行中单击选择"倒角（C）"选项，等同于在此命令行提示下输入"C"并按 Enter 键。

1.3.3　控制图形的显示

本节主要介绍如何在 AutoCAD 2016 中控制图形的显示。AutoCAD 2016 的控制图形显示功能非常强大，可以通过改变观察者的位置和角度，使图形以不同的比例显示出来。

另外，还可以放大复杂图形中的某个部分以查看细节，或者同时在一个屏幕上显示多个视口，每个视口显示整个图形中的不同部分等。

1）视图缩放

视图缩放只是改变视图的比例，并不改变图形中对象的绝对大小，打印出来的图形仍是设置的大小。

在 AutoCAD 2016 中可以通过以下几种方法执行【视图缩放】命令。

- 菜单栏：执行【视图】|【缩放】菜单命令。
- 面板：单击【视图】选项卡中的【导航】面板和绘图区中的导航栏范围缩放按钮。
- 工具栏：单击【缩放】工具栏中的按钮。
- 命令行：在命令行中输入 ZOM/Z 命令。

执行上述命令后，命令行的提示如下。

```
命令： Z↙      ZOOM                                    //调用【缩放】命令
指定窗口的角点，输入比例因子 (nX 或 nXP)，或者
[全部 (A) /中心 (C) /动态 (D) /范围 (E) /上一个 (P) /比例 (S) /窗口 (W) /对象 (O) ] <实时>：
```

命令行中各选项的含义如下。

（1）全部缩放

在当前视窗中显示整个模型空间界限范围之内的所有图形对象，包括绘图界限范围内和范围外的所有对象及视图辅助工具（如栅格），如图1-48所示为缩放前后的对比效果。

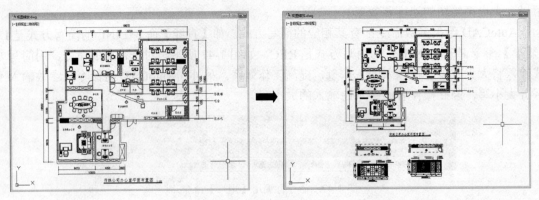

图1-48 全部缩放前后对比

（2）中心缩放

以指定点为中心点，整个图形按照指定的比例缩放，而这个点在缩放操作之后，称为"新视图的中心点"。

（3）动态缩放

对图形进行动态缩放。选择该选项后，绘图区将显示几个不同颜色的方框，拖拽鼠标移动当前视区到所需位置，单击鼠标左键调整大小后回车，即可将当前视区框内的图形最大化显示，如图1-49所示为缩放前后的对比效果。

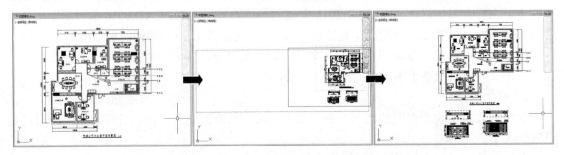

图1-49 动态缩放前后对比

（4）范围缩放

单击该按钮使所有图形对象最大化显示，充满整个视口。视图包含已关闭图层上的对象，但冰结图层上的除外。

 技 巧

双击鼠标中键可以快速进行视图范围缩放。

（5）缩放上一个

恢复到前一个视图显示的图形状态。

（6）缩放比例

根据输入的值进行比例缩放。有 3 种输入方法：直接输入数值，表示相对于图形界限进行缩放；在数值后加 X，表示相对于当前视图进行缩放；在数值后加 XP，表示相对于图纸空间单位进行缩放。如图 1-50 所示为相当于当前视图缩放 1 倍后的对比效果。

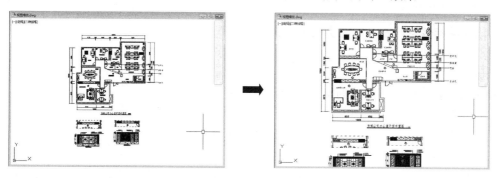

图 1-50　缩放比例前后对比

（7）窗口缩放

窗口缩放命令可以将矩形窗口内选中的图形充满当前视窗显示。

执行完操作后，用光标确定窗口对角点，这两个角点确定了一个矩形框窗口，系统将矩形框窗口内的图形放大至整个屏幕，如图 1-51 所示

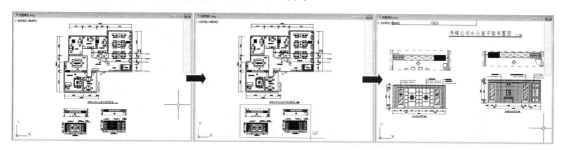

图 1-51　窗口缩放前后对比

（8）缩放对象

选中的图形对象最大限度地显示在屏幕上，如图 1-52 所示为将电视背景墙缩放后的前后对比效果。

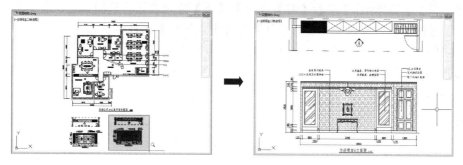

图 1-52　缩放对象前后对比

（9）实时缩放

该项为默认选项。执行缩放命令后直接回车即可使用该选项。在屏幕上会出现一个🔍 形状的光标，按住鼠标左键向上或向下拖拽，则可实现图形的放大或缩小。

 技 巧

滚动鼠标滚轮，可以快速实现缩放视图。

（10）放大

单击该按钮一次，视图中的实体显示比当前视图大 1 倍。

（11）缩小

单击该按钮一次，视图中的实体显示是当前视图 50%。

2）视图平移

视图的平移是指在当前视口中移动视图。对视图的平移操作不会改变视图的大小，只改变其位置，以便观察图形的其他部分，如图 1-53 所示。

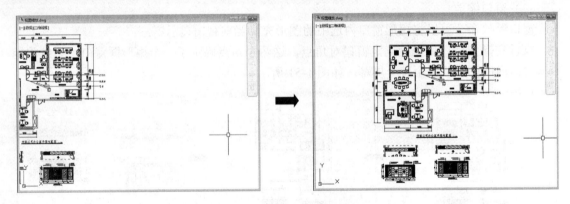

图 1-53　视图平移前后对比

在 AutoCAD 2016 中可以通过以下几种方法执行【平移】命令。

- 菜单栏：在【视图】|【平移】菜单命令。
- 功能区：单击【视图】选项卡中【导航】面板的【平移】按钮🖐。
- 命令行：在命令行中输入 PAN/P 命令。

在【平移】子菜单中，【左】、【右】、【上】、【下】分别表示将视图向左、右、上、下 4 个方向移动。视图平移可以分为【实时平移】和【定点平移】两种，其含义如下：

- 实时平移：光标形状变为手形🖐，按住鼠标左键拖拽可以使图形的显示位置随鼠标向同一方向移动。
- 定点平移：通过指定平移起始点和目标点的方式进行平移。

 提 示

按住鼠标滚轮拖拽，可以快速进行视图平移。

3）命名视图

绘图区中显示的内容称为【视图】，命名视图是将某些视图范围命名并保存下来，供以后随时调用。

在 AutoCAD 2016 中可以通过以下几种方法执行【命名视图】命令。

- 菜单栏：执行【视图】|【命名视图】菜单命令。
- 功能区：单击【视图】面板中的【视图管理器】按钮。
- 命令行：在命令行中输入 VIEW/V 命令。

执行上述命令后，打开如图 1-54 所示的【视图管理器】对话框，可以在其中进行视图的命名和保存。

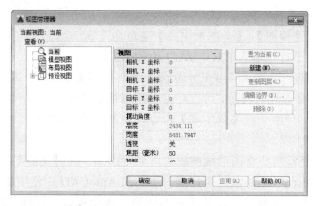

图 1-54 【视图管理器】对话框

4）重画视图

AutoCAD 常用数据库以浮点数据的形式储存图形对象的信息，浮点格式精度高，但计算时间长。AutoCAD 重新生成对象时，需要把浮点数值转换为适当的屏幕坐标，因此对于复杂图形，重新生成需要花较长时间。

AutoCAD 提供了另一个速度较快的刷新命令——重画（REDRAWALL）。重画只刷新屏幕显示，而重生成不仅刷新显示，还更新图形数据库中所有图形对象的屏幕坐标。

在 AutoCAD 2016 中可以通过以下几种方法执行【重画】命令。

- 菜单栏：执行【视图】|【重画】菜单命令。
- 命令行：在命令行中输入 REDRAWALL/REDRAW/RA 命令。

5）重生成视图

在 AutoCAD 中，某些操作完成后，操作效果往往不会立即显示出来，或在屏幕上留下绘图的痕迹与标记。因此，需要通过视图刷新对当前视图进行重新生成，以观察到最新的编辑效果。

重生成 REGEN 命令不仅重新计算当前视区中所有对象的屏幕坐标，并重新生成整个图形，还重新建立图形数据库索引，从而优化显示和对象选择的性能。

在 AutoCAD 2016 中可以通过以下几种方法执行【重生成】命令。

- 菜单栏：执行【视图】|【重生成】菜单命令。
- 命令行：在命令行中输入 REGEN/RE 命令。

执行【重生成】命令后，效果对比，如图 1-55 所示。

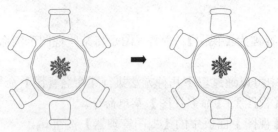

图 1-55   重生成前后对比

另外使用【全部重生成】命令不仅重生成当前视图中的内容，而且重生成所有图形中的内容。

执行【全部重生成】命令的方法如下。

⚓ 菜单栏：执行【视图】|【全部重生成】菜单命令。

⚓ 命令行：在命令行中输入 REGENALL/REA 命令。

在进行复杂的图形处理时，应当充分考虑【重画】和【重生成】命令的不同工作机制，并合理使用。【重画】命令耗时较短，可以经常使用以刷新屏幕。每隔一段较长的时间，或【重画】命令无效时，可以使用一次【重生成】命令，更新后台数据库。

6）新建视口

在创建图形时，经常需要将图形局部放大以显示细节，同时又需要观察图形的整体效果，这时仅使用单一的视图已经无法满足用户需求了。在 AutoCAD 中使用【新建视口】命令，便可将绘制窗口划分为若干个视口，以便于查看图形。各个视口可以独立进行编辑，当修改一个视图中的图形，在其他视图中也能够体现。单击视口区域可以在不同视口间切换。

在 AutoCAD 2016 中可以通过以下几种方式执行【新建视口】命令。

⚓ 菜单栏：执行【视图】|【视口】|【新建视口】菜单命令。

⚓ 工具栏：单击【视口】工具栏中的【显示"视口"对话框】按钮 。

⚓ 功能区：在【视图】选项卡中，单击【模型视口】面板中的【命名】按钮 命名 。

⚓ 命令行：在命令行中输入 VPORTS 命令。

执行上述任意操作后，系统将弹出【视口】对话框，选中【新建视口】选项卡，如图 1-56 所示。该对话框列出一个标准视口配置列表，可以用来创建层叠视口，还可以对视图的布局、数量和类型进行设置，最后单击【确定】按钮即可使视口设置生效。

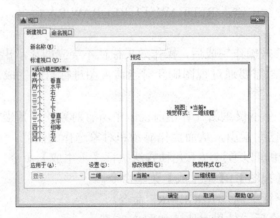

图 1-56   【新建视口】选项卡

7）命名视口

命名视口用于给新建的视口命名。

在 AutoCAD 2016 中可以通过以下几种方法执行【命名视口】命令。

- 菜单栏：执行【视图】|【视口】|【命名视口】菜单命令。
- 工具栏：单击【视口】工具栏中的【显示"视口"对话框】按钮。
- 功能区：在【视图】选项卡中，单击【视口模型】面板中的【命名】按钮。
- 命令行：在命令行中输入 VPORTS 命令。

执行上述操作后，系统将弹出【视口】对话框，选中【命名视口】选项卡，如图 1-57 所示。该选项卡用来显示保存在图形文件中的视口配置。其中【当前名称】提示行显示当前视口名；【命名视口】列表框用来显示保存的视口配置；【预览】显示框用来预览选择的视口配置。

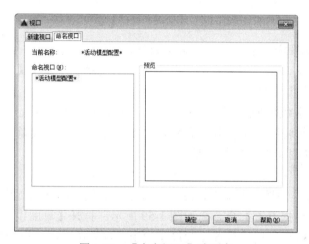

图 1-57 【命名视口】选项卡

1.3.4 精确绘制图形

在 AutoCAD 2016 中可以绘制出十分精准的图形，这主要得益于其各种辅助绘图工具，如正交、捕捉、对象捕捉、对象捕捉追踪等绘制。同时，灵活使用这些辅助绘图工具，能够大幅提高绘图的工作效率。

1）栅格

栅格的作用如同传统纸面制图中使用的坐标纸，按照相等的间距在屏幕上设置了栅格点，绘图时可以通过栅格数量来确定距离，从而达到精确绘图的目的。栅格不是图形的一部分，打印时不会被输出。

控制栅格是否显示的方法如下。

- 快捷键：按 F7 键，可以在开、关状态之间切换。
- 状态栏：单击状态栏上【栅格】按钮。

选择【工具】|【绘图设置】命令，在弹出的【草图设置】对话框中选择【捕捉和栅格】选项卡，勾选【启用栅格】选项，将启用栅格功能，如图 1-58 所示。

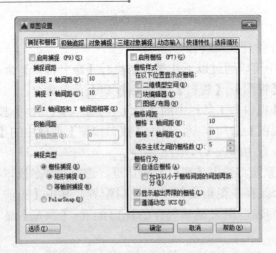

图 1-58　【捕捉和栅格】选项卡

【捕捉和栅格】选项卡中部分选项的含义如下。

- 【栅格样式】区域用于设置在哪个位置下显示点栅格，如在【二维模型空间】、【块编辑器】或【图纸/布局】中。

- 【栅格间距】区域用于控制栅格的显示，这样有助于形象化显示距离。

- 【栅格行为】区域用于控制当使用 VSCURRENT 命令设置为除二维线框之外的任何视觉样式时，所显示栅格线的外观。

2）捕捉

选择【工具】|【绘图设置】命令，或右键单击状态栏中的【捕捉模式】按钮▦，然后在弹出的菜单中选择【捕捉设置】命令，如图 1-59 所示。打开【草图设置】对话框，在【捕捉和栅格】选项卡中可以进行捕捉设置，勾选【启用捕捉】选项，将启用捕捉功能，如图 1-60 所示。

图 1-59　选择命令

图 1-60　【草图设置】对话框

控制捕捉模式是否开启的方法如下。

- 快捷键：按 F9 键，可以在开、关状态之间切换。

- 状态栏：单击状态栏上【捕捉模式】按钮▦。

3）正交

在绘图过程中，使用【正交】功能便可以将鼠标限制在水平或者垂直轴向上，同时也限制在当前的栅格旋转角度内。使用【正交】功能就如同使用了直尺绘图，使绘制的线条自动处于水平和垂直方向，在绘制水平和垂直方向的直线段时十分有用，如图1-61所示。

打开或关闭正交开关的方法如下。

⤵ 快捷键：按F8键可以切换正交开、关模式。

⤵ 状态栏：单击【正交】按钮，若亮显，则为开启，如图1-62所示。

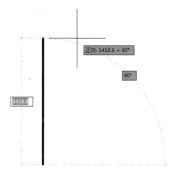

图1-61　开启【正交】功能

图1-62　开启【正交】功能

> **提 示**
>
> 在 AutoCAD 中绘制水平或垂直线条时，利用正交功能，可以有效提高绘图速度。如果要绘制非水平、垂直的直线，可以按下【F8】键，关闭正交功能。另外，【正交】模式和极轴追踪不能同时打开，打开【正交】将关闭极轴追踪功能。

4）极轴追踪

【极轴追踪】功能实际上是极坐标的一个应用。使用极轴追踪绘制直线时，捕捉到一定的极轴方向即确定了极角，然后输入直线的长度即确定了极半径，因此和正交绘制直线一样，极轴追踪绘制直线　般使用长度输入确定直线的第二点，代替坐标输入。【极轴追踪】功能可以用来绘制带角度的直线，如图1-63所示。

极轴可以用来绘制带角度的直线，包括水平的0°、180°与垂直的90°、270°等，因此某些情况下可以代替【正交】功能。【极轴追踪】绘制的图形，如图1-64所示。

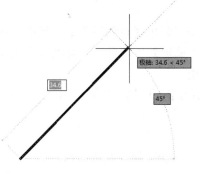

图1-63　开启【极轴追踪】功能

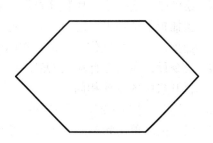

图1-64　【极轴追踪】模式绘制的直线

【极轴追踪】功能的开、关切换有以下两种方法。

⬥ 快捷键：按 F10 键切换开、关状态。

⬥ 状态栏：单击状态栏上的【极轴追踪】按钮，若亮显，则为开启。

右键单击状态栏上的【极轴追踪】按钮，如图 1-65 所示，其中的数值便为启用【极轴追踪】时的捕捉角度。然后在弹出的快捷菜单中选择【正在追踪设置】命令，系统弹出【草图设置】对话框，在【极轴追踪】选项卡中可设置极轴追踪的开关和其他角度值的增量角等，如图 1-66 所示。

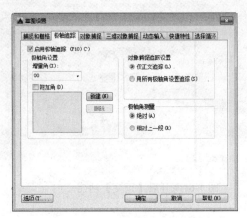

图 1-65　选择【正在追踪设置】命令　　　　　图 1-66　【极轴追踪】选项卡

【极轴追踪】选项卡中各选项的含义如下。

⬥ 启用极轴追踪：用于打开或关闭极轴追踪。

⬥ 极轴角设置：设置极轴追踪的对齐角度。

⬥ 增加量：设置用来显示极轴追踪对齐路径的极轴角增量。

⬥ 附加角：对极轴追踪使用列表中的任何一种附加角度。注意附加角度是绝对的，而非增量的。

⬥ 新建：最多可以添加 10 个附加极轴追踪对齐角度。

5）对象捕捉

AutoCAD 提供了精确的对象捕捉特殊点功能，运用该功能可以精确绘制出所需要的图形。进行精准绘图之前，需要进行正确的对象捕捉设置。

（1）开启对象捕捉

开启和关闭对象捕捉有以下 4 种方法。

⬥ 菜单栏：选择【工具】|【草图设置】菜单命令，弹出【草图设置】对话框。选择【对象捕捉】选项卡，选中或取消选中【启用对象捕捉】复选框，也可以打开或关闭对象捕捉，但这种操作太烦琐，实际中一般不使用。

⬥ 命令行：在命令行输入 OSNAP 命令，弹出【草图设置】对话框。其他操作与在菜单栏开启中的操作相同。

⬥ 快捷键：按 F3 键，可以在开、关状态间切换。

⬥ 状态栏：单击状态栏中的【对象捕捉】按钮，若亮显，则为开启。

（2）对象捕捉设置

在使用对象捕捉之前，需要设置捕捉的特殊点类型，根据绘图的需要设置捕捉对象，这样能够快速准确地定位目标点。右击状态栏上的【对象捕捉】按钮，如图1-67所示，在弹出的快捷菜单中选择【对象捕捉设置】命令，系统弹出【草图设置】对话框，显示【对象捕捉】选项卡，如图1-68所示。

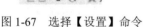

图1-67　选择【设置】命令

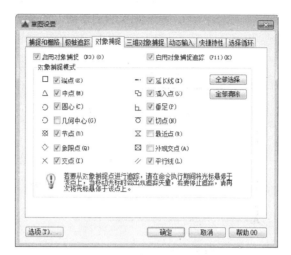

图1-68　【对象捕捉】选项卡

在对象捕捉模式中，各选项的含义如下。

⚓ 端点：捕捉直线或是曲线的端点。

⚓ 中点：捕捉直线或是弧段的中心点。

⚓ 圆心：捕捉圆、椭圆或弧的中心点。

⚓ 几何中心：捕捉多段线、二维多段线和二维样条曲线的几何中心点。

⚓ 节点：捕捉用"点"命令绘制的点对象。

⚓ 象限点：捕捉位于圆、椭圆或是弧段上 $0°$、$90°$、$180°$ 和 $270°$ 处的点。

⚓ 交点：捕捉两条直线或是弧段的交点。

⚓ 延长线：捕捉直线延长线路径上的点。

⚓ 插入点：捕捉图块、标注对象或外部参照的插入点。

⚓ 垂足：捕捉从已知点到已知直线的垂线的垂足。

⚓ 切点：捕捉圆、弧段及其他曲线的切点。

⚓ 最近点：捕捉处在直线、弧段、椭圆或样条曲线上，而且距离鼠标最近的特征点。

⚓ 外观交点：在三维视图中，从某个角度观察两个对象可能相交，但实际并不一定相交，可以使用【外观交点】功能捕捉对象在外观上相交的点。

⚓ 平行线：选定路径上的一点，使通过该点的直线与已知直线平行。

启用【对象捕捉】设置之后，在绘图过程中，当鼠标靠近这些被启用的捕捉特殊点后，将自动对其进行捕捉，如图1-69所示，为启用了端点捕捉功能的效果。

（3）临时捕捉

临时捕捉是一种一次性的捕捉模式，这种捕捉模式不是自动的，当用户需要临时捕捉某个特征点时，需要在捕捉之前手工设置需要捕捉的特征点，然后进行对象捕捉。这种捕捉不能反复使用，再次使用捕捉需重新选择捕捉类型。

在命令行提示输入点的坐标时，如果要使用临时捕捉模式，按住 Shift 键，然后右击，系统弹出捕捉命令，如图 1-70 所示，可以在其中选择需要的捕捉类型。

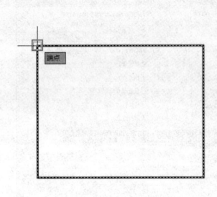

图 1-69　捕捉端点　　　　　　　　　　　　　图 1-70　【极轴追踪】选项卡

6）对象捕捉追踪

在绘图过程中，除了需要掌握对象捕捉的设置外，也需要掌握对象追踪的相关知识和应用的方法，从而能提高绘图的效率。

【对象捕捉追踪】功能的开、关切换有以下两种方法。

+ 快捷键：按 F11 键切换开、关状态。
+ 状态栏：单击状态栏上的【对象捕捉追踪】按钮。

启用【对象捕捉追踪】后，在命令中指定点时，光标可以沿基于其他对象捕捉点的对齐路径进行追踪，图 1-71 所示为中点捕捉追踪效果，图 1-72 所示为交点捕捉追踪效果。

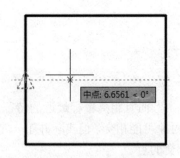

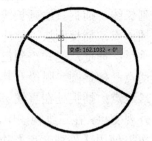

图 1-71　中点捕捉追踪　　　　　　　　　　　图 1-72　交点捕捉追踪

 提　示

　　由于对象捕捉追踪的使用时基于对象捕捉进行操作的，因此，要使用对象捕捉追踪功能，必须打开一个或多个对象捕捉功能。

7）动态输入

在 AutoCAD 中，单击状态栏中的【动态输入】按钮，可在指针位置处显示指针输入或标注输入命令提示等信息，从而极大提高了绘图的效率。动态输入模式界面包含 3 个组件，即指针输入、标注输入和动态显示。

【动态输入】功能的开、关切换有以下两种方法。

⬥ 快捷键：按 F12 键切换开、关状态。

⬥ 状态栏：单击状态栏上的【动态输入】按钮。

（1）启用指针输入

在【草图设置】对话框的【动态输入】选项卡中，可以控制在启用【动态输入】时每个部件所显示的内容，如图 1-73 所示。单击【指针输入】选项区的【设置】按钮，打开【指针输入设置】对话框，如图 1-74 所示。可以在其中设置指针的格式和可见性。在工具提示中，十字光标所在位置的坐标值将显示在光标旁边。命令提示用户输入点时，可以在工具提示（而非命令窗口）中输入坐标值。

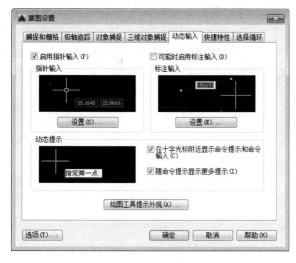

图 1-73 【动态输入】选项卡

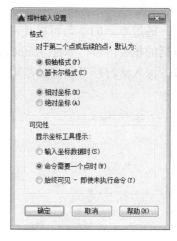

图 1-74 【指针输入设置】对话框

（2）启用标注输入

在【草图设置】对话框的【动态输入】选项卡中，选择【可能时启用标注输入】复选框，启用标注输入功能。单击【标注输入】选项区域的【设置】按钮，打开如图 1-75 所示的【标注输入的设置】对话框。利用该对话框可以设置夹点拉伸时标注输入的可见性等。

（3）显示动态提示

在【动态输入】选项卡中，启用【动态显示】选项组中的【在十字光标附近显示命令提示和命令输入】复选框，可在光标附近显示命令显示。单击【绘图工具提示外观】按钮，弹出如图 1-76 所示的【工具提示外观】对话框，从中进行颜色、大小、透明度和应用场合的设置。

图 1-75 　【标注输入的设置】对话框

图 1-76 　【工具提示外观】对话框

1.4　本 章 小 结

　　通过本章的学习可以使读者对室内设计有一个初步的了解，并且了解室内设计施工图纸包括的相关内容，掌握 AutoCAD 2016 的相关操作基础知识以及界面环境等内容，为后面章节的深入学习打下坚实的基础。

第 2 章　室内常用平面及立面图例的绘制

在绘制室内设计平面图和立面图中，需要用到一些家具、电器、洁具、厨具和盆景等图形，以便能更加真实和形象地表示装修的效果。

本章讲解这些室内常用家具图形的绘制方法，通过这些图形的绘制练习，可以使读者迅速掌握室内常用平面及立面图例的绘制方法及相关技巧。

■ 学习内容

◇ 绘制室内常用平面图例
◇ 绘制室内常用立面图例

2.1　绘制室内常用平面图例

在本节中，绘制室内设计平面图所常用到的图例，包括蹲便器、座机电话、办公沙发组合和会议桌椅组合等。

2.1.1　绘制蹲便器

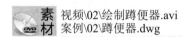
视频\02\绘制蹲便器.avi
案例\02\蹲便器.dwg

下面讲解绘制蹲便器图例，首先通过绘制一个矩形作为蹲便器的基础轮廓，再通过分解、偏移、修剪、镜像和填充等 CAD 命令来进行绘制。

（1）正常启动 AutoCAD 2016 软件，从而新建一个空白文件。

（2）在"文件"下拉菜单中单击"保存"或"另存为"选项，打开"图形另存为"对话框。将文件保存为"案例\02\蹲便器.dwg"文件。

（3）执行"矩形"命令（ERC），绘制一个尺寸为 425×548 的矩形，如图 2-1 所示。

（4）执行"圆弧"命令（A），在矩形内绘制几条图 2-2 所示的圆弧对象。

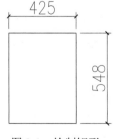

图 2-1　绘制矩形

图 2-2　绘制圆弧图形

（5）执行"镜像"命令（MI），将左边的图形向右进行镜像，镜像线为矩形的上下两条水平直线段的中点，镜像后的效果如图 2-3 所示。

（6）执行"修剪"命令（TR），将图形进行修剪操作，修剪后的图形效果如图 2-4 所示。

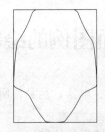

图 2-3　镜像操作

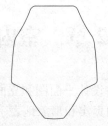

图 2-4　修剪操作

（7）执行"直线"命令（L），以上下两条水平线段的中点为直线的起点和端点，绘制一条竖直线段；再执行"圆弧"命令（A），绘制图 2-5 所示的几条圆弧，

（8）执行"镜像"命令（MI），将左边的图形向右进行镜像，镜像线为上一步所绘制的竖直线段，镜像后的效果如图 2-6 所示。

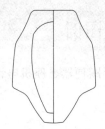

图 2-5　绘制直线段和圆弧图形

图 2-6　镜像操作

（9）执行"圆"命令（C），在图中相应的位置绘制一个半径为 50 的圆图形，如图 2-7 所示。

（10）执行"矩形"命令（ERC），绘制一个尺寸为 383×166 的矩形；再执行"移动"命令（M），将所绘制的矩形移动如图 2-8 所示的位置上，所绘制的矩形图形效果如图 2-8 所示。

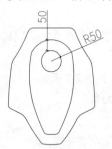

图 2-7　绘制圆图形

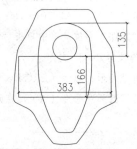

图 2-8　绘制矩形图形

（11）执行"分解"命令（X），将刚才所绘制的矩形进行分解操作；再执行"偏移"命令（O），将矩形最上面的水平线段向下进行偏移操作，偏移的距离为 6 和 10 依次更替，偏移的效果如图 2-9 所示。

（12）继续执行"偏移"命令（O），将矩形两边的竖直直线段向内进行偏移操作，偏移尺寸为 5；再执行"直线"命令（L），连接偏移线段和原始线段的两端的端点，各绘制一条斜线段，效果如图 2-10 所示。

（13）执行"修剪"命令（TR），将图形进行修剪操作，修剪后的图形效果如图 2-11 所示。

（14）执行"图案填充"命令（H），选择填充图案为"SOLID"，对如图 2-12 所示几个区域进行图案填充操作，图案填充后的效果如图 2-12 所示。

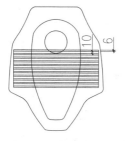

图 2-9　偏移操作

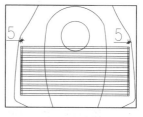

图 2-10　偏移并绘制斜线段

图 2-11　修剪操作

图 2-12　填充操作

（15）最后按键盘上的"Ctrl+ S"组合键，将图形进行保存。

2.1.2　绘制座机电话

素材 视频\02\绘制座机电话.avi
案例\02\座机电话.dwg

下面绘制座机电话图例，首先通过绘制一个矩形作为座机电话的基础轮廓，再通过分解、偏移、修剪、样条曲线、多段线和阵列等基础 CAD 命令来绘制。

（1）正常启动 AutoCAD 2016 软件，从而新建一个空白文件。

（2）在"文件"下拉菜单中单击"保存"或"另存为"选项，打开"图形另存为"对话框。将文件保存为"案例\02\座机电话.dwg"文件。

（3）执行"矩形"命令（REC），按照下面的命令行提示，绘制一个尺寸为222×245的矩形，并进行倒角操作，倒角尺寸为3，所绘制的矩形效果如图2-13所示。

```
命令：REC
RECTANG
指定第一个角点或 [倒角(C)/标高(E)/圆角(F)/厚度(T)/宽度(W)]：c
指定矩形的第一个倒角距离 <0.0>：3
指定矩形的第二个倒角距离 <3.0>：3
指定第一个角点或 [倒角(C)/标高(E)/圆角(F)/厚度(T)/宽度(W)]：
指定另一个角点或 [面积(A)/尺寸(D)/旋转(R)]：d
指定矩形的长度 <260.0>：222
指定矩形的宽度 <350.0>：245
指定另一个角点或 [面积(A)/尺寸(D)/旋转(R)]：
```

（4）继续执行"矩形"命令（REC），在矩形内部左侧绘制一个尺寸为 53×230 的矩形，并进行倒角操作，倒角尺寸为 7，所绘制的矩形效果如图 2-14 所示。

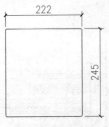

图 2-13 绘制矩形

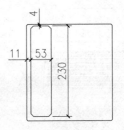

图 2-14 继续绘制矩形

（5）继续执行"矩形"命令（REC），在图 2-15 所示的位置上绘制一个尺寸为 22×227 的矩形。

（6）执行"分解"命令（X），将上一步所绘制的矩形分解，再执行"偏移"命令（O），按照图 2-16 所示的尺寸与方向将相关线段进行偏移操作。

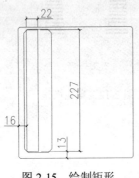

图 2-15 绘制矩形

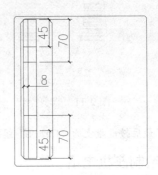

图 2-16 偏移操作

（7）执行"直线"命令（L），以刚才偏移线段所形成的交点为直线的起点和端点，绘制两条斜线段，所绘制的斜线段效果如图 2-17 所示。

（8）执行"修剪"命令（TR），对图形进行修剪操作，修剪后的图形效果如图 2-18 所示。

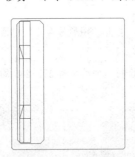

图 2-17 绘制斜线段

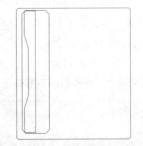

图 2-18 修剪操作

（9）执行"圆角"命令（F），对图 2-19 所示的六个地方进行倒圆角，圆角半径分别为 8 和 80。

（10）执行"镜像"命令（MI），将图 2-20 所示的左侧相应图形镜像到直线的右边；然后再执行"删除"命令（E），将竖直直线段删除掉。

（11）执行"矩形"命令（REC），在矩形内部左侧绘制一个尺寸为 20×191 的矩形，并进行倒角操作，倒角尺寸为 3，所绘制的矩形效果如图 2-21 所示。

（12）执行"直线"命令（L），绘制如图 2-22 所示的八条斜线段。

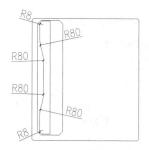

图 2-19 圆角操作

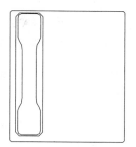

图 2-20 镜像操作

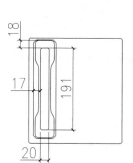

图 2-21 绘制矩形

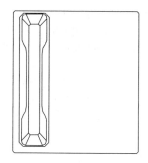

图 2-22 绘制斜线段

（13）执行"样条曲线"命令（SPL），绘制如图 2-23 所示的样条曲线，表示电话绳。

（14）执行"矩形"命令（REC），执行"直线"命令（L），在图形的右边绘制两个矩形以及六条竖直直线段，效果如图 2-24 所示。

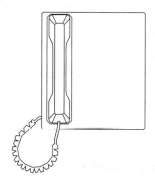

图 2-23 绘制样条曲线

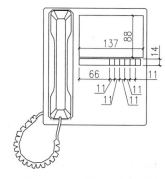

图 2-24 绘制矩形和直线段

（15）执行"矩形"命令（REC），在图形的右边绘制一个尺寸为 12×9 的矩形，效果如图 2-25 所示。

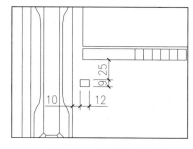

图 2-25 绘制矩形

（16）执行"阵列"命令（AR），按照下面所提供的命令行提示，将刚才所绘制的矩形进行矩形阵列，阵列个数为3列6行，列间距为18，行间距为17，阵列效果如图2-26所示。

```
命令：AR
ARRAY
选择对象：找到 1 个
选择对象：  输入阵列类型 ［矩形 (R) /路径 (PA) /极轴 (PO)］<路径>：r
类型 = 矩形  关联 = 是
选择夹点以编辑阵列或 ［关联 (AS) /基点 (B) /计数 (COU) /间距 (S) /列数 (COL) /行数 (R) /层数
(L) /退出 (X)］<退出>：col
    输入列数数或 ［表达式 (E)］<4>：3
    指定 列数 之间的距离或 ［总计 (T) /表达式 (E)］<17.3>：18
    选择夹点以编辑阵列或 ［关联 (AS) /基点 (B) /计数 (COU) /间距 (S) /列数 (COL) /行数 (R) /层数
(L) /退出 (X)］<退出>：r
    输入行数数或 ［表达式 (E)］<3>：6
    指定 行数 之间的距离或 ［总计 (T) /表达式 (E)］<13>：17
    指定 行数 之间的标高增量或 ［表达式 (E)］<0>：
    选择夹点以编辑阵列或 ［关联 (AS) /基点 (B) /计数 (COU) /间距 (S) /列数 (COL) /行数 (R) /层数
(L) /退出 (X)］<退出>：
```

（17）执行"矩形"命令（REC），在图形的右边绘制一个尺寸为85×26的矩形，效果如图2-27所示。

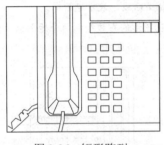

图2-26 矩形阵列

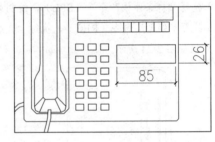

图2-27 绘制矩形

（18）执行"矩形"命令（REC），在前面所绘制的矩形内绘制一个尺寸为4×4的矩形，效果如图2-28所示。

（19）接着执行"阵列"命令（AR），将刚才所绘制的4×4矩形进行矩形阵列，阵列个数为3列2行，矩形阵列效果如图2-29所示。

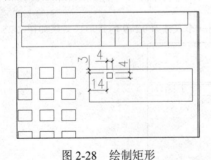

图2-28 绘制矩形

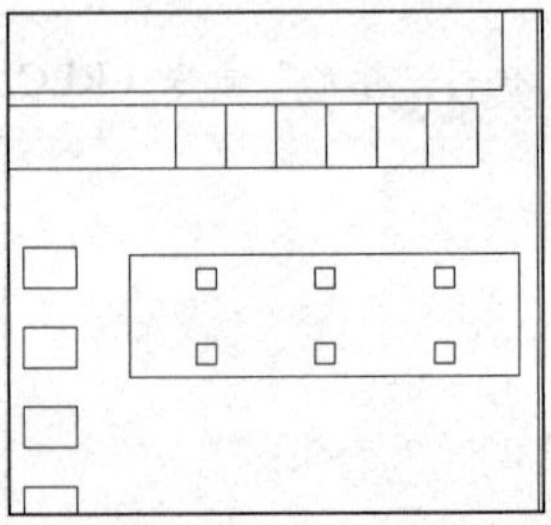

图2-29 矩形阵列

（20）执行"矩形"命令（REC），在图形的右下方绘制一个尺寸为14×6的矩形，效果如图2-30所示。

（21）接着执行"阵列"命令（AR），将刚才所绘制的 14×6 矩形进行矩形阵列，阵列个数为 4 列 3 行，矩形阵列效果如图 2-31 所示。

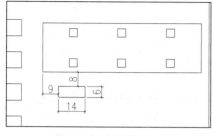

图 2-30　绘制矩形

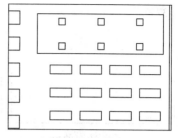

图 2-31　矩形阵列

（22）执行"矩形"命令（REC），在图形的右下方绘制一个尺寸为 14×9 的矩形，效果如图 2-32 所示。

（23）接着执行"阵列"命令（AR），将刚才所绘制的 14×9 矩形进行矩形阵列，阵列个数为 4 列 1 行，矩形阵列效果如图 2-33 所示。

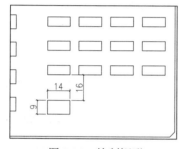

图 2-32　绘制矩形

图 2-33　矩形阵列

2.1.3　绘制办公沙发组合

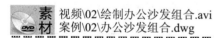

视频\02\绘制办公沙发组合.avi
案例\02\办公沙发组合.dwg

现在绘制办公沙发组合图例，首先通过绘制一个矩形，再通过分解、偏移、修剪、拉长、倒圆角和填充等基础 CAD 命令来绘制。

（1）正常启动 AutoCAD 2016 软件，从而新建一个空白文件。

（2）在"文件"下拉菜单中单击"保存"或"另存为"选项，打开"图形另存为"对话框。将文件保存为"案例\02\办公沙发组合.dwg"文件。

（3）执行"矩形"命令（ERC），绘制一个尺寸为 1620×630 的矩形，如图 2-34 所示。

（4）执行"分解"命令（X），将所绘制的矩形进行分解操作；再执行"偏移"命令（O），将矩形的上面的水平线段向下进行偏移操作，偏移距离为 75，再将矩形左边的竖直线段向右进行偏移操作，偏移距离为 90、1440，效果如图 2-35 所示。

图 2-34　绘制矩形

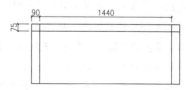

图 2-35　偏移操作

（5）执行"修剪"命令（TR），将图形进行修剪操作，修剪后的图形效果如图 2-36 所示。

（6）执行"偏移"命令（O），将相关的线段按照图 2-37 所示的方向与尺寸进行偏移操作，偏移后的效果如图 2-37 所示。

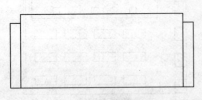

图 2-36　修剪图形

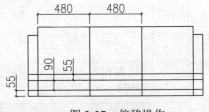

图 2-37　偏移操作

（7）执行"修剪"命令（TR），将图形进行修剪操作，修剪后的图形效果如图 2-38 所示。

（8）接着再执行"圆角"命令（F），对如图 2-39 所示的六个地方进行倒圆角操作，圆角半径为 28，倒圆角后的图形效果如图 2-39 所示。

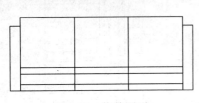

图 2-38　修剪图形

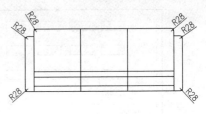

图 2-39　倒圆角操作

（9）执行"矩形"命令（ERC），绘制一个尺寸为 630×660 的矩形，所绘制的矩形效果如图 2-40 所示。

（10）执行"分解"命令（X），将所绘制的矩形进行分解操作，然后再执行"偏移"命令（O），将相关的直线段按照图 2-41 所示的方向与尺寸进行偏移操作，偏移后的图形效果如图 2-41 所示。

（11）执行"修剪"命令（TR），将图形进行修剪操作，修剪后的图形效果如图 2-42 所示。

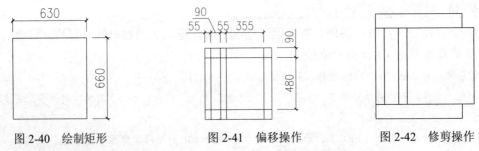
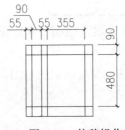
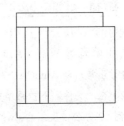

图 2-40　绘制矩形　　　　　图 2-41　偏移操作　　　　　图 2-42　修剪操作

（12）接着再执行"圆角"命令（F），对如图 2-43 所示的六个地方进行倒圆角操作，圆角半径为 28，倒圆角后的图形效果如图 2-43 所示。

（13）执行"移动"命令（M），将刚才所绘制的图形进行移动操作，移动到前面所绘制的那个图形的左上方移动后的图形效果如图 2-44 所示。

（14）接着执行"矩形"命令（ERC），绘制一个尺寸为 900×700 的矩形；再执行"移动"命令（M），将所绘制的矩形移动如图 2-45 所示的位置上；然后再执行"偏移"命令（O），将所绘制的矩形向内进行偏移操作，偏移尺寸为 25，所绘制的图形效果如图 2-45 所示。

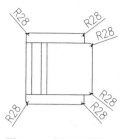

图 2-43 倒圆角操作

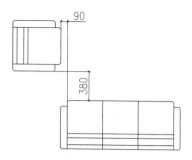

图 2-44 移动操作

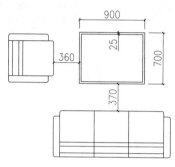

图 2-45 绘制矩形并偏移操作

（15）执行"图案填充"命令（H），选择如图 2-46 所示的填充参数，对刚才所绘制的矩形区域进行图案填充操作，图案填充后的效果如图 2-46 所示。

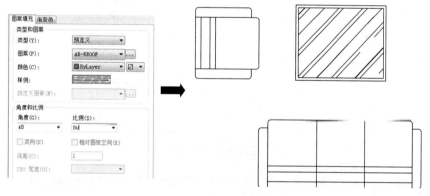

图 2-46 填充操作

（16）接着执行"矩形"命令（ERC），绘制一个尺寸为 550×550 的矩形；再执行"移动"命令（M），将所绘制的矩形移动到如图 2-47 所示的位置上；然后再执行"偏移"命令（O），将所绘制的矩形向内进行偏移操作，偏移尺寸为 50，所绘制的图形效果如图 2-47 所示。

（17）执行"圆"命令（C），在刚才所绘制的矩形中间绘制两个同心圆，圆的半径为 90 和 120；接着再执行"直线"命令（L），分别连接最外面圆的四个象限点，绘制一条水平直线段和一条竖直直线段，所绘制的图形效果如图 2-48 所示。

（18）执行"拉长"命令（LEN），按照下面的命令行提示，将前面所绘制的圆内十字直线段进行拉长操作，拉长距离为 70，操作过程图 2-49 所示。

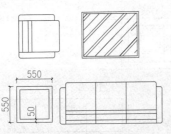

图 2-47 绘制矩形并偏移

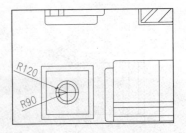

图 2-48 绘制同心圆和直线段

```
命令: _lengthen
选择要测量的对象或 [增量(DE)/百分比(P)/总计(T)/动态(DY)] <增量(DE)>: de
输入长度增量或 [角度(A)] <0.0>: 70
选择要修改的对象或 [放弃(U)]:
选择要修改的对象或 [放弃(U)]:
选择要修改的对象或 [放弃(U)]:
选择要修改的对象或 [放弃(U)]:
选择要修改的对象或 [放弃(U)]:
```

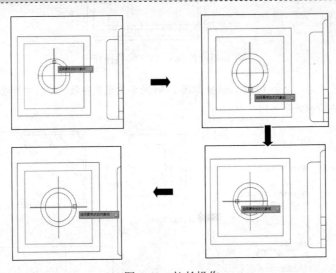

图 2-49 拉长操作

（19）然后再执行"镜像"命令（MI），以如图 2-50 所示的两个点为镜像中心线，将左边的沙发与台灯图形镜像到右边，效果图 2-50 所示。

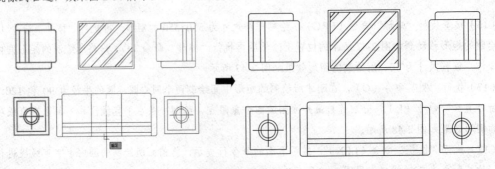

图 2-50 镜像操作

（20）最后按键盘上的"Ctrl+S"组合键，将图形进行保存。

2.1.4 绘制会议桌椅组合

素材 视频\02\绘制会议桌椅组合.avi
案例\02\会议桌椅组合.dwg

现在绘制会议桌椅组合图例，首先通过绘制一个矩形，再通过分解、偏移、修剪、绘制圆弧、绘制圆、镜像和阵列等基础 CAD 命令来绘制。

（1）正常启动 AutoCAD 2016 软件，从而新建一个空白文件。

（2）在"文件"下拉菜单中单击"保存"或"另存为"选项，打开"图形另存为"对话框。将文件保存为"案例\02\会议桌椅组合.dwg"文件。

（3）执行"矩形"命令（ERC），绘制一个尺寸为 4200×1990 的矩形，如图 2-51 所示。

（4）执行"分解"命令（X），将所绘制的矩形进行分解操作；再执行"偏移"命令（O），将矩形的上面的水平线段向下进行偏移操作，偏移距离为 360，再将矩形下边的竖直线段向上进行偏移操作，偏移距离为 360，效果如图 2-52 所示。

图 2-51 绘制矩形

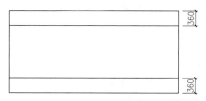

图 2-52 分解并偏移操作

（5）执行"圆弧"命令（A），连接如图 2-53 所示的直线端点和中点，在矩形的上下各绘制一段圆弧，所绘制的圆弧图形效果如图 2-53 所示。

（6）执行"修剪"命令（TR），将图形进行修剪操作，修剪后的图形效果如图 2-54 所示。

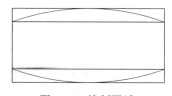

图 2-53 绘制圆弧

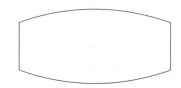

图 2-54 修剪操作

（7）执行"合并"命令（J），按照下面的命令行提示，将两条圆弧以及两条竖直直线段进行合并操作，合并后的图形效果如图 2-55 所示。

```
命令：_join
选择源对象或要一次合并的多个对象：指定对角点：找到 4 个
选择要合并的对象：
4 个对象已转换为 1 条多段线
```

（8）执行"偏移"命令（O），将合并后的多段线向内进行偏移操作，偏移尺寸为 500 和 80；再执行"直线"命令（L），绘制四条斜线段，分别连接三条多段线的四个折点，效果如图 2-56 所示。

（9）执行"矩形"命令（ERC），按照下面的命令行提示，绘制一个尺寸为 446×375 的矩形，并设置圆角模式，倒圆角半径为 28，所绘制的矩形效果如图 2-57 所示。

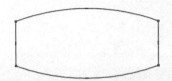

图 2-55　合并操作

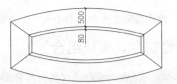

图 2-56　偏移操作并绘制斜线段

```
命令：REC
RECTANG
指定第一个角点或 [倒角(C)/标高(E)/圆角(F)/厚度(T)/宽度(W)]: f
指定矩形的圆角半径 <0.0>: 28
指定第一个角点或 [倒角(C)/标高(E)/圆角(F)/厚度(T)/宽度(W)]:
指定另一个角点或 [面积(A)/尺寸(D)/旋转(R)]: d
指定矩形的长度 <10.0>:446
指定矩形的宽度 <5.0>:375
指定另一个角点或 [面积(A)/尺寸(D)/旋转(R)]:
需要二维角点或选项关键字。
指定另一个角点或 [面积(A)/尺寸(D)/旋转(R)]: *取消*
```

（10）然后再执行"偏移"命令（O），将所绘制的矩形向内进行偏移操作，偏移距离为 18，偏移后的图形效果如图 2-58 所示。

（11）执行"圆"命令（C），以最下方的水平线段的中点为圆心，绘制一个半径为 475 的圆，所绘制的圆图形效果如图 2-59 所示。

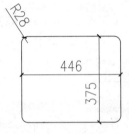

图 2-57　绘制矩形

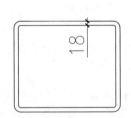

图 2-58　偏移操作

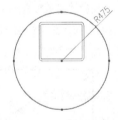

图 2-59　绘制圆图形

（12）接着再执行"偏移"命令（O），将所绘制的圆图形向内进行偏移操作，偏移距离为 40，偏移后的图形效果如图 2-60 所示。

（13）执行"圆弧"命令（A），在如图 2-61 所示的两个地方绘制两条圆弧图形，所绘制的圆弧图形效果如图 2-61 所示。

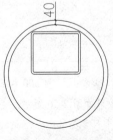

图 2-60　偏移操作

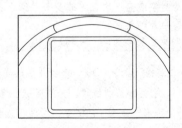

图 2-61　绘制圆弧图形

（14）执行"修剪"命令（TR），将图形进行修剪操作，修剪后的图形效果如图 2-62 所示。

（15）接着再执行"直线"命令（L），以下方圆弧的中点为起点，绘制一条竖直直线段到如图 2-63 所示的水平直线段上；然后再执行"偏移"命令（O），将所绘制的竖直直线段左右进行偏移操作，偏移距离为左右各 30，效果如图 2-63 所示。

（16）执行"删除"命令（E），将中间的竖直直线段删除掉；再执行"修剪"命令（TR），将图形进行修剪操作，修剪后的图形效果如图 2-64 所示。

图 2-62　修剪操作

图 2-63　绘制直线段并偏移

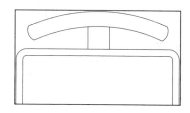

图 2-64　修剪图形

（17）执行"矩形"命令（ERC），在图形的左边绘制一个尺寸为 65×285 的矩形，效果如图 2-65 所示。

（18）执行"分解"命令（X），将所绘制的矩形分解掉；再执行"偏移"命令（O），将相关的线段按照图 2-66 所示的方向与尺寸进行偏移操作，偏移效果如图 2-66 所示。

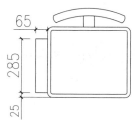

图 2-65　绘制矩形

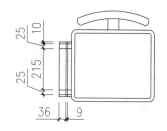

图 2-66　偏移操作

（19）执行"直线"命令（L），以偏移后相关的线段的交点为直线的起点和端点，绘制两条斜线段，所绘制的斜线段效果如图 2-67 所示。

（20）执行"修剪"命令（TR），对图形进行修剪操作，修剪后的图形效果如图 2-68 所示。

（21）接着再执行"圆角"命令（F），对如图 2-69 所示的四个地方进行倒圆角操作，圆角半径为 9，倒圆角后的效果如图 2-69 所示。

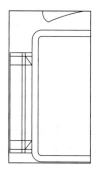

图 2-67　绘制斜线段

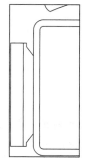

图 2-68　修剪操作

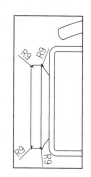

图 2-69　倒圆角操作

（22）执行"镜像"命令（MI），将左边的图形镜像到右边，镜像后效果如图2-70所示。

（23）执行"编组"命令（G），将椅子图形进行编组操作；然后再执行"移动"命令（M），将编组后的图形移动到桌子图形的上方位置，效果如图2-71所示。

图2-70　镜像操作

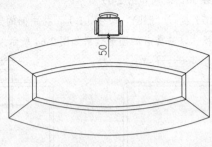

图2-71　移动操作

（24）执行"阵列"命令（AR），将椅子图形进行路径阵列操作；阵列路径为桌子最外面的多段线，阵列间距为780，阵列3个，阵列后的图形效果如图2-72所示。

```
命令：_arraypath
选择对象：指定对角点：找到 32 个
选择对象：
类型 = 路径  关联 = 是
选择路径曲线：
选择夹点以编辑阵列或 [关联(AS)/方法(M)/基点(B)/切向(T)/项目(I)/行(R)/层(L)/对齐
项目(A)/z 方向(Z)/退出(X)] <退出>：i
指定沿路径的项目之间的距离或 [表达式(E)] <864>：780
最大项目数 = 6
指定项目数或 [填写完整路径(F)/表达式(E)] <6>：3
选择夹点以编辑阵列或 [关联(AS)/方法(M)/基点(B)/切向(T)/项目(I)/行(R)/层(L)/对齐
项目(A)/z 方向(Z)/退出(X)] <退出>：
```

（25）执行"分解"命令（X），将阵列后的图形进行分解操作；再执行"镜像"命令（MI），将左边的两个椅子图形镜像到右边，镜像后效果如图2-73所示。

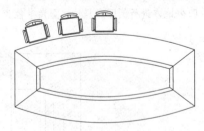

图2-72　阵列操作

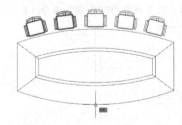

图2-73　镜像操作

（26）继续执行"镜像"命令（MI），将上面的五个椅子图形镜像到下边，镜像后效果如图2-74所示。

（27）执行"复制"命令（CO），执行"旋转"命令（RO），执行"镜像"命令（MI）等，在桌子的两边各创建一个椅子图形，效果如图2-75所示。

（28）最后按键盘上的"Ctrl+ S"组合键，将图形进行保存。

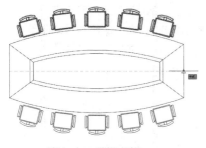

图 2-74 镜像操作

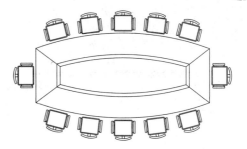

图 2-75 绘制其他两个椅子图形

2.2 绘制室内常用立面图例

在本节中，绘制室内设计立面图所常用到的图例，包括会议室双开门、立面饮水机、立面打印机、立面办公组合沙发、欧式吊灯和中式条案等。

2.2.1 绘制会议室双开门

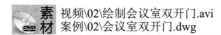

视频\02\绘制会议室双开门.avi
案例\02\会议室双开门.dwg

绘制会议室双开门图例，首先通过绘制一个矩形，再通过分解、偏移、修剪、绘制圆弧、绘制同心圆、绘制多段线、填充和阵列等基础 CAD 命令来绘制。

（1）正常启动 AutoCAD 2016 软件，从而新建一个空白文件。

（2）在"文件"下拉菜单中单击"保存"或"另存为"选项，打开"图形另存为"对话框。将文件保存为"案例\02\会议室双开门.dwg"文件。

（3）执行"矩形"命令（REC），绘制一个尺寸为 1720×2060 的矩形，所绘制的矩形效果如图 2-76 所示。

（4）执行"分解"命令（X），将矩形进行分解操作；再执行"偏移"命令（O），将相关的直线段按照图 2-77 所示的方向与尺寸进行偏移操作，效果如图 2-77 所示。

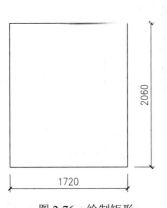

图 2-76 绘制矩形

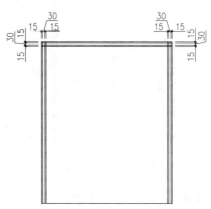

图 2-77 偏移操作

（5）执行"修剪"命令（TR），将图形进行修剪操作，修剪后的图形效果如图 2-78 所示。

（6）执行"直线"命令（L），绘制如图 2-79 所示的一条水平直线段和竖直直线段。

图 2-78 修剪操作

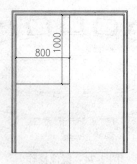

图 2-79 绘制直线段

（7）执行"圆"命令（C），以前面所绘制的水平直线段中点为圆心，绘制两个同心圆，半径分别为 280 和 480，所绘制的圆图形效果如图 2-80 所示。

（8）执行"直线"命令（L），绘制如图 2-81 所示的几条竖直直线段。

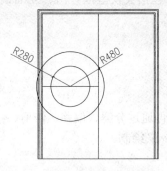

图 2-80 绘制同心圆

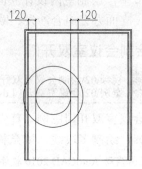

图 2-81 绘制直线段

（9）执行"修剪"命令（TR），将图形进行修剪操作，修剪后的图形效果如图 2-82 所示。

（10）执行"复制"命令（CO），将上面的圆弧向上进行复制操作，复制距离为 395，效果如图 2-83 所示。

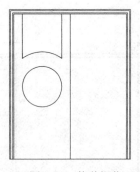

图 2-82 修剪操作

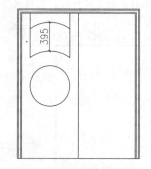

图 2-83 复制圆弧

（11）执行"修剪"命令（TR），将图形进行修剪操作，修剪后的图形效果如图 2-84 所示。

（12）执行"镜像"命令（MI），将上面的两条圆弧和两条竖直直线段以圆心为镜像中心线，镜像到下方，镜像后的图形效果如图 2-85 所示。

（13）接着再执行"图案填充"命令（H），采用如图 2-86 所示的填充参数，对三个区域进行填充操作，填充后的图形效果如图 2-86 所示。

（14）执行"镜像"命令（MI），以竖直中心线为镜像中心线，将左边的图形镜像到右边，镜像后的图形效果如图2-87所示。

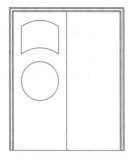

图2-84　修剪操作

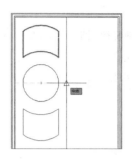

图2-85　镜像操作

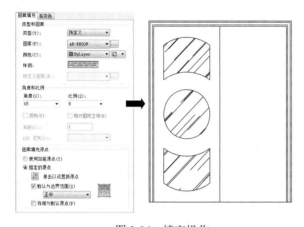

图2-86　填充操作

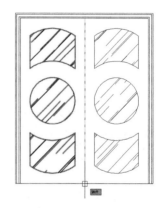

图2-87　镜像操作

（15）执行"矩形"命令（REC），绘制一个尺寸为47×278的矩形，效果如图2-88所示。

（16）执行"分解"命令（X），将矩形进行分解操作；再执行"偏移"命令（O），按照如图2-89所示的尺寸与方向将相关线段进行偏移操作。

（17）执行"圆弧"命令（A），在矩形的上方，捕捉相关交点，绘制四段圆弧，效果如图2-90所示。

（18）执行"删除"命令（E），删除用过的辅助直线段；再执行"镜像"命令（MI），以矩形的中点为镜像中心线，将上面的图形镜像到下面，效果如图2-91所示。

（19）执行"修剪"命令（TR），将图形进行修剪操作，修剪后的图形效果如图2-92所示。

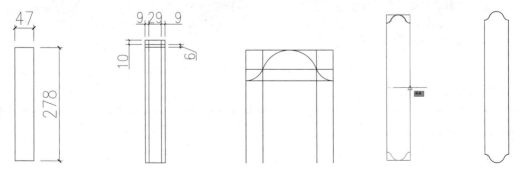

图2-88　绘制矩形　　图2-89　偏移操作　　图2-90　绘制圆弧　　图2-91　镜像操作　　图2-92　修剪操作

（20）执行"合并"命令（J），将图形进行合并操作，合并后的图形效果如图2-93所示。

（21）执行"偏移"命令（O），将合并后的线段向内进行偏移操作，偏移尺寸为3和5，效果如图2-94所示。

（22）然后再执行"圆"命令（C），在图形上方最里面和中间的两条多段线之间绘制一个半径为2的圆，所绘制的圆效果如图2-95所示。

（23）接着执行"偏移"命令（O），将最里面的多段线向外进行偏移操作，偏移距离为2，效果如图2-96所示。

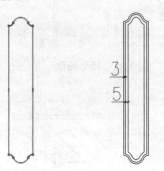 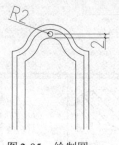 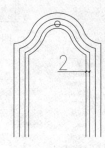

图2-93　合并图形　　　图2-94　偏移操作　　　　图2-95　绘制圆　　　　图2-96　偏移操作

（24）执行"阵列"命令（AR），将所绘制的半径为2的圆进行路径阵列，阵列路径为最后所偏移的多段线，阵列距离为7，列个数为81个，阵列后的图形效果如图2-97所示。

```
命令：AR
ARRAY
选择对象：找到 1 个
选择对象： 输入阵列类型 ［矩形(R)/路径(PA)/极轴(PO)］ <路径>：pa
类型 ＝ 路径 关联 ＝ 是
选择路径曲线：
选择夹点以编辑阵列或 ［关联(AS)/方法(M)/基点(B)/切向(T)/项目(I)/行(R)/层(L)/对齐
项目(A)/z 方向(Z)/退出(X)］ <退出>：b
  指定基点或 ［关键点(K)］ <路径曲线的终点>：
  选择夹点以编辑阵列或 ［关联(AS)/方法(M)/基点(B)/切向(T)/项目(I)/行(R)/层(L)/对齐
项目(A)/z 方向(Z)/退出(X)］ <退出>：i
  指定沿路径的项目之间的距离或 ［表达式(E)］ <4.5>：7
最大项目数 ＝ 81
  指定项目数或 ［填写完整路径(F)/表达式(E)］ <81>：
  选择夹点以编辑阵列或 ［关联(AS)/方法(M)/基点(B)/切向(T)/项目(I)/行(R)/层(L)/对齐
项目(A)/z 方向(Z)/退出(X)］ <退出>：
```

（25）执行"分解"命令（X），将阵列图形进行分解操作；再执行"删除"命令（E），将阵列路径多段线删除掉，效果如图2-98所示。

（26）执行"圆"命令（C），在图形上方如图2-99所示的位置上，绘制一组同心圆，半径分别为2和3，所绘制的同心圆效果如图2-99所示。

（27）执行"镜像"命令（MI），将同心圆镜像到下方，镜像后的图形效果如图2-100所示。

（28）执行"矩形"命令（REC），在图形下方绘制一个尺寸为 4×17 的矩形，所绘制的矩形效果如图 2-101 所示。

（29）执行"分解"命令（X），将刚才所绘制的矩形进行分解操作，然后再执行"偏移"命令（O），按照图 2-102 所示的尺寸与方向，将相关线段进行偏移操作，偏移后的图形效果如图 2-102 所示。

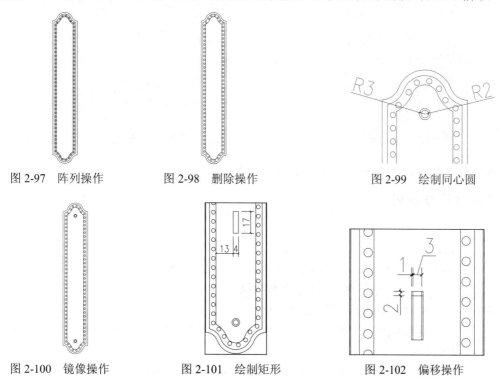

图 2-97　阵列操作　　　　　图 2-98　删除操作　　　　　图 2-99　绘制同心圆

图 2-100　镜像操作　　　　　图 2-101　绘制矩形　　　　　图 2-102　偏移操作

（30）执行"圆弧"命令（A），连接刚才偏移的线段的相关交点，在矩形的上方绘制一条圆弧，所绘制的圆弧图形效果如图 2-103 所示。

（31）执行"修剪"命令（TR），对图形进行修剪操作，修剪后的图形效果如图 2-104 所示。

（32）执行"多段线"命令（PL），在如图 2-105 所示的位置上绘制几条多段线，表示门把手图形。

（33）执行"修剪"命令（TR），对图形进行修剪操作，修剪后的图形效果如图 2-106 所示。

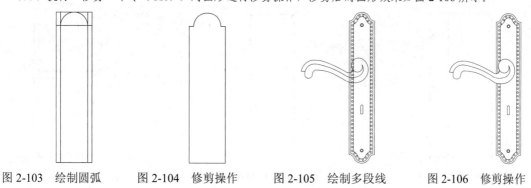

图 2-103　绘制圆弧　　　图 2-104　修剪操作　　　图 2-105　绘制多段线　　　图 2-106　修剪操作

（34）执行"编组"命令（G），将所绘制的门把手图形进行编组操作；执行"移动"命令（M），将编组后的图形移动到如图 2-107 所示的位置。

（35）执行"镜像"命令（MI），将移动后的门把手图形镜像到图形右边，镜像后的图形效果如图 2-108 所示。

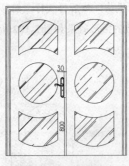

图 2-107　移动操作

图 2-108　镜像操作

（36）最后按键盘上的"Ctrl+ S"组合键，将图形进行保存。

2.2.2　绘制立面饮水机

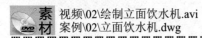
视频\02\绘制立面饮水机.avi
案例\02\立面饮水机.dwg

现在绘制立面饮水机图例，通过绘制一个矩形，再通过分解、偏移、修剪、倒圆角、绘制圆弧、镜像和绘制多段线等基础 CAD 命令来绘制。

（1）正常启动 AutoCAD 2016 软件，从而新建一个空白文件。

（2）在"文件"下拉菜单中单击"保存"或"另存为"选项，打开"图形另存为"对话框。将文件保存为"案例\02\立面饮水机.dwg"文件。

（3）执行"矩形"命令（ERC），绘制一个尺寸为 300×960 的矩形，如图 2-109 所示。

（4）执行"分解"命令（X），将矩形进行分解操作；再执行"圆角"命令（F），将矩形上方的两个角进行圆角操作，圆角半径为 30，效果如图 2-110 所示。

（5）执行"偏移"命令（O），按照如图 2-111 所示的尺寸与方向，将相关线段进行偏移操作，偏移后的图形效果如图 2-111 所示。

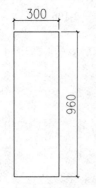

图 2-109　绘制矩形

图 2-110　圆角操作

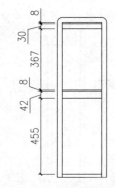

图 2-111　偏移操作

（6）执行"延伸"命令（EX），按照如图 2-112 所示的形状，将图形上方相关的线段进行延伸操作，延伸后的图形效果如图 2-112 所示。

（7）执行"矩形"命令（ERC），在图形的右上方绘制两个矩形，尺寸为10×5，效果如图2-113所示。

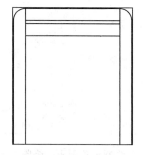

图2-112　延伸操作

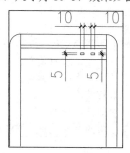

图2-113　绘制矩形

（8）执行"偏移"命令（O），将如图2-114所示的水平直线段向下进行偏移操作，偏移两条，偏移尺寸为67和15，偏移后的图形效果如图2-114所示。

（9）执行"圆弧"命令（A），绘制如图2-115所示的两条圆弧。

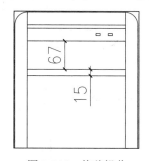

图2-114　偏移操作

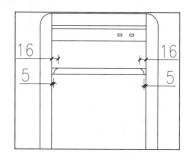

图2-115　绘制圆弧

（10）执行"修剪"命令（TR），将图形进行修剪操作，修剪后的效果如图2-116所示。

（11）执行"矩形"命令（ERC），在如图2-117所示的位置上绘制一个尺寸为33×40的矩形。

图2-116　修剪操作

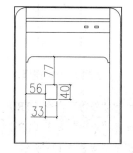

图2-117　绘制矩形

（12）执行"分解"命令（X），将刚才所绘制的矩形分解掉；再执行"偏移"命令（O），按照如图2-118所示的尺寸与方向，将相关的直线段进行偏移操作，效果如图2-118所示。

（13）执行"修剪"命令（TR），对图形进行修剪操作；再执行"复制"命令（CO），将修剪后的图形向右进行复制操作，复制距离为88，效果如图2-119所示。

（14）执行"矩形"命令（ERC），按照下面的命令行提示，绘制一个尺寸为260×350的矩形，并设置圆角模式，倒圆角半径为30，所绘制的矩形效果如图2-120所示。

```
命令: REC
RECTANG
指定第一个角点或 [倒角(C)/标高(E)/圆角(F)/厚度(T)/宽度(W)]: f
指定矩形的圆角半径 <0.0>: 30
指定第一个角点或 [倒角(C)/标高(E)/圆角(F)/厚度(T)/宽度(W)]:
指定另一个角点或 [面积(A)/尺寸(D)/旋转(R)]: d
指定矩形的长度 <10.0>: 260
指定矩形的宽度 <10.0>: 350
指定另一个角点或 [面积(A)/尺寸(D)/旋转(R)]:
```

（15）执行"圆弧"命令（A），在刚才所绘制的矩形上下两方，各绘制一条圆弧，效果如图2-121所示。

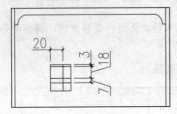

图2-118　偏移操作

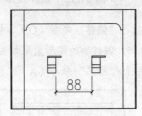

图2-119　修剪并复制

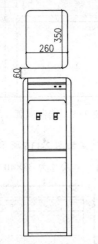

图2-120　绘制矩形

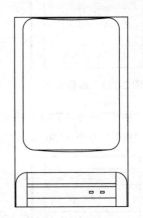

图2-121　绘制圆弧

（16）执行"修剪"命令（TR），将图形进行修剪操作，修剪后的图形效果如图2-122所示。

（17）执行"矩形"命令（ERC），在如图2-123所示的位置上，绘制一个尺寸为150×20的矩形，所绘制的矩形图形效果如图2-123所示。

图2-122　修剪操作

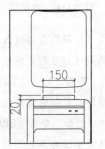

图2-123　绘制矩形

（18）执行"圆角"命令（F），将刚才所绘制的矩形上方两个角进行圆角操作，圆角半径为 10；再执行"直线"命令（L），绘制一条水平直线段，来连接刚才所倒的圆角，效果如图 2-124 所示。

（19）执行"多段线"命令（PL），绘制如图 2-125 所示的两条多段线。

（20）执行"圆弧"命令（A），绘制两条圆弧，来连接两条多段线的拐角处，效果如图 2-126 所示。

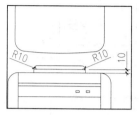

图 2-124　圆角操作

图 2-125　绘制多段线

图 2-126　绘制矩圆弧

（21）最后按键盘上的"Ctrl+ S"组合键，将图形进行保存。

2.2.3　绘制立面打印机

现在绘制立面打印机图例，首先通过绘制一个矩形，再通过分解、偏移、修剪、绘制圆、镜像和绘制多段线等基础 CAD 命令来绘制。

（1）正常启动 AutoCAD 2016 软件，从而新建一个空白文件。

（2）在"文件"下拉菜单中单击"保存"或"另存为"选项，打开"图形另存为"对话框。将文件保存为"案例\02\立面打印机.dwg"文件。

（3）执行"矩形"命令（ERC），绘制一个尺寸为 600×370 的矩形，如图 2-127 所示。

（4）执行"分解"命令（X），将矩形进行分解操作；再执行"偏移"命令（O），按照如图 2-128 所示的尺寸与方向，将相关的线段进行偏移操作，如图 2-128 所示。

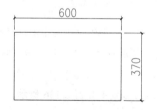

图 2-127　绘制矩形

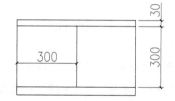

图 2-128　偏移线段

（5）执行"矩形"命令（ERC），在如图 2-129 所示的位置上绘制两个尺寸为 20×80 的矩形；再执行"多段线"命令（PL），在矩形的中间各绘制一段多段线，效果如图 2-129 所示。

（6）执行"圆"命令（C），在如图 2-130 所示的位置上绘制一个半径为 7 的圆图形；再执行"矩形"命令（ERC），在圆的中心位置绘制一个尺寸为 1×6 的矩形，效果如图 2-130 所示。

（7）执行"矩形"命令（ERC），在如图 2-131 所示的位置上绘制一尺寸为 40×40 的矩形，效果如图 2-131 所示。

（8）执行"圆"命令（C），以矩形下方水平线段的中点为圆心，绘制一个半径为 20 的圆图形，效果如图 2-132 所示。

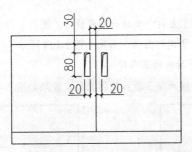

图 2-129　绘制矩形和多段线

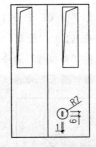

图 2-130　绘制圆和矩形

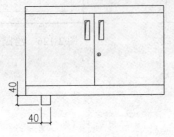

图 2-131　绘制矩形

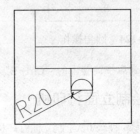

图 2-132　绘制圆

（9）执行"修剪"命令（TR），将图形进行修剪操作，修剪后的图形效果如图 2-133 所示。

（10）执行"镜像"命令（MI），将修剪后圆和矩形镜像到右边，效果如图 2-134 所示。

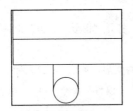

图 2-133　修剪操作

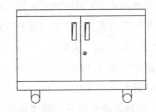

图 2-134　镜像操作

（11）执行"矩形"命令（ERC），在图形上方中间位置绘制一个尺寸为 560×500 的矩形；再执行"分解"命令（X），将矩形进行分解操作；再执行"偏移"命令（O），将分解后的矩形相关线段按照如图 2-135 所示的方向与尺寸进行偏移操作，偏移后的图形效果如图 2-135 所示。

（12）执行"修剪"命令（TR），对图形进行修剪操作，修剪后的图形效果如图 2-136 所示。

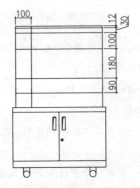

图 2-135　绘制矩形并偏移相关线段

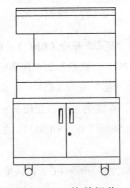

图 2-136　修剪操作

（13）执行"矩形"命令（ERC），在如图 2-137 所示的位置上绘制一个尺寸为 150×50 的矩形；再执行"多段线"命令（PL），在矩形的中间绘制一段多段线，效果如图 2-137 所示。

（14）执行"单行文字"命令（DT），在如图 2-138 所示的位置上各书写一段单行文字。

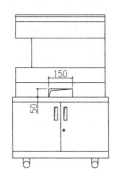

图 2-137　绘制矩形和多段线

图 2-138　书写单行文字

（15）执行"直线"命令（L），在图形的两边各绘制一段如图 2-139 所示的斜线段，表示打印机的进出纸位置，效果如图 2-139 所示。

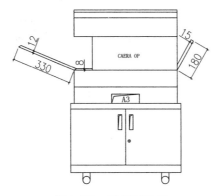

图 2-139　绘制斜线段

（16）最后按键盘上的"Ctrl+ S"组合键，将图形进行保存。

2.2.4　绘制立面办公组合沙发

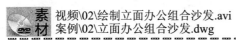

视频\02\绘制立面办公组合沙发.avi
案例\02\立面办公组合沙发.dwg

现在绘制立面办公组合沙发图例，首先通过绘制一个矩形，再通过分解、偏移、倒圆角、修剪、镜像、绘制圆弧、绘制样条曲线和绘制多段线等基础 CAD 命令来绘制。

（1）正常启动 AutoCAD 2016 软件，从而新建一个空白文件。

（2）在"文件"下拉菜单中单击"保存"或"另存为"选项，打开"图形另存为"对话框。将文件保存为"案例\02\办公组合沙发.dwg"文件。

（3）执行"矩形"命令（ERC），绘制一个尺寸为 1880×500 的矩形，如图 2-140 所示。

（4）执行"分解"命令（X），将矩形进行分解操作；再执行"偏移"命令（O），按照如 2-141 图所示的尺寸与方向，将相关的线段进行偏移操作，如图 2-141 所示。

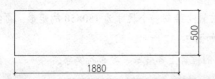

图 2-140　绘制矩形

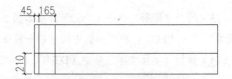

图 2-141　偏移操作

（5）执行"多段线"命令（PL），分别捕捉偏移后直线段的相关交点，绘制如图 2-142 所示的一条多段线，所绘制的多段线效果如图 2-142 所示。

（6）执行"镜像"命令（MI），将左边的图形镜像到右边，镜像后的图形如图 2-143 所示。

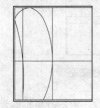

图 2-142　绘制多段线

图 2-143　镜像操作

（7）执行"修剪"命令（TR），对图形进行修剪操作，修剪后的图形效果如图 2-144 所示。

（8）执行"圆角"命令（F），在图形的下方两边的地方进行倒圆角操作，圆角半径为 20，倒圆角后的图形效果如图 2-145 所示。

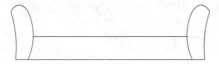

图 2-144　修剪图形

图 2-145　圆角操作

（9）执行"矩形"命令（REC），在图形的左上方绘制一个尺寸为 590×530 的矩形，效果如图 2-146 所示。

（10）执行"直线"命令（L），在矩形的上方绘制如图 2-147 所示的两条直线段，图形效果如图 2-147 所示。

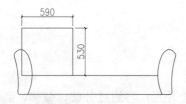

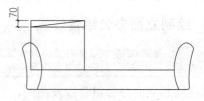

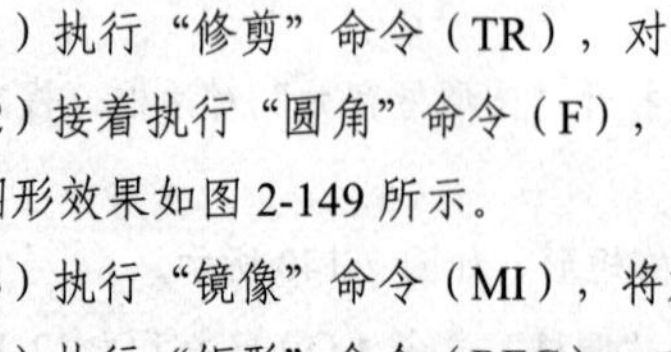

图 2-146　绘制矩形

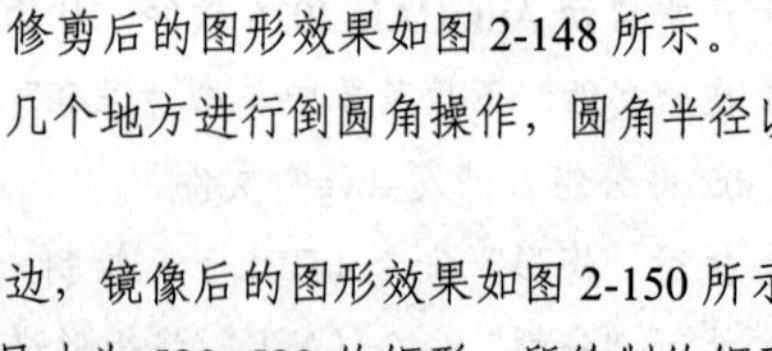

图 2-147　绘制直线段

（11）执行"修剪"命令（TR），对图形进行修剪操作，修剪后的图形效果如图 2-148 所示。

（12）接着执行"圆角"命令（F），对如图 2-149 所示的几个地方进行倒圆角操作，圆角半径以及倒圆角后的图形效果如图 2-149 所示。

（13）执行"镜像"命令（MI），将左边的图形镜像到右边，镜像后的图形效果如图 2-150 所示。

（14）执行"矩形"命令（REC），在图形中间绘制一个尺寸为 520×530 的矩形，所绘制的矩形效果如图 2-151 所示。

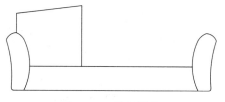

图 2-148　修剪操作

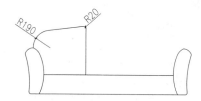

图 2-149　倒圆角操作

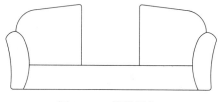

图 2-150　镜像操作

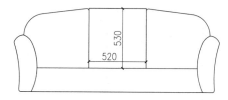

图 2-151　绘制矩形

（15）执行"圆弧"命令（A），在刚才所绘制的矩形上方绘制一条圆弧，所绘制的圆弧图形效果如图 2-152 所示。

（16）执行"删除"命令（E），将矩形上方的水平线段删除掉；再执行"圆角"命令（F），将矩形上方的两个角与圆弧进行倒圆角操作，圆角半径为 20，效果如图 2-153 所示。

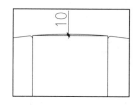

图 2-152　绘制圆弧

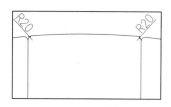

图 2-153　倒圆角

（17）执行"矩形"命令（REC），在如图 2-154 所示的地方绘制三个矩形，所绘制的矩形尺寸如图 2-154 所示。

（18）然后再执行"圆角"命令（F），对这三个矩形的四个角进行倒圆角操作，圆角半径为 30，倒圆角后的图形效果如图 2-155 所示。

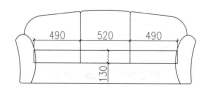

图 2-154　绘制矩形

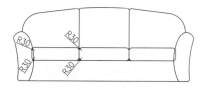

图 2-155　倒圆角

（19）执行"样条曲线"命令（SPL），在图形的两边各绘制一组矩形，表示沙发枕头，如图 2-156 所示。

（20）然后再执行"修剪"命令（TR），将图形两边被沙发枕头图形所挡住的线条部分进行修剪操作，修剪后的图形效果如图 2-157 所示。

（21）执行"圆弧"命令（A），执行"直线"命令（L），在沙发的左下角处，绘制一组如图 2-158 所示的图形，表示沙发脚。

（22）执行"镜像"命令（MI），将左边的沙发脚镜像到沙发的右边，镜像后的图形效果如图 2-159 所示。

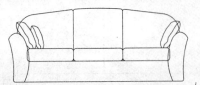

图 2-156　绘制样条曲线

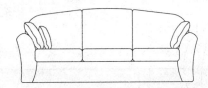

图 2-157　修剪操作

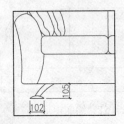

图 2-158　绘制沙发脚

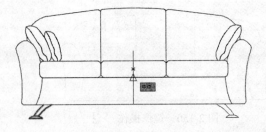

图 2-159　镜像操作

（23）执行"矩形"命令（REC），绘制一个尺寸为 726×507 的矩形，如图 2-160 所示。

（24）执行"直线"命令（L），在矩形的左边绘制如图 2-161 所示的两条直线段。

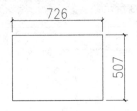

图 2-160　绘制矩形

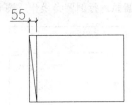

图 2-161　绘制直线段

（25）执行"修剪"命令（TR），对图形进行修剪操作，修剪后的图形效果如图 2-162 所示。

（26）执行"圆角"命令（F），对图形的四个角进行倒圆角操作，圆角尺寸如图 2-163 所示。

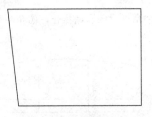

图 2-162　修剪图形

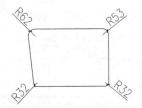

图 2-163　倒圆角操作

（27）执行"矩形"命令（REC），在图形的右边绘制一个尺寸为 19×127 的矩形；再执行"圆弧"命令（A），在刚才所绘制的矩形的右边两个角上各绘制一条半径为 32 的圆弧，效果如图 2-164 所示。

（28）执行"修剪"命令（TR），对图形进行修剪操作，修剪后的图形效果如图 2-165 所示。

（29）执行"偏移"命令（O），将矩形上方的水平线段向上进行偏移操作，偏移距离为 235；再执行"延伸"命令（EX），将偏移后的水平线段和左边的斜线段互相进行延伸操作，效果如图 2-166 所示。

（30）执行"直线"命令（L），再绘制一条斜线段；接着再执行"圆弧"命令（A），在如图 2-167 所示的位置绘制一条圆弧。

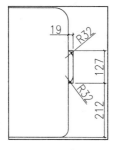

图 2-164 绘制矩形和圆弧

图 2-165 修剪操作

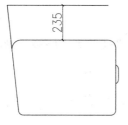

图 2-166 延伸操作

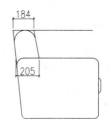

图 2-167 绘制圆弧和斜线段

（31）执行"修剪"命令（TR），对图形进行修剪操作；执行"复制"命令（CO），将前面的沙发脚图形复制到如图 2-168 所示的位置上。

（32）执行"镜像"命令（MI），将复制后的沙发脚图形镜像到右边，效果如图 2-169 所示。

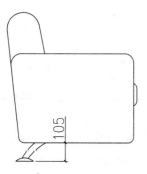

图 2-168 复制操作

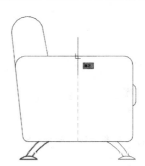

图 2-169 镜像操作

（33）然后再执行"移动"命令（M），将刚才所绘制的副沙发图形复制到前面所绘制的主沙发边，注意使沙发的底面平齐，如图 2-170 所示。

图 2-170 移动操作

（34）执行"镜像"命令（MI），将移动后的副沙发图形镜像到右边，效果如图 2-171 所示。

（35）最后按键盘上的"Ctrl+ S"组合键，将图形进行保存。

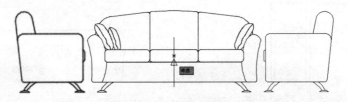

图 2-171　镜像操作

2.2.5　绘制欧式吊灯

素材　视频\02\绘制欧式吊灯.avi
　　　案例\02\欧式吊灯.dwg

现在绘制欧式吊灯图例，首先通过绘制一个矩形，再通过分解、偏移、倒圆角、修剪、镜像、绘制圆弧和绘制多段线等基础 CAD 命令来绘制。

（1）正常启动 AutoCAD 2016 软件，从而新建一个空白文件。

（2）在"文件"下拉菜单中单击"保存"或"另存为"选项，打开"图形另存为"对话框。将文件保存为"案例\02\欧式吊灯.dwg"文件。

（3）执行"矩形"命令（REC），绘制一个尺寸为 170×20 的矩形，所绘制的矩形效果如图 2-172 所示。

（4）执行"圆角"命令（F），将矩形的下面两个角进行圆角操作，圆角半径为 20，圆角效果如图 2-173 所示。

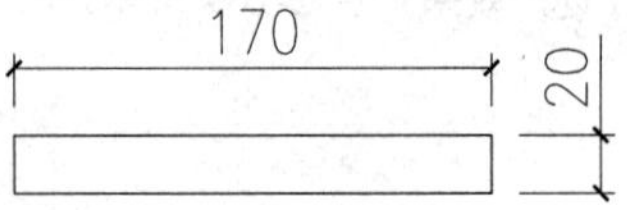

图 2-172　绘制矩形 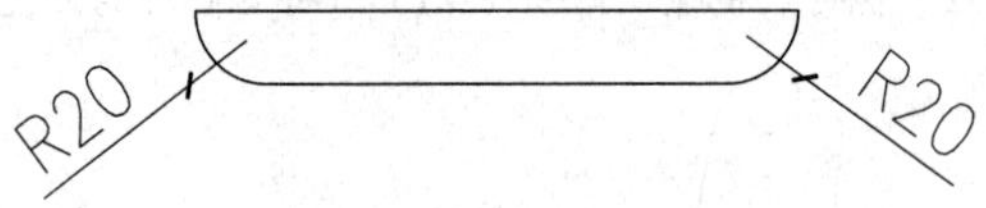　　　　　　　　　　　　　图 2-173　圆角操作

（5）执行"矩形"命令（REC），在图形的下方绘制一个尺寸为 110×85 的矩形，所绘制的矩形效果如图 2-174 所示。

（6）执行"样条曲线"命令（SPL），在矩形的左侧绘制一条如图 2-175 所示的样条曲线。

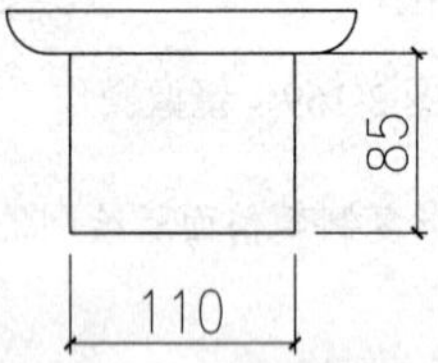

图 2-174　绘制矩形 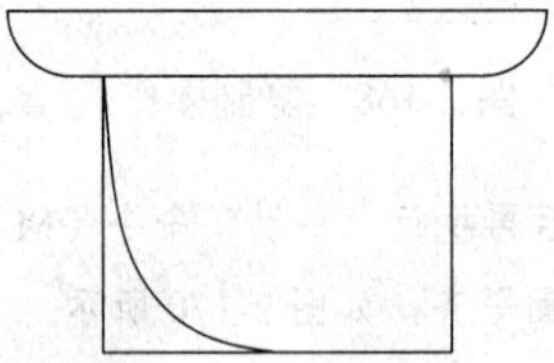　　　　　　　　　　　　　图 2-175　绘制样条曲线

（7）执行"镜像"命令（MI），将左边的样条曲线镜像到右边，镜像后的图形效果如图 2-176 所示。

（8）执行"修剪"命令（TR），对图形进行修剪操作，修剪后的图形效果如图 2-177 所示。

（9）执行"矩形"命令（REC），绘制两个矩形，尺寸为 20×226 和 100×10；再执行"移动"命令（M），将这两个矩形移动到如图 2-178 所示的位置上。

（10）执行"修剪"命令（TR），对图形进行修剪操作，修剪后的图形效果如图 2-179 所示。

（11）执行"矩形"命令（REC），在图形的下方绘制一个尺寸为 100×52 的矩形，效果如图 2-180 所示。

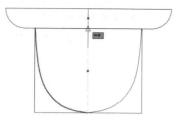

图 2-176 镜像操作

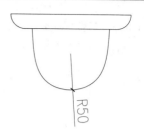

图 2-177 修剪操作

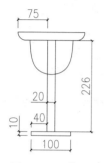

图 2-178 绘制矩形

图 2-179 修剪操作

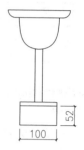

图 2-180 继续绘制矩形

（12）执行"圆弧"命令（A），在矩形的左边绘制两条圆弧，效果如图 2-181 所示。

（13）执行"镜像"命令（MI），将两条圆弧图形镜像到右边，镜像后的图形效果如图 2-182 所示。

（14）执行"修剪"命令（TR），对图形进行修剪操作，修剪后的图形效果如图 2-183 所示。

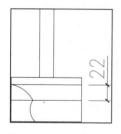

图 2-181 绘制圆弧

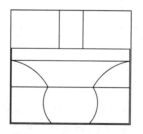

图 2-182 镜像操作

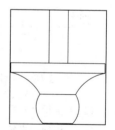

图 2-183 修剪操作

（15）执行"矩形"命令（REC），在图形的下方绘制一个尺寸为 60×10 的矩形，效果如图 2-184 所示。

（16）执行"圆角"命令（F），将矩形的四个角进行倒圆角操作，圆角半径为 5，效果如图 2-185 所示。

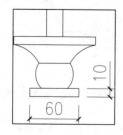

图 2-184 绘制矩形

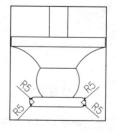

图 2-185 倒圆角操作

（17）执行"矩形"命令（REC），绘制一个尺寸为 570×130 的矩形；再执行"移动"命令（M），将矩形移动到如图 2-186 所示的位置上。

（18）执行"圆弧"命令（A），在所绘制的矩形内绘制一条如图2-187所示的圆弧。

（19）执行"修剪"命令（TR），对图形进行修剪操作，修剪后的图形效果如图2-188所示。

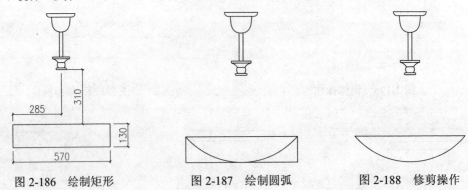

图2-186　绘制矩形　　　　　图2-187　绘制圆弧　　　　　图2-188　修剪操作

（20）执行"矩形"命令（REC），执行"直线"命令（L），绘制如图2-189所示的两个矩形和四条竖直直线段。

（21）执行"圆弧"命令（A），如图2-190所示，绘制四条圆弧。

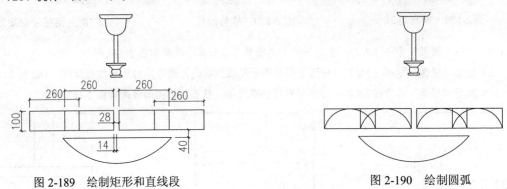

图2-189　绘制矩形和直线段　　　　　　　　图2-190　绘制圆弧

（22）执行"修剪"命令（TR），对图形进行修剪操作，修剪后的图形效果如图2-191所示。

（23）执行"直线"命令（L），绘制如图2-192所示的两条斜线段。

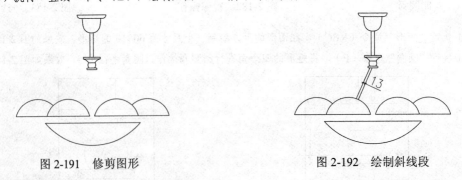

图2-191　修剪图形　　　　　　　　　图2-192　绘制斜线段

（24）执行"镜像"命令（MI），将前面所绘制的两条斜线段镜像到右边，镜像后的图形效果如图2-193所示。

（25）执行"矩形"命令（REC），在四条圆弧下面对应位置绘制四个矩形，尺寸为42×9，所绘制的图形效果如图2-194所示。

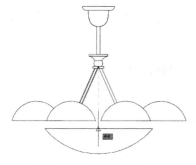

图 2-193　镜像操作

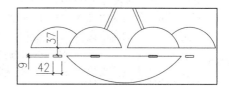

图 2-194　绘制矩形

（26）执行"直线"命令（L），在前面所绘制的四个矩形上方各绘制两条相对应的斜线段，效果如图 2-195 所示。

（27）执行"样条曲线"命令（SPL），在图形的左边两个矩形位置上绘制四条样条曲线；并执行"修剪"命令（TR），对样条曲线进行修剪操作，效果如图 2-196 所示。

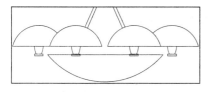

图 2-195　绘制斜线段

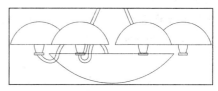

图 2-196　绘制样条曲线

（28）执行"镜像"命令（MI），将修剪后的样条曲线镜像到右边，镜像后的图形效果如图 2-197 所示。

（29）执行"修剪"命令（TR），对图形进行修剪操作，修剪后的图形效果如图 2-198 所示。

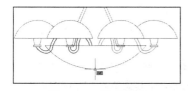

图 2-197　镜像操作

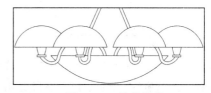

图 2-198　修剪操作

（30）最后按键盘上的"Ctrl+ S"组合键，将图形进行保存。

2.2.6　绘制中式条案

 视频\02\绘制中式条案.avi
案例\02\中式条案.dwg

现在绘制中式条案图例，首先通过绘制一个矩形，再通过分解、偏移、倒圆角、修剪、镜像、绘制圆弧、绘制多段线和插入块等基础 CAD 命令来绘制。

（1）正常启动 AutoCAD 2016 软件，从而新建一个空白文件。

（2）在"文件"下拉菜单中单击"保存"或"另存为"选项，打开"图形另存为"对话框。将文件保存为"案例\02\中式条案.dwg"文件。

（3）执行"矩形"命令（REC），绘制一个尺寸为 1200×30 的矩形，所绘制的矩形效果如图 2-199 所示。

（4）执行"倒角"命令（CHA），按照下面的命令行提示，将矩形的下方两个角进行倒角操作，倒角距离为 8，倒角后的效果如图 2-200 所示。

```
命令：CHA
CHAMFER
（"修剪"模式）当前倒角距离 1 = 0.0，距离 2 = 0.0
选择第一条直线或 [放弃(U)/多段线(P)/距离(D)/角度(A)/修剪(T)/方式(E)/多个(M)]：d
指定 第一个 倒角距离 <0.0>：8
指定 第二个 倒角距离 <8.0>：8
选择第一条直线或 [放弃(U)/多段线(P)/距离(D)/角度(A)/修剪(T)/方式(E)/多个(M)]：
选择第二条直线，或按住 Shift 键选择直线以应用角点或 [距离(D)/角度(A)/方法(M)]：
```

图 2-199　绘制矩形　　　　　　　　　　　　　　　图 2-200　倒角操作

（5）执行"矩形"命令（REC），在图形的下方绘制一个尺寸为 1170×8 的矩形，所绘制的矩形图形效果如图 2-201 所示。

（6）继续执行"矩形"命令（REC），在图形的左右两侧各绘制一个尺寸为 40×712 的矩形，所绘制的矩形图形效果如图 2-202 所示。

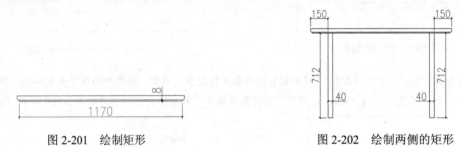

图 2-201　绘制矩形　　　　　　　　　　　　　　　图 2-202　绘制两侧的矩形

（7）继续执行"矩形"命令（REC），在如图 2-203 所示的位置上绘制一个尺寸为 400×160 的矩形。

（8）执行"偏移"命令（O），将所绘制的矩形向内进行偏移操作，偏移距离为 15 和 5，偏移后的图效果如图 2-204 所示。

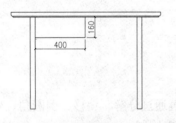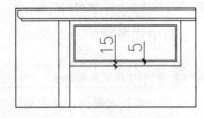

图 2-203　绘制矩形　　　　　　　　　　　　　　　图 2-204　偏移操作

（9）执行"直线"命令（L），在矩形的四个角上各绘制一条斜线段，效果如图 2-205 所示。

（10）执行"镜像"命令（MI），将矩形和四条斜线段镜像到图形的右边，效果如图 2-206 所示。

（11）执行"矩形"命令（REC），在如图 2-207 所示的位置上绘制一个尺寸为 850×30 的矩形。

（12）执行"圆弧"命令（A），如图 2-208 所示，捕捉相关线段的交点与中点，绘制两条相对应的圆弧。

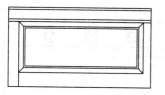

图 2-205　绘制斜线段

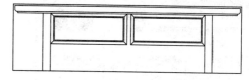

图 2-206　镜像操作

图 2-207　绘制矩形

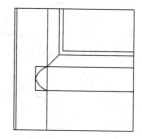

图 2-208　绘制圆弧

（13）执行"镜像"命令（MI），将所绘制的两条圆弧镜像到图形的右边，效果如图 2-209 所示。

（14）执行"修剪"命令（TR），对图形进行修剪操作，修剪后的图形效果如图 2-210 所示。

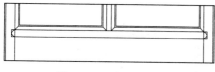

图 2-209　绘制圆弧

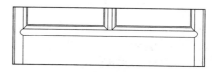

图 2-210　镜像圆弧

（15）执行"圆弧"命令（A），执行"直线"命令（L），如图 2-211 所示，绘制四条圆弧，六条斜线段。

（16）执行"镜像"命令（MI），将前面所绘制的圆弧和斜线段镜像到图形的右边，镜像后的图形效果如图 2-212 所示。

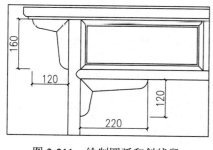

图 2-211　绘制圆弧和斜线段

图 2-212　镜像操作

（17）执行"插入块"命令（I），弹出"插入"对话框，勾选"在屏幕上指定"，勾选"统一比例"，如图 2-213 所示。然后将配套光盘中的"图块\02\抽屉拉手"图块插入中式条案图形中，插入图块图形后的效果如图 2-214 所示。

（18）最后按键盘上的"Ctrl+ S"组合键，将图形进行保存。

图 2-213　插入对话框

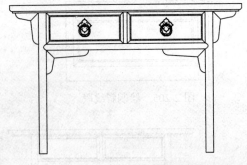

图 2-214　插入图块图形效果

2.3　本 章 小 结

　　本章主要讲解的是室内设计中常用的平面及立面图例的绘制，通过这些图例的绘制使读者掌握 AutoCAD 2016 软件的绘图工具及编辑工具的结合使用和操作技巧。

第3章 创建室内设计绘图模板

本章主要对室内设计的相关绘图模板进行讲解，首先讲解设置室内设计绘图环境，包括创建样板文件、设置图形界限、设置图形单位、创建文字样式、创建标注样式、设置引线样式、设置图层和设置多线样式等。再绘制一些常用图块图形，例如门图形、门动态块图形、立面指向符动态块、标高动态块和图名动态块图形等。

■ 学习内容

✧ 新建绘图环境
✧ 绘制常用图块图形

3.1 新建绘图环境

素材 视频\03\创建样板文件.avi
案例\03\室内设计模板.dwt

虽然利用设计中心可以避免在每一幅图形中都要执行定义图层、定义各种样式以及创建块这样的重复操作，但仍然需要通过拖放等操作来复制这些项目。如果采用样板文件，则可以进一步提高绘图效率，为了避免绘制每一张施工图都重复地设置图层、线型、文字样式和标注样式等内容，用户可以预先将这些相同部分一次性设置好，然后将其保存为样板文件。

创建了样板文件后，在绘制施工图时，就可以在该样板文件基础上创建图形文件，从而加快绘图速度，提高工作效率。

下面以一个实例的方式来讲解如何创建 CAD 的样板文件。

3.1.1 创建样板文件

样板文件使用了特殊的文件格式，在保存时需要特别设置。

（1）正常启动 AutoCAD 2016 软件，从而新建一个空白文件。

（2）在"文件"下拉菜单中单击"保存"或"另存为"选项，打开"图形另存为"对话框。

（3）在"文件类型"下拉列表框中选择"AutoCAD 图形样板（*.dwt）"选项，输入文件名"室内设计模板"，单击"保存"按钮保存文件，如图 3-1 所示。

图 3-1 保存样板文件

（4）单击"保存"后，接着就会弹出"样板选项"对话框，按照如图3-2所示的参数进行设置，最后单击"确定"按钮。

（5）下次绘图时，即可以该样板文件新建图形，在此基础上进行绘图，如图3-3所示。

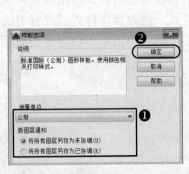

图3-2　样板选项对话框

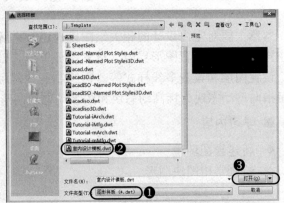

图3-3　选择样板对话框

3.1.2　设置图形界限

绘图界限就是AutoCAD的绘图区域，也称图限。通常所用的图纸都有一定的规格尺寸，室内装潢施工图一般调用A3图幅打印输出，打印输出比例通常为1:100，所以图形界限通常设置为42000×29700。为了将绘制的图形方便地打印输出，在绘图前应设置好图形界限。

（1）执行"LIMITS"命令，依照命令行的提示，设定图形界限的左下角为（0，0），右上角为（42000，29700），从而设定A4幅面的横向界限。

```
命令：LIMITS                                            //输入LIMITS命令
重新设置模型空间界限：
指定左下角点或 [开(ON)/关(OFF)] <0.0000,0.0000>：        //回车以原点为左下角点
    指定右上角点 <420.0000,297.0000>：42000,29700 //输入新的长度值和宽度值，并回车确认
```

（2）执行"ZOOM"命令（Z），再选择"全部（A）"选项，使输入的图形界限区域全部显示有图形窗口内。

```
命令：ZOOM                                              //输入ZOOM命令
指定窗口的角点，输入比例因子 (nX 或 nXP)，或者
[全部(A)/中心(C)/动态(D)/范围(E)/上一个(P)/比例(S)/窗口(W)/对象(O)] <实时>：a 正
在重生成模型。                                          //选择全部选项
```

3.1.3　设置图形单位

室内设计通常采用"毫米"作为基本单位，即一个图形单位为1mm，并且采用1:1的比例，即按照实际尺寸绘图，在打印时再根据需要设置打印输出比例。

执行"格式|单位"菜单命令，或者在命令窗口中输入"UNITS"命令（UN），弹出"图形单位"对话框。然后按照如图3-4所示的参数进行设置，操作过程如图3-4所示。

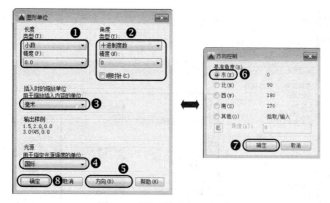

图 3-4　图形单位设置操作

3.1.4　创建标注文字样式和尺寸文字样式

文字样式是对同一类文字的格式设置的集合，包括字体、字高、显示效果等。在标注文字前，应首先定义文字样式，以指定字体、字高等参数，然后用定义好的文字样式进行标注。

（1）执行"格式|文字样式"菜单命令，或者在命令窗口中输入"STYLE"命令（ST），弹出"文字样式"对话框。单击选中"Standard"文字样式，再单击"新建"按钮，弹出"新建文字样式"按钮，输入新文字样式名称，再单击"确定"按钮，返回"文字样式"对话框，操作过程如图 3-5 所示。

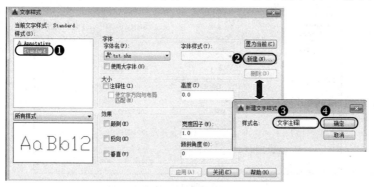

图 3-5　新建文字样式

（2）返回"文字样式"对话框之后，在"字体名"选项中单击下拉菜单按钮，在弹出的下拉菜单中单击选择"仿宋"字体，如图 3-6 所示。

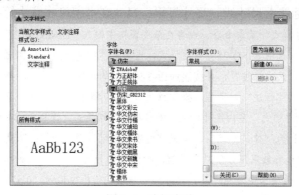

图 3-6　选择字体

（3）同样方式，按照如图3-7所示提供的参数对其他选项进行设置，最后单击"应用"按钮，将当前参数设置进行保存，操作过程如图3-7所示。

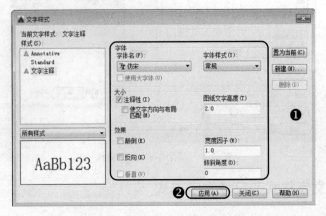

图3-7　其他文字样式参数设置

（4）按照创建标注文字样式的方式，来创建一个尺寸标注文字样式，最后单击"应用"按钮，将参数设置进行保存，所创建的尺寸标注文字样式如图3-8所示。最后单击"关闭"按钮，退出"文字样式"对话框。

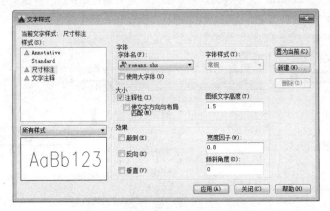

图3-8　尺寸标注文字样式设置

3.1.5　创建尺寸标注样式

一个完整的尺寸标注由尺寸线、尺寸界限、尺寸文本和尺寸箭头等组成。

（1）执行"格式|标注样式"菜单命令，或者在命令窗口中输入"DIMSTYLE"命令（D），弹出"标注样式管理器"对话框。单击选中"ISO-25"标注样式，再单击"新建"按钮，弹出"创建新标注样式"对话框，输入新样式名称"室内尺寸标注"，并按照如图3-9所示的参数进行设置，再单击"继续"按钮，进入到"新建标注样式：室内尺寸标注"对话框，操作过程如图3-9所示。

（2）进入到"新建标注样式：室内尺寸标注"对话框后，切换到"符号和箭头"选项卡中，设置"第一个"和"第二个"箭头标记为"建筑标记"，设置"引线"标记为"实心闭合"箭头标记，在"箭头大小"编辑框中输入"0.5"，其他参数采用系统默认数值，如图3-10所示。

（3）再切换到"线"选项卡中，在"超出尺寸线"选项编辑框中输入"0.5"，在"起点偏移量"选项编辑框中输入"1"，其他参数采用系统默认数值，如图3-11所示。

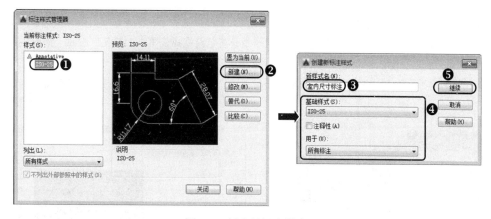

图 3-9　创建新标注样式

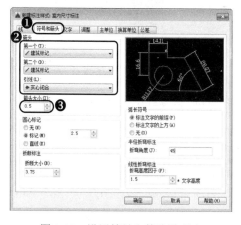

图 3-10　设置符号和箭头选项卡

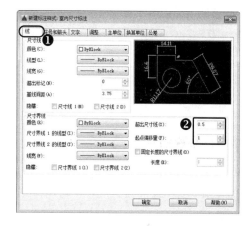

图 3-11　设置线选项卡

（4）切换到"文字"选项卡中，在"文字样式"列表框中选择"尺寸标注"文字样式，在"从尺寸线偏移"选项编辑框中输入"0.5"，其余内容默认系统原有设置其他参数采用系统默认数值，如图 3-12 所示。

（5）切换到"调整"选项卡中，在"标注特征比例"选项组中勾选"注释性"复选框，使标注具有注释性功能，其余内容默认系统原有设置，其他参数采用系统默认数值，如图 3-13 所示。

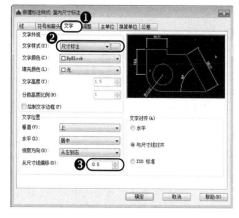

图 3-12　设置文字选项卡

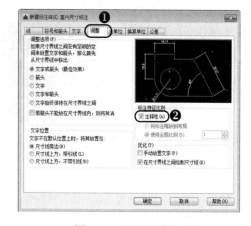

图 3-13　设置调整选项卡

（6）切换到"主单位"选项卡中，单击选择"精度"选项旁边的下拉菜单按钮，选择精度模式为"0"，其他参数采用系统默认数值。至此，新建标注样式参数设置已经完成，单击"确定"按钮，如图3-14所示。

（7）单击"确定"按钮后，返回到"标注样式管理器"对话框中，单击"置为当前"按钮，使刚才设置的"室内尺寸标注"标注样式为当前有效模式，最后单击"关闭"按钮退出"标注样式管理器"对话框，如图3-15所示。

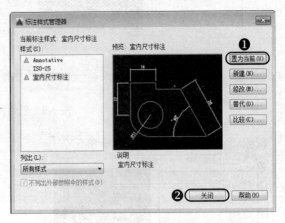

图3-14　设置主单位选项卡　　　　　　　　图3-15　置为当前并退出标注样式管理器

3.1.6　设置引线样式

引线标注用于对指定部分进行文字解释说明，由引线、箭头和引线内容三部分组成。引线样式用于对引线的内容进行规范和设置，引出线与水平方向的夹角一般采用0°、30°、45°、60°或90°。

（1）执行"格式|多重引线样式"菜单命令，或者在命令窗口中输入"MLEADERSTYLE"命令，弹出"多重引线样式管理器"对话框。单击选中"Standard"引线样式，然后再单击"新建"对话框，弹出"创建新多重引线样式"按钮，输入新样式名称"引线标注"，并按照如图3-16所示的参数进行设置，再单击"继续"按钮，进入到"修改多重引线样式：引线标注"对话框，操作过程如图3-16所示。

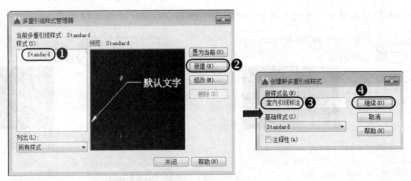

图3-16　创建新多重引线样式

（2）进入到"修改多重引线样式：引线标注"对话框后，切换到"引线格式"选项卡中，单击选择"常规|类型"选项旁边的下拉菜单按钮，选择类型为"直线"类型，再单击选择"箭头|符号"选项旁边的下拉菜

单按钮，选择符号为"点"类型，并设置箭头符号大小为"0.5"，其他参数采用系统默认数值，如图 3-17 所示。

（3）再切换到"引线结构"选项卡中，勾选"比例|注释性"选项，其他参数采用系统默认数值，如图 3-18 所示。

图 3-17　设置引线格式选项卡

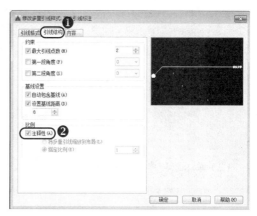

图 3-18　设置引线结构选项卡

（4）切换到"引线格式"选项卡中，单击选择"文字样式"选项旁边的下拉菜单按钮，选择文字样式类型为"文字注释"类型，在"基线间隙"选项编辑框中输入"1"，并勾选上"将引线延伸至文字"选项，其他参数采用系统默认数值，至此，新建标注样式参数设置已经完成，单击"确定"按钮，如图 3-19 所示。

（5）单击"确定"按钮后，返回到"多重引线样式管理器"对话框中，单击"置为当前"按钮，使刚才设置的"引线标注"多重引线样式为当前有效模式，最后单击"关闭"按钮退出"多重引线样式管理器"对话框，如图 3-20 所示。

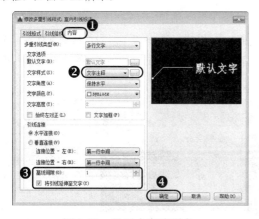

图 3-19　设置内容选项卡

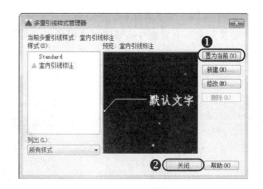

图 3-20　置为当前并退出多重引线样式管理器

3.1.7　设置图层

绘制室内设计图纸需要创建"轴线、墙体、门、窗、楼梯、标注、节点、电气、吊顶、地面、填充、立面和家具"等图层。

（1）执行"格式|图层"菜单命令，或者在命令窗口中输入"LAYER"命令（LA）；弹出"图层特性管理器"对话框。如图 3-21 所示。

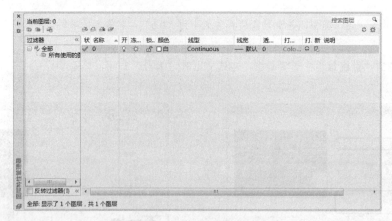

图 3-21　图层特性管理器

（2）单击图层特性管理器的新建图层按钮，新增一行图层，并处于图层命名状态，在所对应的名称栏中输入新的图层名称"DD1-灯带"，回车确认，操作过程如图 3-22 所示。

图 3-22　输入新图层名称

（3）在图层特性管理器中单击选中所命名的"DD1-灯带"图层"颜色"选项下所对应的颜色色块，弹出"选择颜色"对话框，在该对话框中选中"黄色"颜色，再单击"确定"按钮，返回图层特性管理器，操作过程如图 3-23 所示。

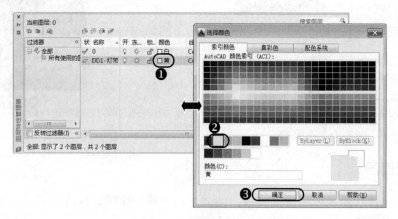

图 3-23　设置图层颜色

（4）在图层特性管理器中单击选中所命名的"DD1-灯带"图层"线型"选项下所对应线型名称，弹出

"选择线型"对话框，接着单击"加载"按钮，弹出"加载或重载线型"对话框，在该对话框中选中"DASHED"线型，再单击"确定"按钮，返回"选择线型"对话框，再单击选中刚才所加载的线型名称"DASHED"，最后单击"确定"按钮，返回图层特性管理器，操作过程如图 3-24 所示。

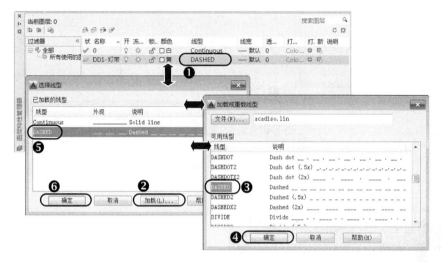

图 3-24　设置图层线型

（5）"DD1-灯带"图层其他特性保持默认值，该图层创建完成，使用相同的方法创建其他图层，创建完成的相关图层的名称及参数如图 3-25 所示。

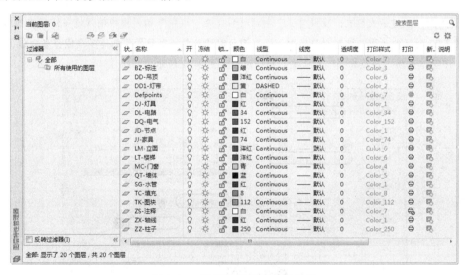

图 3-25　所有的图层名称及参数

3.1.8　设置多线样式

在绘制建筑图中的墙线、窗线时，多数人习惯单独地绘制每一条平行线，也就是通过先偏移，再修剪的方法完成。由于修剪的线段多，会大大降低绘图速度，而且容易出错。所以创建好相关的多线样式，可以提高绘制建筑图的速度。

（1）执行"格式|多线样式"菜单命令，或者在命令窗口中输入"MLSTYLE"命令，弹出"多线样式"对话框。单击选中"Standard"引线样式，然后再单击"新建"按钮，弹出"创建新的多线样式"对话框，输入新样式名称"窗线样式"，再单击"继续"按钮，进入到"新建多线样式：窗线样式"对话框，操作过程如图 3-26 所示。

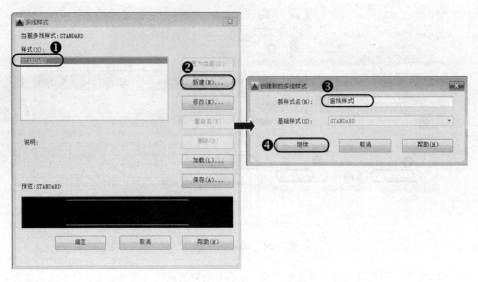

图 3-26　设置新的多线样式名称

（2）进入到"新建多线样式：窗线样式"对话框后，在"说明"输入框中输入该多线样式的用途说明，再按照如图 3-27 所示的步骤，设置封口参数，以及图元偏移参数（重复操作创建多个偏移参数值），最后单击"确定"按钮，返回"多线样式"对话框，操作过程如图 3-27 所示。

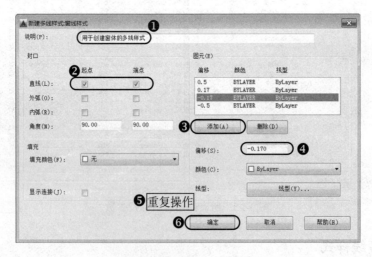

图 3-27　设置窗线样式参数

（3）同样方式，按照如图 3-28 所示提供的参数对"墙线样式"进行设置，并将"墙线样式"多线样式置为当前，最后单击"确定"按钮，退出"多线样式"对话框。

图 3-28 设置墙线样式参数

3.2 绘制常用图块图形

绘制室内施工图经常会用到门、窗等基本图形，为了避免重复劳动，一般在样板文件中将其绘制出来，并设置为图块，以方便调用。

3.2.1 绘制门图块

素材 视频\03\绘制门图块.avi
图块\03\门 1000.dwg

门指建筑物的出入口或安装在出入口能开关的装置，门是分割有限空间的一种实体，它的作用是可以连接和关闭两个或多个空间的出入口。

（1）在"默认"选项卡中的"图层"选项板中，将"0"图层置为当前图层。

（2）执行"矩形"命令（REC），指定绘图区域任意一点作为矩形的一个角点，再选择"尺寸"选项，输入要绘制矩形的长度值和宽度值，然后移动鼠标到起点的右下方单击，从而确定矩形的另一个角点所处的位置，命令行提示如下，绘制过程如图 3-29 所示。

```
命令：REC                                          //执行矩形命令
RECTANG
指定第一个角点或 [倒角(C)/标高(E)/圆角(F)/厚度(T)/宽度(W)]：//指定矩形的一个角点
指定另一个角点或 [面积(A)/尺寸(D)/旋转(R)]：d          //选择尺寸选项
指定矩形的长度 <40>：40                             //输入矩形的长度值
指定矩形的宽度 <1000>：1000                         //输入矩形的宽度值
指定另一个角点或 [面积(A)/尺寸(D)/旋转(R)]：  //移动鼠标到起点的右下方单击，从而确定
                                           矩形的另一个角点的位置
```

（3）执行"圆弧"命令（A），选择"圆心"选项，指定所绘制的矩形的左下角点为圆弧的圆心，再选择矩形的左上角点为圆弧的起点，选择"角度"选项，输入角度值"–90"，绘制如图 3-30 所示的圆弧，命令行提示如下，绘制过程如图 3-30 所示。

```
命令：A                                                      //执行圆弧命令
ARC
指定圆弧的起点或 [圆心(C)]: c                                  //选择圆心选项
指定圆弧的圆心：                                              //指定圆心
指定圆弧的起点：                                              //指定圆弧的起点
指定圆弧的端点(按住 Ctrl 键以切换方向)或 [角度(A)/弦长(L)]: a   //选择角度选项
指定夹角(按住 Ctrl 键以切换方向): -90                          //输入圆弧的旋转角度
```

图 3-29　绘制矩形

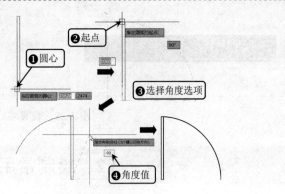

图 3-30　绘制圆弧

（4）执行"写块"命令（W），弹出"写块"对话框，首先设置块文件保存位置，以矩形的左下角点为基点，参照前面的所讲解的操作方法，将门图形进行写块操作，相关的"写块"对话框如图 3-31 所示。

图 3-31　写块操作

3.2.2　绘制门动态块图块图形

动态块编辑功能可以给图块定义一些参数、动作，参数和动作的配合可以让图块按照用户的需要动起来，此外，还可以通过将多个图块放到一个图块里，然后设置可见性参数，将多个图块合成为一个图块。动态块定义的关键是合理设置参数和动作，让图块按用户的需要进行变化。

（1）执行"编辑块定义"命令（BE），弹出"编辑块定义"对话框，选择所前面所绘制的"门 1000"图块，再单击"确定"按钮，进入到"块编辑器"环境，如图 3-32 所示。

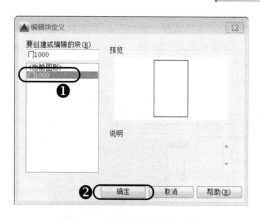

图 3-32　编辑块定义对话框

（2）进入到"块编辑器"环境后，会弹出"块编写选项板"，如图 3-33 所示。单击切换到"参数"选项板，单击选择"线性"工具按钮，然后再分别指定如图 3-34 所示的两个点作为"线性"参数的两个测量点，再指定线性参数的放置位置，操作过程如图 3-34 所示。

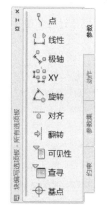

图 3-33　块编写选项板

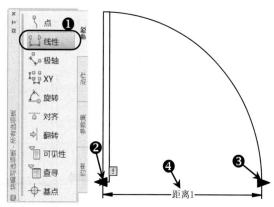

图 3-34　线性参数设置

（3）单击选择"旋转"工具按钮，指定矩形的左卜角角点作为"旋转"参数的基点；然后打开正交，向右拖动鼠标，提示输入参数半径时，为了和线性参数能区分开来，此时半径参数应不等于 1000，例如输入"500"；提示指定默认旋转角度，输入"0"，操作过程如图 3-35 所示。

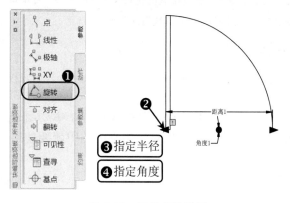

图 3-35　旋转参数设置

（4）单击切换到"动作"选项板，单击选择"缩放"工具按钮，提示选择参数，单击选择前面所创建的线性参数；提示选择对象，框选住所有的图形，确定，完成"缩放"动作设置，操作过程如图3-36所示。

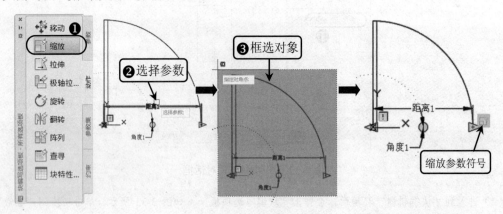

图3-36　缩放动作设置

（5）单击"选择"工具按钮，参照前面设置"缩放"动作的操作步骤。提示选择参数，单击选择前面所创建的旋转参数；提示选择对象，框选住所有的图形，确定，完成"旋转"动作设置，操作过程如图3-37所示。

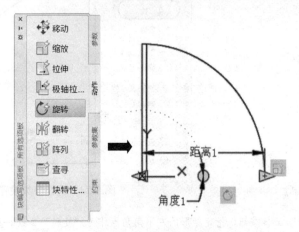

图3-37　旋转动作设置

（6）单击选择"保存块"工具按钮 ，将动态块的参数设置进行保存。再单击"关闭块编辑器"按钮 ，关闭块编辑器，返回到绘图窗口，"门1000"动态块创建完成。

3.2.3　绘制立面指向符动态块

视频\03\绘制立面指向符动态块.avi
图块\03\立面指向符.dwg

立面指向符是室内装修施工图中特有的一种标识符号，主要用于立面图编号。当某个垂直界面需要绘制立面图时，在该垂直界面所对应的平面图中就要使用立面指向符，以方便确认该垂直界面的立面图编号。

立面指向符由等边直角三角形、圆和字母组成，其中字母为立面图的编号，黑色的箭头指向立面的方向。

（1）在"默认"选项卡中的"图层"选项板中，将"0"图层置为当前图层。

（2）执行"多段线"命令（PL），指定绘图区域任意一点为多段线起点，绘制一个两直角边为380的等腰直角三角形，命令行提示如下，绘制过程如图3-38所示。

```
命令：PL                                          //执行多段线命令
PLINE
指定起点：                                        //指定多段线起点
当前线宽为 0                                       //系统提示当前线宽参数
指定下一个点或 [圆弧(A)/半宽(H)/长度(L)/放弃(U)/宽度(W)]： <正交 开> 380
                                                 //打开正交模式，向右拖动鼠标，
                                                 //并输入长度值
指定下一点或 [圆弧(A)/闭合(C)/半宽(H)/长度(L)/放弃(U)/宽度(W)]： 380
                                                 //向上拖动鼠标并输入长度值
指定下一点或 [圆弧(A)/闭合(C)/半宽(H)/长度(L)/放弃(U)/宽度(W)]： c
                                                 //选择闭合选项，形成三角形
```

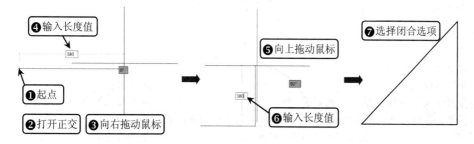

图3-38　绘制等腰直角三角形

（3）执行"旋转"命令（RO），选择刚才所绘制的等腰直角三角形，确定之后，再单击指定等腰直角三角形斜边的中点为旋转基点，再输入旋转角度"135"，命令行提示如下，绘制过程如图3-39所示。

```
命令：RO                                          //执行旋转命令
ROTATE
UCS 当前的正角方向： ANGDIR=逆时针 ANGBASE=0         //提示当前设置参数
选择对象：找到 1 个                                 //选择对象并确定
指定基点：                                         //指定旋转基点
指定旋转角度，或 [复制(C)/参照(R)] <0>： 135        //输入旋转角度
```

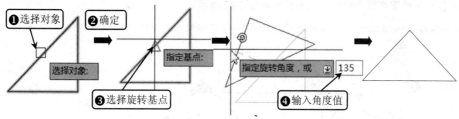

图3-39　旋转图形

（4）执行"圆"命令（C），捕捉等腰直角三角形斜边的中点作为圆心点，再捕捉任意一条直角边的中点作为圆的通过点，从而确定圆的大小，绘制如图3-40所示的圆，命令行提示如下，绘制过程如图3-40所示。

```
命令：C                                                    //执行圆命令
CIRCLE
指定圆的圆心或 [三点(3P)/两点(2P)/切点、切点、半径(T)]：    //指定圆心点
指定圆的半径或 [直径(D)] <190>：                           //指定直角边的中点从而确定圆大小
```

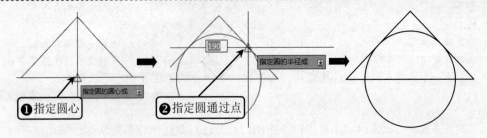

图 3-40　绘制圆

（5）执行"修剪"命令（TR），单击选择圆图形作为修剪边，确定，再单击选择圆图形所包围的直线段部分，将其修剪掉，命令行提示如下，绘制过程如图 3-41 所示。

```
命令：TR                                                   //执行修剪命令
TRIM
当前设置：投影=UCS，边=无                                  //当前参数设置
选择剪切边…                                               //提示选择剪切边
选择对象或 <全部选择>：找到 1 个                           //选择圆图形为剪切边并确定
选择要修剪的对象，或按住 Shift 键选择要延伸的对象，或
[栏选(F)/窗交(C)/投影(P)/边(E)/删除(R)/放弃(U)]：//选择圆图形所包围的直线段部分
```

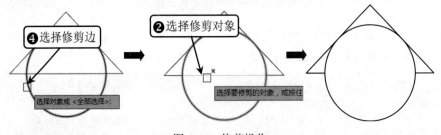

图 3-41　修剪操作

（6）执行"填充"命令（H），按照如图 3-42 所示的操作步骤，选择填充图案为"SOLID"，对三角形相关的三个区域进行图案填充操作，绘制过程如图 3-42 所示。

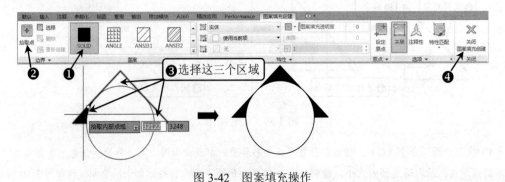

图 3-42　图案填充操作

（7）执行"属性定义"命令（ATT），弹出"属性定义"对话框，在其中设置相应的参数，然后按照如图 3-43 所示的步骤在立面指向符内部添加属性文字。

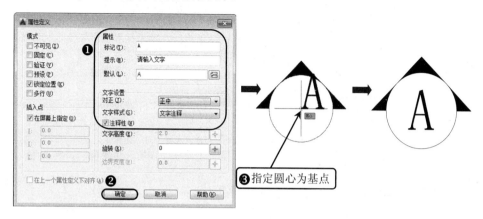

图 3-43　定义属性

（8）执行"写块"命令（W），弹出"写块"对话框，首先设置块文件保存位置，然后按照如图 3-44 所示的操作，将立面指向符进行写块操作。

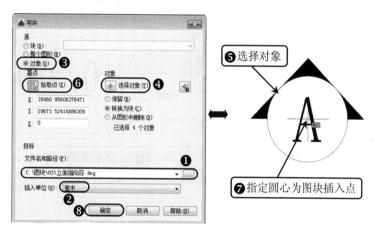

图 3-44　写块操作

3.2.4　绘制标高动态块

素材　视频\03\绘制标高动态块.avi
图块\03\标高符号.dwg

标高表示建筑物各部分的高度，是建筑物某一部位相对于基准面（标高的零点）的竖向高度，是竖向定位的依据。在施工图中经常有一个小小的直角等腰三角形，三角形的尖端或向上或向下，这是标高的符号。

（1）在"默认"选项卡中的"图层"选项板中，将"0"图层置为当前图层。

（2）执行"多段线"命令（PL），根据命令行提示绘制标高图形，绘制结果如图 3-45 所示。

图 3-45　标高图形

```
命令：PL PLINE                                          //执行多段线命令
指定起点：                                              //捕捉绘制区一点为多段线起点
当前线宽为 0.0
指定下一个点或 [圆弧(A)/半宽(H)/长度(L)/放弃(U)/宽度(W)]：1000
                                                       //光标水平向左输入长度值
指定下一点或 [圆弧(A)/闭合(C)/半宽(H)/长度(L)/放弃(U)/宽度(W)]：<135
                                                       //输入角度值，锁定角度
角度替代：135
指定下一点或 [圆弧(A)/闭合(C)/半宽(H)/长度(L)/放弃(U)/宽度(W)]：212
                                                       //输入斜线段长度值
指定下一点或 [圆弧(A)/闭合(C)/半宽(H)/长度(L)/放弃(U)/宽度(W)]：<225
                                                       //输入角度值，锁定角度
角度替代：225
指定下一点或 [圆弧(A)/闭合(C)/半宽(H)/长度(L)/放弃(U)/宽度(W)]：212
                                                       //输入斜线段长度值
指定下一点或 [圆弧(A)/闭合(C)/半宽(H)/长度(L)/放弃(U)/宽度(W)]：
```

（3）执行"属性定义"命令（ATT），弹出"属性定义"对话框，在其中设置相应的参数，然后按照如图 3-46 所示的步骤在标高符号上添加属性文字。

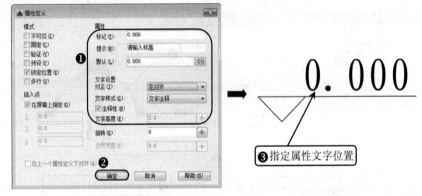

图 3-46　定义属性

（4）执行"写块"命令（W），弹出"写块"对话框，首先设置块文件保存位置，然后按照如图 3-47 所示的操作，将标高符号进行写块操作。

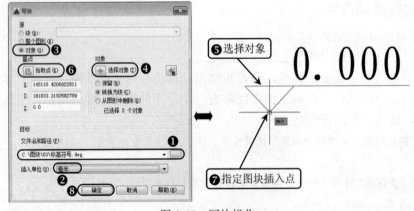

图 3-47　写块操作

3.2.5 绘制图名动态块

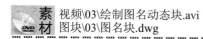
视频\03\绘制图名动态块.avi
图块\03\图名块.dwg

图名由图形名称、比例和下画线三部分组成，通过添加块属性和创建动态块，可随时更改图形名字和比例，并动态调整图名宽度。

（1）在"默认"选项卡中的"图层"选项板中，将"0"图层置为当前图层。

（2）执行"多段线"命令（PL），根据命令行提示设置多段线的宽度为20，绘制一条长度为3000的多段线，绘制结果如图3-48所示。

（3）执行"直线"命令（L），在多段线的下侧绘制一条长度为3000的水平直线段，如图3-49所示。

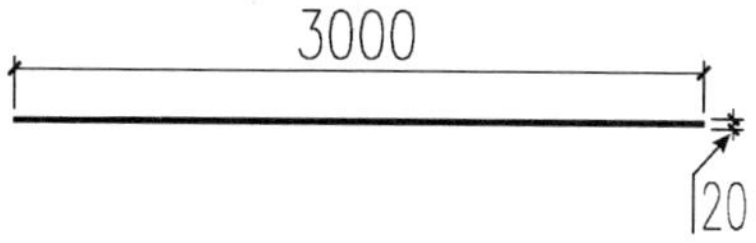

图 3-48　绘制多段线

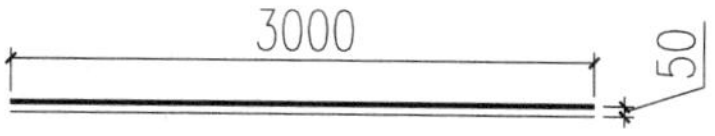

图 3-49　绘制水平线段

（4）执行"格式|文字样式"菜单命令，新建"图名文字"文字样式，文字高度设置为3，并勾选"注释性"复选框，其他参数设置如图3-50所示。

（5）接下来定义"图名"属性，执行"绘图|块|定义属性"菜单命令，打开"属性定义"对话框，在"属性"参数栏中设置"标记"为"图名"，设置"提示"为"请输入图名"，设置"默认"为"图名"，在"文字设置"参数栏中设置"文字样式"为"图名文字"，勾选"注释性"复选框，如图3-51所示。

图 3-50　创建文字样式

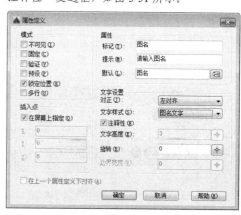

图 3-51　定义属性

（6）单击"确定"按钮确认，然后在前面绘制的多段线左上侧拾取一点确定属性位置，如图3-52所示。

（7）执行"格式|文字样式"菜单命令，新建"比例文字"文字样式，文字高度设置为1.5，并勾选"注释性"复选框，其他参数设置如图3-53所示。

（8）接下来定义"比例"属性，执行"绘图|块|定义属性"菜单命令，打开"属性定义"对话框，在"属性"参数栏中设置"标记"为"比例"，设置"提示"为"请输入比例"，设置"默认"为"比例"，在"文字设置"参数栏中设置"文字样式"为"比例文字"，勾选"注释性"复选框，如图3-54所示。

（9）单击"确定"按钮确认，然后在前面绘制的多段线右上侧拾取一点确定属性位置，如图3-55所示。

（10）执行"创建块"命令（B），将绘制的图形创建为内部图块，其操作过程如图3-56所示。

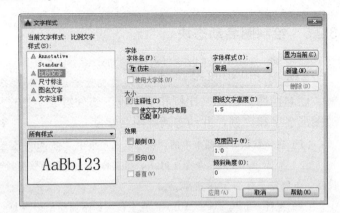

图名

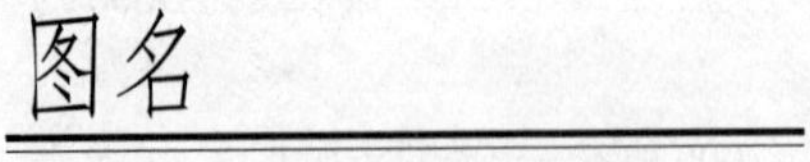

图 3-52 指定图名属性位置

图 3-53 创建文字样式

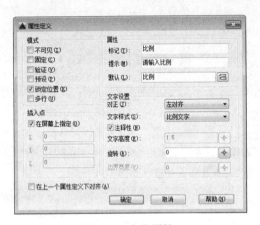

图 3-54 定义属性

图名　　　　　　比例

图 3-55 指定比例属性位置

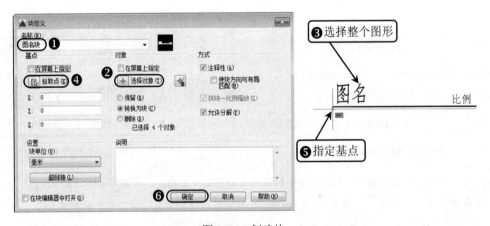

图 3-56 创建块

（11）在命令行当中输入"BE"，打开"编辑块定义"对话框，选择"图名块"图块，如图 3-57 所示，单击"确定"按钮进入"块编辑器"。

（12）调用"线性参数"命令，以下画线左、右端点为起始点和端点添加线性参数，如图 3-58 所示。

图 3-57 "编辑块定义"对话框

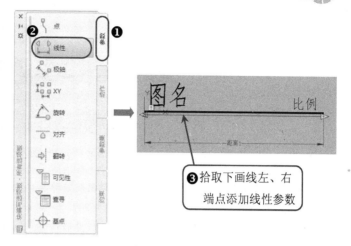

图 3-58 添加线性参数

（13）单击切换到"动作"选项板，单击选择"拉伸"工具按钮，提示选择参数，单击选择前面所创建的线性参数；提示指定要与动作关联的参数点，选择前面所创建的线性参数右侧的参数点，操作过程如图 3-59 所示。

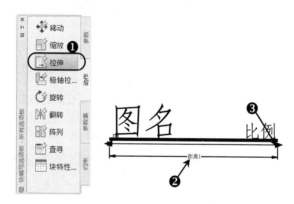

图 3-59 指定要与动作关联的参数点

（14）指定要与动作关联的参数点后，提示指定拉伸框架的第一个角点，此时系统要求拖动鼠标创建一个虚框，虚框内为可拉伸部分，因此框选图形的右边部分，如图 3-60 所示。

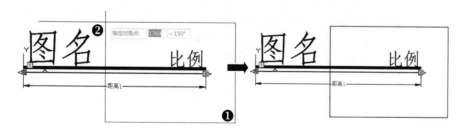

图 3-60 选择可拉伸部分

（15）指定可拉伸部分后，提示选择对象，此时系统提示要拉伸的对象，因此框选图形的右边部分（除了"图名"文字图形），如图 3-61 所示。最后回车确定，完成"拉伸"动作参数的设置。

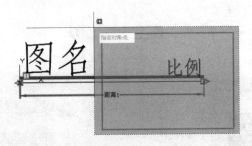

图 3-61　选择拉伸对象

（16）单击工具栏"关闭块编辑器"按钮退出块编辑器，当弹出如图 3-62 所示提示对话框时，单击"保存更改"按钮保存修改操作。

（17）此时"图名"图块就具有了动态改变宽度的功能，如图 3-63 所示。

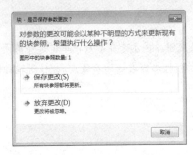

图 3-62　提示对话框

图 3-63　动态块效果

（18）执行"写块"命令（W），弹出"写块"对话框，首先设置块文件保存位置，然后按照如图 3-64 所示的操作，将图名进行写块操作。

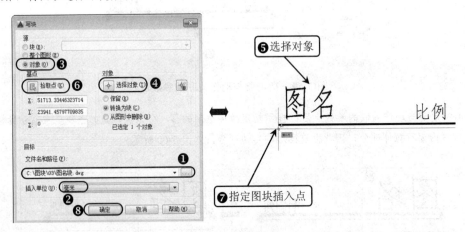

图 3-64　写块操作

3.3　本　章　小　结

通过本章的学习，可以使读者迅速掌握室内设计绘图模板制作的方法及相关知识要点，从而使在后面的绘制图形中能调用这些绘图模板及图块图形，提高绘图效率。

第二部分 施工图篇

第4章 总经理办公室室内设计

本章主要对总经理办公室的室内设计进行相关讲解，首先讲解总经理办公室的设计概述，然后通过某总经理办公室为实例，讲解总经理办公室相关图纸的绘制，其中包括总经理办公室平面图的绘制、总经理办公室顶面图的绘制、总经理办公室地面图的绘制、各个相关立面图的绘制以及相关大样图的绘制等内容。

■ 学习内容

✧ 总经理办公室设计概述
✧ 绘制总经理办公室平面布置图
✧ 绘制总经理办公室地面布置图
✧ 绘制总经理办公室顶面布置图
✧ 绘制总经理办公室 A 立面图
✧ 绘制总经理办公室 B 立面图
✧ 绘制总经理办公室 C 立面图
✧ 绘制总经理办公室 D 立面图
✧ 绘制总经理办公室 E 立面图
✧ 绘制总经理办公室天花大样图

4.1 总经理办公室设计概述

总经理是公司决策的高层人员，为其打造一个良好的办公环境极为重要。总经理办公室装修设计是一个企业的门面展示，在空间设计上应展现出企业历史文化和未来发展模式。办公室设计装修要追求高雅而非豪华，切勿给人留下俗气的印象，总经理办公室效果如图 4-1 所示。

图 4-1 总经理办公室效果

4.1.1　空间布局

总经理办公室装修需要单独的办公空间，为管理人员，创造安静、安全的工作环境。总经理办公面积要大，给人一种舒适、放松的感觉，总经理办公室的设置地方要把接待室、会议室、秘书室安排在附近，这样挺方便工作的。

总经理办公室一定要明亮，宽敞，过于狭小的空间环境不利于思考，还会很压抑，总经理办公室位于公司的后方，那样比较好把握员工的动向，员工也比较爱岗敬业。总经理办公室设计的时候不宜开太多的门，门的朝向也很重要，最好开在座位的左前方。总经理办公室设计布局一定要合理，那样才会更有效率的工作，要提供绝对的安静，封闭的环境，以免受到打扰。

4.1.2　特色鲜明

总经理办公室设计的时候一定要突出大气，有文化和稳重的特点，因为是一个公司的形象展示，也可以适当地放一些古字画，有艺术气息的艺术品。也可以适当的摆放一些绿色的植物，也可以适当地摆一些公司或者企业的标志，那样可以增加文化的气息。办公室要布置的高雅，不要给人留下俗气的不好印象。

4.1.3　颜色搭配

办公室的主色调要简洁，明亮，千万不要用黑色来抹墙面，最好是用乳白色或者是白色，金黄色也是不错的选择，最好是有落地窗能直接看到外面的绿色植物，那样在工作之于可以有效的缓解疲劳，有自然光和可以打开的窗户更好。里面的装饰物品以金属的更好，那样和明亮的颜色搭配起来比较好看，装饰品要和墙面的颜色相得益彰，那才是最好的。

4.2　绘制总经理办公室平面布置图

视频\04\绘制总经理办公室平面布置图.avi
案例\04\总经理办公室平面布置图.dwg

本节讲解如何绘制总经理办公室平面布置图图纸，包括从最开始的绘制总经理办公室原始结构图，绘制隔断墙体，绘制通风管道，绘制书柜，插入图块图形，文字注释等。

4.2.1　绘制轴线网结构

绘制总经理办公室平面图时，需要先构建办公室的外墙；在绘制墙体之前，需要绘制辅助墙体绘制的轴线网结构，以方便墙体图形的绘制，其操作步骤如下。

（1）启动 Auto CAD 2016 软件，然后执行"文件|打开"菜单命令，将配套光盘中的"案例\04\室内设计模板.dwg"文件打开。

（2）在图层控制下拉列表中，将当前图层设置为"ZX-轴线"图层，如图4-2所示。

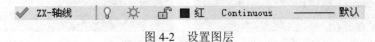

图 4-2　设置图层

（3）执行"直线"命令（L），分别绘制相交的长度为 9250 的水平轴线及长度为 8750 的垂直轴线，如图 4-3 所示。

（4）执行"偏移"命令（O），将上一步绘制的水平轴线依次向上偏移，再将垂直轴线依次向右偏移，偏移距离如图 4-4 所示。

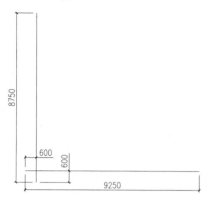

图 4-3　绘制水平与垂直轴线

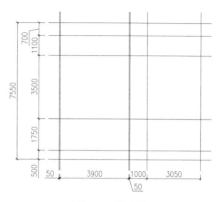

图 4-4　偏移轴线

4.2.2　绘制墙体、柱子图形

接着来绘制总经理办公室的墙体、柱子等，绘制墙体，需要通过设置多线样式，并通过多线命令来绘制，从而能提高绘制墙体的速度。

（1）在图层控制下拉列表中，将当前图层设置为"QT-墙体"图层，如图 4-5 所示。

图 4-5　设置图层

（2）执行"格式|多线样式"菜单命令，弹出"多线样式"对话框，单击选择"墙体样式"，再单击"置为当前"按钮，最后单击"确定"按钮，退出"多线样式"对话框，如图 4-6 所示。

（3）执行"多线"命令（ML），根据命令行提示，设置多线比例为 300，对正方式为"无"，然后依次捕捉如图所示的 A、B、C、D、E 五个点绘制 300 主墙体对象，命令行提示如下，所绘制的图形如图 4-7 所示。

```
令：ML                                          //执行多线命令
MLINE
当前设置：对正 = 上，比例 = 20.00，样式 = 墙体样式    //提示当前系统设置
指定起点或 [对正(J)/比例(S)/样式(ST)]：S           //选择比例选项
输入多线比例 <20.00>：300                         //输入新的比例值
当前设置：对正 = 上，比例 = 300.00，样式 = 墙体样式
指定起点或 [对正(J)/比例(S)/样式(ST)]：J           //选择对正选项
输入对正类型 [上(T)/无(Z)/下(B)] <上>：Z           //选择无对正方式
当前设置：对正 = 无，比例 = 300.00，样式 = 墙体样式
指定起点或 [对正(J)/比例(S)/样式(ST)]：            //指定 A 点
指定下一点：                                     //指定 B 点
指定下一点或 [放弃(U)]：                          //指定 C 点
指定下一点或 [闭合(C)/放弃(U)]：                   //指定 D 点
指定下一点或 [闭合(C)/放弃(U)]：                   //指定 E 点
```

图 4-6　设置多线样式

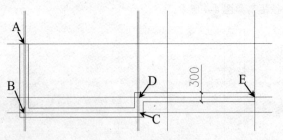

图 4-7　绘制 300 墙体

（4）继续执行"多线"命令（ML），根据命令行提示，设置多样样式为"墙线样式"，多线比例为 200，对正方式为"无"，捕捉轴线网上的相应交点绘制 200 宽墙体对象，如图 4-8 所示。

（5）继续执行"多线"命令（ML），根据命令行提示，设置多样样式为"墙线样式"，多线比例为 100，对正方式为"无"，捕捉轴线网上的相应交点绘制 100 宽墙体对象，如图 4-9 所示。

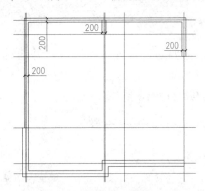

图 4-8　绘制 200 墙体

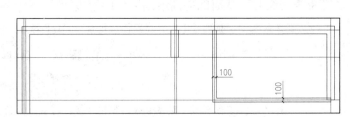

图 4-9　绘制 100 墙体

（6）双击 200 宽的多线墙体图形，弹出"多线编辑工具"对话框，如图 4-10 所示。单击选择"角点结合"编辑工具，再依次单击选择图中的 1、2 两条多线，进行角点结合操作，如图 4-11 所示，其编辑后的效果如图 4-12 所示。

图 4-10　多线编辑工具对话框

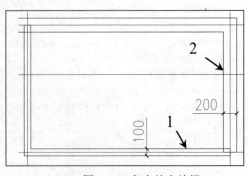

图 4-11　角点结合编辑

（7）双击200宽的多线墙体图形，弹出"多线编辑工具"对话框，单击选择"T形合并"编辑工具，对如图4-13所示的位置进行T形合并操作，效果如图4-13所示。

图4-12 角点结合编辑结果

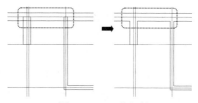

图4-13 T形合并

（8）执行"圆弧"命令（A），采用"起点、端点、半径"模式，绘制如图4-14所示的一段圆弧，半径值为1280，所绘制的圆弧效果如图4-14所示。

（9）执行"偏移"命令（O），将刚才所绘制的圆弧向外偏移100，如图4-15所示。

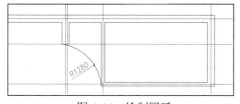

图4-14 绘制圆弧

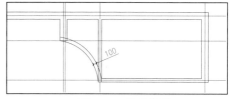

图4-15 偏移操作

（10）执行"修剪"命令（TR），将圆弧和相关的多段线进行修剪操作，修剪后的效果如图4-16所示。

（11）执行"偏移"命令（O），将最左边的竖直轴线向右进行偏移操作，偏移距离分别为1050和750，偏移后的效果如图4-17所示。

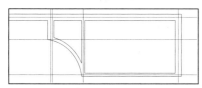

图4-16 修剪操作

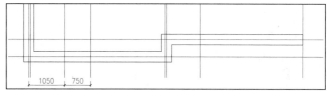

图4-17 偏移操作

（12）执行"修剪"命令（TR），以刚才所偏移的两条线段为修剪边界，对墙体进行修剪操作；然后再执行"删除"命令（E），将前面所偏移的两条直线段删除掉，效果如图4-18所示。

（13）参照相同的方法，利用"修剪"命令（TR），开启图中其他位置的门洞口以及窗洞口，所绘制的效果如图4-19所示。

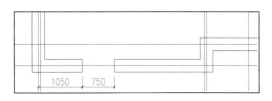

图4-18 修剪操作

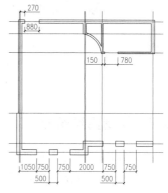

图4-19 开启其他位置门洞及窗洞

＞ 95 ＜

（14）在图层控制下拉列表中，将当前图层设置为"ZZ-柱子"图层，并将"ZX-轴线"图层暂时隐藏起来，如图4-20所示。

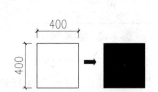

图4-20　设置图层

（15）执行"矩形"命令（REC），绘制一个尺寸为400×400的矩形；再执行"图案填充"命令（H），选择填充图案为"SOLID"，对所绘制的矩形进行图案填充，如图4-21所示。

（16）执行"编组"命令（G），将刚才所绘制的矩形及其图案填充一起进行编组。

（17）执行"复制"命令（CO），将刚才所编组后的图形按照如图4-22所示的位置进行复制操作，效果如图4-22所示。

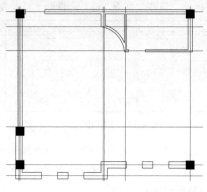

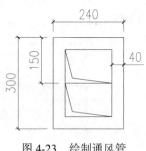

图4-21　绘制矩形并填充图案

图4-22　复制操作

（18）执行"矩形"命令（REC），执行"直线"命令（L），绘制一个如图4-23所示的图形，表示通风管，如图4-23所示。

（19）执行"编组"命令（G），将刚才所绘制的图形进行编组。

（20）执行"复制"命令（CO），将刚才所编组后的图形按照如图4-24所示的位置进行复制操作，效果如图4-24所示。

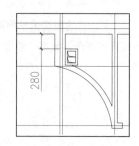

图4-23　绘制通风管

图4-24　复制操作

4.2.3　绘制门窗图形

在前面的墙体等图形的绘制过程中，已经开启了相关的门洞和窗洞，就可以根据窗洞长度来绘制窗户，根据门洞宽度来插入门图形，其操作步骤如下。

（1）在图层控制下拉列表中，将当前图层设置为"MC-门窗"图层，如图4-25所示。

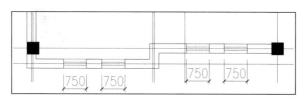

图 4-25　设置图层

（2）执行"多线"命令（ML），根据命令行提示：设置多样样式为"窗线样式"，多线比例为 300，对正方式为"无"，然后捕捉图中相应墙体上的中点绘制窗线，如图 4-26 所示。

图 4-26　绘制窗户

（3）执行"插入块"命令（I），弹出"插入"对话框，勾选"在屏幕上指定"，勾选"统一比例"，输入 X 比例值为 0.88（因为门洞的宽度为 880），输入角度值为 180，如图 4-27 所示。然后将本书配套光盘中的"图块\04\门 1000"图块插入绘图区域左上角的门洞处中，如图 4-28 所示。

图 4-27　插入对话框

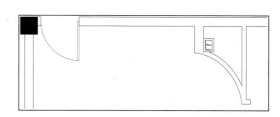

图 4-28　插入门图形效果

（4）执行"镜像"命令（MI），将插入的门图块进行左右镜像操作，并将其移动到左下侧相应的门洞口位置，如图 4-29 所示。

（5）同样方式，根据门洞的宽度插入相关的门图形，根据情况适当进行旋转和镜像，如图 4-30 所示。

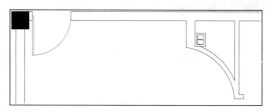

图 4-29　镜像门图形

图 4-30　插入其他门

4.2.4　绘制装饰隔断、柜子及墙面造型

本节主要讲解办公室内装饰隔断、柜子以及墙面造型的绘制。

（1）在图层控制下拉列表中，将当前图层设置为"JJ-家具"图层，如图 4-31 所示。

JJ-家具　　　♀　☼　🔓　■ 74　Continuous　——— 默认

图 4-31　设置图层

（2）将绘图区域移至图形的右下角，执行"矩形"命令（REC），执行"直线"命令（L）等，绘制如图 4-32 所示的几个图形。

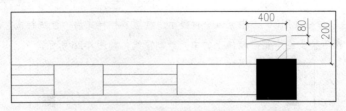

图 4-32　绘制矩形及直线

（3）执行"矩形"命令（REC），执行"直线"命令（L）等，往上继续绘制如图 4-33、图 4-34 所示的几个图形。

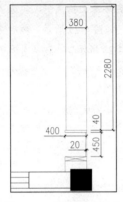

图 4-33　下半部分图形

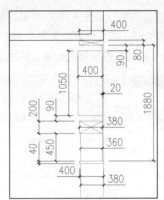

图 4-34　上半部分图形

（4）然后再执行"多段线"命令（PL），在图形的左下方绘制一个如图 4-35 所示的图形，尺寸上下对称，表示装饰背景。

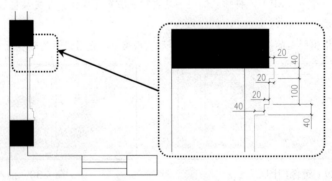

图 4-35　绘制装饰背景

（5）继续执行"多段线"（PL）及"矩形"（REC）等命令，在图形的左上方绘制一个如图 4-36 所示的图形，表示装饰背景，上下对称。

（6）执行"圆"命令（C），在图形的上方绘制一个如图 4-37 所示的图形，以图中圆弧的中点为圆心，绘制一个直径为 1020 的圆。

（7）执行"圆弧"命令（A），绘制一条如图 4-38 所示的圆弧。

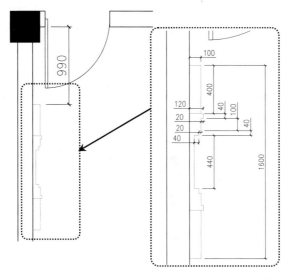

图 4-36　继续绘制装饰背景

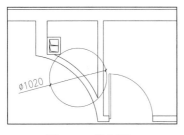

图 4-37　绘制圆

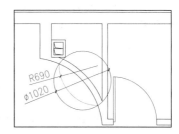

图 4-38　绘制圆弧

（8）执行"偏移"命令（O），将所绘制的圆弧向内进行偏移操作，偏移距离为20；执行"修剪"命令（TR），执行"删除"命令（E）等，对图形进行修剪，修剪后的图形如图4-39所示。

（9）执行"矩形"命令（REC），执行"直线"命令（L）等，绘制如图4-40所示的两组图形，表示衣柜和漱洗台。

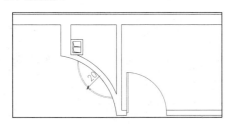

图 4-39　偏移操作

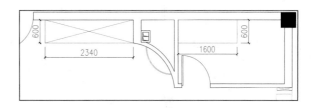

图 4-40　绘制衣柜和漱洗台

（10）在图层控制下拉列表中，将当前图层设置为"TC-填充"图层，如图4-41所示。

TC-填充　　🔅　　☼　　🔓　　■8　　Continuous　　—— 默认

图 4-41　更改图层

（11）执行"图案填充"命令（H），对如图4-42所示的几个位置进行填充，填充图案为"ANSI31"，填充比例为"20"，填充效果如图4-42所示。

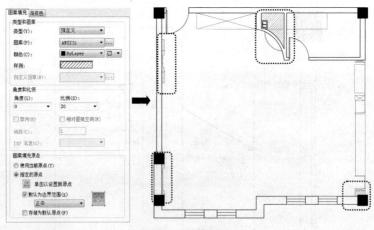

图 4-42　填充操作

4.2.5　插入室内家具图块

前面已经绘制好了相关需要现场制作的家具图形，现在来插入相关的家具图块图形，这些家具可以购买成品，因此可以用插入图块的方式来快速绘制，其操作步骤如下。

（1）在图层控制下拉列表中，将当前图层设置为"TK-图块"图层，如图 4-43 所示。

⊘ TK-图块　　　♀　☼　🗗　■ 112　Continuous　—— 默认

图 4-43　设置图层

（2）执行"插入块"命令（I），将配套光盘中的"图块\04\沙发.dwg、椅子-01.dwg、椅子-02.dwg、漱洗盆.dwg、马桶.dwg、办公桌.dwg、装饰品.dwg、盆景.dwg"图块插入平面图中的相应位置处，其布置后的效果如图 4-44 所示。

图 4-44　插入相关家具图块

（3）再次执行"插入块"命令（I），将配套光盘中的"图块\04\立面指向符.dwg"图块插入平面图中的相应位置处（共 5 处），其布置后的效果，如图 4-45 所示。

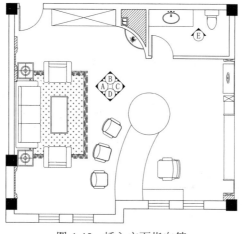

图 4-45 插入立面指向符

4.2.6 标注尺寸及文字说明

前面已经绘制好了墙体、家具图形，以及插入了相关的家具、门图块图形，绘制部分的内容已经基本完成，现在需要对其进行尺寸标注以及文字注释，其操作步骤如下。

（1）在图层控制下拉列表中，将当前图层设置为"BZ-标注"图层，如图 4-46 所示。

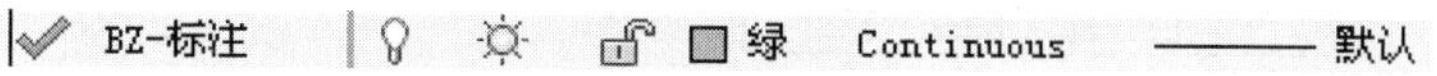

✓ BZ-标注　　♀　☼　🔓　■绿　Continuous　————　默认

图 4-46 设置图层

（2）结合"线型标注"命令（DLI）及"连续标注"命令（DCO），对平面图进行尺寸标注，如图 4-47 所示。

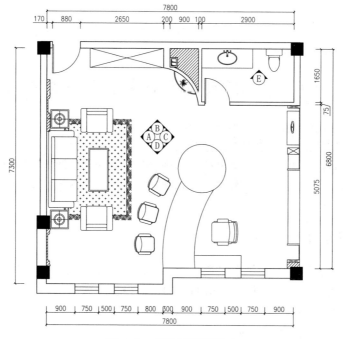

图 4-47 标注平面图尺寸

（3）将当前图层设置为"ZS-注释"图层，参考前面章节的方法，对平面图进行立面指向符号、文字注释以及图名比例的标注，如图4-48所示。

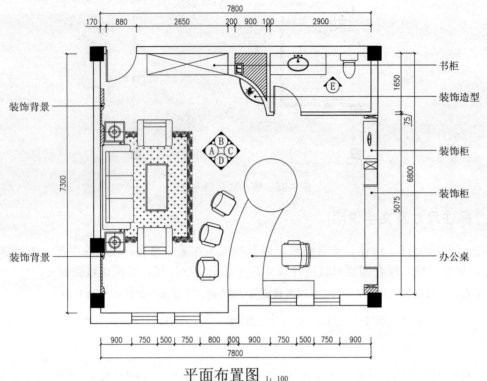

平面布置图 1: 100

图4-48　标注文字说明

（4）最后按键盘上的"Ctrl+Shift+S"组合键，打开"图形另存为"对话框，将文件保存为"案例\04\总经理办公室平面布置图.dwg"文件。

4.3　绘制总经理办公室地面布置图

视频\04\绘制总经理办公室地面布置图.avi
案例\04\总经理办公室地面布置图.dwg

前面讲解的是总经理办公室平面图纸图，现在讲解如何绘制总经理办公室地面布置图图纸，包括对平面图的修改、绘制门槛石、绘制地面拼花、绘制地砖、插入图块图形、文字注释等。

4.3.1　整理图形并封闭地面区域

在绘制总经理办公室地面图纸图之前，可以通过打开前面已经绘制好的平面布置图，另存为和修改，从而达到快速绘制基本图形的目的，其操作步骤如下。

（1）执行"文件|打开"菜单命令，打开配套光盘"案例\04\总经理办公室平面布置图.dwg"图形文件，按键盘上的"Ctrl+Shift+S"组合键，打开"图形另存为"对话框，将文件保存为"案例\04\总经理办公室地面布置图.dwg"文件。

（2）执行"删除"命令（E），删除与绘制地面布置图无关的室内家具、文字注释等内容，再双击下侧的图名将其修改为"地面布置图1:100"，如图4-49所示。

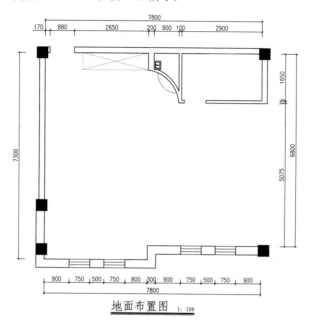

图 4-49　整理图形并修改图名

（3）在图层控制下拉列表中，将当前图层设置为"QT-墙体"图层，如图4-50所示。

图 4-50　设置图层

（4）执行"多线"命令（ML），根据命令行提示：设置多样样式为"墙体样式"，多线比例为200，对正方式为"无"，然后捕捉图中相应墙体上的中点，补齐右侧墙体图形，如图4-51所示。

（5）在图层控制下拉列表中，将当前图层设置为"JJ-家具"图层，如图4-52所示。

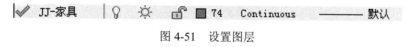

图 4-51　设置图层

（6）执行"矩形"命令（REC），执行"直线"命令（L）等，绘制如图4-53所示的两组图形。

图 4-52　绘制墙线

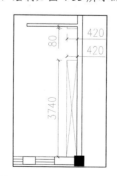

图 4-53　绘制矩形和直线

（7）在图层控制下拉列表中，将当前图层设置为"DM-地面"图层，如图4-54所示。

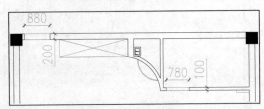

图4-54　更改图层

（8）执行"矩形"命令（REC），在两扇门的地方，绘制两个矩形，表示门槛石，如图4-55所示。

图4-55　绘制门槛石

4.3.2　绘制地面布置图

现在绘制总经理办公室的地砖铺贴图，根据要求，该办公室有地砖正贴和木地板正贴，因此可以通过填充的方式来快速绘制，其操作步骤如下。

（1）执行"矩形"命令（REC），绘制两个矩形；再执行"偏移"命令（O），将所绘制的矩形向内进行偏移操作，偏移距离为150，表示底砖围边；执行"直线"命令（L），在所绘制的两圈矩形的四个角上连结对应的角点，各绘制四条斜线段，如图4-56所示。

（2）继续执行"矩形"命令（REC），在左侧矩形的正中心绘制一个尺寸为1900×3590的矩形；再执行"偏移"命令（O），将所绘制的矩形向内进行偏移操作，偏移距离为100；再执行"直线"命令（L），在所绘制的两圈矩形的四个角上连结对应的角点，绘制四条斜线段，如图4-57所示。

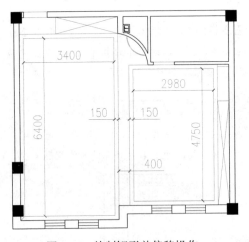

图4-56　绘制矩形并偏移操作

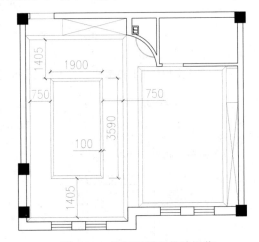

图4-57　绘制矩形并偏移操作

（3）在图层控制下拉列表中，将当前图层设置为"TC-填充"图层，如图4-58所示。

图4-58　更改图层

（4）执行"图案填充"命令（H），按照图4-59所示的参数与步骤，对中间区域进行填充，表示600×600的砖斜铺。

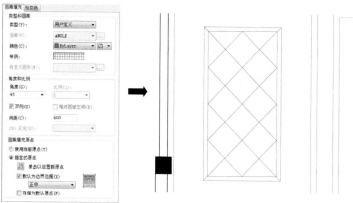

图4-59　600砖填充操作

（5）继续执行"图案填充"命令（H），对图4-60所示的区域进行填充，表示800×800的砖正铺。

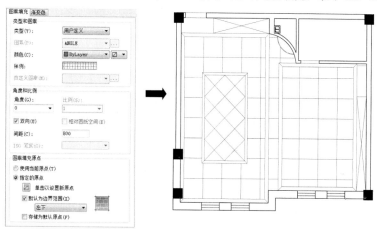

图4-60　800砖填充操作

（6）执行"图案填充"命令（H），对相关围边区域进行填充，填充参数及效果如图4-61所示。

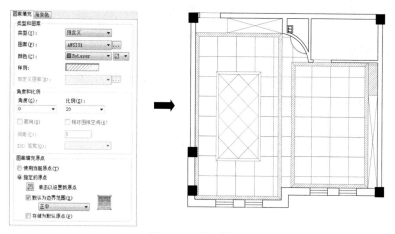

图4-61　填充围边

（7）执行"图案填充"命令（H），对如图 4-62 所示的区域进行填充，对相关门槛石区域进行填充。

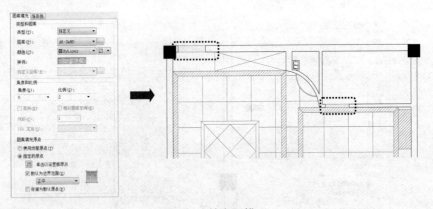

图 4-62 填充门槛石

（8）继续执行"图案填充"命令（H），对如图 4-63 所示的区域进行填充，设置参数为"图案为 USER、双排、0°、填充间距为 300、原点为左下角点"，表示 300×300 的砖正铺。

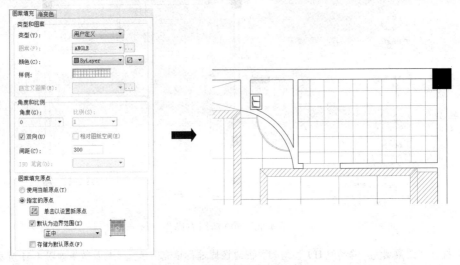

图 4-63 填充卫生间

4.3.3 标注说明文字

前面已经绘制好了门槛石、地砖等图形，绘制部分的内容已经基本完成，现在需要对其进行尺寸及文字注释标注，其操作步骤如下。

（1）在图层控制下拉列表中，将当前图层设置为"BZ-标注"图层，如图 4-64 所示。

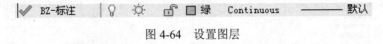

图 4-64 设置图层

（2）结合"线型标注"命令（DLI）及"连续标注"命令（DCO），对平面图进行尺寸标注，如图 4-65 所示。

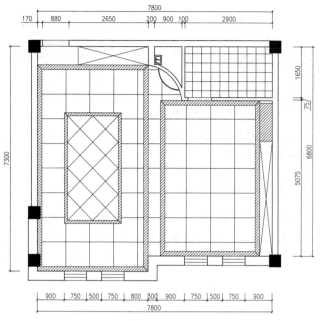

图 4-65 标注尺寸

（3）在图层控制下拉列表中，将当前图层设置为"ZS-注释"图层，如图 4-66 所示。

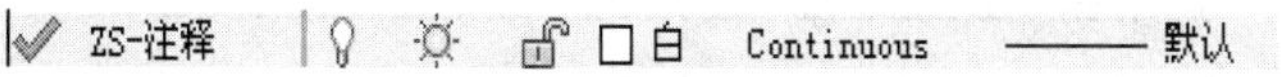

✔ ZS-注释 ☐ ☼ ⌂ ☐白 Continuous ——— 默认

图 4-66 设置图层

（4）执行"多重引线"命令（MLEA），在绘制完成的地面布置图右侧进行文字说明标注，如图 4-67 所示。

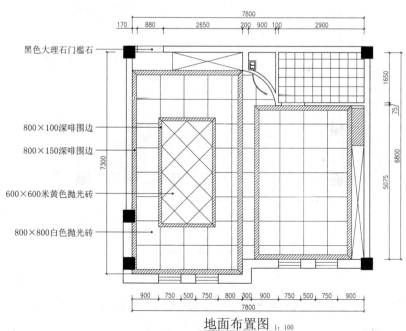

图 4-67 标注说明文字

（5）最后按键盘上的"Ctrl+S"组合键，将图形进行保存。

4.4 绘制总经理办公室顶面布置图

素材 视频\04\绘制总经理办公室顶面布置图.avi
案例\04\总经理办公室顶面布置图.dwg

本节讲解如何绘制总经理办公室的图纸，包括对平面图的修改、封闭吊顶区域、填充吊顶区域、插入灯具图块图形、文字注释等。

4.4.1 整理图形并封闭吊顶空间

与绘制总经理办公室顶面布置图一样，在绘制顶面图纸图之前，可以通过打开前面已经绘制好的平面布置图，另存为和修改，从而达到快速绘制基本图形的目的，其操作步骤如下。

（1）执行"文件|打开"命令，打开配套光盘"案例\04\总经理办公室平面布置图.dwg"图形文件，按键盘上的"Ctrl+Shift+S"组合键，打开"图形另存为"对话框，将文件保存为"案例\04\总经理办公室顶面布置图.dwg"文件。

（2）接着执行"删除"命令（E），删除与绘制顶面布置图无关的室内家具、文字注释等内容，再双击下侧的图名将其修改为"顶面布置图 1:100"，如图 4-68 所示。

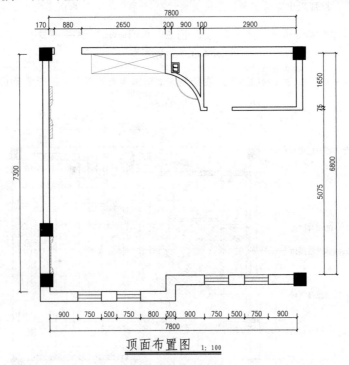

图 4-68　整理图形并修改图名

（3）在图层控制下拉列表中，将当前图层设置为"QT-墙体"图层，如图 4-69 所示。

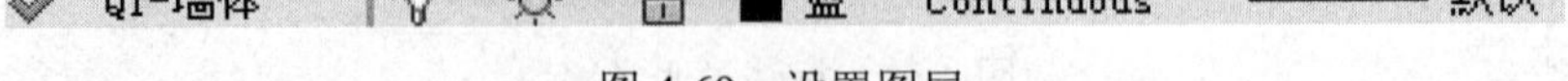

图 4-69　设置图层

（4）执行"多线"命令（ML），根据命令行提示：设置多样样式为"墙体样式"，多线比例为 200，对正方式为"无"，然后捕捉图中相应墙体上的中点，补齐右侧墙体图形，如图 4-70 所示。

图 4-70 绘制墙体

（5）在图层控制下拉列表中，将当前图层设置为"DD-吊顶"图层，如图 4-71 所示。

图 4-71 设置图层

（6）执行"矩形"命令（REC），在两扇门的地方，绘制两个矩形，以封闭吊顶区域如图 4-72 所示。

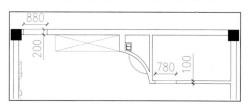

图 4-72 绘制矩形

4.4.2 绘制吊顶轮廓造型

与绘制地面铺贴图一样，不同的区域用不同的吊顶方式，因此在绘制时，需要绘制相关的图形来封闭吊顶区域，其操作步骤如下。

（1）执行"多段线"命令（PL），沿墙体绘制一条多段线，某些区域注意与墙体的距离，如图 4-73 所示。

（2）执行"偏移"命令（O），将刚才所绘制的多段线向内进行偏移操作，偏移距离依次是 20、30、10，并将最里面的多段线置放到"DD1-灯带"图层，如图 4-74 所示。

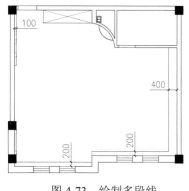

图 4-73 绘制多段线

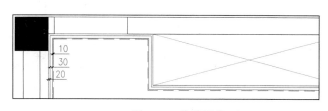

图 4-74 偏移操作

（3）执行"矩形"命令（REC），绘制一个尺寸为3000×5690的矩形；并执行"移动"命令（M），将其移动到如图4-75所示的位置。

（4）执行"偏移"命令（O），将刚才所绘制的多段线向内进行偏移操作，偏移尺寸如图4-76所示，并将相关的线只放到"DD1-灯带"图层，然后再执行"直线"命令（L），如图4-76所示。

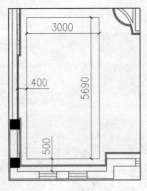

图4-75　绘制矩形

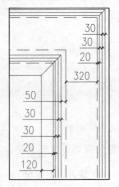

图4-76　偏移操作

（5）继续执行"矩形"命令（REC），绘制一个尺寸为2340×900的矩形；并执行"移动"命令（M），将其移动到如图4-77所示的位置，再执行"偏移"命令（O），将刚才所绘制的多段线向外进行偏移操作，偏移尺寸如图4-77所示，并将相关的线只放到"DD1-灯带"图层。

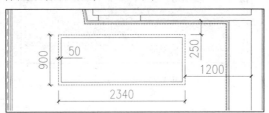

图4-77　绘制矩形并偏移

（6）执行"矩形"命令（REC），绘制一个尺寸为2240×2800的矩形；并执行"移动"命令（M），将其移动到如图4-78所示的位置，再执行"偏移"命令（O），将刚才所绘制的多段线向外进行偏移操作，偏移尺寸如图4-78所示，并将相关的线只放到"DD1-灯带"图层。

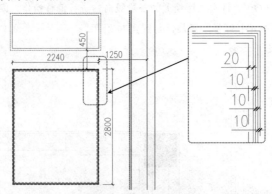

图4-78　绘制矩形并偏移

（7）在图层控制下拉列表中，将当前图层设置为"TC-填充"图层，如图4-79所示。

✎ TC-填充	♀	☼	🔓 ■8	Continuous	—— 默认

图 4-79 更改图层

（8）执行"矩形"命令（REC），执行"直线"命令（L）等，绘制如图 4-80 所示的图形。

（9）执行"编组"命令（G），将图形进行编组；执行"阵列"命令（AR），将其按照如图 4-81 所示的参数进行阵列，阵列区域为前面所绘制的最后一个吊顶区域。

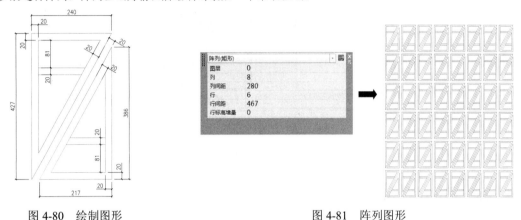

图 4-80 绘制图形　　　　　　　　　　　　图 4-81 阵列图形

（10）在图层控制下拉列表中，将当前图层设置为"DD-吊顶"图层，如图 4-82 所示。

图 4-82 设置图层

（11）执行"矩形"命令（REC），在卫生间的左上角绘制一个尺寸为 1650×250 的矩形；并执行"移动"命令（M），将其移动到如图 4-83 所示的位置，再执行"偏移"命令（O），将刚才所绘制的多段线向外进行偏移操作，偏移尺寸如图 4-83 所示，并将相关的线只放到"DD1-灯带"图层。

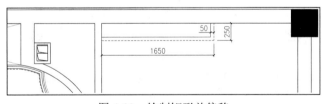

图 4-83 绘制矩形并偏移

4.4.3 插入相应灯具图例

前面已经绘制好了顶面布置图的吊顶图形，灯具一般是成品，因此可以通过制作图块的方式，然后再插入图形中，从而提高绘图效率，其操作步骤如下。

（1）在图层控制下拉列表中，将当前图层设置为"DJ-灯具"图层，如图 4-84 所示。

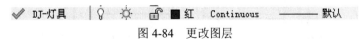

图 4-84 更改图层

（2）执行"插入块"命令（I），将配套光盘中的"图块\04"文件夹中的相关灯具图块插入绘图区中，如图 4-85 所示。

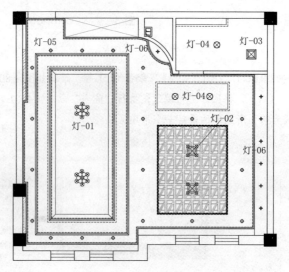

图4-85 插入灯具图块

4.4.4 标注吊顶标高及文字说明

前面已经绘制好了顶面布置图的吊顶、板棚，以及灯具等图形，绘制部分的内容已经基本完成，现在需要对其进行尺寸标注以及文字注释，其操作步骤如下。

（1）在图层控制下拉列表中，将当前图层设置为"ZS-注释"图层，如图4-86所示。

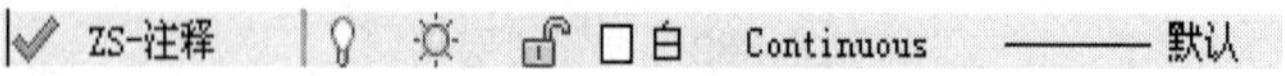

✔ ZS-注释 ┃ ☼ 🔓 □白 Continuous ─── 默认

图4-86 设置图层

（2）执行"插入块"命令（I），将配套光盘中的"图块\04\标高.dwg"图块插入绘图区中；再执行"复制"命令（CO），将插入的标高符号复制到图中相应的位置处，并分别双击标高符号对其参数进行修改；再执行"多重引线"命令（MLEA），在绘制完成的地面布置图右侧进行文字说明标注，如图4-87所示。

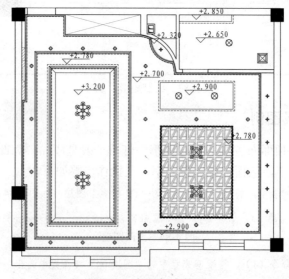

图4-87 标注标高符号

（3）再执行"多重引线"命令（MLEA），在绘制完成的地面布置图右侧进行文字说明标注，如图4-88所示。

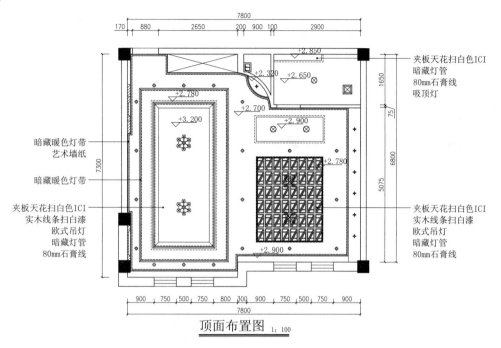

顶面布置图 1：100

图4-88　标注说明文字

（4）最后按键盘上的"Ctrl+ S"组合键，将图形进行保存。

4.5　绘制总经理办公室 A 立面图

素材　视频\04\绘制总经理办公室 A 立面图.avi
案例\04\总经理办公室 A 立面图.dwg

本节讲解如何绘制总经理办公室 A 立面图图纸，包括对平面图的修改，绘制墙面造型，填充墙面区域，插入图块图形，文字注释等。

4.5.1　打开图形并进行修改

与绘制地面布置图和顶面布置图一样，在绘制立面图之前，可以通过打开前面已经绘制好的平面布置图，另存为和修改，然后再参照平面布置图上的形式、尺寸等参数，快速、直观地绘制立面图，从而提高绘图效率，其操作步骤如下。

（1）执行"文件|打开"命令，打开配套光盘"案例\04\总经理办公室平面布置图.dwg"图形文件，按键盘上的"Ctrl+Shift+S"组合键，打开"图形另存为"对话框，将文件保存为"案例\04\总经理办公室 A 立面图.dwg"文件。

（2）在图层控制下拉列表中，将当前图层设置为"QT-墙体"图层，如图4-89所示。

图4-89　设置图层

（3）执行"旋转"命令（RO），将平面布置图旋转-90°。

（4）再执行"直线"命令（L），捕捉平面图上的相应轮廓向上绘制引申线，并在图形的上方绘制一条适当长度的水平线作为地坪线，如图4-90所示。

（5）执行"偏移"命令（O），将下侧的地坪线向上偏移2700和2900的距离；再执行"修剪"命令（TR），对偏移的线段进行修剪操作，如图4-91所示。

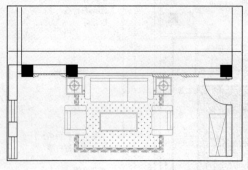

图4-90　绘制引申线及地坪线

图4-91　偏移并修剪

4.5.2　绘制立面相关造型

前面已经修改好了平面图，并且绘制了相关的引申线段，接下来可以根据设计要求来绘制墙面的相关造型图形，其操作步骤如下。

（1）在图层控制下拉列表中，将当前图层设置为"DD-吊顶"图层，如图4-92所示。

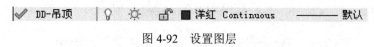

图4-92　设置图层

（2）执行"多段线"命令（PL），绘制一条如图4-93所示的多段线。

（3）执行"移动"命令（M），将刚才所绘制的图形移动执行"圆弧"命令（A），立面图的右上角；再执行"镜像"命令（MI），执行"复制"命令（CO）等，将所绘制的图形进行镜像和复制操作，如图4-94所示。

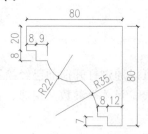

图4-93　绘制多段线

图4-94　复制和镜像操作

（4）执行"直线"命令（L），在前面所绘制图形相关的转角地方绘制水平直线段，如图4-95所示。

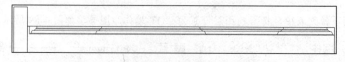

图4-95　绘制直线段

（5）接着将当前图层设置为"LM-立面"图层，如图 4-96 所示。

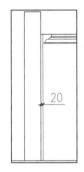（图标行）◢ LM-立面 　💡 ☼ 🔓 ■洋红 Continuous ── 默认

图 4-96　更改图层

（6）执行"直线"命令（L），在立面图形左边以吊顶部分的左下角为起点，绘制一条竖直的直线段到地坪线上，如图 4-97 所示。

（7）执行"修剪"命令（TR），将刚才所绘制的直线段左边的墙体线进行修剪操作，如图 4-98 所示。

（8）执行"矩形"命令（REC），绘制一个尺寸为 2500×800 的矩形；再执行"移动"命令（M），将其移动到如图 4-99 所示的位置。

（9）执行"偏移"命令（O），将刚才所绘制的矩形向内进行偏移操作，偏移距离分别为 40、100、40，如图 4-100 所示。

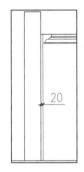
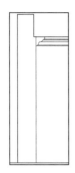
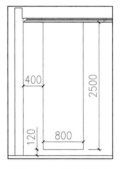
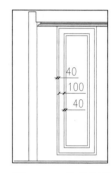

图 4-97　绘制直线段　　　图 4-98　修剪操作　　　图 4-99　绘制矩形　　　图 4-100　偏移操作

（10）在图层控制下拉列表中，将当前图层设置为"TC-填充"图层，如图 4-101 所示。

◢ TC-填充 　💡 ☼ 🔓 ■8 Continuous ── 默认

图 4-101　更改图层

（11）执行"图案填充"命令（H），对最里面的矩形区域进行填充，设置参数为"图案为 USER、双排、45°、填充间距为 310、原点为捕捉矩形上方水平线段的中点"，表示 310×310 的造型，如图 4-102 所示。

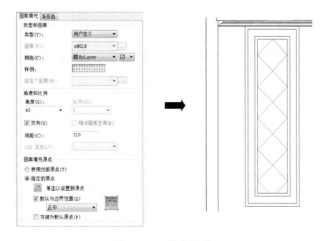

图 4-102　填充操作

（12）执行"复制"命令（CO），将前面所绘制的竖直线段和所绘制的矩形与填充图形分别进行复制，复制到右边相关的地方，效果如图 4-103 所示。

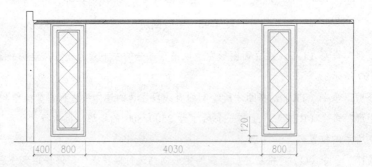

图 4-103　复制操作

（13）执行"直线"命令（L），绘制如图 4-104 所示的几条竖直直线段，所绘制的直线段效果如图 4-104 所示。

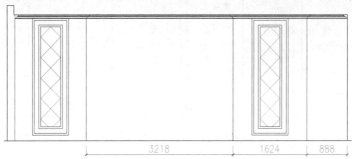

图 4-104　绘制竖直直线段

（14）执行"偏移"命令（O），将地坪线向上进行偏移操作，偏移距离为 120，并将偏移后的线段转置放到"LM-立面"图层；再执行"修剪"命令（TR），对偏移后的线段进行修剪操作，效果如图 4-105 所示。

图 4-105　偏移并修剪

4.5.3　插入图块图形

前面已经绘制好了立面图的墙面相关造型，现在可以通过插入墙面相关的装饰物品以及墙面附近的家具等图块图形，从而更加形象地表达出该立面图的内容，其操作步骤如下。

（1）在图层控制下拉列表中，将当前图层设置为"TK-图块"图层，如图 4-106 所示。

　　◢ TK-图块　　　♀　☼　　🔓　■112　Continuous　——默认

图 4-106　设置图层

（2）执行"插入块"命令（I），将配套光盘中的"图块\04\装饰画.dwg"图块插入绘图区中，如图4-107所示。

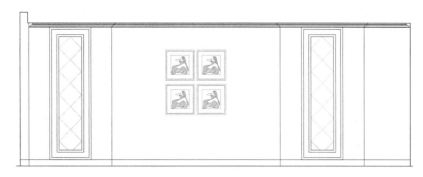

图4-107　插入装饰画图块

4.5.4　标注尺寸及说明文字

前面已经绘制好了立面图的墙面造型、墙面填充以及墙面装饰物品等图形，绘制部分的内容已经基本完成，现在需要对其进行尺寸标注以及文字注释，其操作步骤如下。

（1）在图层控制下拉列表中，将当前图层设置为"BZ-标注"图层，如图4-108所示。

图4-108　设置图层

（2）结合"线型标注"命令（DLI）及"连续标注"命令（DCO），对平面图进行尺寸标注，如图4-109所示。

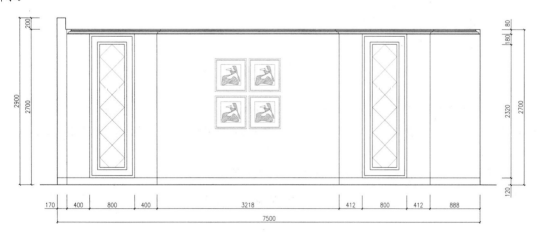

图4-109　尺寸标注

（3）将当前图层设置为"ZS-注释"图层，参考前面章节的方法，对平面图进行立面指向符号、文字注释以及图名比例的标注，如图4-110所示。

（4）最后按键盘上的"Ctrl+ S"组合键，将图形进行保存。

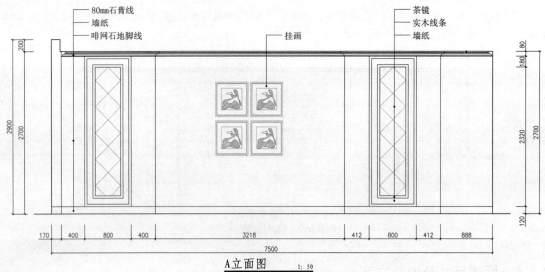

80mm石膏线
墙纸
啡网石地脚线
挂画
茶镜
实木线条
墙纸

200
2900
2700

80
180
2320
2700
120

170 400 800 400 3218 412 800 412 888
7500

A立面图　　　1：50

图 4-110　标注文字说明

4.6　绘制总经理办公室 B 立面图

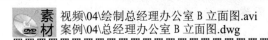

视频\04\绘制总经理办公室 B 立面图.avi
案例\04\总经理办公室 B 立面图.dwg

本节讲解如何绘制该装饰公司办公室的 B 立面图图纸，包括对平面图的修改、绘制墙面造型、填充墙面区域、插入图块图形，文字注释等。

4.6.1　打开图形并进行修改

与绘制 A 立面图一样，可以通过打开前面已经绘制好的平面布置图，另存为和修改，然后再参照平面布置图上的形式、尺寸等参数，快速、直观地绘制立面图，提高绘图效率，其操作步骤如下。

（1）执行"文件|打开"命令，打开配套光盘"案例\04\总经理办公室平面布置图.dwg"图形文件，按键盘上的"Ctrl+Shift+S"组合键，打开"图形另存为"对话框，将文件保存为"案例\04\总经理办公室 B 立面图.dwg"文件。

（2）在图层控制下拉列表中，将当前图层设置为"QT-墙体"图层，如图 4-111 所示。

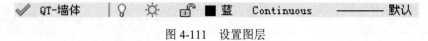

图 4-111　设置图层

（3）再执行"直线"命令（L），捕捉平面图上的相应轮廓向上绘制引申线，并在图形的上方绘制一条适当长度的水平线作为地坪线，如图 4-112 所示。

（4）执行"偏移"命令（O），将下侧的地坪线向上偏移 2700 的距离，接着再执行"修剪"命令（TR），对偏移后的线段进行修剪操作，如图 4-113 所示。

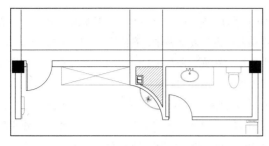

图 4-112　绘制引申线及地坪线

图 4-113　偏移并修剪

4.6.2　绘制立面相关造型

前面已经修改好了平面图，并且绘制了相关的引申线段，接下来可以根据设计要求来绘制墙面的相关造型图形，其操作步骤如下。

（1）在图层控制下拉列表中，将当前图层设置为"DD-吊顶"图层，如图 4-114 所示。

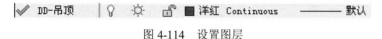

图 4-114　设置图层

（2）执行"多段线"命令（PL），绘制一条如图 4-115 所示的多段线。

（3）执行"移动"命令（M），将刚才所绘制的图形移动执行"圆弧"命令（A），立面图的右上角；再执行"镜像"命令（MI），执行"复制"命令（CO）等，将所绘制的图形进行镜像和复制操作，如图 4-116 所示。

（4）执行"直线"命令（L），在前面所绘制图形相关的转角的地方绘制水平直线段，如图 4-117 所示。

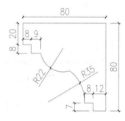

图 4-115　绘制多段线

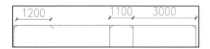

图 4-116　复制和镜像操作

图 4-117　绘制直线段

（5）接着将当前图层设置为"LM-立面"图层，如图 4-118 所示。

图 4-118　更改图层

（6）执行"直线"命令（L），在立面图形的左边，绘制一条竖直的直线段到地坪线上，如图 4-119 所示。

（7）在图层控制下拉列表中，将当前图层设置为"JJ-家具"图层，如图 4-120 所示。

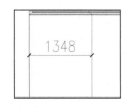

图 4-119　绘制直线段

图 4-120　设置图层

图 4-121　偏移操作

（8）执行"偏移"命令（O），将如图 4-121 所示的三条线段向内进行偏移操作，偏移尺寸分别为 20、50、20；然后再执行"修剪"命令（TR），将刚才所偏移的线段进行修剪操作，如图 4-121 所示。

（9）继续执行"偏移"命令（O），将相关的线段按照如图 4-122 所示的尺寸与位置进行偏移操作，偏移距离分别为 40、100、40，如图 4-122 所示。

（10）执行"修剪"命令（TR），将刚才偏移后的线段按照如图 4-123 所示的形状进行修剪操作，修剪后的效果如图 4-123 所示。

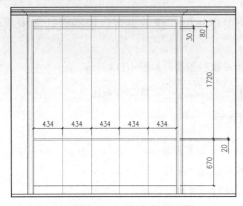

图 4-122　继续偏移操作

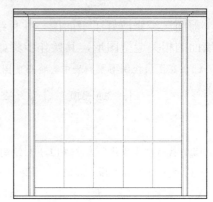

图 4-123　修剪操作

（11）在图层控制下拉列表中，将当前图层设置为"MC-门窗"图层，如图 4-124 所示。

✓ MC-门窗　　♀ ☼ 🗗 □ 青 Continuous ────── 默认

图 4-124　设置图层

（12）执行"矩形"命令（REC），绘制如图 4-125 所示的两个矩形，尺寸分别为 354×1530 和 354×590。

（13）执行"偏移"命令（O），将刚才所绘制的两个矩形向内进行偏移操作，偏移尺寸为 10，如图 4-126 所示。

（14）继续执行"偏移"命令（O），在上面那个矩形区域内，将水平线段向下进行偏移操作，如图 4-127 所示。

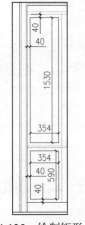

图 4-125　绘制矩形

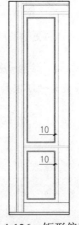

图 4-126　矩形偏移

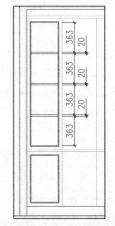

图 4-127　直线偏移

（15）执行"矩形"命令（REC），绘制一个尺寸为 20×100 的矩形；再执行"复制"命令（CO），将所绘制的矩形向下复制，效果如图 4-128 所示。

（16）执行"编组"命令（G），将刚才所绘制的图形上下两部分各进行编组操作；接着再执行"镜像"命令（MI），执行"复制"命令（CO）等，将所绘制的衣柜的门向右进行镜像和复制操作，效果如图 4-129 所示。

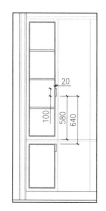

图 4-128　绘制矩形

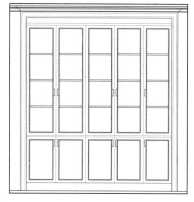

图 4-129　镜像复制操作

（17）接着将当前图层设置为"LM-立面"图层，如图 4-130 所示。

图 4-130　更改图层

（18）执行"直线"命令（L），绘制如图 4-131 所示的几条直线段。

（19）执行"修剪"命令（TR），将刚才所绘制的图形进行修剪操作，修剪后的效果如图 4-132 所示。

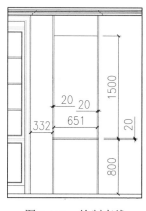

图 4-131　绘制直线

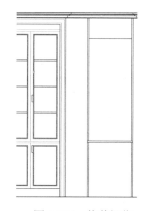

图 4-132　修剪操作

（20）将绘图区域移到图形的右上角，执行"偏移"命令（O），将相关的线段进行偏移操作，并将相关线条置放到"LM-立面"图层，偏移方向和偏移尺寸如图 4-133 所示。

（21）执行"移动"命令（M），将右上角的图形向左进行移动；然后再执行"修剪"命令（TR），将偏移后的线段按照如图 4-134 所示的形状进行修剪操作。

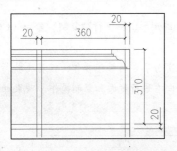

图 4-133 偏移操作

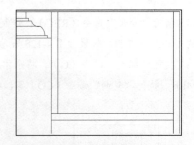

图 4-134 修剪操作

（22）执行"偏移"命令（O），将相关的线段按照如图 4-135 所示的尺寸进行偏移操作，偏移的尺寸和方向如图 4-135 所示。

（23）然后再执行"修剪"命令（TR），将偏移后的线段按照如图 4-136 所示的形状进行修剪操作。

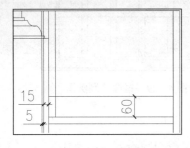

图 4-135 偏移操作

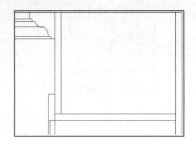

图 4-136 偏移操作

（24）在图层控制下拉列表中，将当前图层设置为"JJ-家具"图层，如图 4-137 所示。

| ✔ | JJ-家具 | ☀ | ☼ | 🔓 ◼ 74 | Continuous | ——— | 默认 |

图 4-137 设置图层

（25）执行"矩形"命令（REC），绘制尺寸如图 4-138 所示的几个矩形。

（26）再执行"移动"命令（M），将这些矩形移动到图形的右下角如图 4-139 所示的位置。

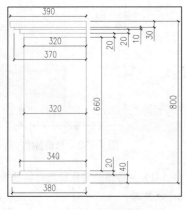

图 4-138 绘制矩形

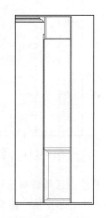

图 4-139 移动矩形

（27）在图层控制下拉列表中，将当前图层设置为"MC-门窗"图层，如图 4-140 所示。

MC-门窗 　Continuous　————默认

图 4-140　设置图层

（28）将绘图区域移至图形的左边，执行"多段线"命令（PL），绘制如图 4-141 所示的一条多段线。

（29）执行"偏移"命令（O），将前面所绘制的多段线向内进行偏移操作，再执行"矩形"命令（REC），绘制一个如图 4-142 所示的矩形。

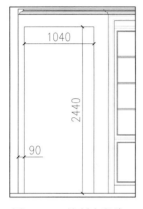

图 4-141　绘制多段线

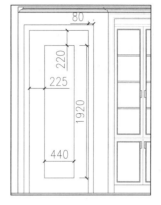

图 4-142　偏移并绘制矩形

（30）继续执行"偏移"命令（O），将所绘制的矩形按照如图 4-143 所示的尺寸进行偏移操作。

（31）执行"圆"命令（C），绘制如图 4-144 所示的几个圆图形。

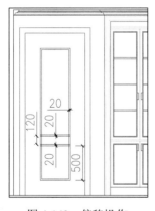

图 4-143　偏移操作

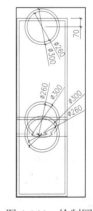

图 4-144　绘制圆

（32）执行"修剪"命令（TR），将圆图形和矩形进行修剪操作，修剪后的效果如图 4-145 所示。

（33）执行"矩形"命令（REC），绘制一个尺寸为 90×220 的矩形，再执行"圆"命令（C），在矩形的中心绘制一个直径为 80 的圆；最后再执行"移动"命令（M），将两个图形移动到如图 4-146 所示的位置。

（34）同样方式，参照前面绘制门的步骤，在图形的右侧绘制卫生间的门图形，效果如图 4-147 所示。

（35）执行"偏移"命令（O），将地坪线向上进行偏移操作，偏移距离为 120，并将偏移后的线段转置放到"LM-立面"图层；再执行"修剪"命令（TR），对偏移后的线段进行修剪操作，效果如图 4-148 所示。

（36）在图层控制下拉列表中，将当前图层设置为"TC-填充"图层，如图 4-149 所示。

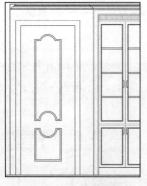

图 4-145　修剪图形

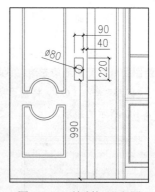

图 4-146　绘制矩形和圆

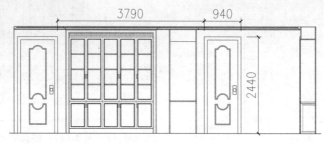

图 4-147　绘制卫生间门图形

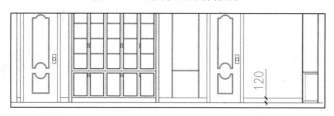

图 4-148　偏移并修剪

TC-填充				8	Continuous	—— 默认

图 4-149　更改图层

（37）执行"图案填充"命令（H），对衣柜上方如图 4-150 所示的区域进行填充，设置参数为"图案为 USER、单排、90°、填充间距为 20、原点为中心"。

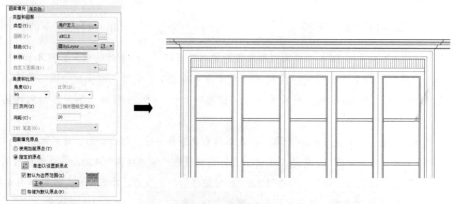

图 4-150　填充操作

4.6.3 插入图块图形

前面已经绘制好了立面图的墙面相关造型，现在可以通过插入墙面相关的装饰物品以及墙面附近的家具等图块图形，从而更加形象地表达该立面图的内容，其操作步骤如下。

（1）在图层控制下拉列表中，将当前图层设置为"TK-图块"图层，如图 4-151 所示。

图 4-151 设置图层

（2）执行"插入块"命令（I），将配套光盘中的图块图形插入绘图区中，插入的图块包括"盆景-立、挂画、艺术品-立、灯-立"灯，插入图块图形后的效果如图 4-152 所示。

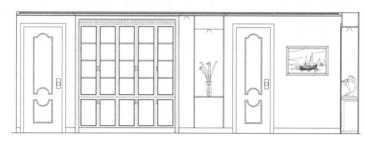

图 4-152 插入图块图形

4.6.4 标注尺寸及说明文字

前面已经绘制好了立面图的墙面造型，墙面填充以及墙面装饰物品等图形，绘制部分的内容已经基本完成，现在需要对其进行尺寸标注以及文字注释，其操作步骤如下。

（1）在图层控制下拉列表中，将当前图层设置为"BZ-标注"图层，如图 4-153 所示。

图 4-153 设置图层

（2）结合"线型标注"命令（DLI）及"连续标注"命令（DCO），对平面图进行尺寸标注，如图 4-154 所示。

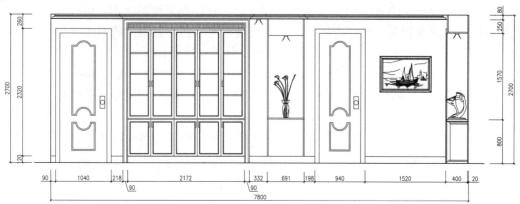

图 4-154 尺寸标注

（3）将当前图层设置为"ZS-注释"图层，参考前面章节的方法，对平面图进行立面指向符号、文字注释以及图名比例的标注，如图 4-155 所示。

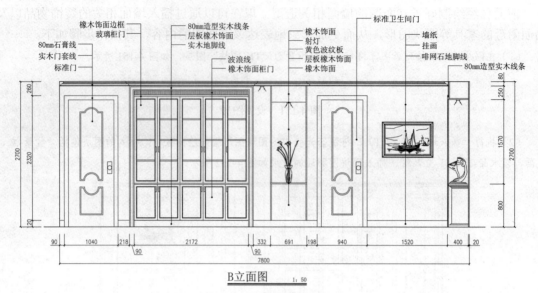

图 4-155　标注文字说明

（4）最后按键盘上的"Ctrl+ S"组合键，将图形进行保存。

4.7　绘制总经理办公室 C 立面图

视频\04\绘制总经理办公室 C 立面图.avi
案例\04\总经理办公室 C 立面图.dwg

前面绘制了移动营业厅的 A 立面图和 B 立面图，现在讲解如何绘制总经理办公室 C 立面图图纸。主要讲解办公室 C 立面图的绘制，其中包括绘制立面主要轮廓、绘制立面相关图形、插入相关图块及填充图案、标注文字说明及尺寸等内容。

4.7.1　打开图形并进行修改

与绘制移动营业厅的 A 立面图和 B 立面图一样，在绘制立面图之前，可以通过打开前面已经绘制好的平面布置图，另存为和修改，然后再参照平面布置图上的形式，尺寸等参数，来快速、直观地绘制立面图，从而提高绘图效率，其操作步骤如下。

（1）执行"文件|打开"命令，打开配套光盘"案例\04\总经理办公室平面布置图.dwg"图形文件，按键盘上的"Ctrl+Shift+S"组合键，打开"图形另存为"对话框，将文件保存为"案例\04\总经理办公室 C 立面图.dwg"文件。

（2）在图层控制下拉列表中，将当前图层设置为"QT-墙体"图层，如图 4-156 所示。

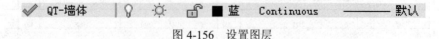

图 4-156　设置图层

（3）执行"旋转"命令（RO），将平面布置图旋转 90°。

（4）再执行"直线"命令（L），捕捉平面图上的相应轮廓向上绘制引申线，并在图形的上方绘制一条适当长度的水平线作为地坪线，如图 4-157 所示。

（5）执行"偏移"命令（O），将下侧的地坪线向上偏移 2700 和 2900 的距离，将右边的竖直线段向左偏移 180，接着再执行"修剪"命令（TR），对偏移后的线段进行修剪操作，如图 4-158 所示。

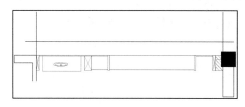

图 4-157　绘制引申线及地坪线

图 4-158　偏移并修剪

4.7.2　绘制立面相关造型

修改好平面图，并且绘制了相关的引申线段之后，接下来可以根据设计要求来绘制墙面的相关造型图形，其操作步骤如下。

（1）在图层控制下拉列表中，将当前图层设置为"DD-吊顶"图层，如图 4-159 所示。

图 4-159　设置图层

（2）采用前面绘制 A 立面图和绘制 B 立面图的方法，在图形顶端绘制吊顶的里面图形，绘制好的图形效果如图 4-160 所示。

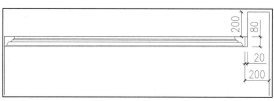

图 4-160　绘制多段线

（3）接着将当前图层设置为"LM-立面"图层，如图 4-161 所示。

图 4-161　更改图层

（4）执行"直线"命令（L），在立面图形右边以吊顶部分的右下角为起点，绘制一条竖直的直线段到地坪线上，如图 4-162 所示。

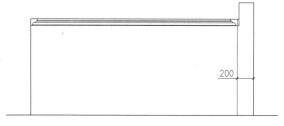

图 4-162　绘制直线段

（5）在图层控制下拉列表中，将当前图层设置为"JJ-家具"图层，如图 4-163 所示。

图 4-163　设置图层

（6）执行"多段线"命令（PL），绘制如图 4-164 所示的两条多段线。

（7）执行"偏移"命令（O），将所绘制的两条多段线向内进行偏移操作，偏移距离分别为 12、5、22、2、22、5、12，效果如图 4-165 所示。

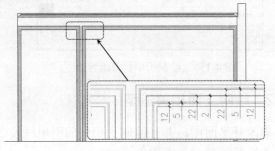

图 4-164　绘制多段线

图 4-165　偏移操作

（8）将绘图区域移至图形右边的矩形区域。执行"偏移"命令（O），将里面最左边的竖直线段向右进行偏移操作，偏移尺寸如图 4-166 所示，偏移后的效果如图 4-166 所示。

（9）继续执行"偏移"命令（O），将里面最上面的竖直线段向下进行偏移操作，偏移尺寸如图 4-167 所示，偏移后的效果如图 4-167 所示。

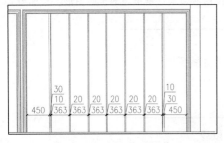

图 4-166　向右偏移操作

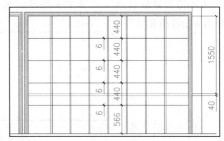

图 4-167　向下偏移操作

（10）执行"修剪"命令（TR），对图形进行修剪操作，修剪后的效果如图 4-168 所示。

（11）执行"矩形"命令（REC），绘制几个尺寸如图 4-169 所示的矩形。

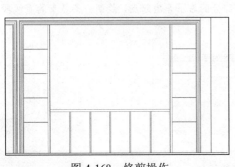

图 4-168　修剪操作

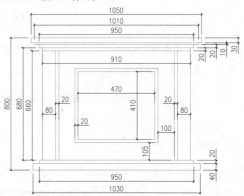

图 4-169　绘制矩形

（12）然后再执行"移动"命令（M），将矩形移动到如图 4-170 所示的位置。

（13）执行"偏移"命令（O），将地坪线向上进行偏移操作，偏移距离为 120，并将偏移后的线段转置放到"LM-立面"图层；再执行"修剪"命令（TR），对偏移后的线段进行修剪操作，效果如图 4-171 所示。

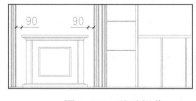

图 4-170　移动操作

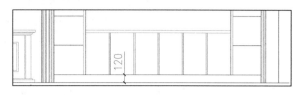

图 4-171　偏移并修剪

4.7.3　插入图块图形

前面已经绘制好了立面图的墙面相关造型，现在可以通过插入墙面相关的装饰物品以及墙面附近的家具等图块图形，从而更加形象地表达出该立面图的内容，其操作步骤如下。

（1）在图层控制下拉列表中，将当前图层设置为"TK-图块"图层，如图 4-172 所示。

图 4-172　设置图层

（2）执行"插入块"命令（I），将本书配套光盘中的图块图形插入绘图区中，插入的图块包括"挂画、艺术品-立、灯-立"灯，插入图块图形后的效果如图 4-173 所示。

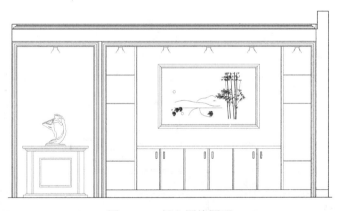

图 4-173　插入图块图形

4.7.4　标注尺寸及说明文字

前面已经绘制好了立面图的墙面造型、墙面填充以及墙面装饰物品等图形，绘制部分的内容已经基本完成，现在需要对其进行尺寸标注以及文字注释，其操作步骤如下。

（1）在图层控制下拉列表中，将当前图层设置为"BZ-标注"图层，如图 4-174 所示。

图 4-174　设置图层

（2）结合"线型标注"命令（DLI）及"连续标注"命令（DCO），对平面图进行尺寸标注，如图4-175所示。

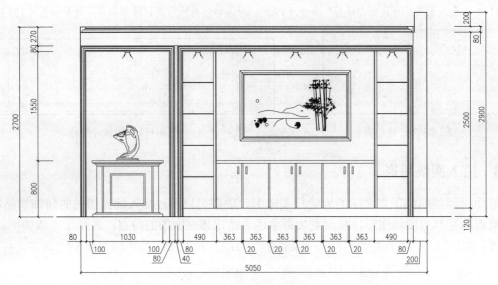

图 4-175　尺寸标注

（3）将当前图层设置为"ZS-注释"图层，参考前面章节的方法，对平面图进行立面指向符号、文字注释以及图名比例的标注，如图 4-176 所示。

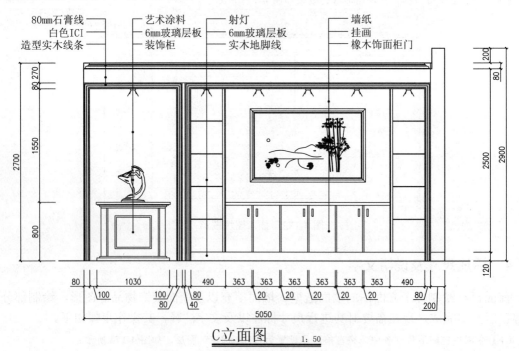

图 4-176　标注文字说明

（4）最后按键盘上的"Ctrl+ S"组合键，将图形进行保存。

4.8 绘制总经理办公室 D 立面图

素材 视频\04\绘制总经理办公室 D 立面图.avi
案例\04\总经理办公室 D 立面图.dwg

本节讲解如何绘制总经理办公室的 D 立面图图纸,包括对已有平面图的修改,再绘制墙面造型、填充墙面区域、插入图块图形、文字注释等。

4.8.1 打开图形并进行修改

在绘制立面图之前,可以通过打开前面已经绘制好的平面布置图,另存为和修改,然后再参照平面布置图上的形式、尺寸等参数,快速、直观地绘制立面图,从而提高绘图效率,其操作步骤如下。

（1）执行"文件|打开"命令,打开配套光盘"案例\04\总经理办公室平面布置图.dwg"图形文件,按键盘上的"Ctrl+Shift+S"组合键,打开"图形另存为"对话框,将文件保存为"案例\04\总经理办公室 D 立面图.dwg"文件。

（2）在图层控制下拉列表中,将当前图层设置为"QT-墙体"图层,如图 4-177 所示。

图 4-177 设置图层

（3）执行"旋转"命令（RO）,将平面布置图旋转 180°。

（4）再执行"直线"命令（L）,捕捉平面图上的相应轮廓向上绘制引申线,并在图形的上方绘制一条适当长度的水平线作为地坪线,如图 4-178 所示。

（5）执行"偏移"命令（O）,将下侧的地坪线向上偏移 2700 的距离,接着再执行"修剪"命令（TR）,对偏移后的线段进行修剪操作,如图 4-179 所示。

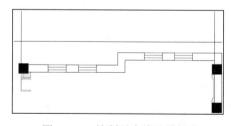

图 4-178 绘制引申线及地坪线

图 4-179 偏移并修剪

4.8.2 绘制立面相关造型

修改好平面图,并且绘制了相关的引申线段之后,接下来可以根据设计要求来绘制墙面的相关造型图形,其操作步骤如下。

（1）在图层控制下拉列表中,将当前图层设置为"DD-吊顶"图层,如图 4-180 所示。

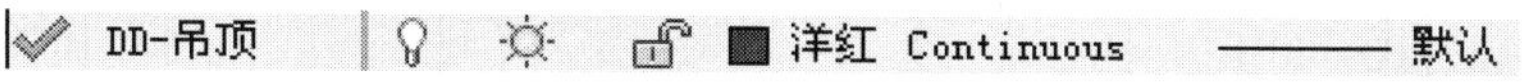

图 4-180 设置图层

（2）采用前面绘制 A 立面图和绘制 B 立面图的方法，在图形顶端绘制吊顶的里面图形，绘制好的图形效果如图 4-181 所示。

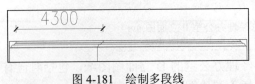

图 4-181　绘制多段线

（3）在图层控制下拉列表中，将当前图层设置为"JJ-家具"图层，如图 4-182 所示。

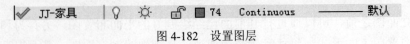

图 4-182　设置图层

（4）执行"矩形"命令（REC），在图形的左上方绘制如图 4-183 所示的几个矩形，再执行"移动"命令（M），将这几个矩形进行移动，效果如图 4-183 所示。

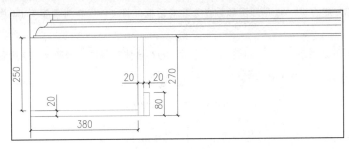

图 4-183　绘制矩形

（5）执行"偏移"命令（O），将最左边的竖直线段向右进行偏移操作，偏移距离分别为 20、380、15、5；再执行"修剪"命令（TR），对偏移后的线段进行修剪操作，效果如图 4-184 所示。

（6）执行"矩形"命令（REC），绘制一个尺寸为 360×6 的矩形，再执行"复制"命令（CO），将这些矩形，效果如图 4-185 所示。

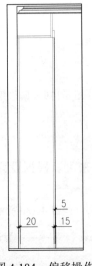

图 4-184　偏移操作

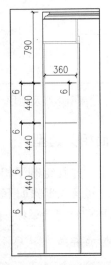

图 4-185　绘制并复制矩形

（7）在图层控制下拉列表中，将当前图层设置为"MC-门窗"图层，如图4-186所示。

图 4-186　设置图层

（8）执行"矩形"命令（REC），绘制一个尺寸为870×1780的矩形，再执行"移动"命令（M），将其移动到如图4-187所示的位置。

（9）执行"圆"命令（C），以刚才所绘制的矩形上方水平线段的中点为圆心，绘制一个直径为870的圆，效果如图4-188所示。

（10）执行"修剪"命令（TR），对前面所绘制的矩形和圆进行修剪操作，效果如图4-189所示。

（11）执行"偏移"命令（O），将修剪后的矩形和圆向内进行偏移操作，偏移尺寸为60、40，如图4-190所示。

图 4-187　绘制矩形

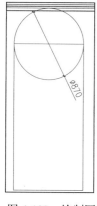

图 4-188　绘制圆

图 4-189　修剪操作

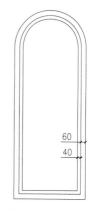

图 4-190　偏移操作

（12）继续执行"偏移"命令（O），将偏移后最里面的图形下方的水平线段向上进行偏移操作，如图4-191所示。

（13）执行"修剪"命令（TR），将图形上方的圆进行修剪操作，效果如图4-192所示。

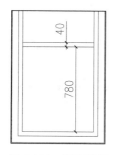

图 4-191　偏移线段

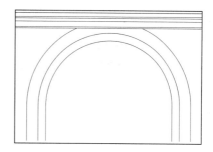

图 4-192　修剪操作

（14）在图层控制下拉列表中，将当前图层设置为"QT-墙体"图层，如图4-193所示。

图 4-193　设置图层

（15）在图形中间天花吊顶转角处绘制一条竖直的直线段到地坪线上，效果如图 4-194 所示。

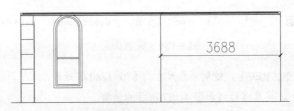

图 4-194　绘制直线段

（16）执行"编组"命令（G），将窗户图形进行编组操作；再执行"复制"命令（CO），将其按照如图 4-195 所示的尺寸进行复制操作。

（17）执行"偏移"命令（O），将地坪线向上进行偏移操作，偏移距离为 120，并将偏移后的线段转置放到"LM-立面"图层；再执行"修剪"命令（TR），对偏移后的线段进行修剪操作，效果如图 4-196 所示。

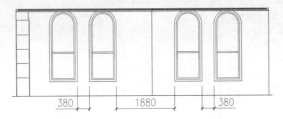

图 4-195　绘制直线段和复制操作

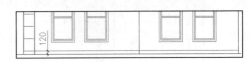

图 4-196　偏移并修剪

4.8.3　插入图块图形

当绘制好了移动营业厅立面图的墙面相关造型之后，接着就可以通过插入墙面相关的装饰物品以及墙面附近的家具等图块图形，从而更加形象地表达出该立面图的内容，其操作步骤如下。

（1）在图层控制下拉列表中，将当前图层设置为"TK-图块"图层，如图 4-197 所示。

TK-图块　　♀　☼　🔓　■112　Continuous　——默认

图 4-197　设置图层

（2）执行"插入块"命令（I），将配套光盘中的图块图形插入绘图区中，插入的图块包括"窗帘、灯-立"灯，插入图块图形后的效果如图 4-198 所示。

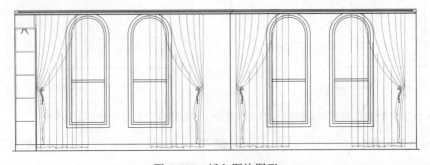

图 4-198　插入图块图形

4.8.4 标注尺寸及说明文字

前面已经绘制好了立面图的墙面造型、墙面填充以及墙面装饰物品等图形，绘制部分的内容已经基本完成，现在需要对其进行尺寸标注及文字注释，其操作步骤如下。

（1）在图层控制下拉列表中，将当前图层设置为"BZ-标注"图层，如图4-199所示。

图4-199 设置图层

（2）结合"线型标注"命令（DLI）及"连续标注"命令（DCO），对平面图进行尺寸标注，如图4-200所示。

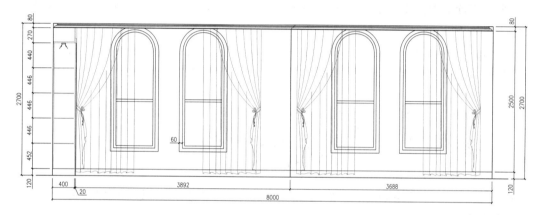

图4-200 尺寸标注

（3）将当前图层设置为"ZS-注释"图层，参考前面章节的方法，对平面图进行立面指向符号、文字注释以及图名比例的标注，如图4-201所示。

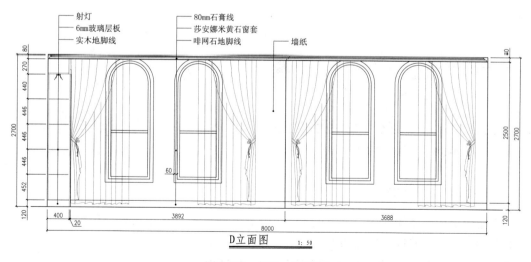

图4-201 标注文字说明

（4）最后按键盘上的"Ctrl+ S"组合键，将图形进行保存。

4.9 绘制总经理办公室 E 立面图

素材 视频\04\绘制总经理办公室 E 立面图.avi
案例\04\总经理办公室 E 立面图.dwg

接下来讲解如何绘制移动营业厅的 E 立面图图纸，包括对已有的平面图的修改，再绘制墙面造型、插入图块图形、文字注释等。

4.9.1 打开图形并进行修改

与绘制其他立面图一样，可以通过打开前面已经绘制好的平面布置图，另存为和修改，然后再参照平面布置图上的形式、尺寸等参数，快速、直观地绘制立面图，提高绘图效率，其操作步骤如下。

（1）执行"文件|打开"命令，打开配套光盘"案例\04\总经理办公室平面布置图.dwg"图形文件，按键盘上的"Ctrl+Shift+S"组合键，打开"图形另存为"对话框，将文件保存为"案例\04\总经理办公室 E 立面图.dwg"文件。

（2）在图层控制下拉列表中，将当前图层设置为"QT-墙体"图层，如图 4-202 所示。

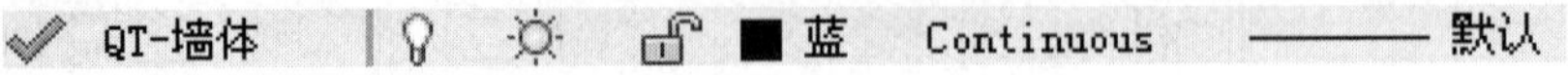

✔ QT-墙体 ☐ ☼ ☐ ■蓝 Continuous ——— 默认

图 4-202 设置图层

（3）再执行"直线"命令（L），捕捉平面图上的相应轮廓向上绘制引申线，并在图形的上方绘制一条适当长度的水平线作为地坪线，如图 4-203 所示。

（4）执行"偏移"命令（O），将相关线段进行偏移操作，接着再执行"修剪"命令（TR），对偏移后的线段进行修剪操作，如图 4-204 所示。

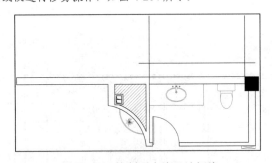

图 4-203 绘制引申线及地坪线

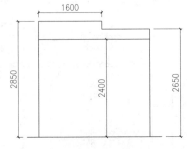

图 4-204 偏移并修剪

4.9.2 绘制立面相关造型

前面已经修改好了平面图，并且绘制了相关的引申线段，接下来可以根据设计要求来绘制墙面的相关造型，其操作步骤如下。

（1）在图层控制下拉列表中，将当前图层设置为"MC-门窗"图层，如图 4-205 所示。

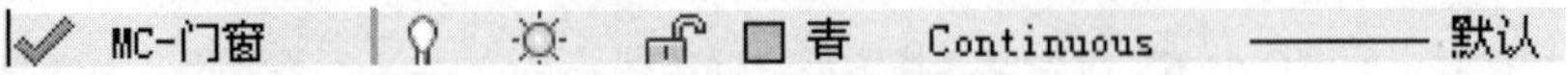

✔ MC-门窗 ☐ ☼ ☐ □青 Continuous ——— 默认

图 4-205 设置图层

（2）执行"矩形"命令（REC），绘制一个 1600×1400 的矩形，再执行"偏移"命令（O），将所绘制的矩形向内偏移 20，如图 4-206 所示。

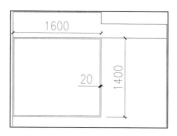

图 4-206　绘制矩形并偏移

（3）在图层控制下拉列表中，将当前图层设置为"JJ-家具"图层，如图 4-207 所示。

图 4-207　设置图层

（4）然后继续执行"矩形"命令（REC），在前面所绘制的矩形的下方绘制三个如图 4-208 所示的矩形，所绘制的矩形效果如图 4-208 所示。

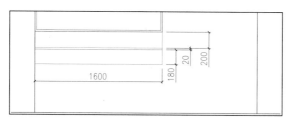

图 4-208　继续绘制矩形

（5）执行"偏移"命令（O），将相关的线段按照如图 4-209 所示的尺寸与方向进行偏移操作，并将所偏移的线段置放到"LM-立面"图层如图 4-209 所示。

（6）执行"修剪"命令（TR），将偏移后的线段进行修剪操作，修剪后的效果如图 4-210 所示。

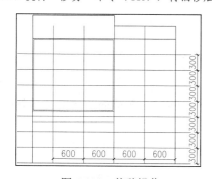

图 4-209　偏移操作

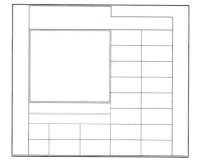

图 4-210　修剪操作

（7）在图层控制下拉列表中，将当前图层设置为"TC-填充"图层，如图 4-211 所示。

TC-填充　　♀　☼　🔓　■8　Continuous　—默认

图 4-211　更改图层

（8）执行"图案填充"命令（H），对图形上方区域进行填充，设置参数为"图案为 AR-CONC、填充比例为 0.8"，效果如图 4-212 所示。

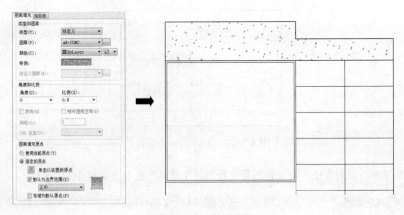

图 4-212　填充操作

（9）继续执行"图案填充"命令（H），对 1600×1400 矩形区域进行填充，设置参数为"图案为 AR-RROOF、填充比例为 15、角度为 45°"，如图 4-213 所示。

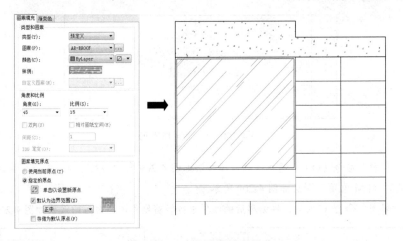

图 4-213　玻璃区域填充操作

4.9.3　插入图块图形

前面已经绘制好了立面图的墙面相关造型，现在可以通过插入墙面相关的装饰物品以及墙面附近的家具等图块图形，从而更加形象地表达出该立面图的内容，其操作步骤如下。

（1）在图层控制下拉列表中，将当前图层设置为"TK-图块"图层，如图 4-214 所示。

　　🖉 TK-图块　　　　💡　☼　　🔓　■112　Continuous　──默认

图 4-214　设置图层

（2）执行"插入块"命令（I），将配套光盘中的图块图形插入绘图区中，插入的图块包括"漱洗盆-立、马桶-立"灯，插入图块图形后的效果如图 4-215 所示。

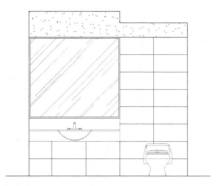

图 4-215　插入图块图形

4.9.4　标注尺寸及说明文字

前面已经绘制好了立面图的墙面造型、墙面填充以及墙面装饰物品等图形，绘制部分的内容已经基本完成，现在需要对其进行尺寸标注及文字注释，其操作步骤如下。

（1）在图层控制下拉列表中，将当前图层设置为"BZ-标注"图层，如图 4-216 所示。

图 4-216　设置图层

（2）结合"线型标注"命令（DLI）及"连续标注"命令（DCO），对平面图进行尺寸标注，如图 4-217 所示。

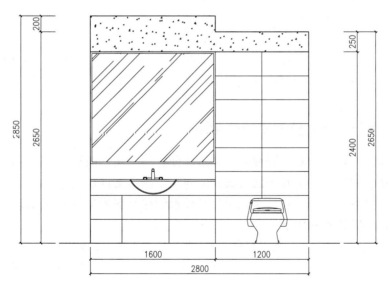

图 4-217　尺寸标注

（3）将当前图层设置为"ZS-注释"图层，参考前面章节的方法，对平面图进行立面指向符号、文字注释以及图名比例的标注，如图 4-218 所示。

（4）最后按键盘上的"Ctrl+ S"组合键，将图形进行保存。

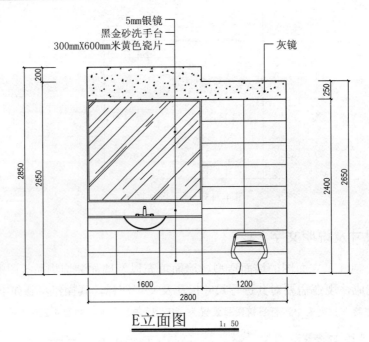

E立面图   1:50

图 4-218   标注文字说明

4.10   绘制总经理办公室天花大样图

视频\04\绘制总经理办公室天花大样图.avi
案例\04\总经理办公室天花大样图.dwg

前面已经绘制好了总经理办公室的相关的平面图、地面图、顶面图和立面图,现在讲解总经理办公室天花大样图的绘制,其中包括绘制吊顶剖切主要轮廓灯相关图形、插入相关图块及填充图案、标注文字说明及尺寸等内容。

4.10.1   新建图形文件并绘制吊顶轮廓图形

绘制大样图时,可以单独打开样板文件重新创建一个新的图形文件,也可以打开已经绘制好的平面图或者立面图,另存为的方式来创建一个图形文件,另存为的方式可以保留前面所绘制图形的一些参数特征,在这里采用打开模板创建新图形文件的方式来绘制总经理办公室天花大样图,其操作步骤如下。

(1)执行"文件|打开"命令,打开配套光盘"案例\11\室内设计模板.dwg"图形文件,按键盘上的"Ctrl+Shift+S"组合键,打开"图形另存为"对话框,将文件保存为"案例\04\总经理办公室天花大样图.dwg"文件。

(2)在图层控制下拉列表中,将当前图层设置为"QT-墙体"图层,如图 4-219 所示。

图 4-219   设置图层

(3)再执行"直线"命令(L),绘制一条水平直线段。

（4）在图层控制下拉列表中，将当前图层设置为"DD-吊顶"图层，如图 4-220 所示。

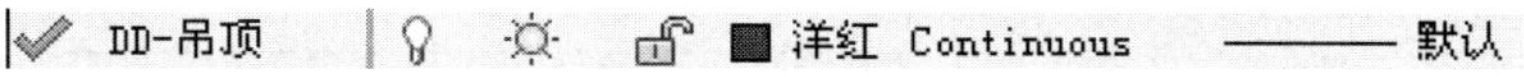

✓ DD-吊顶 ┊ ♀ ☼ 🔓 ■洋红 Continuous ——— 默认

图 4-220 设置图层

（5）执行"矩形"命令（REC），绘制如图 4-221 所示的几个矩形，矩形的宽度都为 20，再执行"移动"命令（M），将这些矩形移动到如图 4-221 所示的位置。

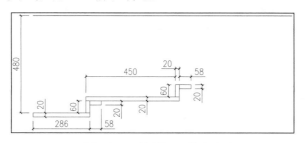

图 4-221 绘制矩形并移动

（6）执行"圆弧"命令（A），绘制如图 4-222 所示的半径为 420 的圆弧，再执行"偏移"命令（O），将其向外偏移 20，最后执行"修剪"命令（TR），将偏移后的圆弧进行修剪，如图 4-222 所示。

（7）执行"多段线"命令（PL），绘制如图 4-223 所示的一条多段线。

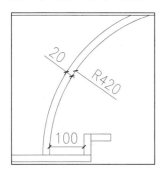

图 4-222 绘制圆弧并偏移

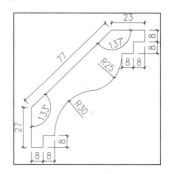

图 4-223 绘制多段线

（8）执行"复制"命令（CO），将所绘制的多段线复制到如图 4-224 所示的位置，再执行"修剪"命令（TR），对图形进行修剪，效果如图 4-224 所示。

（9）执行"镜像"命令（MI），执行"移动"命令（M）等，将左边的图形镜像到右边，并按照如图 4-225 所示的尺寸进行移动，效果如图 4-225 所示。

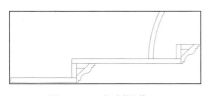

图 4-224 复制操作

图 4-225 复制操作

（10）执行"矩形"命令（REC），绘制如图 4-226 所示的几个矩形，矩形的宽度都为 20，再执行"移动"命令（M），将这些矩形移动到如图 4-226 所示的位置。

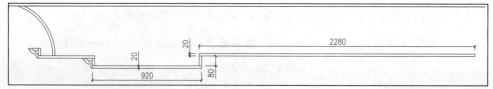

图 4-226　绘制矩形

（11）执行"矩形"命令（REC），执行"直线"命令（L），绘制如图 4-227 所示的图形，再执行"复制"命令（CO），将其按照如图 4-227 所示的尺寸进行复制操作。

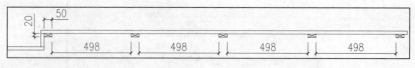

图 4-227　复制操作

（12）执行"直线"命令（L），在前面所绘制的矩形底部绘制水平直线段，将其封闭起来，如图 4-228 所示。

图 4-228　绘制直线段

（13）执行"多段线"命令（PL），绘制如图 4-229 所示的一条多段线。

（14）执行"复制"命令（CO），将所绘制的多段线复制到如图 4-230 所示的位置，再执行"修剪"命令（TR），对图形进行修剪，效果如图 4-230 所示。

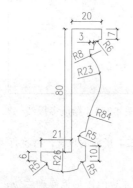

图 4-229　绘制多段线

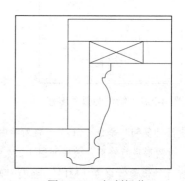

图 4-230　复制操作

（15）执行"镜像"命令（MI），执行"移动"命令（M）等，将左边的图形镜像到右边，并按照如图 4-231 所示的尺寸进行移动，效果如图 4-231 所示。

图 4-231　镜像操作

（16）在图层控制下拉列表中，将当前图层设置为"TC-填充"图层，如图 4-232 所示。

图 4-232　更改图层

（17）执行"多段线"命令（PL），绘制如图 4-233 所示的一条多段线。

（18）执行"复制"命令（CO），将刚才所绘制的多段线复制到图形的两侧，注意使图形封闭起来，如图 4-234 所示。

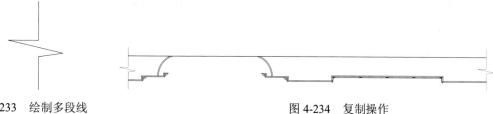

图 4-233   绘制多段线   图 4-234   复制操作

（19）执行"图案填充"命令（H），对图形上方的区域进行填充，设置参数为"图案为 ANSI31、填充间距为 10、"，效果如图 4-235 所示。

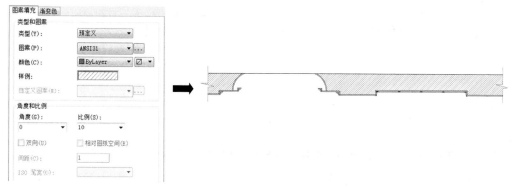

图 4-235   图案填充

4.10.2   插入图块图形

当绘制好总经理办公室天花大样图的吊顶相关造型之后，接着就可以通过插入吊顶相关的装饰物品以及吊顶图形附近的家具等图块图形，从而更加形象地表达出该大样图的内容，其操作步骤如下。

（1）在图层控制下拉列表中，将当前图层设置为"TK-图块"图层，如图 4-236 所示。

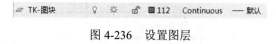

图 4-236   设置图层

（2）执行"插入块"命令（I），将配套光盘中的图块图形插入绘图区中，插入的图块包括"筒灯、暗藏灯管、欧式吊灯-立 01、欧式吊灯-立 02"灯，插入图块图形后的效果如图 4-237 所示。

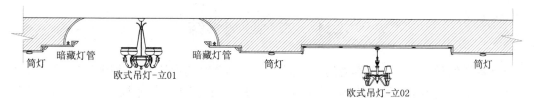

图 4-237   插入图块图形

4.10.3 标注尺寸及说明文字

前面已经绘制好了大样图的吊顶造型、图形填充以及吊顶装饰物品等图形，绘制部分的内容已经基本完成，现在需要对其进行尺寸标注及文字注释，其操作步骤如下。

（1）在图层控制下拉列表中，将当前图层设置为"BZ-标注"图层，如图 4-238 所示。

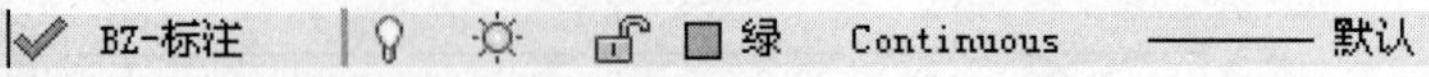

✔ **BZ-标注**　🔅 ☼ 🔓 ■ 绿　Continuous ────── 默认

图 4-238　设置图层

（2）结合"线型标注"命令（DLI）及"连续标注"命令（DCO），对平面图进行尺寸标注，如图 4-239 所示。

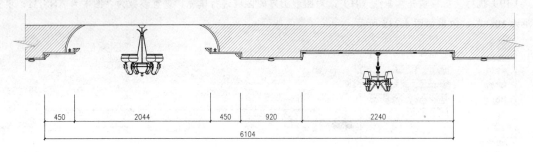

图 4-239　尺寸标注

（3）将当前图层设置为"ZS-注释"图层，参考前面章节的方法，对平面图进行立面指向符号、文字注释以及图名比例的标注，如图 4-240 所示。

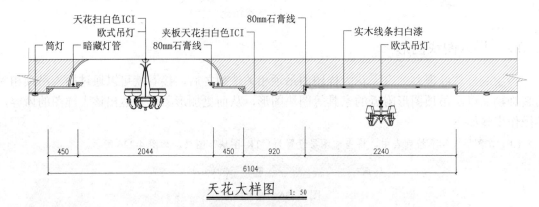

图 4-240　标注文字说明

（4）最后按键盘上的"Ctrl+S"组合键，将图形进行保存。

4.11　本 章 小 结

通过本章的学习，可以使读者迅速掌握总经理办公室的设计方法及相关知识要点，掌握总经理办公室相关施工图纸的绘制，了解总经理办公室的室内空间布局、装修材料的应用。

第 5 章　公司接待室室内设计

本章主要讲解公司接待室的室内设计绘制过程，首先讲解公司接待室室内设计的相关概述，了解接待室的简介、设计要点、需求的氛围和注重点，以便进一步设计公司接待室。在绘制公司接待室室内设计图纸过程中，先通过打开本章所提供的原始结构图，然后绘制公司接待室平面图，从而可以利用该平面图来绘制其他图纸，其中包括公司接待室平面图、公司接待室顶面图、公司接待室地面图、各个相关立面图、剖视图、大样图等图形的绘制。

■ 学习内容

◇ 公司接待室设计概述
◇ 绘制公司接待室平面布置图
◇ 绘制公司接待室地面布置图
◇ 绘制公司接待室顶面布置图
◇ 绘制公司接待室 A 立面图
◇ 绘制公司接待室 C 立面图
◇ 绘制公司接待室镂槽剖视图
◇ 绘制公司接待室天花吊顶大样图

5.1　公司接待室设计概述

接待室是指各种组织在公务活动中对来访者所进行迎送、招待、接谈、联系、咨询等辅助管理活动所布置的场所，公司接待室效果如图 5-1 所示。

图 5-1　公司接待室效果

5.1.1　公司接待室简介

目前社会发展所导致的接待工作最重要的就是最后一种，即接待方式，接待方式的不同直接导致了其所进行事务的成败，可以说发展到今天，接待工作在公司、公共场合、政府等各个行业都占据了主导地位。因此，一个布置得当的接待室能有效促成工作的成功。

5.1.2　公司接待室的设计要点

接待室实际上是一个企业对外交往的窗口，通过这个窗口，设计者要将项目的主题说明白，让目标顾客产生一种想象。因此，要保持主题的一致性，从视觉到颜色再到所有配套的东西都应保持一致性。

1）细节着手

为了真正实现接待室效果，内外装修，色彩与用具的搭配、灯光的配制等都应达到考究的程度。

2）提升档次

根据所开发的项目档次、价位以及所面对的目标顾客群的档次肯定不同。目标顾客就可以通过接待室看到公司的实际档次，给目标顾客留下深刻印象。那么，他就会认为开发商是个有实力、专业性很强的公司，其最终产品大致也会是如此效果。

3）表达公司元素

接待室的布置要干净美观大方，要有体现企业形象和烘托室内气氛的元素。

5.1.3　公司接待室所需求的氛围

接待室与各个空间、区域的布置、丰富销售氛围，有效传递品牌及产品信息。调动一切可利用资源，争取在这次布置后，使接待室环境氛围得到改善，对于接待室的整体氛围和促进销售方面产生良好效果。

1）硬件氛围

硬件氛围一般包括展示区、休息区、洽谈区、接待区等。

2）销售氛围

销售氛围一般包括宣传单页、墙面宣传画、宣传展示架等。

3）软件氛围

软件氛围一般包括音乐、灯光、空调、销售人员等。

5.1.4　公司接待室设计的注重点

接待室关键就是要使目标顾客在众多项目的比对过程中取得优胜，大投入引发购买欲望。

1）大投入引发购买欲望

成功的接待室应该是经过精心设计包装的反映美好生活的场所，而不应该是反映现实。应采用艺术化包装，引发接待对象的成交冲动。

2）以展示为主原则

追求灯光的效果，色彩上，无论体现健康的，还是柔和、朴实的氛围，都以展示功能为重；在设计风格的设置上，无论是古典的、还是简约的，关键是要营造出特殊的视觉冲击力。

3）注重装饰

用高品味、高档次的饰物将接待室的档次做高，给装修后的接待室穿上靓丽外衣，并适度夸张，从而让被接待者感到高档的档次，才有可能考虑业务的成交。

5.2　绘制公司接待室平面布置图

 视频\05\绘制公司接待室平面布置图.avi
案例\05\公司接待室平面布置图.dwg

本节讲解如何绘制该公司接待室的平面图图纸，包括绘制隔断墙体、绘制背景墙、墙面装饰、绘制展示柜、插入图块图形、文字注释等。

5.2.1　打开原始结构图

在绘制公司接待室平面图之前，可以打开原有的原始结构图，利用原有的原始结构图本来所有的相关图形来绘制接待室平面图，从而提高绘图效率。

（1）启动 Auto CAD 2016 软件，然后执行"文件|打开"菜单命令，将配套光盘中的"案例\05\公司接待室原始结构图.dwg"文件打开。再按键盘上的"Ctrl+Shift+S"组合键，打开"图形另存为"对话框，将文件保存为"案例\05\公司接待室平面布置图.dwg"文件。

（2）执行"删除"命令（E），将标注等图形删除掉，效果如图 5-2 所示。

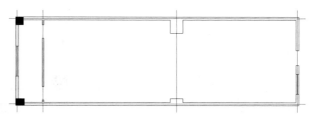

图 5-2　打开原始结构图

5.2.2　封闭墙体

在原始结构图中，在图形的左面阳台位置提供了两个门洞，现在根据设计要求，需要封闭一个门洞，其操作步骤如下。

（1）在图层控制下拉列表中，将当前图层设置为"QT-墙体"图层，如图 5-3 所示。

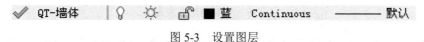

图 5-3　设置图层

（2）执行"矩形"命令（REC），绘制一个尺寸为 100×800 的矩形，把如图 5-4 所示的区域封闭起来，效果如图 5-4 所示。

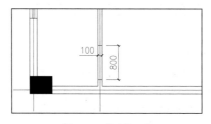

图 5-4　绘制矩形

5.2.3 绘制墙面装饰、柜子图形

当封闭前面所示的门洞之后，现在需要在相关的一些地方绘制家具、墙上装饰、展示柜等图形，其操作步骤如下。

（1）在图层控制下拉列表中，将当前图层设置为"JJ-家具"图层，如图 5-5 所示。

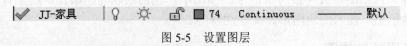

图 5-5　设置图层

（2）执行"矩形"命令（REC），绘制一个尺寸为 100×300 的矩形；再执行"直线"命令（L），绘制两条斜线段来连接刚才所绘制的矩形的对角点，效果如图 5-6 所示。

（3）执行"编组"命令（G），对刚才所绘制的图形进行编组操作；再执行"复制"命令（CO），将编组后的图形复制到如图 5-7 所示的位置。

图 5-6　绘制矩形和斜线段

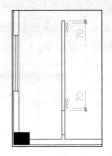

图 5-7　复制操作

（4）继续执行"矩形"命令（REC），绘制一个尺寸为 1800×470 的矩形；再执行"复制"命令（CO），将矩形复制到如图 5-8 所示的位置。

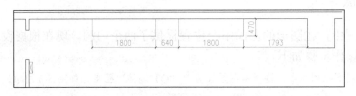

图 5-8　绘制矩形并复制

（5）执行"矩形"命令（REC），绘制一个尺寸为 120×500 的矩形；再执行"直线"命令（L），绘制两条斜线段来连接刚才所绘制的矩形的对角点，接着执行"编组"命令（G），对刚才所绘制的图形进行编组操作；然后再执行"复制"命令（CO），将编组后的图形复制到如图 5-9 所示的位置。

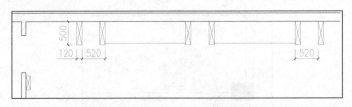

图 5-9　绘制矩形和直线并复制

（6）同样方法，执行"矩形"命令（REC）和执行"直线"命令（L），绘制一个尺寸为 400×450 的矩形；并绘制两条斜线段来连接刚才所绘制的矩形的对角点，接着执行"编组"命令（G），对刚才所绘制的图形进行编组操作；然后再执行"复制"命令（CO），将编组后的图形复制到如图 5-10 所示的位置。

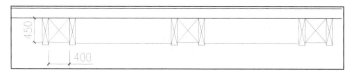

图 5-10　绘制矩形和直线并复制

（7）执行"矩形"命令（REC）和执行"直线"命令（L），绘制一个尺寸为 1153×230 的矩形；并绘制两条斜线段来连接刚才所绘制的矩形的对角点，接着执行"编组"命令（G），对刚才所绘制的图形进行编组操作；然后再执行"复制"命令（CO），将编组后的图形复制到如图 5-11 所示的位置。

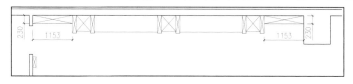

图 5-11　绘制矩形和直线并复制

（8）执行"矩形"命令（REC），绘制几个矩形，尺寸如图 5-12 所示；再执行"直线"命令（L），绘制两条斜线段来连接刚才所绘制的矩形的对角点，效果如图 5-12 所示。

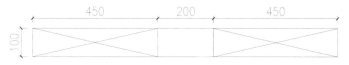

图 5-12　绘制矩形和斜线段

（9）执行"编组"命令（G），对刚才所绘制的图形进行编组操作；再执行"复制"命令（CO），将编组后的图形复制到平面图的右上角，效果如图 5-13 所示。

图 5-13　编组并复制操作

（10）执行"矩形"命令（REC），按照图 5-14 所提供的尺寸，绘制几个矩形，再执行"移动"命令（M），将所绘制的矩形按照图中的形状进行移动，效果如图 5-14 所示。

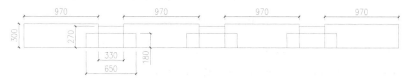

图 5-14　绘制矩形

（11）执行"编组"命令（G），对刚才所绘制的图形进行编组操作；再执行"复制"命令（CO），将编组后的图形复制到平面图的右下角，效果如图 5-15 所示。

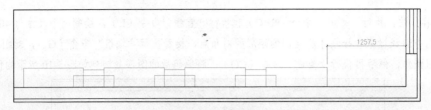

图 5-15　复制操作

（12）执行"矩形"命令（REC），再刚才所绘制的图形两边各绘制一个矩形，尺寸为 857.5×230 和 1257.5×230；再执行"直线"命令（L），绘制两组斜线段来连接刚才所绘制的矩形的对角点，接着执行"编组"命令（G），对刚才所绘制的图形进行编组操作；然后再执行"复制"命令（CO），将编组后的图形复制到如图 5-16 所示的位置。

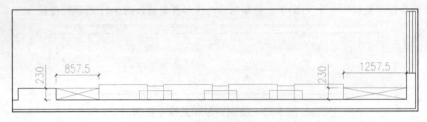

图 5-16　绘制矩形和直线并复制

（13）执行"矩形"命令（REC），按照图 5-17 所示的尺寸绘制几个矩形；再执行"移动"命令（M），将所绘制的矩形移动到平面图的左下角如图 5-17 所示的位置。

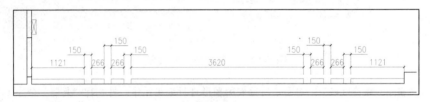

图 5-17　绘制矩形并移动

5.2.4　插入门图块图形

前面已经封闭了一个门洞，剩下两个门洞，一个位于大门口，一个位于阳台处，现在可以根据门洞宽度来插入门图形，其操作步骤如下。

（1）在图层控制下拉列表中，将当前图层设置为"MC-门窗"图层，如图 5-18 所示。

✔ MC-门窗　　♀ ☼ ♙ ■青　Continuous ────── 默认

图 5-18　设置图层

（2）执行"插入块"命令（I），弹出"插入"对话框，勾选"在屏幕上指定"，勾选"统一比例"，输入 X 比例值为 0.9（因为门洞的宽度为 900），输入角度值为 90，如图 5-19 所示。然后将配套光盘中的"图块\05\门 1000"图块插入平面图右边的的门洞处中，如图 5-20 所示。

（3）执行"镜像"命令（MI），经所插入的门图形上下镜像操作，镜像后的效果如图 5-21 所示。

（4）同样的方法，在平面图中的另一门洞处，根据门洞宽度来插入门图形，效果如图 5-22 所示。

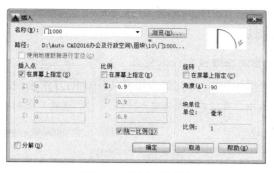

图 5-19　插入对话框

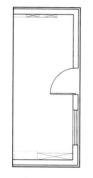

图 5-20　插入门图形效果

图 5-21　镜像操作

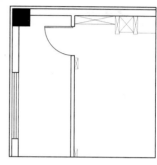

图 5-22　在另一门洞处插入门图形

（5）执行"图案填充"命令（H），对平面图左上角的相应区域进行填充，如图 5-23 所示。

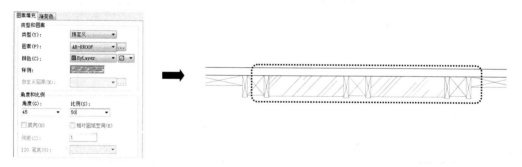

图 5-23　填充操作

（6）继续执行"图案填充"命令（H），对平面图右下角的相应区域进行填充，如图 5-24 所示。

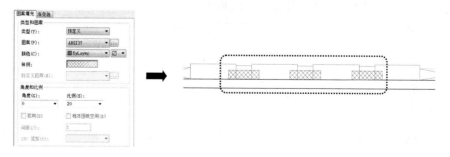

图 5-24　填充操作

5.2.5 插入室内家具图块

前面已经绘制好了相关需要现场制作的家具、装饰、展示柜等图形,现在插入相关的家具图块图形,这些家具可以购买成品,因此可以用插入图块的方式来快速绘制,其操作步骤如下。

（1）在图层控制下拉列表中,将当前图层设置为"TK-图块"图层,如图 5-25 所示。

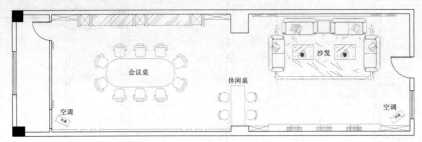

图 5-25 设置图层

（2）执行"插入块"命令（I）,将配套光盘中的"图块\05\沙发.dwg、会议桌.dwg、空调.dwg、休闲桌.dwg"等图块插入平面图中的相应位置处,其布置后的效果,如图 5-26 所示。

图 5-26 插入家具图块

（3）继续执行"插入块"命令（I）,将配套光盘中的"图块\05\盆景 1、盆景 2"等图块插入平面图中的沙发附近的位置,其布置后的效果,如图 5-27 所示。

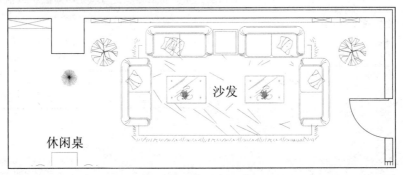

图 5-27 插入盆景图块

（4）再次执行"插入块"命令（I）,将配套光盘中的"图块\05\立面指向符.dwg"图块插入平面图中的相应位置处（共 4 处）,其布置后的效果,如图 5-28 所示。

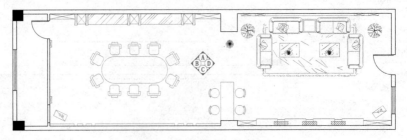

图 5-28 插入立面指向符

5.2.6 标注尺寸及文字说明

前面已经绘制好了墙体、展示柜、家具图形，以及插入了相关的家具、门图块图形，绘制部分的内容已经基本完成，现在需要对其进行尺寸标注及文字注释，其操作步骤如下。

（1）在图层控制下拉列表中，将当前图层设置为"BZ-标注"图层，如图 5-29 所示。

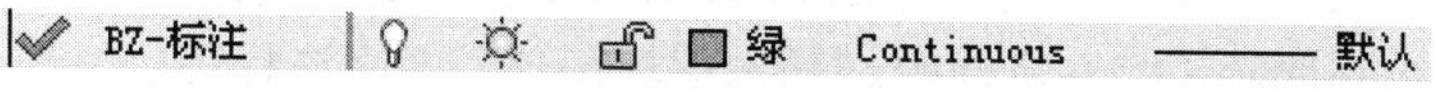

✔ BZ-标注　♀ ☼ 🔓 ■绿　Continuous　————　默认

图 5-29　设置图层

（2）结合"线型标注"命令（DLI）及"连续标注"命令（DCO），对平面图进行尺寸标注，如图 5-30 所示。

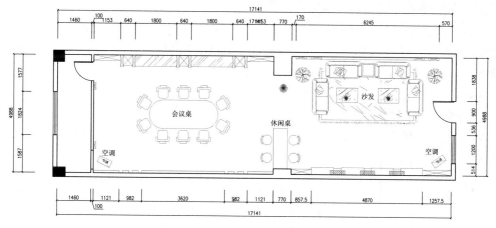

图 5-30　标注尺寸

（3）将当前图层设置为"ZS-注释"图层，参考前面章节的方法，对平面图进行立面指向符号、文字注释以及图名比例的标注，如图 5-31 所示。

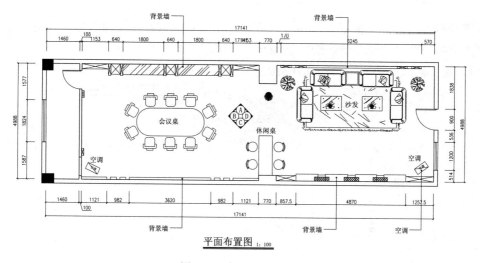

平面布置图 1：100

图 5-31　标注文字说明

（4）最后按键盘上的"Ctrl+ S"组合键，将图形进行保存。

5.3 绘制公司接待室地面布置图

> 素材
> 视频\05\绘制公司接待室地面布置图.avi
> 案例\05\公司接待室地面布置图.dwg

本节讲解如何绘制公司接待室的地面布置图图纸，包括对平面图的修改、绘制门槛石、绘制地面拼花、绘制地砖、绘制木地板、插入图块图形，文字注释等。

5.3.1 打开平面图并修改图形

绘制地面图纸图时，可以通过打开前面已经绘制好的平面布置图，另存为和修改，从而达到快速绘制基本图形的目的，其操作步骤如下。

（1）执行"文件|打开"菜单命令，打开配套光盘"案例\05\公司接待室平面布置图.dwg"图形文件，按键盘上的"Ctrl+Shift+S"组合键，打开"图形另存为"对话框，将文件保存为"案例\05\公司接待室地面布置图.dwg"文件。

（2）执行"删除"命令（E），删除与绘制地面布置图无关的室内家具、文字注释等内容，再双击下侧的图名将其修改为"地面布置图 1:100"，如图5-32所示。

底面布置图 1: 100

图 5-32 修改图形

5.3.2 整理图形并封闭地面区域

打开图纸并修改后，根据设计要求，需要在不同的区域铺贴不同型号和规格的地砖等，因此需要通过一些过门槛石将这些区域隔开，其操作步骤如下。

（1）在图层控制下拉列表中，将当前图层设置为"DM-地面"图层，如图5-33所示。

| ◢ DM-地面 | ♀ | ☼ | ⬚ ■115 | Continuous | —— 默认 |

图 5-33 更改图层

（2）执行"矩形"命令（REC），在公司接待室门口和平面图的左边隔断地方各绘制一个矩形，表示门槛石，如图5-34所示。

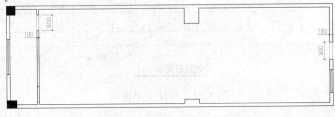

图 5-34 绘制门槛石

（3）执行"矩形"命令（REC），在平面图中绘制两个矩形，尺寸分别为 5600×3550 和 5745×3770；再执行"移动"命令（M），将所绘制的两个矩形移动到如图 5-35 所示的位置。

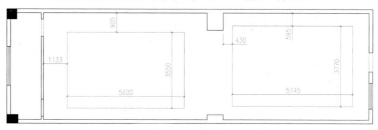

图 5-35　绘制门槛石

（4）执行"偏移"命令（O），将刚才所绘制的矩形向内进行偏移操作，偏移尺寸为 120，如图 5-36 所示。

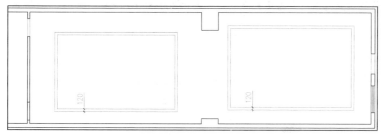

图 5-36　偏移操作

5.3.3　绘制地面地砖铺贴图

现在绘制公司接待室的地砖铺贴图，根据要求，该办公室有地砖正贴和木地板正贴，因此可以通过填充的方式来快速绘制，其操作步骤如下。

（1）在图层控制下拉列表中，将当前图层设置为"TC-填充"图层，如图 5-37 所示。

图 5-37　更改图层

（2）执行"图案填充"命令（H），对左边的矩形区域进行填充，设置参数为"图案为 USER、双排、45°、填充间距为 800、设置填充范围中点为填充原点"，表示 800×800 的砖斜铺，如图 5-38 所示。

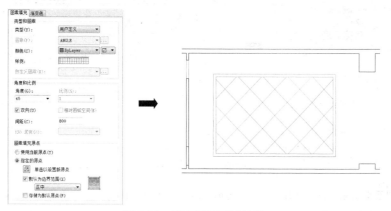

图 5-38　填充矩形区域地砖

（3）同样的方法，继续执行"图案填充"命令（H），采用同样的参数，对右边的矩形区域进行填充，填充后的效果如图 5-39 所示。

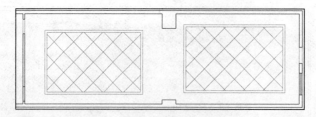

图 5-39　填充另一个矩形区域地砖

（4）执行"图案填充"命令（H），对矩形外面的区域进行填充，设置参数为"图案为 USER、双排、0°、填充间距为 800、设置填充范围中点为填充原点"，表示 800×800 的正铺，如图 5-40 所示。

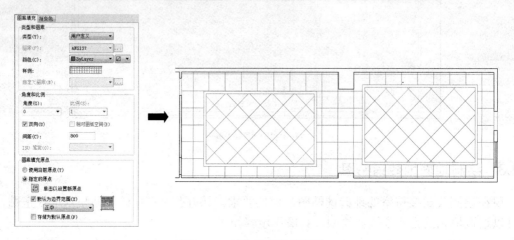

图 5-40　填充矩形外围区域

（5）再次执行"图案填充"命令（H），采用图中所提供的参数进行填充。填充区域为 120 宽的围边区域，填充后的效果如图 5-41 所示。

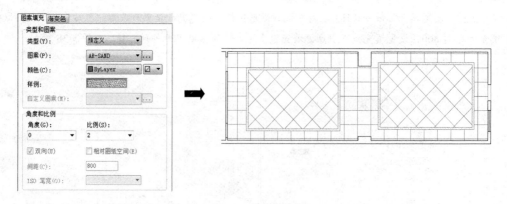

图 5-41　填充围边区域

（6）执行"图案填充"命令（H），对阳台的区域进行填充，设置参数为"图案为 USER、双排、0°、填充间距为 600、设置填充范围中点为填充原点"，表示 600×600 的正铺，如图 5-42 所示。

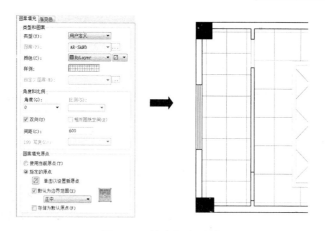

图 5-42　填充阳台区域

5.3.4　标注说明文字

前面已经绘制好了门槛石、地砖、木地板等图形，绘制部分的内容已经基本完成，现在需要对其进行尺寸标注及文字注释，其操作步骤如下。

（1）在图层控制下拉列表中，将当前图层设置为"BZ-标注"图层，如图 5-43 所示。

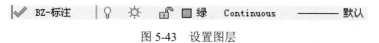

图 5-43　设置图层

（2）结合"线型标注"命令（DLI）及"连续标注"命令（DCO），对平面图进行尺寸标注，如图 5-44 所示。

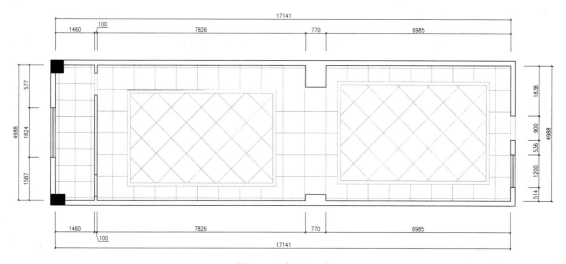

图 5-44　标注尺寸

（3）将当前图层设置为"ZS-注释"图层，参考前面章节的方法，对平面图进行立面指向符号、文字注释以及图名比例的标注，如图 5-45 所示。

（4）最后按键盘上的"Ctrl+ S"组合键，将图形进行保存。

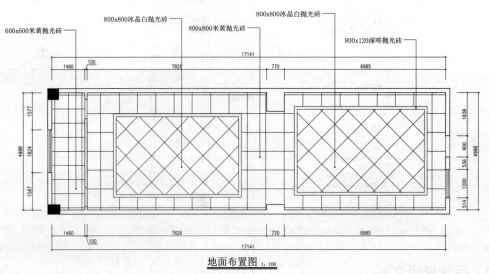

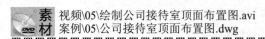
地面布置图 1：100

图 5-45　标注文字说明

5.4　绘制公司接待室顶面布置图

素材

视频\05\绘制公司接待室顶面布置图.avi
案例\05\公司接待室顶面布置图.dwg

前面讲解了如何绘制公司接待室的地面布置图，接着讲解公司接待室的顶面布置图图纸，包括对平面图的修改、封闭吊顶区域、填充吊顶区域、插入灯具图块图形、文字注释等。

5.4.1　打开图形并进行修改

要绘制顶面布置图，可以通过打开前面已经绘制好的平面布置图，另存为和修改，从而达到快速绘制基本图形的目的，其操作步骤如下。

（1）执行"文件|打开"命令，打开配套光盘"案例\05\公司接待室平面布置图.dwg"图形文件，按键盘上的"Ctrl+Shift+S"组合键，打开"图形另存为"对话框，将文件保存为"案例\05\公司接待室顶面布置图.dwg"文件。

（2）执行"删除"命令（E），删除与绘制地面布置图无关的室内家具、文字注释等内容，再双击下侧的图名将其修改为"顶面布置图 1:100"，如图 5-46 所示。

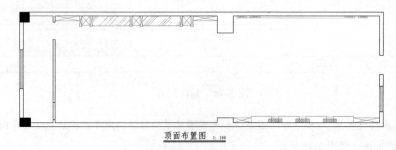
顶面布置图 1：100

图 5-46　修改图形

5.4.2　整理图形并封闭吊顶空间

与绘制地面铺贴图一样，不同的区域用不同的吊顶方式，因此在绘制时，需要绘制相关的图形来封闭吊顶区域，其操作步骤如下。

（1）在图层控制下拉列表中，将当前图层设置为"DD-吊顶"图层，如图 5-47 所示。

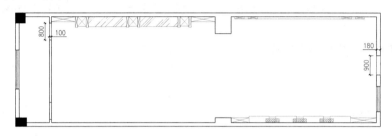

图 5-47　设置图层

（2）执行"矩形"命令（REC），在公司接待室门口和平面图的左边的隔断地方各绘制一个矩形，以封闭吊顶区域，如图 5-48 所示。

图 5-48　绘制门槛石

5.4.3　绘制吊顶轮廓造型

前面已经对相关的吊顶区域进行了封闭，封闭相关的区域后，接着就可以根据设计要求在各个区域绘制吊顶图形，其操作步骤如下。

（1）在图层控制下拉列表中，将当前图层设置为"JJ-家具"图层，如图 5-49 所示。

图 5-49　设置图层

（2）执行"矩形"命令（REC），在公司接待室左边的隔断地方绘制一个矩形，效果如图 5-50 所示。

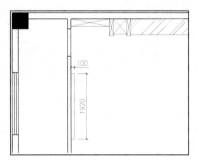

图 5-50　绘制隔断处的矩形

（3）继续执行"矩形"命令（REC），在公司接待室左下侧绘制如图 5-51 所示的几个矩形，再执行"移动"命令（M），将这些矩形进行移动，效果如图 5-51 所示。

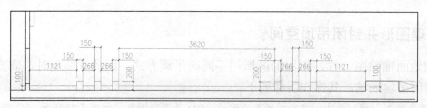

图 5-51　绘制矩形并移动

（4）在图层控制下拉列表中，将当前图层设置为"DD1-灯带"图层，如图 5-52 所示。

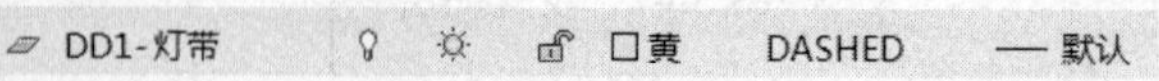

    DD1-灯带　　　♀　☼　🔓　□黄　　DASHED　── 默认

图 5-52　设置图层

（5）执行"矩形"命令（REC），在公司接待室平面图中绘制如图 5-53 所示的两个矩形，效果如图 5-53 所示。

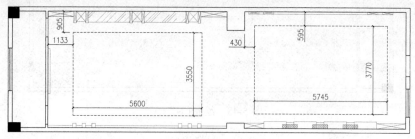

图 5-53　绘制矩形

（6）在图层控制下拉列表中，将当前图层设置为"DD-吊顶"图层，如图 5-54 所示。

    ✔ DD-吊顶　　　♀　☼　🔓　■洋红　Continuous　── 默认

图 5-54　设置图层

（7）执行"偏移"命令（O），将刚才所绘制左边的矩形向内进行偏操作，偏移尺寸为 90、50，并将偏移后的线条置放到"DD-吊顶"图层。如图 5-55 所示。

（8）执行"矩形"命令（REC），在矩形区域内绘制如图 5-56 所示的 10 个矩形。

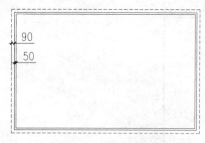

图 5-55　偏移操作

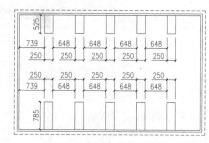

图 5-56　绘制矩形

（9）继续执行"矩形"命令（REC），在刚才所绘制的 10 个矩形中间绘制 5 个尺寸为 10×1960 的矩形来进行连接，效果如图 5-57 所示。

（10）将绘图区域移至平面图右边的矩形区域内，执行"直线"命令（L），绘制如图 5-58 所示的两条竖直直线段，效果如图 5-58 所示。

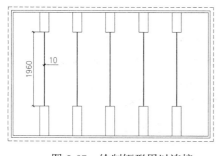

图 5-57　绘制矩形用以连接

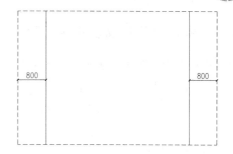

图 5-58　绘制直线段

（11）执行"矩形"命令（REC），再在该矩形区域内绘制两个矩形，绘制矩形后的图形效果如图 5-59 所示。

（12）继续执行"矩形"命令（REC），在图形两边绘制 6 个 300×300 的矩形，再执行"复制"命令（CO），将这些矩形复制到如图如图 5-60 所示的位置上。

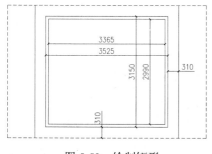

图 5-59　绘制矩形

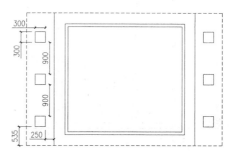

图 5-60　绘制矩形

5.4.4　插入相应灯具图例

当绘制好了顶面布置图的吊顶图形之后，接着绘制顶面布置图相关的灯具，灯具一般是成品，因此可以通过制作图块的方式，然后再插入图形中，从而提高绘图效率，其操作步骤如下。

（1）在图层控制下拉列表中，将当前图层设置为"DJ-灯具"图层，如图 5-61 所示。

图 5-61　更改图层

（2）执行"插入块"命令（I），将配套光盘中的"图块\05"文件夹中的"大灯、小灯"等图块插入绘图区中，如图 5-62 所示。

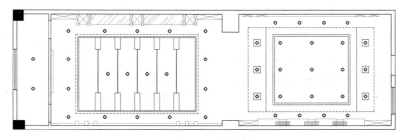

图 5-62　插入灯具图块图形

5.4.5 标注吊顶标高及文字说明

前面已经绘制好了顶面布置图的吊顶、板棚、灯具等图形，绘制部分的内容已经基本完成，现在需要对其进行尺寸标注及文字注释，其操作步骤如下。

（1）在图层控制下拉列表中，将当前图层设置为"ZS-注释"图层，如图 5-63 所示。

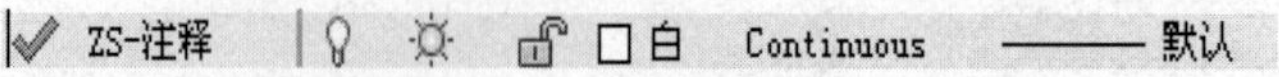

図 5-63　设置图层

（2）接着执行"插入块"命令（I），将配套光盘中的"图块\05"文件夹中的"标高"图块插入绘图区中，如图 5-64 所示。

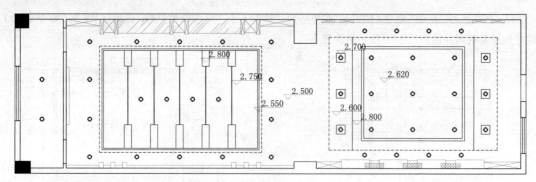

图 5-64　插入标高符号

（3）在图层控制下拉列表中，将当前图层设置为"BZ-标注"图层，如图 5-65 所示。

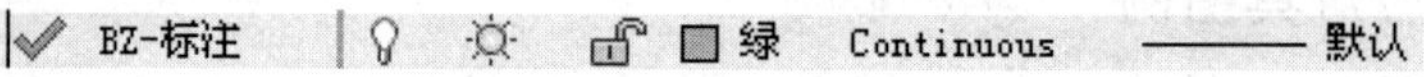

图 5-65　设置图层

（4）结合"线型标注"命令（DLI）及"连续标注"命令（DCO），对平面图进行尺寸标注，如图 5-66 所示。

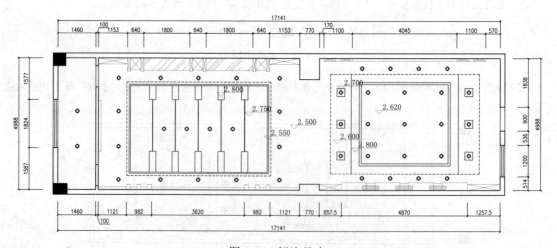

图 5-66　标注尺寸

（5）再执行"多重引线"命令（MLEA），在绘制完成的地面布置图右侧进行文字说明标注，如图 5-67 所示。

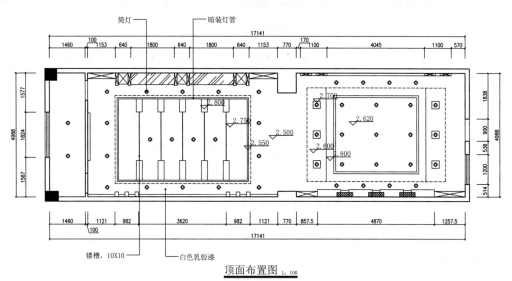

顶面布置图 1：100

图 5-67 标注说明文字

（6）最后按键盘上的"Ctrl+ S"组合键，将图形进行保存。

5.5 绘制公司接待室 A 立面图

素材 视频\05\绘制公司接待室 A 立面图.avi
案例\05\公司接待室 A 立面图.dwg

当绘制好公司接待室的地面布置图和顶面布置图之后，接着讲解如何绘制该公司接待室的 A 立面图图纸，包括对平面图的修改、绘制墙面造型、填充墙面区域、插入图块图形、文字注释等。

5.5.1 打开图形另存为并修改图形

与绘制地面布置图和顶面布置图一样，在绘制立面图之前，可以通过打开前面已经绘制好的平面布置图，另存为和修改，然后再参照平面布置图上的形式、尺寸等参数，快速、直观地绘制立面图，从而提高绘图效率，其操作步骤如下。

（1）执行"文件|打开"命令，打开配套光盘"案例\05\公司接待室地面布置图.dwg"图形文件，按键盘上的"Ctrl+Shift+S"组合键，打开"图形另存为"对话框，将文件保存为"案例\05\公司接待室 A 立面图.dwg"文件。

（2）执行"删除"命令（E），执行"修剪"命令（TR）等，将多余的线条进行修剪和删除，修剪后的效果如图 5-68 所示。

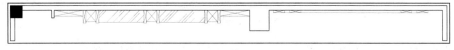

图 5-68 修改图形

（3）在图层控制下拉列表中，将当前图层设置为"QT-墙体"图层，如图5-69所示。

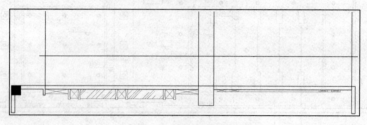

图5-69　设置图层

（4）执行"直线"命令（L），捕捉平面图上的相应轮廓向上绘制引申线，并在图形的上方绘制一条适当长度的水平线作为地坪线，如图5-70所示。

图5-70　绘制直线段

5.5.2　绘制立面相关造型

修改好平面图，并且绘制了相关的引申线段之后，接下来可以根据设计要求来绘制墙面的相关造型图形，其操作步骤如下。

（1）执行"偏移"命令（O），将前面所绘制的直线段进行偏移操作，偏移尺寸和方向如图5-71所示；接着再执行"修剪"命令（TR），对偏移后的线段进行修剪，修剪后的效果如图5-71所示。

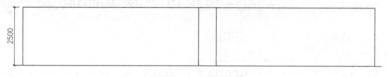

图5-71　偏移线段

（2）在图层控制下拉列表中，将当前图层设置为"JJ-家具"图层，如图5-72所示。

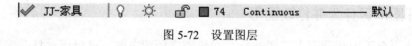

图5-72　设置图层

（3）将绘图区域移至图形的左边部分。执行"直线"命令（L），捕捉平面图上如图5-73所示的相应轮廓向上绘制引申线。

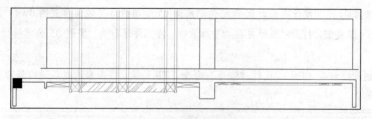

图5-73　绘制竖直直线段

（4）执行"修剪"命令（TR），对刚才所绘制的竖直直线段进行修剪操作，修剪后的效果如图5-74所示。

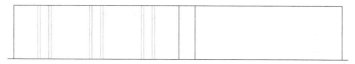

图 5-74　修剪图形

（5）执行"偏移"命令（O），将刚才修剪的线段分别向左和向右进行偏移操作，偏移尺寸为20，并将偏移后的线段置放到"LM-立面"图层，效果如图 5-75 所示。

图 5-75　偏移操作

（6）执行"偏移"命令（O），将最下面的水平线段向上进行偏移操作，偏移尺寸如图 5-76 所示，并将偏移后最下面的线段置放到"LM-立面"图层，偏移的其他线段置放到"JJ-家具"图层，效果如图 5-76 所示。

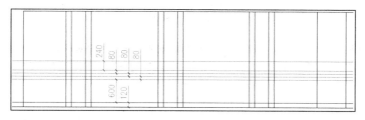

图 5-76　偏移操作

（7）执行"修剪"命令（TR），对刚才所绘制的竖直直线段进行修剪操作，修剪后的效果如图 5-77 所示。

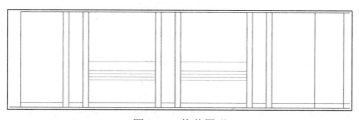

图 5-77　修剪图形

（8）继续执行"偏移"命令（O），将前面修剪后的最上面的线段向上进行偏移操作，偏移尺寸如图 5-78 所示，并将偏移后最下面的线段置放到"LM-立面"图层，效果如图 5-78 所示。

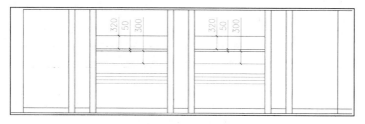

图 5-78　偏移操作

（9）执行"偏移"命令（O），将如图 5-79 所示的竖直直线段进行偏移操作，并将偏移后最下面的线段置放到"JJ-家具"图层，效果如图 5-79 所示。

图 5-79　偏移操作

（10）执行"修剪"命令（TR），对刚才所绘制的竖直直线段进行修剪操作，修剪后的效果如图 5-80 所示。

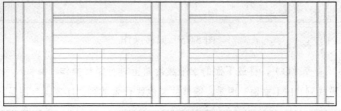

图 5-80　修剪图形

（11）执行"直线"命令（L），参照图 5-81 所示的效果绘制几条斜线段。

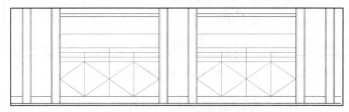

图 5-81　绘制斜线段

（12）接着将当前图层设置为"LM-立面"图层，如图 5-82 所示。

| LM-立面 | | | ■洋红 | Continuous | —— 默认 |

图 5-82　更改图层

（13）将绘图区域移至图形的右侧。执行"直线"命令（L），捕捉平面图上如图 5-83 所示的相应轮廓向上绘制引申线。

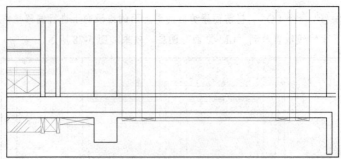

图 5-83　绘制直线段

（14）执行"修剪"命令（TR），对刚才所绘制的竖直直线段进行修剪操作，修剪后的效果如图 5-84 所示。

图 5-84　修剪图形

（15）执行"偏移"命令（O），将竖直的直线段进行偏移操作，偏移尺寸如图 5-85 所示，并将偏移后最下面的线段置放到"LM-立面"图层。

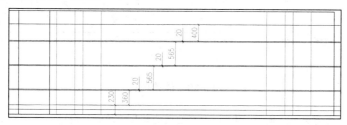

图 5-85　偏移操作

（16）执行"修剪"命令（TR），对刚才所绘制的竖直直线段进行修剪操作，修剪后的效果如图 5-86 所示。

图 5-86　修剪图形

（17）在图层控制下拉列表中，将当前图层设置为"TC-填充"图层，如图 5-87 所示。

| ✍ TC-填充 | ♀ | ☼ | 🔓 ■8 | Continuous | —— 默认 |

图 5-87　更改图层

（18）执行"图案填充"命令（H），对立面图的相应区域进行填充，如图 5-88 所示。

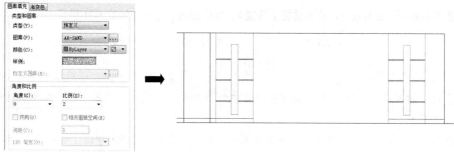

图 5-88　填充操作

（19）继续执行"图案填充"命令（H），对立面图的相应区域进行填充，如图5-89所示。

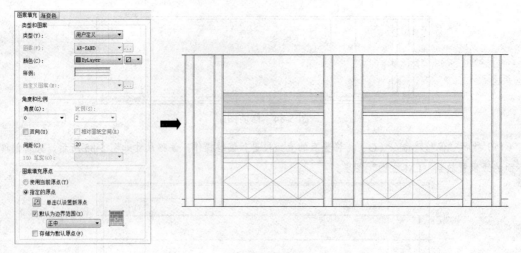

图5-89　继续填充

（20）继续执行"图案填充"命令（H），对立面图的相应区域进行填充，如图5-90所示。

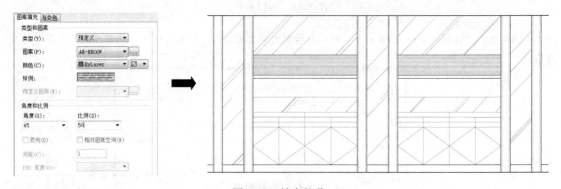

图5-90　填充操作

5.5.3　插入图块图形

当绘制好了公司接待室立面图的墙面相关造型之后，接着就可以通过插入墙面相关的装饰物品以及墙面附近的家具等图块图形，从而更加形象地表达出该立面图的内容，其操作步骤如下。

（1）在图层控制下拉列表中，将当前图层设置为"TK-图块"图层，如图5-91所示。

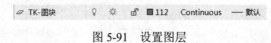

图5-91　设置图层

（2）执行"插入块"命令（I），将配套光盘中的"图块\05"文件夹中的"挂画"图块图形插入如图5-92所示的位置。

（3）继续执行"插入块"命令（I），将配套光盘中的"图块\05"文件夹中的"盆景立-1"和"盆景立-2"图块图形插入如图5-93所示的位置。

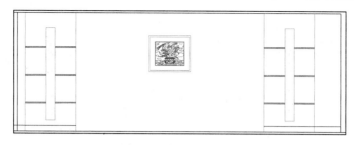

图 5-92　插入挂画图形

图 5-93　插入盆景图块图形

（4）将当前图层设置为"TC-填充"图层。执行"图案填充"命令（H），对立面图相应区域进行填充，如图 5-94 所示。

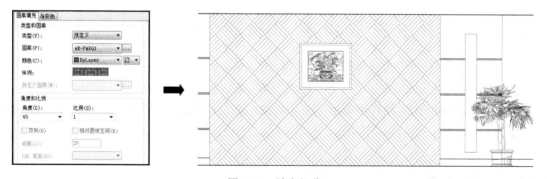

图 5-94　填充操作

5.5.4　标注尺寸及说明文字

当绘制好了立面图的墙面造型，以及墙面装饰物品等图形，绘制部分的内容已经基本完成，现在需要对其进行尺寸标注及文字注释，其操作步骤如下。

（1）在图层控制下拉列表中，将当前图层设置为"BZ-标注"图层，如图 5-95 所示。

✔️　**BZ-标注**　|　💡　☼　🔓　■ 绿　Continuous　———— 默认

图 5-95　设置图层

（2）结合"线型标注"命令（DLI）及"连续标注"命令（DCO），对平面图进行尺寸标注，如图 5-96 所示。

（3）将当前图层设置为"ZS-注释"图层，参考前面章节的方法，对平面图进行立面指向符号、文字注释以及图名比例的标注，如图 5-97 所示。

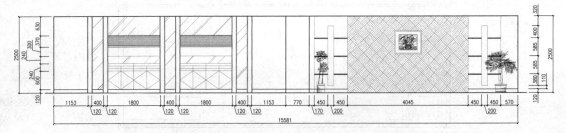

图 5-96　尺寸标注

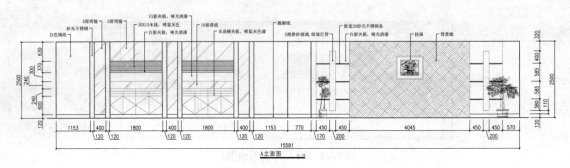

图 5-97　标注文字说明

（4）最后按键盘上的"Ctrl+ S"组合键，将图形进行保存。

5.6　绘制公司接待室 C 立面图

视频\05\绘制公司接待室 C 立面图.avi
案例\05\公司接待室 C 立面图.dwg

公司接待室 B 立面图相对较简单，考虑篇幅问题，故略过。现在讲解如何绘制公司接待室的 C 立面图图纸，包括对平面图的修改、绘制墙面造型、填充墙面区域、插入图块图形、文字注释等。

5.6.1　打开图形另存为并修改图形

同样的方式，与绘制 A 立面图一样，可以通过打开前面已经绘制好的平面布置图，另存为和修改，然后再参照平面布置图上的形式、尺寸等参数，快速、直观地绘制立面图，来提高绘图效率，其操作步骤如下。

（1）执行"文件|打开"命令，打开配套光盘"案例\05\公司接待室地面布置图.dwg"图形文件，按键盘上的"Ctrl+Shift+S"组合键，打开"图形另存为"对话框，将文件保存为"案例\05\公司接待室 C 立面图.dwg"文件。

（2）执行"删除"命令（E），执行"修剪"命令（TR）等，将多余的线条进行修剪和删除；再执行"旋转"命令（RO），将修剪后的图形旋转180°，修剪后的效果如图 5-98 所示。

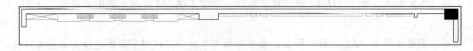

图 5-98　修改图形

（3）在图层控制下拉列表中，将当前图层设置为"QT-墙体"图层，如图 5-99 所示。

图 5-99　设置图层

（4）执行"直线"命令（L），捕捉平面图上的相应轮廓向上绘制引申线，并在图形的上方绘制一条适当长度的水平线作为地坪线，如图 5-100 所示。

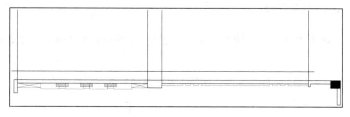

图 5-100　绘制直线段

5.6.2　绘制立面相关造型

当修改好了平面图和绘制了相关的引申线段之后，接下来可以根据设计要求来绘制墙面的相关造型图形，其操作步骤如下。

（1）执行"偏移"命令（O），将前面所绘制的直线段进行偏移操作，偏移尺寸和方向如图 5-101 所示；接着再执行"修剪"命令（TR），对偏移后的线段进行修剪，修剪后的效果如图 5-101 所示。

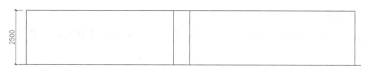

图 5-101　偏移线段

（2）在图层控制下拉列表中，将当前图层设置为"JJ-家具"图层，如图 5-102 所示。

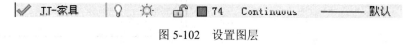

图 5-102　设置图层

（3）将绘图区域移至图形的左边部分。执行"直线"命令（L），捕捉平面图上如图 5-103 所示的相应轮廓向上绘制引申线。

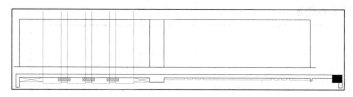

图 5-103　绘制竖直直线段

（4）执行"修剪"命令（TR），对刚才所绘制的竖直直线段进行修剪操作，修剪后的效果如图 5-104 所示。

（5）执行"偏移"命令（O），将最下面的水平直线段向上进行偏移操作，偏移 600 和 1100，并将偏移后的线段置放到"JJ-家具"图层，效果如图 5-105 所示。

图 5-104 修剪图形

图 5-105 偏移线段

（6）执行"修剪"命令（TR），对刚才所绘制的竖直直线段进行修剪操作，修剪后的效果如图 5-106 所示。

（7）执行"偏移"命令（O），将左边第二条竖直直线段向右进行偏移操作，偏移尺寸及效果如图 5-107 所示。

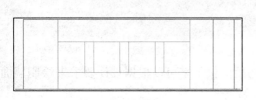

图 5-106 修剪图形

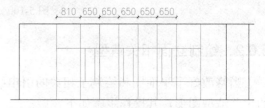

图 5-107 偏移线段

（8）继续执行"偏移"命令（O），将图 5-108 所示的相关线段进行偏移操作，偏移尺寸及效果如图 5-108 所示，并将偏移后的线段置放到"LM-立面"图层。

（9）执行"修剪"命令（TR），对刚才所绘制的竖直直线段进行修剪操作，修剪后的效果如图 5-109 所示。

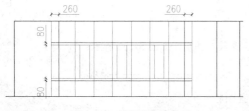

图 5-108 继续偏移线段

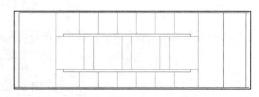

图 5-109 修剪图形

（10）执行"矩形"命令（REC），绘制四个 770×900 的矩形，再执行"移动"命令（M），将这四个矩形移动到图 5-110 所示的位置。

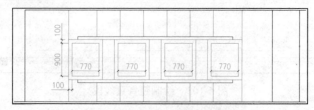

图 5-110 绘制矩形

（11）执行"直线"命令（L），在四个矩形的中间绘制一条竖直直线段，效果如图 5-111 所示。

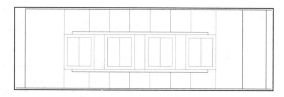

图 5-111 绘制直线段

（12）执行"偏移"命令（O），将最上面的水平直线段向下进行偏移操作，偏移尺寸及效果如图 5-112 所示。并将偏移后的线段置放到"LM-立面"图层。

（13）执行"修剪"命令（TR），对刚才所绘制的竖直直线段进行修剪操作，修剪后的效果如图 5-113 所示。

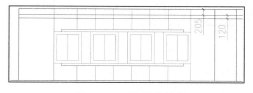

图 5-112 偏移直线段

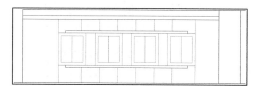

图 5-113 修剪图形

（14）接着将当前图层设置为"LM-立面"图层，如图 5-114 所示。

LM-立面 　　　💡 ☼ 🔒 ■洋红 Continuous —— 默认

图 5-114 更改图层

（15）将绘图区域移至图形的右边部分。执行"直线"命令（L），捕捉平面图上如图 5-115 所示的相应轮廓向上绘制引申线。

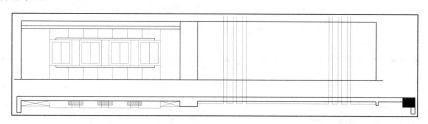

图 5-115 绘制竖直直线段

（16）执行"修剪"命令（TR），对刚才所绘制的竖直直线段进行修剪操作，修剪后的效果如图 5-116 所示。

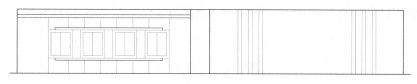

图 5-116 修剪图形

（17）执行"偏移"命令（O），将最上面的水平直线段向下进行偏移操作，偏移尺寸如图 5-117 所示。并将偏移后的线段置放到"LM-立面"图层。

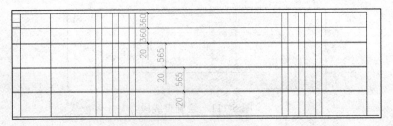

图 5-117　偏移操作

（18）执行"修剪"命令（TR），对刚才所绘制的竖直直线段进行修剪操作，修剪后的效果如图 5-118 所示。

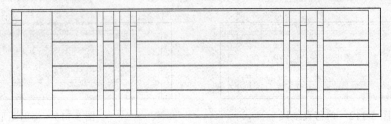

图 5-118　修剪图形

（19）执行"偏移"命令（O），将最下面的水平直线段向上进行偏移操作，偏移尺寸为120，效果如图 5-119 所示。并将偏移后的线段置放到"LM-立面"图层。

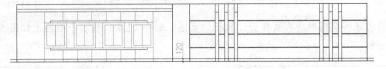

图 5-119　偏移操作

（20）执行"修剪"命令（TR），对刚才所绘制的竖直直线段进行修剪操作，修剪后的效果如图 5-120 所示。

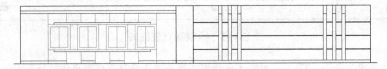

图 5-120　修剪图形

（21）在图层控制下拉列表中，将当前图层设置为"TC-填充"图层，如图 5-121 所示。

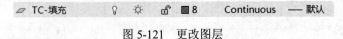

图 5-121　更改图层

（22）执行"图案填充"命令（H），对立面图相应的区域进行图案填充，如图 5-122 所示。

（23）继续执行"图案填充"命令（H），对立面图相应的区域进行图案填充，如图 5-123 所示。

（24）执行"图案填充"命令（H），对立面图相应的区域进行图案填充，如图 5-124 所示。

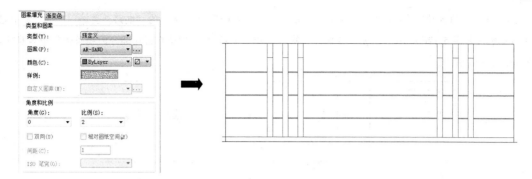

图 5-122　填充操作

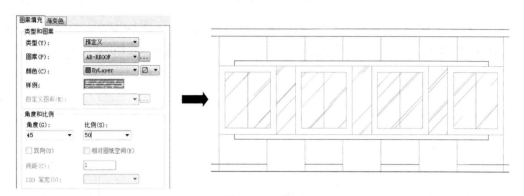

图 5-123　填充操作

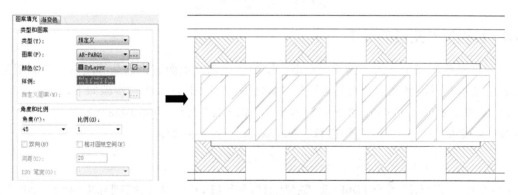

图 5-124　填充操作

5.6.3　插入图块图形

当绘制好了立面图的墙面相关造型之后，则可以通过插入墙面相关的装饰物品以及墙面附近的家具等图块图形，从而更加形象地表达出该立面图的内容，其操作步骤如下。

（1）在图层控制下拉列表中，将当前图层设置为"TK-图块"图层，如图 5-125 所示。

图 5-125　设置图层

（2）执行"插入块"命令（I），将配套光盘中的"图块\05"文件夹中的"电路开关暗门"和"挂画-2"图块图形插入如图 5-126 所示的位置；再执行"修剪"命令（TR），对挂画挡住部分的线条进行修剪操作，效果如图 5-126 所示。

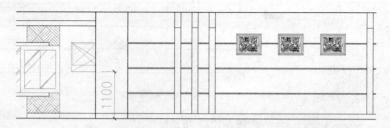

图 5-126　插入挂画等图形

（3）执行"插入块"命令（I），将配套光盘中的"图块\05"文件夹中的"电路开关暗门"和"挂画-2"图块图形插入如图 5-127 所示的位置；再执行"修剪"命令（TR），对挂画挡住部分的线条进行修剪操作，效果如图 5-127 所示。

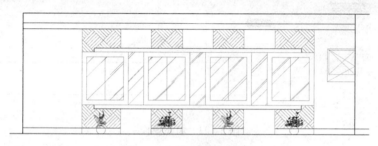

图 5-127　插入盆景等图形

5.6.4　标注尺寸及说明文字

前面已经绘制好了立面图的墙面造型、墙面填充以及墙面装饰物品等图形，绘制部分的内容已经基本完成，现在需要对其进行尺寸标注及文字注释，其操作步骤如下。

（1）在图层控制下拉列表中，将当前图层设置为"BZ-标注"图层，如图 5-128 所示。

✔ BZ-标注　　♀ ☼ 🔓 ■ 绿　Continuous　────── 默认

图 5-128　设置图层

（2）结合"线型标注"命令（DLI）及"连续标注"命令（DCO），对平面图进行尺寸标注，如图 5-129 所示。

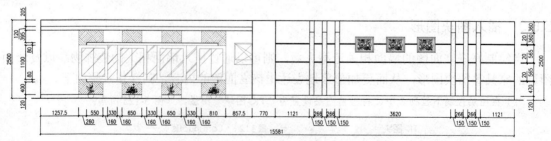

图 5-129　尺寸标注

（3）将当前图层设置为"ZS-注释"图层，参考前面章节的方法，对平面图进行立面指向符号、文字注释以及图名比例的标注，如图 5-130 所示。

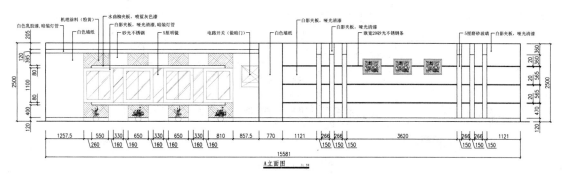

图 5-130　标注文字说明

（4）最后按键盘上的"Ctrl+ S"组合键，将图形进行保存。

5.7　绘制公司接待室镂槽剖视图

 视频\05\绘制公司接待室镂槽剖视图.avi
案例\05\公司接待室镂槽剖视图.dwg

当前面已经绘制好了相关的平面图、地面图、顶面图和立面图之后，某些形状特殊、开孔或连接较复杂的零件或节点，在整体图中不便表达清楚时，需要对某一特定区域进行特殊性放大标注，较详细的表示出来。现在绘制该公司接待室的镂槽剖视图。

5.7.1　绘制剖视图轮廓图形

绘制剖视图时，可以单独打开样板文件重新创建一个新的图形文件，也可以打开已经绘制好的平面图或者立面图，另存为的方式来创建一个图形文件，另存为的方式可以保留前面所绘制图形是的一些参数特征，在这里采用打开模板创建新图形文件的方式来绘制公司接待室镂槽剖视图，其操作步骤如下。

（1）执行"文件|打开"命令，打开配套光盘"案例\05\室内设计模板.dwg"图形文件，按键盘上的"Ctrl+Shift+S"组合键，打开"图形另存为"对话框，将文件保存为"案例\05\公司接待室镂槽剖视图.dwg"文件。

（2）接着将当前图层设置为"LM-立面"图层，如图 5-131 所示。

图 5-131　更改图层

（3）执行"多段线"命令（PL），绘制一条多段线，效果如图 5-132 所示。

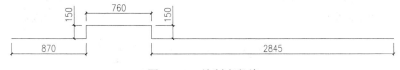

图 5-132　绘制多段线

（4）执行"偏移"命令（O），将刚才所绘制的多段线向上进行偏移操作，偏移尺寸为30和90，效果如图5-133所示。

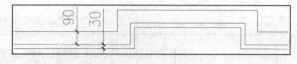

图5-133　偏移操作

（5）在图层控制下拉列表中，将当前图层设置为"TC-填充"图层，如图5-134所示。

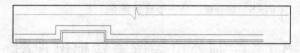

图5-134　更改图层

（6）执行"多段线"命令（PL），绘制一条多段线，表示折断线，效果如图5-135所示。

图5-135　绘制多段线

（7）执行"分解"命令（X），将这三条多段线进行分解操作；再执行"延伸"命令（EX），对相关的线段进行延伸操作，延伸后的效果如图5-136所示。

（8）执行"偏移"命令（O），将相关线段向内进行偏移操作，偏移尺寸为90，效果如图5-137所示。

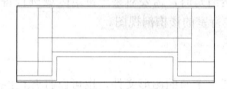

图5-136　延伸线段

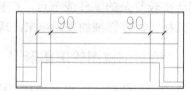

图5-137　偏移操作

（9）执行"修剪"命令（TR），对延伸后的线段进行修剪操作，修剪后的效果如图5-138所示。

（10）接着将当前图层设置为"LM-立面"图层，如图5-139所示。

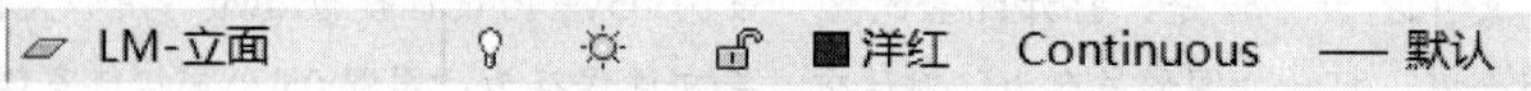

图5-138　更改图层

（11）执行"直线"命令（L），在如图5-140所示的四个地方绘制四组斜线段，效果如图5-140所示。

图5-139　修剪操作

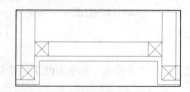

图5-140　绘制斜线段

（12）执行"圆"命令（C），在如图5-141所示的直线段中点绘制一个半径为15的圆，效果如图5-141所示。

（13）执行"修剪"命令（TR），对圆图形和相关线段进行修剪操作，修剪后的效果如图5-142所示。

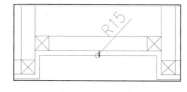

图5-141　绘制圆

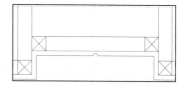

图5-142　修剪线段

（14）执行"直线"命令（L），在图形的右边绘制一条竖直的直线段，效果如图5-143所示。

（15）执行"偏移"命令（O），对相关的直线段进行偏移操作，偏移尺寸和效果如图5-144所示。

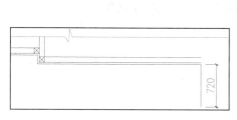

图5-143　绘制直线段

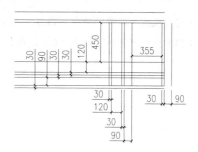

图5-144　偏移直线段

（16）执行"延伸"命令（EX），和执行"修剪"命令（TR）等，对图形进行延伸和修剪操作，修剪后的图形效果如图5-145所示。

（17）在图层控制下拉列表中，将当前图层设置为"TC-填充"图层，如图5-146所示。

TC-填充　　　♀　☼　🔓　■8　Continuous　── 默认

图5-145　更改图层

（18）执行"多段线"命令（PL），绘制一条图5-147所示的多段线，表示折断线，效果如图5-147所示。

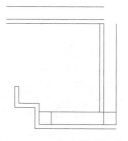

图5-146　延伸和修剪操作

图5-147　绘制多段线

（19）接着将当前图层设置为"LM-立面"图层，如图5-148所示。

LM-立面　　　♀　☼　🔓　■洋红　Continuous　── 默认

图5-148　更改图层

（20）执行"偏移"命令（O），将如图5-149所示的两条线段进行偏移操作，偏移尺寸和效果如图5-149所示。

（21）再执行"延伸"命令（EX），对相关的线段进行延伸操作，延伸后的效果如图 5-150 所示。

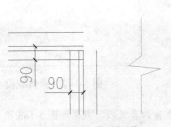

图 5-149　偏移操作

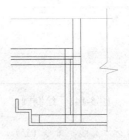

图 5-150　延伸操作

（22）执行"修剪"命令（TR），对延伸后的线段进行修剪操作，修剪后的效果如图 5-151 所示。

（23）执行"直线"命令（L），在如图 5-152 所示的四个地方绘制四组斜线段。

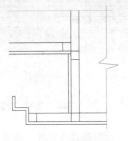

图 5-151　修剪操作

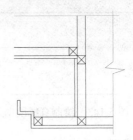

图 5-152　绘制斜线段

（24）在图层控制下拉列表中，将当前图层设置为"TC-填充"图层，如图 5-153 所示。

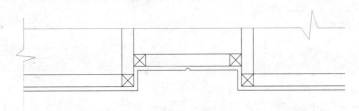

图 5-153　更改图层

（25）执行"多段线"命令（PL），绘制一条图 5-154 所示的多段线，表示折断线。

图 5-154　绘制多段线

5.7.2　插入图块图形

前面绘制好了公司接待室镂槽剖视图的相关造型之后，可以通过插入镂槽相关的装饰物品等图块图形，从而更加形象地表达出该镂槽剖视图的内容，其操作步骤如下。

（1）在图层控制下拉列表中，将当前图层设置为"DD-吊顶"图层，如图 5-155 所示。

图 5-155　设置图层

（2）执行"插入块"命令（I），将配套光盘中的"图块\05"文件夹中的"暗装灯管"图块图形插入如图 5-156 所示的位置。

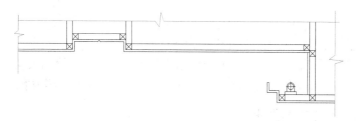

图 5-156　插入暗装灯管图形

5.7.3　标注尺寸及说明文字

现在已经绘制好了公司接待室镂槽剖视图的具体造型，以及镂槽装饰物品等图形，绘制部分的内容已经基本完成，现在需要对其进行尺寸标注及文字注释，其操作步骤如下。

（1）在图层控制下拉列表中，将当前图层设置为"BZ-标注"图层，如图 5-157 所示。

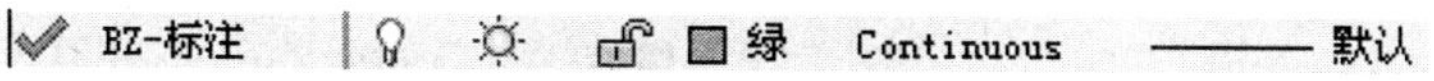

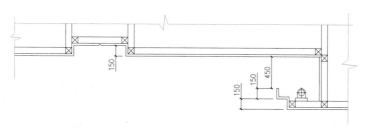

图 5-157　设置图层

（2）结合"线型标注"命令（DLI）及"连续标注"命令（DCO），对平面图进行尺寸标注，如图 5-158 所示。

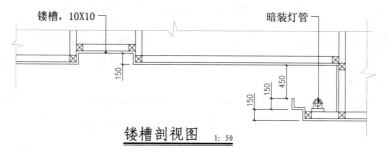

图 5-158　尺寸标注

（3）将当前图层设置为"ZS-注释"图层，参考前面章节的方法，对平面图进行立面指向符号、文字注释以及图名比例的标注，如图 5-159 所示。

镂槽, 10X10　　　　　　　　　　　　　　　暗装灯管

镂槽剖视图　1：50

图 5-159　标注文字说明

（4）最后按键盘上的"Ctrl+ S"组合键，将图形进行保存。

5.8 绘制公司接待室天花吊顶大样图

素材　视频\05\绘制公司接待室天花吊顶大样图.avi
案例\05\公司接待室天花吊顶大样图.dwg

本节主要讲解公司接待室天花吊顶大样图的绘制，其中包括绘制天花剖切主要轮廓、绘制吊顶相关图形、插入相关图块及填充图案、标注文字说明及尺寸等内容。

5.8.1 绘制吊顶大样轮廓图形

与绘制公司接待室的镂槽剖视图一样，先打开室内设计模板，再另存为，从而创建一个新的图形文件，然后再绘制公司接待室天花吊顶大样图，其操作步骤如下。

（1）执行"文件|打开"命令，打开配套光盘"案例\05\室内设计模板.dwg"图形文件，按键盘上的"Ctrl+Shift+S"组合键，打开"图形另存为"对话框，将文件保存为"案例\05\公司接待室天花吊顶大样图.dwg"文件。

（2）接着将当前图层设置为"DD-吊顶"图层，如图 5-160 所示。

图 5-160　更改图层

（3）执行"多段线"命令（PL），绘制一条多段线，效果如图 5-161 所示。

（4）执行"偏移"命令（O），将刚才所绘制的多段线向上进行偏移操作，偏移尺寸为 30 和 90，效果如图 5-162 所示。

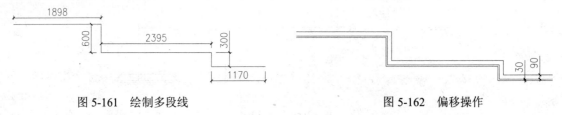

图 5-161　绘制多段线　　　　　　　　　　　图 5-162　偏移操作

（5）在图层控制下拉列表中，将当前图层设置为"TC-填充"图层，如图 5-163 所示。

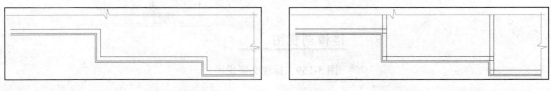

图 5-163　更改图层

（6）执行"多段线"命令（PL），绘制两条多段线，表示折断线，效果如图 5-164 所示。

（7）执行"分解"命令（X），将这三条多段线进行分解操作；再执行"延伸"命令（EX），对相关的线段进行延伸操作，延伸后的效果如图 5-165 所示。

图 5-164　绘制多段线　　　　　　　　　　　图 5-165　延伸线段

（8）执行"直线"命令（L），在如图 5-166 所示的四个地方绘制四组斜线段。

（9）执行"直线"命令（L），在图形的左边绘制一条竖直的直线段，效果如图 5-167 所示。

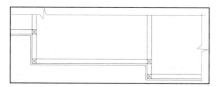

图 5-166　绘制斜线段

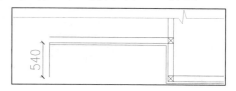

图 5-167　绘制直线段

（10）执行"偏移"命令（O），对相关的直线段进行偏移操作，偏移尺寸和效果如图 5-168 所示。

（11）执行"多段线"命令（PL），绘制一条图 5-169 所示的多段线，表示折断线。

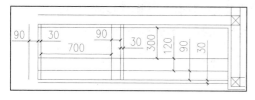

图 5-168　偏移直线段

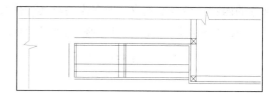

图 5-169　绘制多段线

（12）接着将当前图层设置为"LM-立面"图层，如图 5-170 所示。

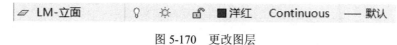

图 5-170　更改图层

（13）执行"延伸"命令（EX），对图形进行延伸操作，延伸后的图形效果如图 5-171 所示。

（14）执行"修剪"命令（TR），对延伸后的线段进行修剪操作，修剪后的效果如图 5-172 所示。

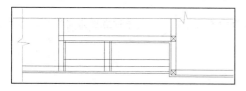

图 5-171　延伸操作

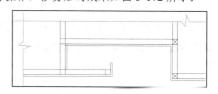

图 5-172　修剪操作

（15）执行"直线"命令（L），在如图 5-173 所示的三个地方绘制三组斜线段，效果如图 5-173 所示。

5.8.2　插入图块图形

前面绘制好了公司接待室天花吊顶大样图的相关造型之后，则可以通过插入天花吊顶附近相关的装饰物品

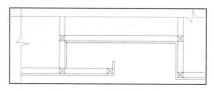

图 5-173　绘制斜线段

等图块图形，例如灯具，从而更加形象地表达出天花吊顶的内容，其操作步骤如下。

（1）在图层控制下拉列表中，将当前图层设置为"DJ-灯具"图层，如图 5-174 所示。

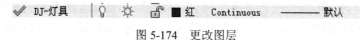

图 5-174　更改图层

（2）执行"插入块"命令（I），将配套光盘中的"图块\05"文件夹中的"暗装灯管"图块图形插入如图 5-175 所示的位置，效果如图 5-175 所示。

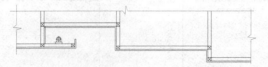

图 5-175　插入暗装灯管图形

5.8.3　标注尺寸及说明文字

现在绘制好了公司接待室天花吊顶大样图的具体造型，以及天花吊顶装饰物品等图形，绘制部分的内容已经基本完成，现在需要对其进行尺寸标注及文字注释，其操作步骤如下。

（1）在图层控制下拉列表中，将当前图层设置为"BZ-标注"图层，如图 5-176 所示。

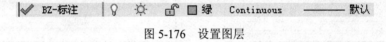

图 5-176　设置图层

（2）结合"线型标注"命令（DLI）及"连续标注"命令（DCO），对平面图进行尺寸标注，如图 5-177 所示。

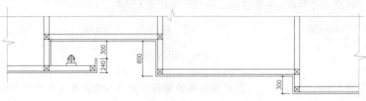

图 5-177　尺寸标注

（3）将当前图层设置为"ZS-注释"图层，参考前面章节的方法，对平面图进行立面指向符号、文字注释以及图名比例的标注，如图 5-178 所示。

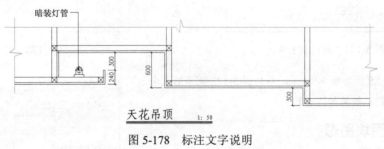

图 5-178　标注文字说明

（4）最后按键盘上的"Ctrl+ S"组合键，将图形进行保存。

5.9　本章小结

通过本章的学习，可以使读者迅速掌握公司接待室的设计方法及相关知识要点，掌握公司接待室相关施工图纸的绘制，了解公司接待室的室内空间布局、装修材料的应用，掌握相关剖面图及大样图的绘制方法与技巧。

第6章　广告公司办公室室内设计

本章主要讲解广告公司办公室的室内设计绘制过程，首先讲解广告公司办公室室内设计的相关概述，了解广告公司的类型与功能，以便进一步设计该广告公司办公室。在绘制广告公司办公室图纸过程中，先通过打开本章所提供的原始结构图，然后绘制广告公司平面图，从而可以利用该平面图来绘制其他图纸，其中包括广告公司办公室平面图的绘制、广告公司顶面图的绘制、广告公司地面图的绘制、各个相关立面图的绘制等内容。

■ 学习内容

◇ 广告公司办公室设计概述
◇ 绘制广告公司办公室平面布置图
◇ 绘制广告公司办公室地面布置图
◇ 绘制广告公司办公室顶面布置图
◇ 绘制广告公司办公室 A 立面图
◇ 绘制广告公司办公室 B 立面图

6.1　广告公司办公室设计概述

广告公司是指专门经营广告业务活动的企业，是"广告代理商"的俗称。广告公司办公室设计效果如图 6-1 所示。

图 6-1　广告公司办公室效果

6.1.1　广告公司的类型

广告公司需要的知识是综合性程度极高的，不是某个单方面的知识。但总体上看，除了一些制作公司外，其他公司应该具备的共同知识是市场营销学、传播学、媒体学、统计学、设计基础等知识，同时各个类型根据自身情况，又会具有一些特别的专业知识。因此，广告公司有着很详细的细分，不同的广告公司做的事情不同。

1）全面服务型

全面服务型广告公司一般是在总经理或总裁以下至少设有 4 个大部的，分别由数位副总经理负责，同时在各部设立总监，可以另择定人员担任，也可以由副总经理担任。

◆ **行政、财务部创作部**：创作部的主要工作是负责构思广告及执行广告创作。重点人物是行政创作总监。

◆ **行政、财务部客户服务部**：客户部的主要工作是与客户联络及制定创作指引。重点人物是客户主管，以下是按不同客户划分为不同的客户总监、副客户总监、客户经理及客户助理。

◆ **行政、财务部媒介部**：媒介部的主要工作是为客户建议合适的广告媒体（例如：电视、报章、杂志、海报、直销等），并为客户与媒体争取最合理的收费。重点人物是媒介主管，下设媒介主任及媒介策划等不同职位。

◆ **行政、财务部**：行政、财务部是广告公司行政管理和资金管理部门，负责广告公司的资金、财会、人事和科室的管理及协调工作。

在广告公司中，也有将行政部和财务部分而设立的情况。考虑到行政部协调内外关系、沟通信息交流的作用，有的广告公司直接将行政部定为公共关系部。

2）有限服务型

有限型服务广告公司又常被称作部分服务型广告公司或广告服务零售公司。中小型广告公司大都属于此类广告公司。这主要是由于广告公司不具有全方位地开展代理工作能力所决定。这类广告公司一般只承担单项广告工作，或者某些具有特殊性要求的广告，如巨型广告、路牌广告、霓虹灯广告、灯箱广告、汽球广告、飞艇广告、空中烟雾广告等。

3）广告代理商

广告代理商，又叫广告经纪人或中间商。其主要业务是在广告客户、广告公司和广告媒介之间起到桥梁沟通作用。

4）广告制作社

广告制作社（所）属于特殊的广告公司形式，主要提供各类广告制品的服务。具体包括美术、装演、摄影、印刷、灯箱、路牌、霓虹灯、特制品等制作部门，它们不提供全面的广告服务。

5）内部广告公司

广告客户为了节省经费，在广告活动中掌握更多的主动权，在企业内部自办广告公司。公司根据需要直接向媒介购买时间、版面并得到佣金，同时还可以为企业提供各类广告服务。

6）广告商标注册

在众多的广告行业中，广告公司的产品商标注册少之又少，许多广告公司认为，作为广告行业做到有新颖、有创意、有独特的广告设计就可以了，做好广告制作的质量和售后服务就可以，然而，殊不知，就是一些广告公司在这些方面却忽略了，仅仅做好这些是不行的，广告公司也像其他一些公司一样，要做好自己的品牌，打造出自己的品牌，这样才能够让顾客认可，才能做好广告的服务，广告行业在未来的发展才更好，广告产品才能够收受国内外的保护权。就此而言，众多的广告公司应该向上海新蕊广告有限公司学习，广告公司商标的注册才能够受到更多的重视和保护。

6.1.2 广告公司的功能

广告既影响人们的消费选择，也影响人们的思想观念，因此对广告的功能和作用向来存在争议，广告业也就成为文化产业中一个具有特殊性的行业。因此，广告公司的功能分为以下几个方面。

1）代理广告客户策划广告

广告公司是以广告代理为工作核心，代理广告客户策划广告是广告公司最本质的功能。具体包括为广告客户进行有关商品的市场调查和研究分析工作，为企业发展确立市场目标和广告目标，为代理客户制定广告计划和进行媒体选择。广告公司从自己专业领域出发，为广告客户提供广告主题和实现广告主题的广告创意、构思和策划。

2）为广告客户制作广告

这是指广告公司将创造性构思和创意转换成具体外在表现的广告产品的活动。广告公司选择最具表现力、影响力和感染力的手法，客观、真实、具有美感和艺术性地去表现创造性广告思想的广告形式，是制作广告的根本要求。

3）为广告客户发布广告

广告公司在策划和制作出广告作品之后，通过广告媒介的合理选择和应用，把广告信息及时、迅速地传递给广大社会公众。发布广告时，广告公司要为客户利益着想，注意选择最具表现和传播效果、又能最低投入的媒介，将广告信息传递到最多的潜在购买者，从而引导社会公众对于广告客户信息的认可、接受，以产生购买行为。

4）为广告客户反馈广告信息、评估广告效果

广告公司在代理客户发布广告之后，要对所发布的广告进行市场调查和研究，对广告效果进行科学地测定和评估，及时向广告客户反馈有关市场的销售信息及相关的变动信息。

5）为客户提供咨询服务

广告公司要为广告客户的产品计划、产品设计、市场定位、营销策略、广告活动和公共关系等方面提供全方位的综合信息，为客户提供各方面的咨询服务，从而实现企业资源的合理流向与最佳配置，推动经营企业的发展。

6）影响广告业水平

对于广告行业来讲，广告公司是广告业中最重要的主体之一。广告公司的活动发展会影响到广告行业的整体水平和发展状况。在与客户和媒介合作时，广告公司又对广告市场的容量、分配、流向、趋势等具有一定的调节功能。

6.2 绘制广告公司办公室平面布置图

素材　视频\06\绘制广告公司办公室平面布置图.avi
案例\06\广告公司办公室平面布置图.dwg

本节讲解如何绘制该广告公司办公室的平面图图纸，包括绘制隔断墙体、绘制灶台、绘制柜台、插入图块图形、文字注释等。

6.2.1 打开原始结构图

因为已经提供了原有的原始结构图，所以可以利用原有的原始结构图来绘制广告公司办公室的平面图，会提高一定的效率。

（1）启动 Auto CAD 2016 软件，然后执行"文件|打开"菜单命令，将配套光盘中的"案例\06\广告公司办公室原始结构图.dwg"文件打开。再按键盘上的"Ctrl+Shift+S"组合键，打开"图形另存为"对话框，将文件保存为"案例\06\广告公司办公室平面布置图.dwg"文件。

（2）执行"删除"命令（E），将标注等图形删除掉，效果如图 6-2 所示。

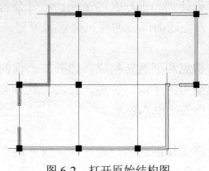

图 6-2　打开原始结构图

6.2.2 绘制隔断墙体

打开原始结构图之后，可以看到原始建筑为一个空荡的大房间，需要将其用墙体进行隔断，形成不同功能的工作间，例如财务室、会议室、接待区、办公室等，其操作步骤如下。

（1）在图层控制下拉列表中，将当前图层设置为"ZX-轴线"图层，如图 6-3 所示。

✔ ZX-轴线　　♀　☼　🔓 ■红　Continuous　──────默认

图 6-3　设置图层

（2）执行"偏移"命令（O），将相关的轴线进行偏移操作，偏移的尺寸与方向如图 6-4 所示。

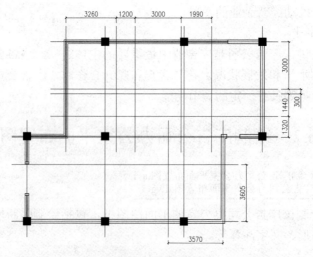

图 6-4　偏移操作

（3）在图层控制下拉列表中，将当前图层设置为"QT-墙体"图层，如图 6-5 所示。

✔ QT-墙体 ┃ ♀ ☼ 🔓 ■ 蓝 Continuous ━━━━ 默认

图 6-5 设置图层

（4）执行"椭圆"命令（EL），以如图 6-6 所示的两条轴线的交点为为椭圆中心点，绘制一个 10155×7625 的椭圆，效果如图 6-6 所示。

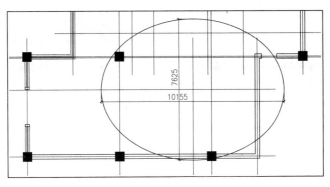

图 6-6 绘制椭圆

（5）执行"旋转"命令（RO），将所绘制的椭圆以椭圆的圆心为旋转点，旋转 12.5°，效果如图 6-7 所示。

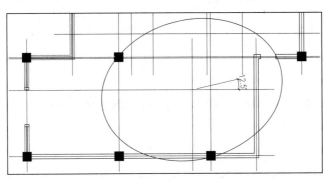

图 6-7 旋转操作

（6）执行"偏移"命令（O），将所绘制的椭圆向外进行偏移操作，偏移尺寸为 100，效果如图 6-8 所示。

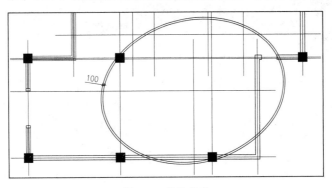

图 6-8 偏移操作

（7）执行"多线"命令（ML），根据命令行提示：设置多样样式为"墙体样式"，多线比例为120，对正方式为"无"，然后捕捉图中相应轴线上的交点，绘制相关墙体图形，如图6-9所示。

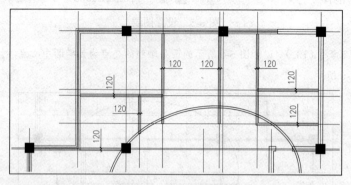

图6-9　绘制120墙体

（8）执行"旋转"命令（RO），将椭圆的水平轴线以椭圆的圆心为旋转的进行复制旋转操作，旋转角度如图6-10所示。

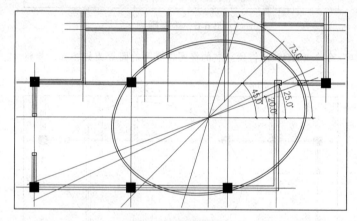

图6-10　旋转操作

（9）双击120宽的多线墙体图形，弹出"多线编辑工具"对话框，如图6-11所示。对前面所绘制的120宽的墙体墙线进行编辑操作，编辑后的效果如图6-12所示。

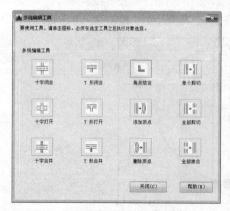

图6-11　多线编辑工具对话框

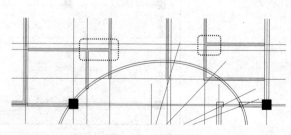

图6-12　墙线编辑

（10）执行"修剪"命令（TR），对椭圆、120 宽墙线和前面所旋转的斜线段进行修剪操作，并将相关线段置放到"QT-墙体"图层，修剪后的图形效果如图 6-13 所示。

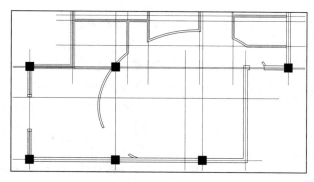

图 6-13　修剪操作

（11）执行"偏移"命令（O），将相关的轴线进行偏移操作，偏移后的效果如图 6-14 所示。

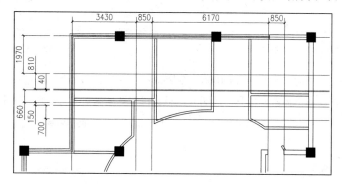

图 6-14　偏移轴线

（12）执行"修剪"命令（TR），以刚才所偏移的线段为修剪边界，对墙体进行修剪操作;然后再执行"删除"命令（E），将前面所偏移的两条直线段删除掉，效果如图 6-15 所示。

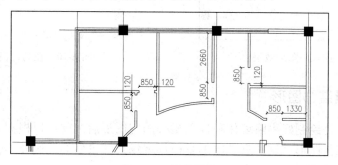

图 6-15　修剪操作

6.2.3　插入门图块图形

在前面的隔断墙体绘制过程中，已经开启了相关的门洞，那么就可以根据门洞宽度来插入门图形了，其操作步骤如下。

（1）在图层控制下拉列表中，将当前图层设置为"MC-门窗"图层，如图 6-16 所示。

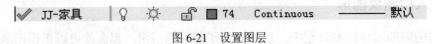

图 6-16　设置图层

（2）执行"插入块"命令（I），弹出"插入"对话框，将配套光盘中的"图块\06\双扇门.dwg"图块插入平面图左下角的大门处，效果如图 6-17 所示。

（3）执行"插入块"命令（I），弹出"插入"对话框，勾选"在屏幕上指定"，勾选"统一比例"，输入 X 比例值为 0.85（因为门洞的宽度为 850），输入角度值为 180，如图 6-18 所示。

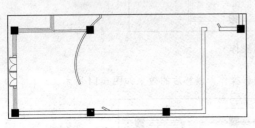

图 6-17　插入双扇门图块图形

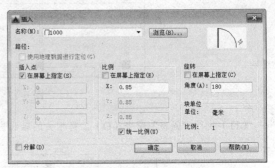

图 6-18　插入对话框

（4）然后将配套光盘中的"图块\06\门 1000"图块插入平面图右边的的门洞处中，如图 6-19 所示。

（5）用同样的方法，在平面图中的另一门洞处，根据门洞宽度来插入门图形，效果如图 6-20 所示。

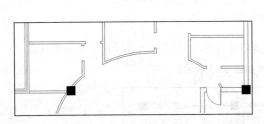

图 6-19　插入门图形效果

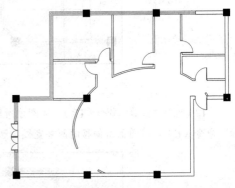

图 6-20　在另一门洞处插入门图形

6.2.4　绘制家具装饰图形

前面的步骤已经绘制好隔断墙体和插入相关的门图形后，就可以根据设计要求，在相关的一些地方绘制家具图形，这些家具图形是根据现场尺寸来做的，因此不便于做图块，需要直接绘制，其操作步骤如下。

（1）在图层控制下拉列表中，将当前图层设置为"JJ-家具"图层，如图 6-21 所示。

图 6-21　设置图层

（2）执行"多段线"命令（PL），在大厅位置的柱子边绘制一条多段线，效果如图 6-22 所示。

（3）执行"矩形"命令（REC），执行"直线"命令（L）等，在图形左上方的位置绘制三个矩形，并在两边的矩形区域内绘制对角线，效果如图6-23所示。

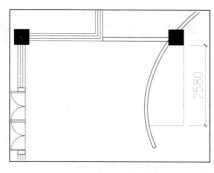

图6-22 绘制多段线

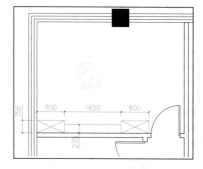

图6-23 绘制矩形和斜线段

（4）执行"矩形"命令（REC），绘制一个尺寸为200×1780的矩形，并执行"移动"命令（M），将其移动到如图6-24所示的墙体上。

（5）执行"修剪"命令（TR），以刚才所绘制的矩形为修剪边，对墙体进行修剪操作，修剪后的图形效果如图6-25所示。

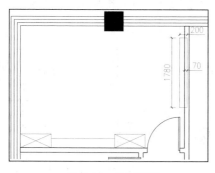

图6-24 绘制矩形

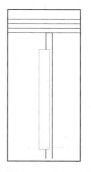

图6-25 修剪操作

（6）执行"矩形"命令（REC），执行"直线"命令（L）等，在如图6-26所示的位置绘制一个尺寸为350×1000的矩形，并在矩形区域内绘制对角线。

（7）继续执行"矩形"命令（REC），在该房间的上方绘制一个尺寸为320×50的矩形；再执行"复制"命令（CO），将该矩形按照如图6-27所示的尺寸进行复制操作。

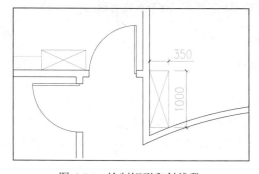

图6-26 绘制矩形和斜线段

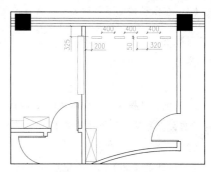

图6-27 绘制矩形并复制

（8）执行"直线"命令（L），在如图 6-28 所示的位置上绘制一条长度为 1870 的直线。

（9）执行"多段线"命令（PL），在如图 6-29 所示的位置上绘制一条多段线。

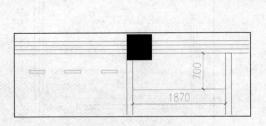

图 6-28　绘制直线段

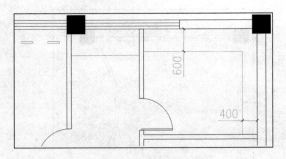

图 6-29　绘制多段线

（10）执行"矩形"命令（REC），在如图 6-30 所示的位置绘制一个尺寸为 450×450 的矩形；执行"偏移"命令（O），将所绘制的矩形向内进行偏移操作，偏移尺寸为 50；再执行"直线"命令（L），在里面的矩形区域内绘制对角线，最后将所绘制的图形置放到"QT-墙体"图层，效果如图 6-30 所示，表示通风管道。

（11）执行"直线"命令（L），在如图 6-31 所示的位置上绘制一条长度为 1080 的直线。

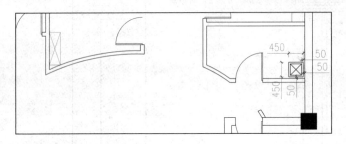

图 6-30　绘制通风管道

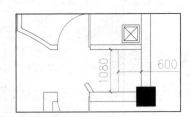

图 6-31　绘制直线段

6.2.5　插入室内家具图块

绘制好相关需要现场制作的家具图形，现在插入相关的家具图块图形，这些家具一般都是成品，因此可以用插入图块的方式来快速绘制，其操作步骤如下。

（1）在图层控制下拉列表中，将当前图层设置为"TK-图块"图层，如图 6-32 所示。

　　　　　　🖉 TK-图块　　　♀　☼　🔓　■112　Continuous　—— 默认

图 6-32　设置图层

（2）执行"插入块"命令（I），将配套光盘中的"图块\06"文件夹下的相关图块图形插入平面图中的相应位置处，相应名称参照图 6-33 中提供的名称，其布置后的效果，如图 6-33 所示。

（3）再次执行"插入块"命令（I），将配套光盘中的"图块\06\立面指向符.dwg"图块插入平面图中的相应位置处（共 4 处），其布置后的效果，如图 6-34 所示。

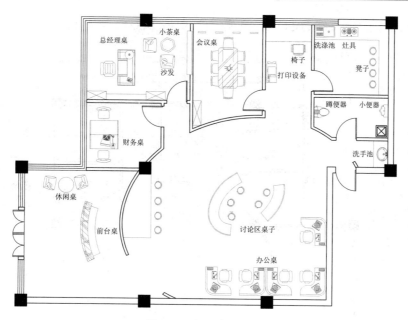

图 6-33 插入家具图块

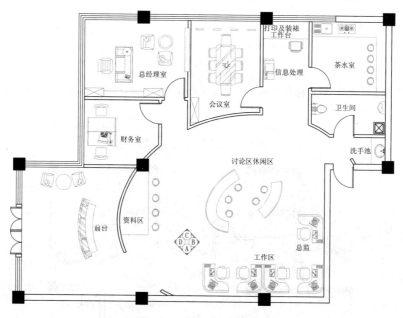

图 6-34 插入立面指向符

6.2.6 标注尺寸及文字说明

前面已经绘制好了墙体、家具图形，以及插入了相关的家具、门图块图形，绘制部分的内容已经基本完成，现在需要对其进行尺寸标注及文字注释，其操作步骤如下。

（1）在图层控制下拉列表中，将当前图层设置为"BZ-标注"图层，如图 6-35 所示。

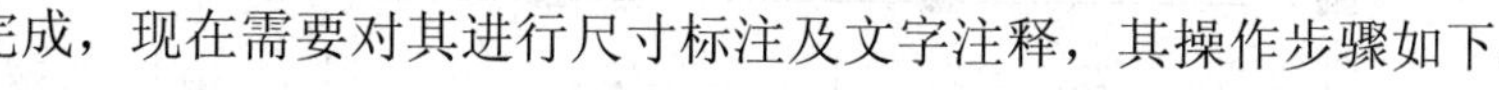

| ✔ **BZ-标注** | ☀ | ☀ | 🔓 | ■ 绿 | Continuous | ——— | 默认 |

图 6-35 设置图层

（2）结合"线型标注"命令（DLI）及"连续标注"命令（DCO），对平面图进行尺寸标注，如图6-36所示。

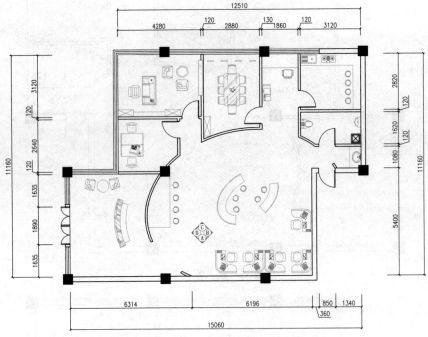

图6-36　标注尺寸

（3）将当前图层设置为"ZS-注释"图层，参考前面章节的方法，对平面图进行文字注释以及图名比例的标注，如图6-37所示。

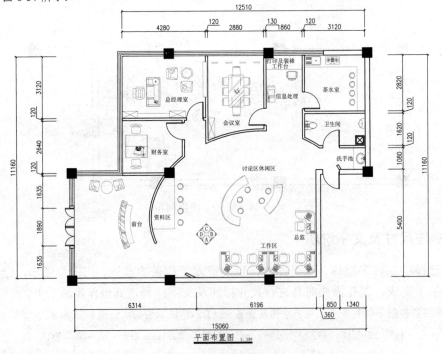

图6-37　标注文字说明

（4）最后按键盘上的"Ctrl+S"组合键，将图形进行保存。

6.3 绘制广告公司办公室地面布置图

视频\06\绘制广告公司办公室地面布置图.avi
案例\06\广告公司办公室地面布置图.dwg

本节讲解如何绘制该广告公司办公室的地面布置图图纸，包括对平面图的修改、绘制门槛石、绘制地砖、插入图块图形、标注文字注释等。

6.3.1 打开平面图并另存为

为了快速达到绘制基本图形的目的，可以通过打开前面已经绘制好的平面布置图，然后将其另存为和修改，其操作步骤如下。

（1）启动 Auto CAD 2016 软件，然后执行"文件|打开"菜单命令，将配套光盘中的"案例\06\广告公司办公室平面布置图.dwg"文件打开。再按键盘上的"Ctrl+Shift+S"组合键，打开"图形另存为"对话框，将文件保存为"案例\06\广告公司办公室地面布置图.dwg"文件。

（2）执行"删除"命令（E），将标注等图形删除掉，效果如图 6-38 所示。

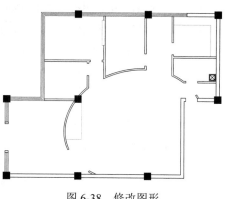

图 6-38 修改图形

6.3.2 绘制门槛石以及地面拼花

打开图纸并修改后，根据设计要求，需要在不同的区域铺贴不同型号和规格的地砖等，因此，需要通过一些过门槛石将这些区域隔开，其操作步骤如下。

（1）在图层控制下拉列表中，将当前图层设置为"DM-地面"图层，如图 6-39 所示。

　　DM-地面　　　♀　☼　🔓　■115　Continuous　—— 默认

图 6-39 更改图层

（2）执行"矩形"命令（REC），在广告公司办公室门口绘制一个矩形，表示门槛石，如图 6-40 所示。

（3）继续执行"矩形"命令（REC），在其他地方绘制相应的门槛石，如图 6-41 所示。

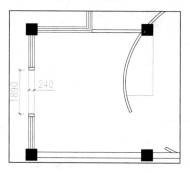

图 6-40 绘制门槛石

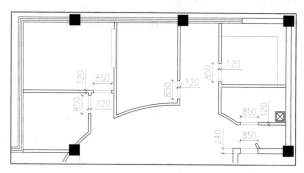

图 6-41 绘制其他门槛石

（4）执行"圆弧"命令（A），在前台位置绘制两条圆弧，用以封闭讨论休闲区，效果如图 6-42 所示。

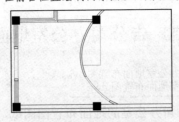

图 6-42　绘制门槛石

6.3.3　绘制地砖铺贴图

现在绘制该广告公司办公室的地砖铺贴图，根据要求，该广告办公室为不同规格的地砖正铺，因此，可以通过填充的方式来快速绘制，其操作步骤如下。

（1）在图层控制下拉列表中，将当前图层设置为"TC-填充"图层，如图 6-43 所示。

| ✎ TC-填充 | ♀ | ☼ | 🔓 | ■8 | Continuous | —— 默认 |

图 6-43　更改图层

（2）执行"图案填充"命令（H），对讨论休闲区域进行填充，设置参数为"图案为 USER、双排、0°、填充间距为 800、设置填充范围中点为填充原点"，表示 800×800 的正铺，如图 6-44 所示。

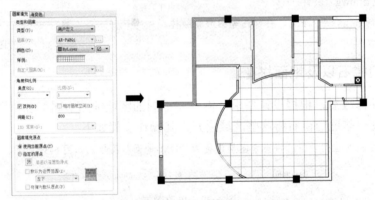

图 6-44　填充地砖

（3）同样的方法，继续执行"图案填充"命令（H），采用同样的参数，对大门口的区域进行填充，填充后的效果如图 6-45 所示。

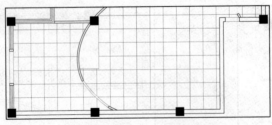

图 6-45　填充大门口区域地砖

（4）执行"图案填充"命令（H），对其他区域进行填充，设置参数为"图案为 USER、双排、0°、填充间距为 600、设置填充范围中点为填充原点"，表示 600×600 的正铺，如图 6-46 所示。

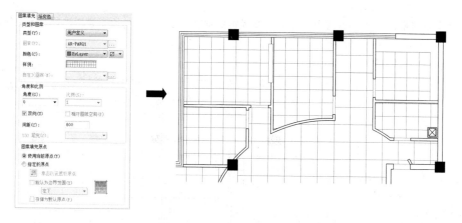

图 6-46　填充其他区域地砖

6.3.4　标注说明文字

前面已经绘制好了门槛石、地砖等图形，绘制部分的内容已经基本完成，现在需要对其进行尺寸标注及文字注释，其操作步骤如下。

（1）在图层控制下拉列表中，将当前图层设置为"BZ-标注"图层，如图 6-47 所示。

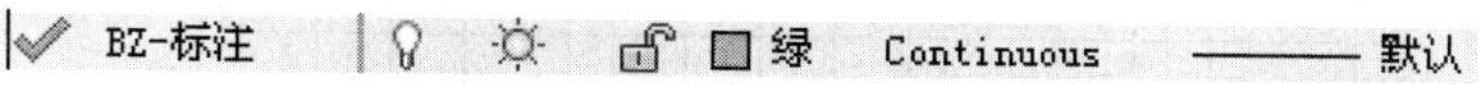

✔ **BZ-标注**　　♀　☼　🔓 ■绿　Continuous　━━━ 默认

图 6-47　设置图层

（2）结合"线型标注"命令（DLI）及"连续标注"命令（DCO），对平面图进行尺寸标注，如图 6-48 所示。

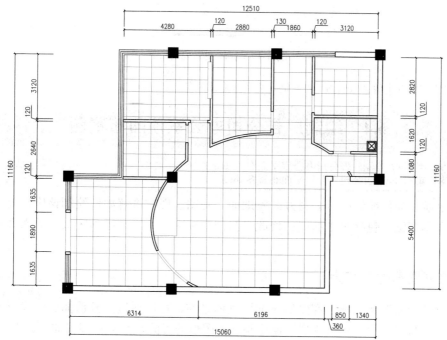

图 6-48　标注尺寸

（3）将当前图层设置为 "ZS-注释" 图层，参考前面章节的方法，对地面布置图进行文字注释以及图名比例的标注，如图6-49所示。

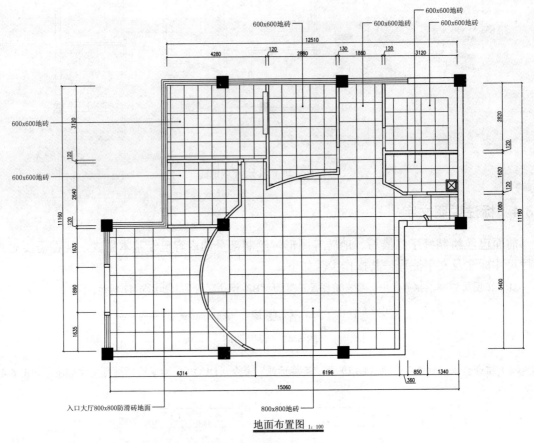

图 6-49 标注文字说明

（4）最后按键盘上的 "Ctrl+ S" 组合键，将图形进行保存。

6.4 绘制广告公司办公室顶面布置图

视频\06\绘制广告公司办公室平面布置图.avi
案例\06\广告公司办公室平面布置图.dwg

前面讲解了如何绘制广告公司办公室地面布置图，现在讲解如何绘制该广告公司办公室的顶面布置图图纸，包括对平面图的修改、封闭吊顶区域、填充吊顶区域、插入灯具图块图形、文字注释等。

6.4.1 打开图形并另存为

与绘制地面布置图一样，在绘制顶面图纸图之前，可以通过打开前面已经绘制好的平面布置图，另存为和修改，从而达到快速绘制基本图形的目的，其操作步骤如下。

（1）启动 Auto CAD 2016 软件，然后执行 "文件|打开" 菜单命令，将配套光盘中的 "案例\06\广告公司

办公室平面布置图.dwg"文件打开。再按键盘上的"Ctrl+Shift+S"组合键，打开"图形另存为"对话框，将文件保存为"案例\06\广告公司办公室顶面布置图.dwg"文件。

（2）执行"删除"命令（E），删除与绘制地面布置图无关的室内家具、文字注释等内容，再双击下侧的图名将其修改为"顶面布置图1:100"，如图6-50所示。

（3）执行"删除"命令（E），执行"直线"命令（L）等，对总经理办公室内的墙体进行修改，效果如图6-51所示。

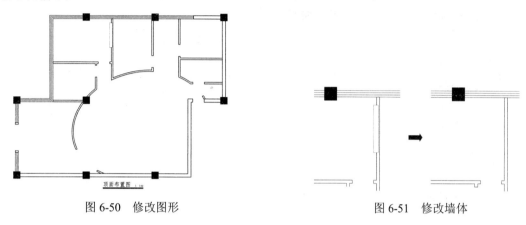

图 6-50　修改图形　　　　　　　　　　　　　　　　图 6-51　修改墙体

6.4.2　封闭吊顶的各个区域

与绘制地面铺贴图一样，不同的区域用不同的吊顶方式，因此，在绘制时，需要绘制相关的图形来封闭吊顶区域，其操作步骤如下。

（1）在图层控制下拉列表中，将当前图层设置为"DD-吊顶"图层，如图6-52所示。

图 6-52　设置图层

（2）执行"矩形"命令（REC），在平面图相关门洞处绘制矩形，用于封闭吊顶区域，如图6-53所示。

（3）执行"圆弧"命令（A），在前台位置绘制两条圆弧，用于封闭讨论休闲区，效果如图6-54所示。

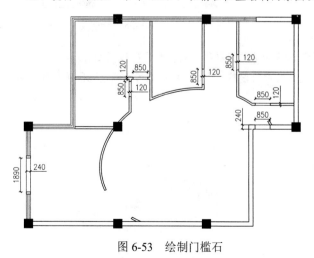

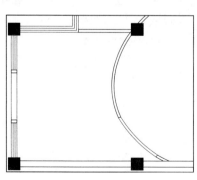

图 6-53　绘制门槛石　　　　　　　　　　　　　　　图 6-54　绘制圆弧

6.4.3 绘制吊顶轮廓造型

前面已经对相关的吊顶区域进行了封闭，现在可以根据设计要求在各个区域绘制吊顶图形，其操作步骤如下。

（1）执行"矩形"命令（REC），在平面图大门口位置绘制如图 6-55 所示的几个矩形。

（2）执行"偏移"命令（O），将讨论休闲区域的椭圆向外进行偏移操作，偏移尺寸为 320，并将偏移后线段置放到"DD-吊顶"图层，效果如图 6-56 所示。

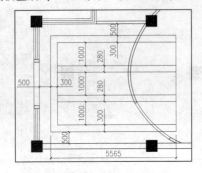

图 6-55　修改墙体

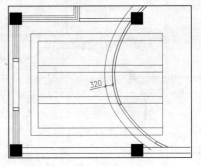

图 6-56　偏移操作

（3）执行"修剪"命令（TR），对偏移后的线段和前面的矩形进行修剪操作，修剪后的图形效果如图 6-57 所示。

（4）执行"圆"命令（C），在图 6-58 所示的地方绘制三个直径为 800 的圆图形。

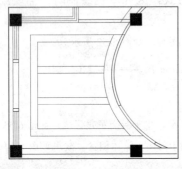

图 6-57　修剪操作

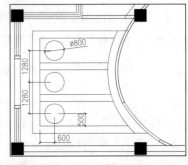

图 6-58　绘制圆

（5）执行"直线"命令（L），在财务室绘制一条竖直的直线段，效果如图 6-59 所示。

（6）执行"偏移"命令（O），对所绘制的直线段进行偏移操作，并将虚线所示的直线段置放到"DD1-灯带"图层，效果如图 6-60 所示。

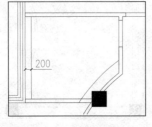

图 6-59　绘制直线段

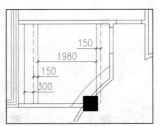

图 6-60　偏移操作

（7）执行"矩形"命令（REC），绘制一个尺寸为550×80的矩形；再执行"复制"命令（CO），将这个矩形复制到如图6-61所示的位置上。

（8）执行"修剪"命令（TR），对前面所绘制的直线段和矩形进行修剪操作，修剪后的图形效果如图6-62所示。

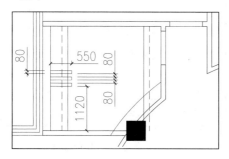

图 6-61　绘制矩形

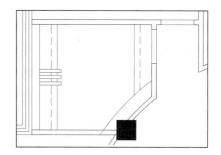

图 6-62　修剪操作

（9）执行"多段线"命令（PL），在总经理室绘制如图6-63所示的多段线。

（10）执行"矩形"命令（REC），在总经理室内绘制一个尺寸为3180×2020的矩形，如图6-64所示。

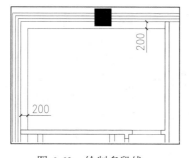

图 6-63　绘制多段线

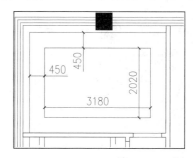

图 6-64　绘制矩形

（11）执行"偏移"命令（O），将所绘制的矩形向外进行偏移操作，偏移尺寸为150，并将偏移后的线段置放到"DD1-灯带"图层，效果如图6-65所示。

（12）执行"椭圆"命令（EL），以矩形的中心点为椭圆的圆心，绘制一个长半轴为2100，短半轴为1000的椭圆，效果如图6-66所示。

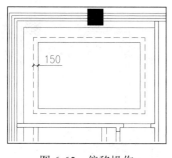

图 6-65　偏移操作

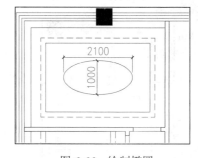

图 6-66　绘制椭圆

（13）执行"偏移"命令（O），将所绘制的椭圆向外进行偏移操作，偏移尺寸为150，并将偏移后的线段置放到"DD1-灯带"图层，效果如图6-67所示。

（14）执行"矩形"命令（REC），绘制一个尺寸为550×80的矩形；再执行"复制"命令（CO），将这个矩形复制到如图6-68所示的位置上。

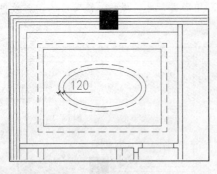

图6-67　偏移操作

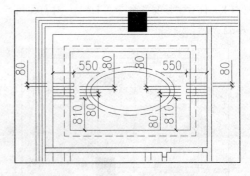

图6-68　绘制矩形

（15）执行"修剪"命令（TR），对前面所绘制的直线段和矩形进行修剪操作，修剪后的图形效果如图6-69所示。

（16）执行"直线"命令（L），在会议室绘制一条水平直线段，如图6-70所示。

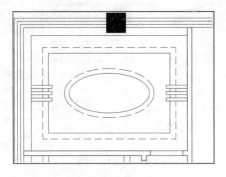

图6-69　修剪操作

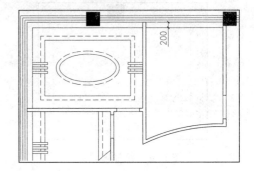

图6-70　绘制多段线

（17）执行"多段线"命令（PL），在会议室绘制一条水平直线段，效果如图6-71所示。

（18）执行"偏移"命令（O），对椭圆形墙体向外进行偏移操作，偏移尺寸为300，并将偏移后的线段置放到"DD-吊顶"图层，效果如图6-72所示。

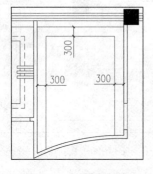

图6-71　绘制多段线

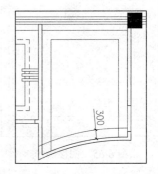

图6-72　偏移操作

（19）执行"修剪"命令（TR），对前面所绘制的多段线和偏移线段进行修剪操作，修剪后的图形效果如图 6-73 所示。

（20）执行"矩形"命令（REC），绘制两个尺寸为 80×2650 的矩形；再执行"移动"命令（M），将这两个矩形移动到会议室如图 6-74 所示的地方。

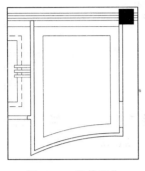

图 6-73　修剪操作

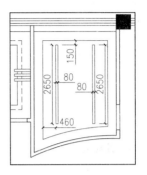

图 6-74　绘制矩形

（21）执行"直线"命令（L），在讨论休闲区绘制如图 6-75 所示的两条直线段。

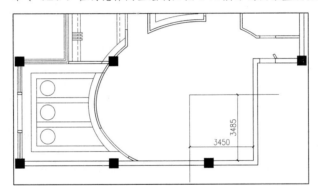

图 6-75　修剪操作

（22）执行"椭圆"命令（EL），以两条直线段的交点为椭圆的圆心点，来绘制一个长半轴为 4640，短半轴为 3540 的椭圆，如图 6-76 所示。

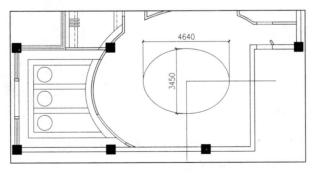

图 6-76　绘制椭圆

（23）执行"删除"命令（E），将两条复制直线段删除掉；再执行"偏移"命令（O），将椭圆向内进行偏移操作，偏移尺寸分别为 350 和 300，效果如图 6-77 所示。

（24）执行"旋转"命令（RO），将这三个椭圆进行旋转，旋转基点为椭圆的圆心，旋转角度为12.5°，效果如图6-78所示。

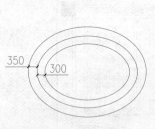

图6-77　偏移椭圆

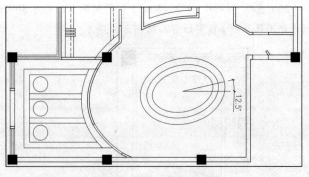

图6-78　旋转椭圆

（25）执行"圆"命令（C），以椭圆的圆心为所绘制圆的圆心，绘制两个同心圆，直径分别为1400和1600，效果如图6-79所示。

（26）执行"直线"命令（L），以圆心为起点，绘制一条角度为12.5的斜线段，效果如图6-80所示。

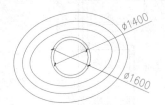

图6-79　绘制同心圆

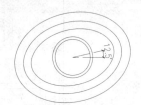

图6-80　绘制斜线段

（27）执行"阵列"命令（AR），将所绘制的斜线段进行阵列操作，阵列方式为"极轴"，阵列8组，效果如图6-81所示。

（28）执行"直线"命令（L），在图形的右下角绘制两条直线段，效果如图6-82所示。

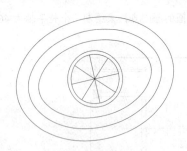

图6-81　阵列操作

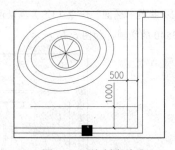

图6-82　绘制直线段

（29）执行"偏移"命令（O），将刚才所绘制的两条直线段进行偏移操作，偏移尺寸为200和1000，用这两个尺寸进行间隔偏移，效果如图6-83所示。

（30）执行"延伸"命令（EX），将所偏移的线段进行延伸操作，延伸到相关墙体上；再执行"修剪"命令（TR），对延伸后的线段进行修剪操作，修剪后的图形效果如图6-84所示。

（31）执行"矩形"命令（REC），在图形的下方绘制如图6-85所示的五个矩形。

（32）执行"修剪"命令（TR），对图形进行修剪操作，修剪后的图形效果如图 6-86 所示。

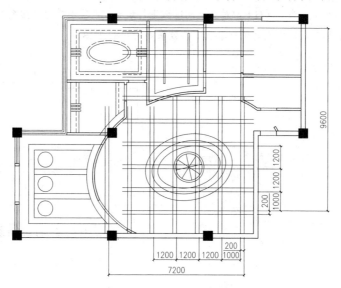

图 6-83　偏移操作

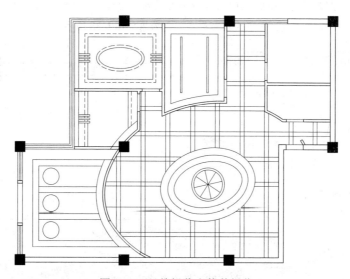

图 6-84　延伸操作和修剪操作

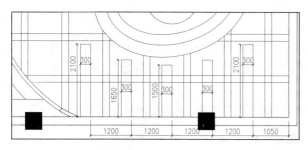

图 6-85　绘制矩形

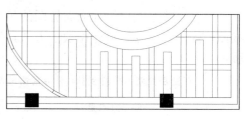

图 6-86　修剪操作

（33）在图层控制下拉列表中，将当前图层设置为"TC-填充"图层。

（34）执行"图案填充"命令（H），对卫生间区域进行填充，设置参数为"图案为 USER、单排、90°、填充间距为 200、设置填充范围中点为填充原点"，效果如图 6-87 所示。

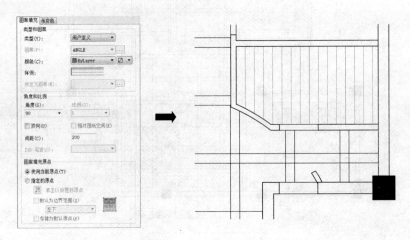

图 6-87　填充卫生间区域

（35）继续执行"图案填充"命令（H），对茶水室区域进行填充，设置参数为"图案为 USER、双排、0°、填充间距为 400、设置填充范围中点为填充原点"，效果如图 6-88 所示。

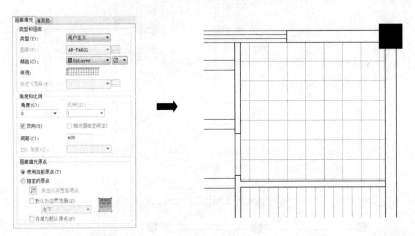

图 6-88　填充茶水室区域

6.4.4　插入相应灯具图例

前面已经绘制好了顶面布置图的吊顶图形，接下来绘制相关的灯具图形，灯具一般是成品，因此可以通过制作图块的方式，然后再插入图形中，从而提高绘图效率，其操作步骤如下。

（1）在图层控制下拉列表中，将当前图层设置为"DJ-灯具"图层，如图 6-89 所示。

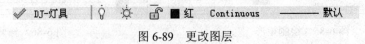

图 6-89　更改图层

（2）执行"插入块"命令（I），将配套光盘中的"图块\06"文件夹中的"筒灯"、"单头射灯"、"吸顶灯"等图块插入绘图区中，如图6-90所示。

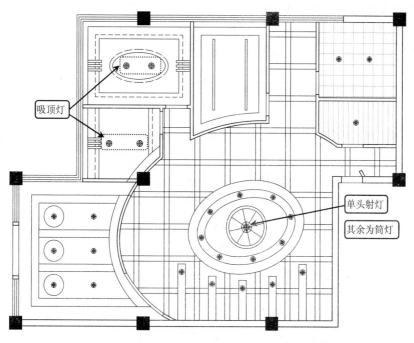

图 6-90　插入灯具图块图形

（3）继续执行"插入块"命令（I），将配套光盘中的"图块\06"文件夹中的"工矿灯"、"水晶钢丝滑轨灯"、"天花吊灯"等图块插入绘图区中，如图6-91所示。

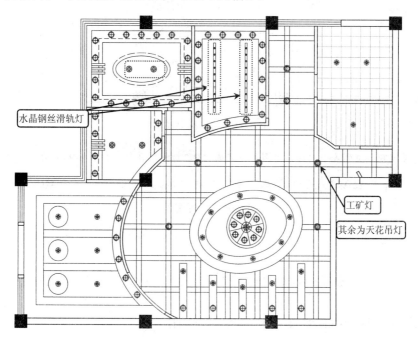

图 6-91　插入其他灯具图块图形

6.4.5 标注吊顶标高及文字说明

前面已经绘制好了顶面布置图的吊顶、板棚、灯具等图形，绘制部分的内容已经基本完成，现在需要对其进行尺寸标注及文字注释，其操作步骤如下。

（1）在图层控制下拉列表中，将当前图层设置为"ZS-注释"图层，如图 6-92 所示。

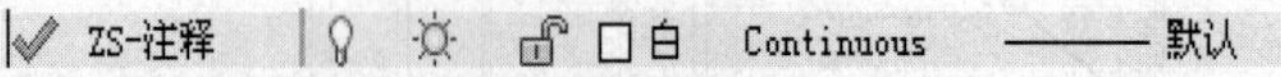

✔ ZS-注释 ❘ ♀ ☼ 🔓 □白 Continuous —— 默认

图 6-92 设置图层

（2）执行"插入块"命令（I），将配套光盘中的"图块\06"文件夹中的"标高"图块插入绘图区中，如图 6-93 所示。

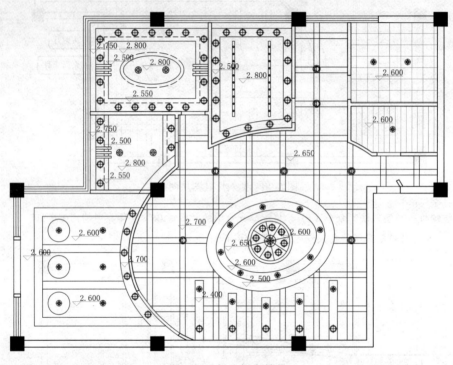

图 6-93 插入标高符号

（3）在图层控制下拉列表中，将当前图层设置为"BZ-标注"图层，如图 6-94 所示。

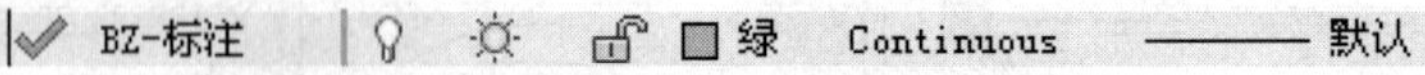

✔ BZ-标注 ❘ ♀ ☼ 🔓 □绿 Continuous —— 默认

图 6-94 设置图层

（4）结合"线型标注"命令（DLI）及"连续标注"命令（DCO），对平面图进行尺寸标注，如图 6-95 所示。

（5）再执行"多重引线"命令（MLEA），在绘制完成的顶面布置图左右两侧进行文字说明标注，如图 6-96 所示。

（6）最后按键盘上的"Ctrl+ S"组合键，将图形进行保存。

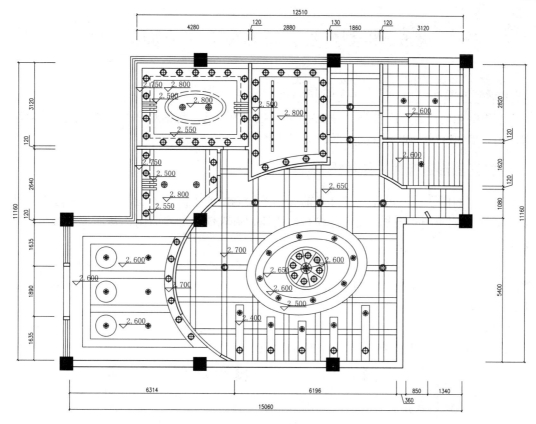

图 6-95　标注尺寸

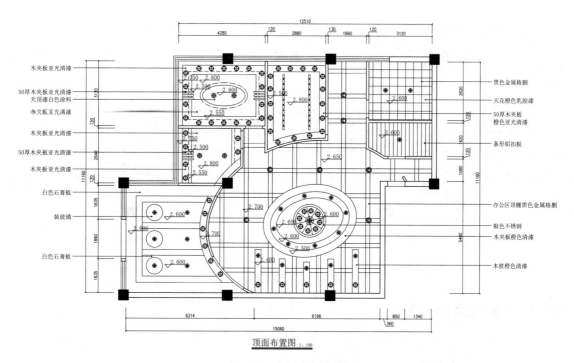

顶面布置图 1：100

图 6-96　标注说明文字

6.5 绘制广告公司办公室 A 立面图

素材 视频\06\绘制广告公司办公室 A 立面图.avi
案例\06\广告公司办公室 A 立面图.dwg

本节讲解如何绘制该广告公司办公室的 A 立面图图纸，包括对平面图的修改、绘制墙面造型、填充墙面区域、插入图块图形、文字注释等。

6.5.1 打开图形另存为并修改图形

在绘制立面图之前，可以通过打开前面已经绘制好的平面布置图，另存为和修改，然后再参照平面布置图上的形式、尺寸等参数，快速、直观地绘制立面图，从而提高绘图效率，其操作步骤如下。

（1）执行"文件|打开"命令，打开配套光盘"案例\06\广告公司办公室地面布置图.dwg"图形文件，按键盘上的"Ctrl+Shift+S"组合键，打开"图形另存为"对话框，将文件保存为"案例\06\广告公司办公室 A 立面图.dwg"文件。

（2）执行"删除"命令（E），执行"修剪"命令（TR）等，将多余的线条进行修剪和删除；再执行"旋转"命令（RO），将图形旋转 180°，效果如图 6-97 所示。

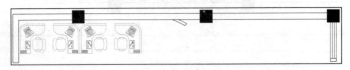

图 6-97 修改图形

（3）在图层控制下拉列表中，将当前图层设置为"QT-墙体"图层，如图 6-98 所示。

图 6-98 设置图层

（4）执行"直线"命令（L），捕捉平面图上的相应轮廓向上绘制引申线，并在图形的上方绘制一条适当长度的水平线作为地坪线，如图 6-99 所示。

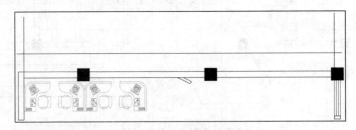

图 6-99 绘制直线段

6.5.2 绘制立面相关造型

前面已经对平面图做好修改，同时绘制了相关的引申线段，接下来可以根据设计要求来绘制墙面的相关造型图形，其操作步骤如下。

（1）执行"偏移"命令（O），将前面所绘制的直线段进行偏移操作，偏移尺寸和方向如图 6-100 所示；接着再执行"修剪"命令（TR），对偏移后的线段进行修剪，修剪后的效果如图 6-100 所示。

（2）执行"偏移"命令（O），将最右边的的竖直直线段向左进行偏移操作，偏移尺寸如图 6-101 所示，除偏移尺寸为 130 外，其他的偏移线段置放到"LM-立面"图层，效果如图 6-101 所示。

图 6-100　偏移线段

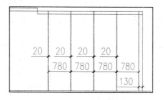

图 6-101　继续偏移线段

（3）执行"偏移"命令（O），将最左边的竖直线段向右进行偏移操作，偏移尺寸为如图 6-102 所示，再将偏移后的线段置放到"LM-立面"图层，效果如图 6-102 所示。

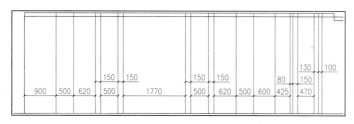

图 6-102　偏移左边的竖直线段

（4）执行"修剪"命令（TR），对图形进行修剪操作，修剪后的图形效果如图 6-103 所示。

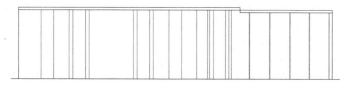

图 6-103　修剪图形

（5）执行"偏移"命令（O），将最下面的水平线段向上进行偏移操作，偏移尺寸如图 6-104 所示，再将偏移后的线段置放到"LM-立面"图层，效果如图 6-104 所示。

（6）执行"修剪"命令（TR），对图形进行修剪操作，修剪后的图形效果如图 6-105 所示。

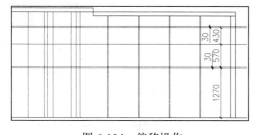

图 6-104　偏移操作

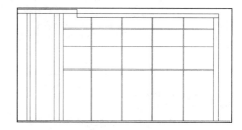

图 6-105　修剪图形

（7）接着将当前图层设置为"LM-立面"图层，如图 6-106 所示。

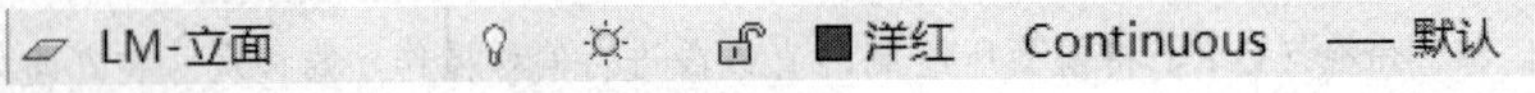

LM-立面 ♀ ☼ 🔓 ■洋红 Continuous —— 默认

图 6-106 更改图层

（8）执行"直线"命令（L），捕捉立面图上相应的点绘制一条斜线段，效果如图 6-107 所示。

（9）执行"镜像"命令（MI），以上侧相应水平线段的中点为镜像点，将上一步绘制的斜线段进行左右镜像操作，镜像后的效果如图 6-108 所示。

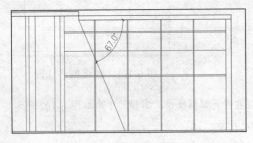

图 6-107 绘制斜线段

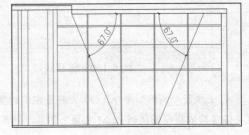

图 6-108 镜像操作

（10）执行"偏移"命令（O），将前面所绘制的两条斜线段向上进行偏移操作，偏移距离为 900，偏移后的图形效果如图 6-109 所示。

（11）执行"修剪"命令（TR），对图形进行修剪操作，修剪后的图形效果如图 6-110 所示。

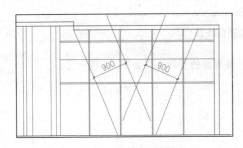

图 6-109 偏移操作

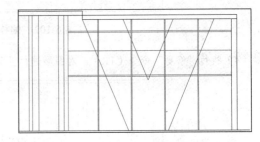

图 6-110 修剪操作

（12）执行"偏移"命令（O），将最右边的竖直线段向左进行偏移操作，偏移尺寸依次是 550 和 300，效果如图 6-111 所示。

（13）执行"修剪"命令（TR），对图形进行修剪操作，修剪后的图形效果如图 6-112 所示。

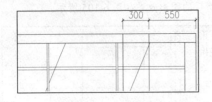

图 6-111 偏移线段

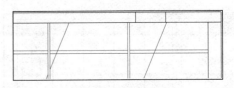

图 6-112 修剪操作

（14）将绘图区域移至图形的左边，执行"直线"命令（L），绘制如图 6-113 所示的两条斜线段。

（15）然后执行"偏移"命令（O），将所绘制的两条斜线段向下进行偏移操作，偏移尺寸为 80，偏移后的图形效果如图 6-114 所示。

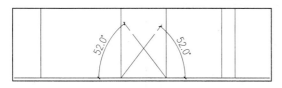

图 6-113　绘制斜线段

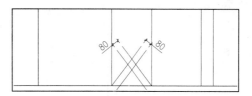

图 6-114　偏移操作

（16）执行"修剪"命令（TR），对图形进行修剪操作，修剪后的图形效果如图 6-115 所示。

（17）执行"复制"命令（CO），将四条斜线段向上进行复制操作，复制距离为 320，效果如图 6-116 所示。

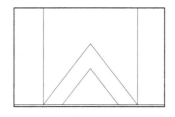

图 6-115　修剪操作

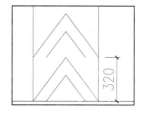

图 6-116　复制操作

（18）执行"直线"命令（L），绘制两条水平直线段，来联接复制后的图形下面开口处，效果如图 6-117 所示。

（19）继续执行"复制"命令（CO），将前面复制后的四条斜线段和两条水平直线段继续向上进行复制操作，复制距离为均为 320，复制效果如图 6-118 所示。

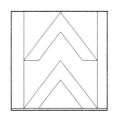

图 6-117　绘制水平直线段

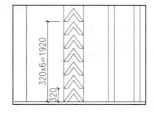

图 6-118　复制操作

（20）采用前面类似的方法，执行"直线"命令（L），绘制如图 6-119 所示的四条斜线段。

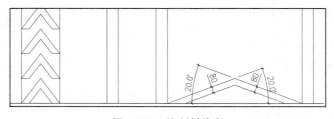

图 6-119　绘制斜线段

（21）采用前面类似的方法，将四条斜线段向上进行复制操作（注意添加两条水平直线段），复制距离为均为 320，复制效果如图 6-120 所示。

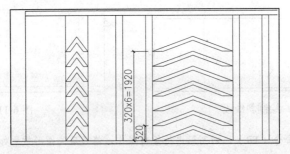

图 6-120 复制操作

（22）再执行"矩形"命令（REC），绘制个尺寸为 190×40 的矩形，再执行"移动"命令（M），将矩形移动到如图 6-121 所示的位置上。

（23）执行"复制"命令（CO），将前面所绘制的矩形进行复制操作，复制的尺寸如图 6-122 所示。

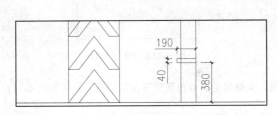

图 6-121 绘制矩形

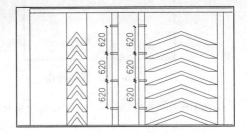

图 6-122 复制矩形

（24）执行"修剪"命令（TR），对图形进行修剪操作，修剪后的图形效果如图 6-123 所示。

（25）执行"矩形"命令（REC），绘制个尺寸为 500×20 的矩形，再执行"移动"命令（M），将矩形移动到如图 6-124 所示的位置上。

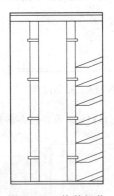

图 6-123 修剪操作

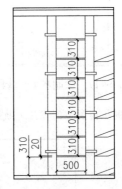

图 6-124 绘制矩形并复制

（26）执行"复制"命令（CO），将前面所绘制的第一组斜线段相关的线段和三组矩形向右进行复制操作，复制后的图形效果如图 6-125 所示。

（27）执行"偏移"命令（O），将从上往下数第二根水平线段向下进行偏移操作，再将偏移后的线段置放到"LM-立面"图层，效果如图 6-126 所示。

（28）执行"修剪"命令（TR），对图形进行修剪操作，修剪后的图形效果如图 6-127 所示。

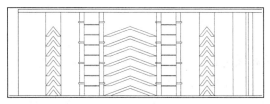

图 6-125　复制操作

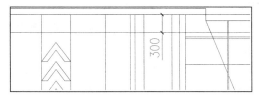

图 6-126　偏移操作

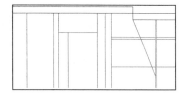

图 6-127　修剪操作

（29）执行"偏移"命令（O），将最左边的竖直线段向右进行偏移操作，偏移尺寸如图 6-128 所示，偏移后的图形效果如图 6-128 所示。

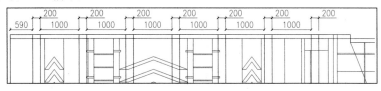

图 6-128　偏移操作

（30）执行"修剪"命令（TR），对图形进行修剪操作，修剪后的图形效果如图 6-129 所示。

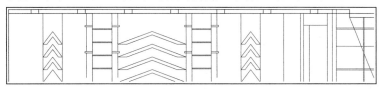

图 6-129　修剪操作

（31）在图层控制下拉列表中，将当前图层设置为"TC 填充"图层，如图 6-130 所示。

图 6-130　更改图层

（32）执行"图案填充"命令（H），选择如图 6-131 所示的填充参数，对如图 6-131 所示的区域进行填充。

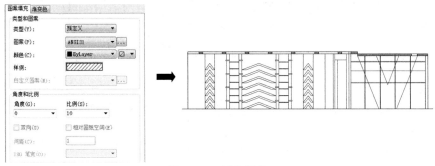

图 6-131　填充操作

6.5.3 插入图块图形

绘制好立面图的墙面相关造型之后，现在可以通过插入墙面相关的装饰物品以及墙面附近的家具等图块图形，从而更加形象地表达出该立面图的内容，其操作步骤如下。

（1）在图层控制下拉列表中，将当前图层设置为"DJ-灯具"图层。执行"插入块"命令（I），将配套光盘中的"图块\06"文件夹中的"灯立面-1"图块图形插入如图6-132所示的位置。

（2）继续执行"插入块"命令（I），将配套光盘中的"图块\06"文件夹中的"灯立面-2"图块图形插入如图6-133所示的位置。

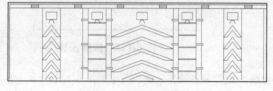

图 6-132　插入灯具图形

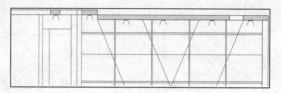

图 6-133　插入灯具图形

6.5.4 标注尺寸及说明文字

前面已经绘制好了立面图的墙面造型、墙面填充以及墙面装饰物品等图形，绘制部分的内容已经基本完成，现在需要对其进行尺寸标注及文字注释，其操作步骤如下。

（1）在图层控制下拉列表中，将当前图层设置为"BZ-标注"图层，如图6-134所示。

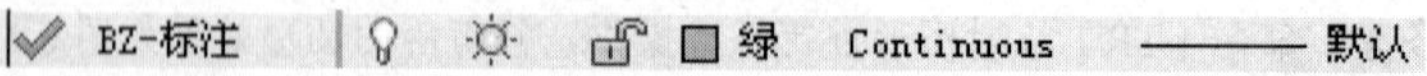

   ✓ **BZ-标注**   💡   ☼   🔓 ■ 绿 Continuous ———— 默认

图 6-134　设置图层

（2）结合"线型标注"命令（DLI）及"连续标注"命令（DCO），对立面图进行尺寸标注，如图6-135所示。

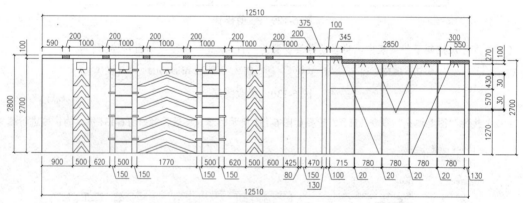

图 6-135　尺寸标注

（3）将当前图层设置为"ZS-注释"图层，参考前面章节的方法，对立面图进行文字注释以及图名比例的标注，如图6-136所示。

（4）最后按键盘上的"Ctrl+ S"组合键，将图形进行保存。

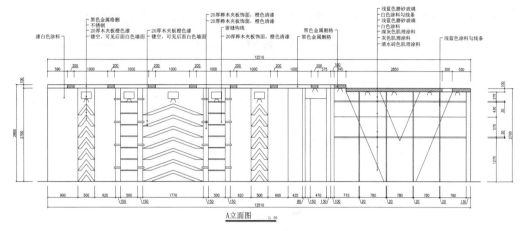

图 6-136　标注文字说明

6.6　绘制广告公司办公室 B 立面图

素材
视频\06\绘制广告公司办公室 B 立面图.avi
案例\06\广告公司办公室 B 立面图.dwg

前面已经绘制好了广告公司办公室 A 立面图，现在可以参照绘制 A 立面图的方式，来讲解如何绘制该广告公司办公室的 B 立面图图纸，包括对广告公司办公室平面图的修改、绘制立面图的墙面造型、填充墙面区域、插入图块图形、文字注释等。

6.6.1　绘制隔断墙体轴线

与绘制 A 立面图一样，可以通过打开前面已经绘制好的平面布置图，另存为和修改，然后再参照平面布置图上的形式、尺寸等参数，快速、直观地绘制立面图，提高绘图效率，其操作步骤如下。

（1）执行"文件|打开"命令，打开配套光盘"案例\06\广告公司办公室地面布置图.dwg"图形文件，按键盘上的"Ctrl+Shift+S"组合键，打开"图形另存为"对话框，将文件保存为"案例\06\广告公司办公室 B 立面图.dwg"文件。

（2）执行"删除"命令（E），执行"修剪"命令（TR）等，将多余的线条进行修剪和删除；再执行"旋转"命令（RO），将图形旋转 90°，效果如图 6-137 所示。

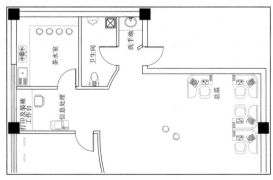

图 6-137　修改图形

（3）在图层控制下拉列表中，将当前图层设置为"QT-墙体"图层，如图6-138所示。

✔ **QT-墙体**　　♡　☼　🔓 ■ 蓝　Continuous　——— 默认

图 6-138　设置图层

（4）执行"直线"命令（L），捕捉平面图上的相应轮廓向上绘制引申线，并在图形的上方绘制一条适当长度的水平线作为地坪线，如图6-139所示。

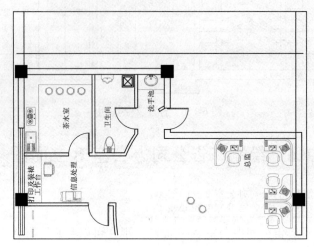

图 6-139　绘制直线段

6.6.2　绘制立面相关造型

当修改好广告公司平面图和绘制相关的引申线段之后，接下来可以根据设计要求来绘制墙面的相关造型图形，其操作步骤如下。

（1）执行"偏移"命令（O），将前面所绘制的直线段进行偏移操作，偏移尺寸和方向如图6-140所示；接着再执行"修剪"命令（TR），对偏移后的线段进行修剪，修剪后的效果如图6-140所示。

图 6-140　偏移线段

（2）继续执行"偏移"命令（O），将最右边的的竖直直线段向左进行偏移操作，偏移尺寸如图 6-141 所示，偏移后的效果如图 6-141 所示。

（3）执行"修剪"命令（TR），对图形进行修剪操作，修剪后的效果如图6-142所示。

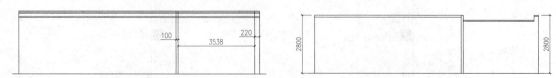

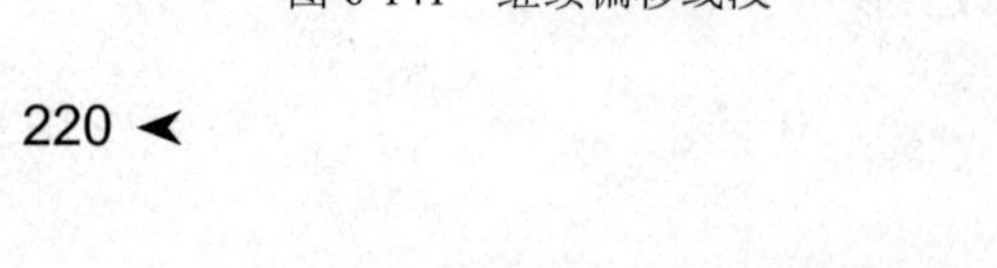

图 6-141　继续偏移线段　　　　　　　　　图 6-142　修剪图形

（5）接着将当前图层设置为"LM-立面"图层，如图 6-143 所示。

⬛ LM-立面   ♀   ☼   🔓 ■洋红   Continuous   —— 默认

图 6-143   更改图层

（6）执行"偏移"命令（O），将最右侧的的竖直线段向左进行偏移操作，偏移后的效果如图 6-144 所示。并将偏移后的线段置放到"LM-立面"图层。

（7）执行"修剪"命令（TR），对图形进行修剪操作，修剪后的效果如图 6-145 所示。

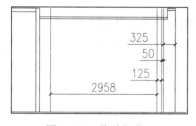
图 6-144   偏移操作

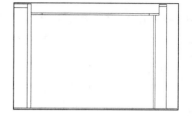
图 6-145   修剪图形

（8）继续执行"偏移"命令（O），将图中相关的线段进行偏移操作，偏移后的效果如图 6-146 所示。并将偏移后的线段置放到"LM-立面"图层。

（9）执行"修剪"命令（TR），对图形进行修剪操作，修剪后的效果如图 6-147 所示。

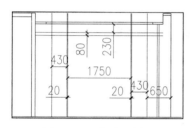
图 6-146   偏移操作

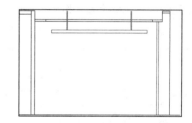
图 6-147   修剪操作

（10）执行"矩形"命令（REC），绘制一个尺寸为 600×400 的矩形；再执行"复制"命令（CO），将该矩形进行复制操作，复制后的效果如图 6-148 所示。

（11）执行"偏移"命令（O），将相关的线段进行偏移操作，偏移后的效果如图 6-149 所示。并将偏移后的线段置放到"LM-立面"图层。

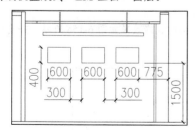
图 6-148   绘制矩形

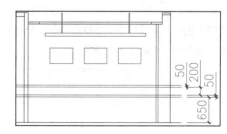
图 6-149   偏移操作

（12）执行"修剪"命令（TR），对图形进行修剪操作，修剪后的效果如图 6-150 所示。

（13）执行"偏移"命令（O），将相关的线段进行偏移操作，偏移后的效果如图 6-151 所示。并将偏移后的线段置放到"LM-立面"图层。

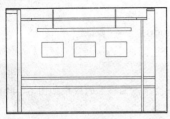

图 6-150　修剪操作

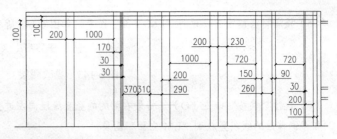

图 6-151　偏移操作

（14）执行"修剪"命令（TR），对图形进行修剪操作，修剪后的效果如图 6-152 所示。

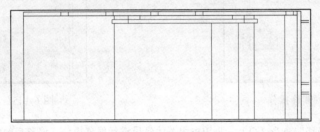

图 6-152　修剪操作

（15）执行"偏移"命令（O），将相关的线段进行偏移操作，偏移后的效果如图 6-153 所示。并将偏移后的线段置放到"LM-立面"图层。

（16）执行"修剪"命令（TR），对图形进行修剪操作，修剪后的效果如图 6-154 所示。

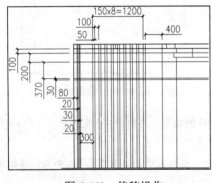

图 6-153　偏移操作

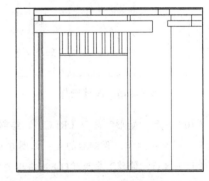

图 6-154　修剪操作

（17）执行"偏移"命令（O），将相关的线段进行偏移操作，偏移后的效果如图 6-155 所示。并将偏移后的线段置放到"LM-立面"图层。

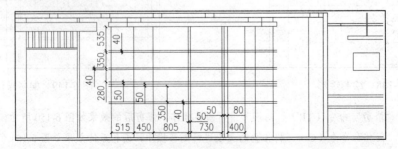

图 6-155　偏移操作

（18）执行"修剪"命令（TR），对图形进行修剪操作，修剪后的效果如图6-156所示。

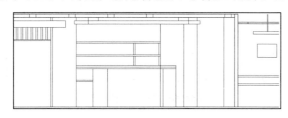

图6-156 修剪操作

（19）在图层控制下拉列表中，将当前图层设置为"TC-填充"图层，如图6-157所示。

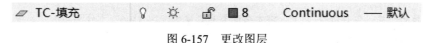

图6-157 更改图层

（20）执行"图案填充"命令（H），对立面图的相应区域进行填充，如图6-158所示。

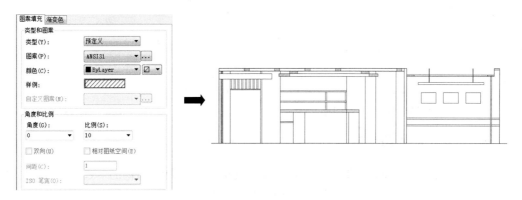

图6-158 填充操作

6.6.3 插入图块图形

当绘制好了立面图的墙面相关造型之后，则可以通过插入墙面相关的装饰物品以及墙面附近的家具等图块图形，从而更加形象地表达出该立面图的内容，其操作步骤如下。

（1）在图层控制下拉列表中，将当前图层设置为"DJ-灯具"图层。执行"插入块"命令（I），将配套光盘中的"图块\06"文件夹中的"灯立面-2"图块图形插入如图6-159所示的位置。

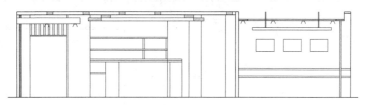

图6-159 插入灯具图形

（2）继续执行"插入块"命令（I），将配套光盘中的"图块\06"文件夹中的"工矿灯立面"图块图形插入如图6-160所示的位置。

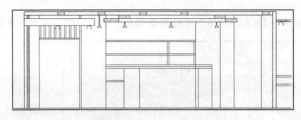

图 6-160　插入灯具图形

（3）在图层控制下拉列表中，将当前图层设置为"TK-图块"图层。执行"插入块"命令（I），将本书配套光盘中的"图块\06"文件夹中的"书-1"、"书-2"、"凳子-立面"等图块图形插入如图 6-161 所示的位置。

（4）继续执行"插入块"命令（I），将本书配套光盘中的"图块\06"文件夹中的"盆景-立面"等图块图形插入如图 6-162 所示的位置。

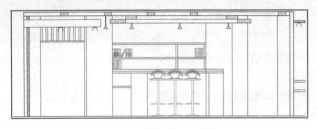

图 6-161　插入家具图形

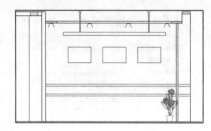

图 6-162　插入盆景图形

6.6.4　标注尺寸及说明文字

前面已经绘制好了立面图的墙面造型、墙面填充以及墙面装饰物品等图形，绘制部分的内容已经基本完成，现在需要对其进行尺寸标注及文字注释，其操作步骤如下。

（1）在图层控制下拉列表中，将当前图层设置为"BZ-标注"图层，如图 6-163 所示。

✔　BZ-标注　　♀　☼　🔓　■绿　Continuous　────默认

图 6-163　设置图层

（2）结合"线型标注"命令（DLI）及"连续标注"命令（DCO），对平面图进行尺寸标注，如图 6-164 所示。

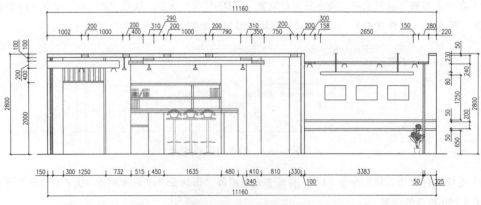

图 6-164　尺寸标注

（3）将当前图层设置为"ZS-注释"图层，参考前面章节的方法，对立面图进行文字注释以及图名比例的标注，如图 6-165 所示。

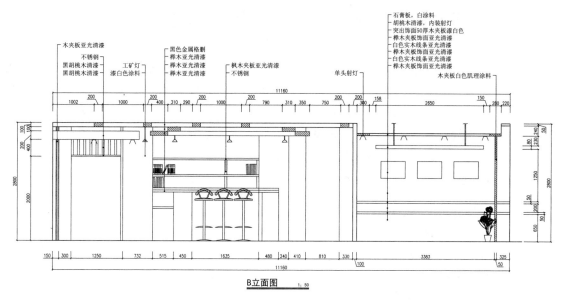

图 6-165　标注文字说明

（4）最后按键盘上的"Ctrl+ S"组合键，将图形进行保存。

6.7　本 章 小 结

通过本章的学习，可以使读者迅速掌握广告公司办公室的设计方法及相关知识要点，掌握广告公司办公室相关施工图纸的绘制，了解广告公司办公室室内空间的划分、装修材料的应用。

第 7 章 装饰公司办公室室内设计

本章主要对装饰公司办公室的室内设计进行讲解，首先讲解装饰公司办公室室内设计的相关概述，即先了解装饰公司的本质与目的，以进一步设计该装饰公司办公室。在绘制装饰公司办公室图纸过程中，先通过打开本章所提供的原始结构图，然后绘制平面图，从而可以利用该平面图来绘制其他的图纸，例如地面布置图、顶面布置图、立面图等，通过对该装饰公司的实例绘制，讲解装饰公司办公室相关图纸的绘制。

■ 学习内容

◇ 装饰公司办公室设计概述
◇ 绘制装饰公司办公室平面布置图
◇ 绘制装饰公司办公室地面布置图
◇ 绘制装饰公司办公室顶面布置图
◇ 绘制装饰公司办公室 A 立面图
◇ 绘制装饰公司办公室 B 立面图

7.1 装饰公司办公室设计概述

装修公司是集室内设计、预算、施工、材料于一体的专业化设计公司。装饰公司办公室是为处理一种特定事务的地方或提供服务的地方，比如设计、洽谈、参观等事务。装饰公司办公室效果如图 7-1 所示。

图 7-1　装饰公司办公室效果

7.1.1 装饰公司起源

随着生活水平的不断提高，装修这一行业慢慢从建筑这一大行业之中脱离开来，发展成为了一个专门的子行业。通常意义上，装修公司的职责范围应该包括前期装修设计、装修材料选配、装修施工、后期配饰、保修维护等几个阶段。

7.1.2　装饰公司的分类

根据装饰公司的综合能力可以分为以下几类。

（1）中小型装饰公司。一般是设计师、施工经理从装饰公司出来，自己创建的公司，一般只是单方面比较强，要么设计强，要么施工强，多部门的管理，公司综合能力一般。

（2）主流装饰公司。加盟类的品牌公司，越来越多，他们一般管理有固定的流程，主材有自己的联盟品牌。

（3）高端设计工作室、部分高端公装公司、主流家装公司高端设计部。这些机构都能提供很好的设计和施工，优点因为专注所以卓越，设计和施工投入的精力都很到位，装修装饰效果自然到位，全部采用主流品牌的材料更容易出效果。

（4）未来最好的装饰模式是专业的预算机构+专业的设计工作室+好的安装公司，只要通过社会分工，把每种人的长处发挥出来，这样才能使得装修行业真正进入发展阶段，数年之内，家装行业很难规模化。

（5）网络装饰公司，相关装修装饰网上的装饰装修公司的频道。主要作用是通过网络技术宣传装饰公司的一些服务体系以及服务原则，在传统经营的基础上开辟网络经营的新领域，可以为更多业主服务的同时推广企业品牌理念，打造企业知名度。

（6）网络装饰公司，有行内品牌实体。

7.1.3　装饰公司的业务对象

装修装饰公司的主要目的是通过专业的眼光和技术手段，让客户享受美的视觉和精神感受，让客户的生活更加丰富。因此，装饰公司的业务对象可以分为以下几类。

1）家庭装修

人们追求幸福、健康和美好，就要求有一个舒心优雅的生态环境，因此，人们对城市建设提出了一系列的目标要求，即卫生城市、花园城市、园林城市、生态城市等。对居室进行艺术处理，设计、装修，打造一个舒适优雅的生态环境，这就给设计师提出了更高的要求，所以也需要不断总结、创新和发展。

2）厂房装修

很多企业都是为了自己的厂房能够干净整洁，看起来舒服，让员工能够在舒服的工作环境工作，那是广大企业老板要做的。请装修公司来装修，所以就有了厂房装修，由于建筑面积大，所以工程量大，做工相对其他类的装修粗糙。

3）办公楼装修

办公楼装修为客户创建一个舒适的工作环境。分区也可以把在不同领域划分为不同目的。安排房间和家具的经济，可以潜在地节省大量的未使用空间。更少的空间意味着更少的覆盖，这将间接意味着更少的维护成本。未使用的空间，可作为存储或封闭分区暂时需要使用它在未来出现。

7.1.4　装饰公司的设计过程

根据装饰公司的目的，来明确装饰公司办公室的设计过程。

1）视觉设计

在当今室内装修设计中，提出了这样一个概念，要求办公室装修设计者把设计中的各种关系通盘地考虑，并把视觉中心处理好。空间视觉是多维的世界，而人在感受视觉对象时，受视域的限制和控制，视点、视距影响视觉的感知，视觉的意识状态也影响视觉的感知。

2）设计要求

一个成功的办公室室内设计，需在室内划分、平面布置、界面处理、采光及照明、色彩的选择、氛围的营造等方面作通盘考虑。

3）设计影响

如果办公室的布局不合理，或者采光问题待解决，颜色让人心烦气躁，因此，办公室装修设计的好坏将会直接影响到客户对该公司的第一印象，同时也会影响到员工的工作效率。

7.2　绘制装饰公司办公室平面布置图

视频\07\绘制装饰公司办公室平面布置图.avi
案例\07\装饰公司办公室平面布置图.dwg

本节讲解如何绘制装饰公司办公室的平面图图纸，包括绘制隔断墙体，绘制通风管道、绘制书柜、插入图块图形、文字注释等。

7.2.1　打开原始结构图并另存为

绘制该类图纸，一般都会提供原始结构图，因此，利用原始结构图来绘制办公室平面图，就会提高一定的效率。

（1）启动 Auto CAD 2016 软件，然后执行"文件|打开"菜单命令，将配套光盘中的"案例\07\装饰公司办公室原始结构图.dwg"文件打开。再按键盘上的"Ctrl+Shift+S"组合键，打开"图形另存为"对话框，将文件保存为"案例\07\装饰公司办公室平面布置图.dwg"文件。

（2）执行"删除"命令（E），将标注等图形删除掉，效果如图 7-2 所示。

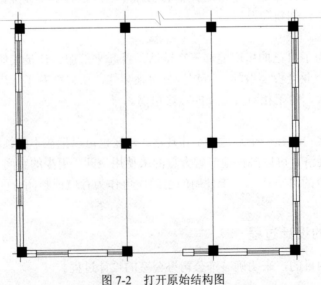

图 7-2　打开原始结构图

7.2.2　绘制隔断墙体

在绘制之前，通过设计要求，需要在室内进行增加墙体进行隔断，从而形成不同用途的区域，例如设计部、会议室、市场部、办公室等，其操作步骤如下。

（1）在图层控制下拉列表中，将当前图层设置为"ZX-轴线"图层，如图 7-3 所示。

✔　ZX-轴线　│　🔅　☼　🔓　■红　Continuous　───── 默认

图 7-3　设置图层

（2）执行"偏移"命令（O），将最左边的竖直轴线向右进行偏移操作，偏移尺寸和效果如图 7-4 所示。

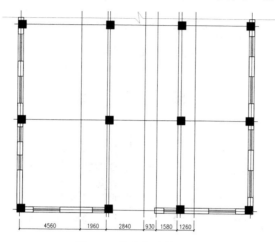

图 7-4　偏移竖直轴线段

（3）继续执行"偏移"命令（O），将最下面的竖直轴线向右进行偏移操作，偏移尺寸和效果如图 7-5 所示。

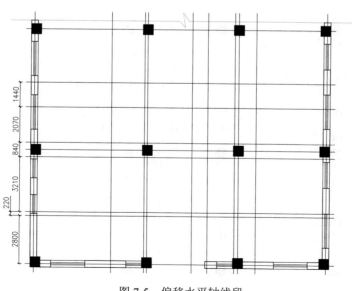

图 7-5　偏移水平轴线段

（4）在图层控制下拉列表中，将当前图层设置为"QT-墙体"图层，如图7-6所示。

✔ QT-墙体 ┃ ♀ ☀ ☐■ 蓝 Continuous ── 默认

图7-6 设置图层

（5）执行"多线"命令（ML），根据命令行提示，设置多线样式为"墙体样式"，多线比例为240，对正方式为"无"，根据前面所偏移的轴线位置，绘制如图7-7所示的几条240隔断墙体对象。

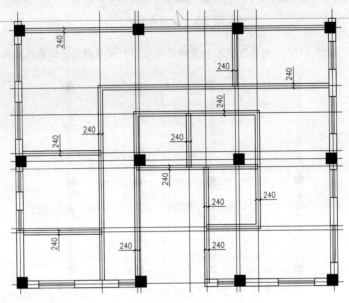

图7-7 绘制240墙体

（6）双击240宽的多线墙体图形，弹出"多线编辑工具"对话框，将相关墙体进行编辑操作，其编辑后的效果如图7-8所示。

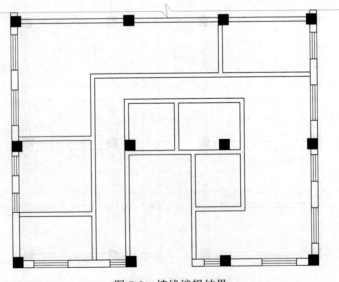

图7-8 墙线编辑结果

（7）执行"偏移"命令（O），将最下面的水平轴线段向上进行偏移操作，偏移尺寸为1635和900，效果如图7-9所示。

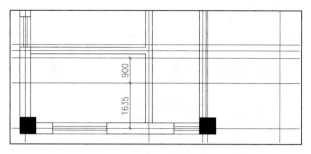

图7-9　偏移操作

（8）执行"修剪"命令（TR），以刚才所偏移后的两条线段为修剪边，对240墙体进行修剪操作，修剪后的墙体效果如图7-10所示。

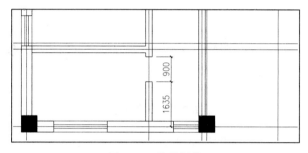

图7-10　修剪操作

（9）采用前面开启墙洞的方式和，先执行"偏移"命令（O），偏移相关的辅助直线段；再执行"修剪"命令（TR），以所偏移后的辅助直线段为修剪边，对240墙体进行修剪操作，修剪后的墙体效果如图7-11所示。

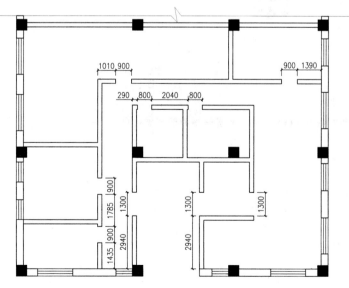

图7-11　开启墙洞操作

（10）执行"多段线"命令（PL），在图形的下方绘制一条如图 7-12 所示的多段线。

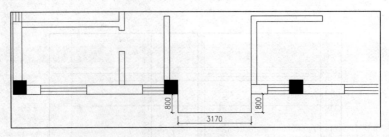

图 7-12　绘制多段线

（11）执行"偏移"命令（O），将刚才所绘制的多段线向外进行偏移操作，偏移尺寸为 60，效果如图 7-13 所示。

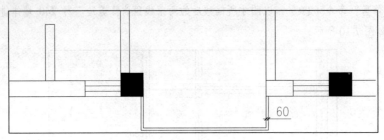

图 7-13　偏移操作

（12）执行"直线"命令（L），以偏移后的水平线段的中点为起点，绘制一条竖直的直线段，效果如图 7-14 所示。

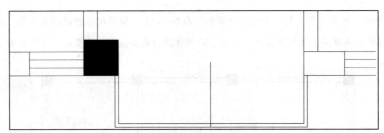

图 7-14　绘制直线段

（13）执行"偏移"命令（O），将刚才所绘制的竖直直线段左右进行偏移操作，偏移距离为 750，效果如图 7-15 所示。

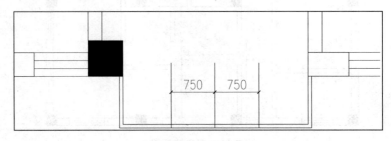

图 7-15　偏移线段

（14）执行"删除"命令（E），执行"修剪"命令（TR），把刚才所绘制的竖直直线段进行删除，再对其他相关的线段进行修剪操作，修剪后的图形效果如图7-16所示。

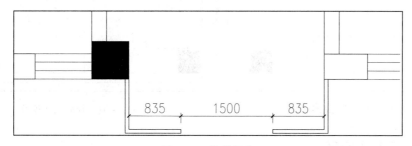

图7-16　修剪操作

（15）执行"偏移"命令（O），将如图7-17所示的两个轴线向下和向右进行偏移操作。

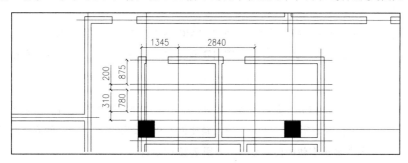

图7-17　偏移操作

（16）执行"多线"命令（ML），根据命令行提示，设置多线样式为"墙体样式"，多线比例为50，对正方式为"无"，根据前面所偏移的轴线位置，绘制如图7-18所示的几条50隔断墙体对象。

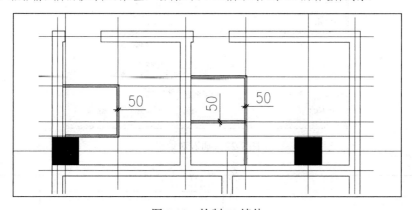

图7-18　绘制50墙体

（17）双击50宽的多线墙体图形，弹出"多线编辑工具"对话框，将相关墙体进行编辑操作，其编辑后的效果如图7-19所示。

（18）采用前面开启墙洞的方式和，先执行"偏移"命令（O），偏移相关的辅助直线段；再执行"修剪"命令（TR），以所偏移后的辅助直线段为修剪边，对50墙体进行修剪操作，修剪后的墙体效果如图7-20所示。

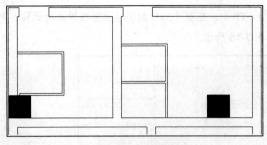

图 7-19　多线编辑操作

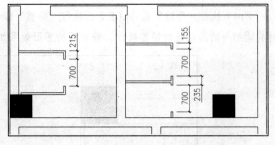

图 7-20　开启门洞操作

7.2.3　插入门图块图形

在前面的隔断墙体绘制过程中，已经开启了相关的门洞，可以根据门洞宽度来插入门图形，其操作步骤如下。

（1）在图层控制下拉列表中，将当前图层设置为"MC-门窗"图层，如图 7-21 所示。

✔️ **MC-门窗**　　♀️　☀️　🔓 🟦青　Continuous　　────── 默认

图 7-21　设置图层

（2）执行"插入块"命令（I），弹出"插入"对话框，勾选"在屏幕上指定"，勾选"统一比例"，输入 X 比例值为 0.9（因为门洞的宽度为 900），输入角度值为 90，如图 7-22 所示。然后将配套光盘中的"图块\07\门 1000"图块插入平面图右边的门洞处中，如图 7-23 所示。

（3）执行"镜像"命令（MI），经所插入的门图形上下镜像操作，镜像后的效果如图 7-24 所示。

图 7-22　插入对话框

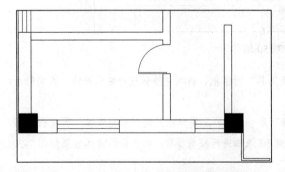

图 7-23　插入门图形效果

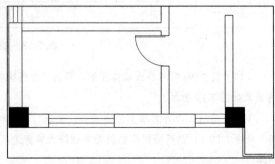

图 7-24　门图形上下镜像效果

（4）同样的方法，在平面图中的其他位置，根据门洞宽度来插入相对应宽度的门图形，效果如图7-25所示。

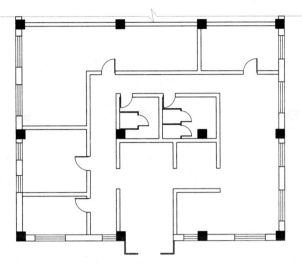

图7-25　插入其他地方的门图形

（5）继续执行"插入块"命令（I），设置比例为0.75，插入门图形，再执行"镜像"命令（MI），将门左右镜像操作，插入后的门图形效果如图7-26所示。

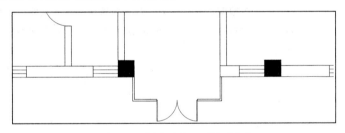

图7-26　插入大门口的门图形

7.2.4　绘制室内家具图形

当在平面图图形中插入相关的门图形后，就可以根据设计要求，在相关的一些地方来绘制家具图形，这些家具图形是根据现场尺寸来做的，因此，不便于做图块，需要直接绘制，其操作步骤如下。

（1）在图层控制下拉列表中，将当前图层设置为"JJ-家具"图层，如图7-27所示。

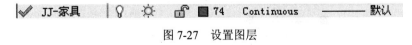

图7-27　设置图层

（2）移动绘图区域至图形的左下方，执行"矩形"命令（REC），绘制一个尺寸为1010×400的矩形，如图7-28所示。

（3）执行"直线"命令（L），绘制两条斜线段，来连接矩形的对角点，如图7-29所示。

（4）执行"编组"命令（G），对刚才所绘制的图形进行编组操作；再执行"复制"命令（CO），将编组后的图形复制到如图7-30所示的位置。

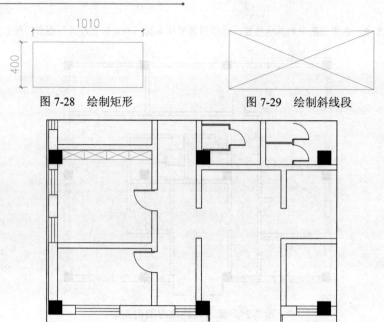

图 7-28 绘制矩形 图 7-29 绘制斜线段

图 7-30 编组并复制

（5）执行"矩形"命令（REC），绘制一个尺寸为 600×900 的矩形，如图 7-31 所示。

（6）执行"偏移"命令（O），将所绘制的矩形向内进行偏移操作，偏移尺寸为 100，如图 7-32 所示。

（7）执行"矩形"命令（REC），绘制一个尺寸为 200×600 的矩形，再执行"移动"命令（M），将这个矩形移动到如图 7-33 所示的位置。

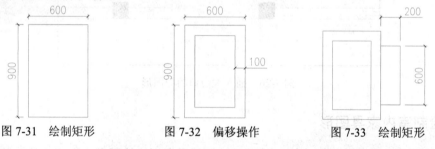

图 7-31 绘制矩形 图 7-32 偏移操作 图 7-33 绘制矩形

（8）执行"编组"命令（G），对刚才所绘制的图形进行编组操作；执行"移动"命令（M），将编组后的图形移动到如图 7-34 所示的位置。

（9）执行"矩形"命令（REC），绘制一个尺寸为 960×400 的矩形，再执行"直线"命令（L），绘制两条斜线段，来连接矩形的对角点，如图 7-35 所示。

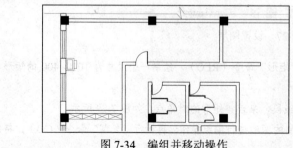

图 7-34 编组并移动操作

图 7-35 绘制矩形和斜线段

（10）执行"编组"命令（G），对刚才所绘制的图形进行编组操作；再执行"复制"命令（CO），将编组后的图形复制到如图7-36所示的位置。

（11）执行"矩形"命令（REC），绘制一个尺寸为400×900的矩形，再执行"直线"命令（L），绘制两条斜线段，来连接矩形的对角点，如图7-37所示。

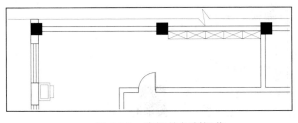

图7-36 编组并复制操作

图7-37 绘制矩形和斜线段

（12）执行"编组"命令（G），对刚才所绘制的图形进行编组操作；再执行"复制"命令（CO），将编组后的图形复制到如图7-38所示的位置。

（13）执行"矩形"命令（REC），绘制一个尺寸为1150×100的矩形，再执行"直线"命令（L），绘制两条竖直的直线段，尺寸如图7-39所示。

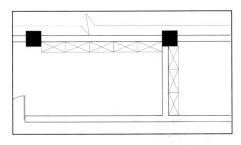

图7-38 编组并复制操作

图7-39 绘制矩形和竖直直线段

（14）执行"编组"命令（G），对刚才所绘制的图形进行编组操作；再执行"复制"命令（CO），将编组后的图形复制到如图7-40所示的位置。

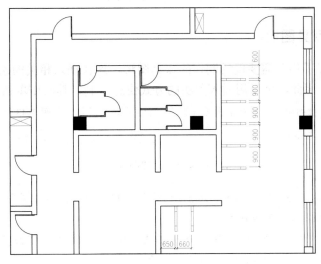

图7-40 编组并复制操作

（15）执行"矩形"命令（REC），绘制一个尺寸为 500×1200 的矩形，再执行"复制"命令（CO），执行"旋转"命令（RO）等，将这个矩形复制到如图 7-41 所示的两个位置。

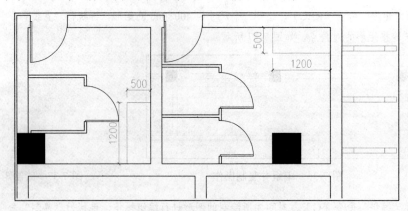

图 7-41　绘制矩形并复制

（16）执行"矩形"命令（REC），绘制两个矩形，尺寸为 500×600 和 610×500，再执行"多段线"命令（PL），在矩形内部绘制一条多段线，执行"编组"命令（G），对刚才所绘制的图形进行编组操作，再执行"移动"命令（M），将编组后的图形移动到如图 7-42 所示的位置。

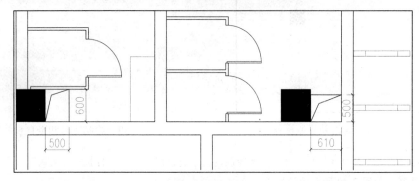

图 7-42　绘制矩形并移动

7.2.5　插入室内家具图块

前面已经绘制好了相关需要现场制作的家具图形，现在插入相关的家具图块图形，这些家具可以购买成品，因此，可以用插入图块的方式快速绘制，其操作步骤如下。

（1）在图层控制下拉列表中，将当前图层设置为"TK-图块"图层，如图 7-43 所示。

　　　　　　◢ TK-图块　　　　🔆　☼　🔓　■112　Continuous　—— 默认

图 7-43　设置图层

（2）执行"插入块"命令（I），将配套光盘中的"图块\07"文件夹下的相关图块插入平面图中的相应位置处，其布置后的效果，如图 7-44 所示。

（3）再次执行"插入块"命令（I），将配套光盘中的"图块\07\立面指向符.dwg"图块插入平面图中的相应位置处（共 4 处），其布置后的效果，如图 7-45 所示。

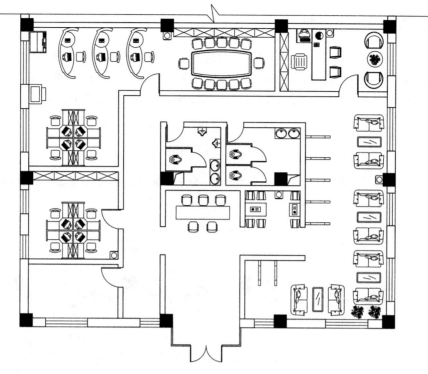

图 7-44　插入家具图块

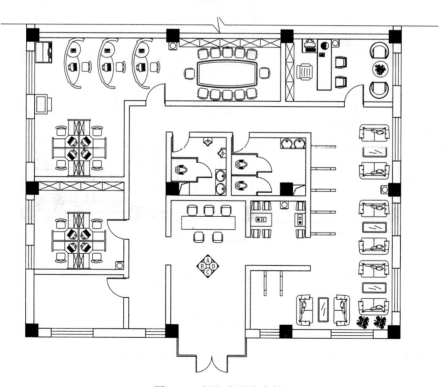

图 7-45　插入立面指向符

7.2.6 标注尺寸及文字说明

前面已经绘制好了墙体、家具图形，以及插入了相关的家具、门图块图形，绘制部分的内容已经基本完成，现在需要对其进行尺寸标注及文字注释，其操作步骤如下。

（1）在图层控制下拉列表中，将当前图层设置为"BZ-标注"图层，如图7-46所示。

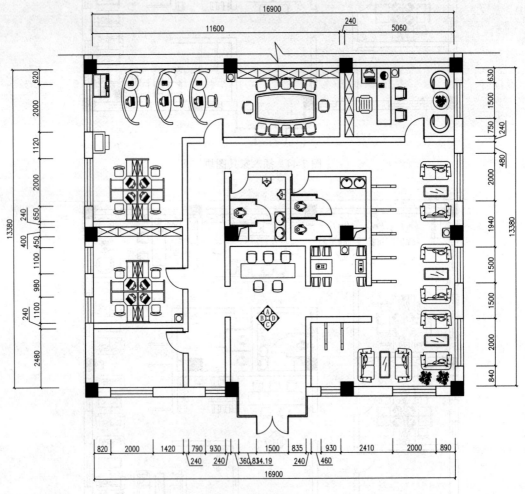

图7-46 设置图层

（2）结合"线型标注"命令（DLI）及"连续标注"命令（DCO），对平面图进行尺寸标注，如图7-47所示。

图7-47 标注尺寸

（3）将当前图层设置为"ZS-注释"图层，参考前面章节的方法，对平面图进行文字注释以及图名比例的标注，如图7-48所示。

（4）最后按键盘上的"Ctrl+S"组合键，将图形进行保存。

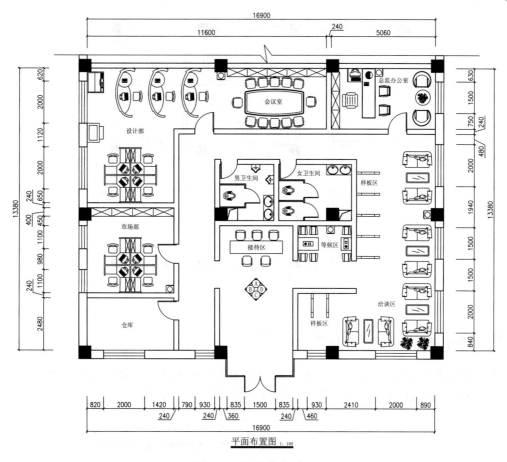

平面布置图 1：100

图 7-48 标注文字说明

7.3 绘制装饰公司办公室地面布置图

 素材 视频\07\绘制装饰公司办公室地面布置图.avi
案例\07\装饰公司办公室地面布置图.dwg

本节讲解如何绘制该装饰公司办公室的地面布置图图纸，包括对平面图的修改、绘制门槛石、绘制地面拼花、绘制地砖、绘制木地板、插入图块图形、文字注释等。

7.3.1 打开平面图并另存为

在绘制地面图纸图之前，可以通过打开前面已经绘制好的平面布置图，另存为和修改，从而达到快速绘制基本图形的目的，其操作步骤如下。

（1）启动 Auto CAD 2016 软件，然后执行"文件|打开"菜单命令，将配套光盘中的"案例\07\装饰公司办公室平面布置图.dwg"文件打开。再按键盘上的"Ctrl+Shift+S"组合键，打开"图形另存为"对话框，将文件保存为"案例\07\装饰公司办公室地面布置图.dwg"文件。

（2）执行"删除"命令（E），删除与绘制地面布置图无关的室内家具、文字注释等内容，再双击下侧的图名将其修改为"地面布置图 1:100"，如图 7-49 所示。

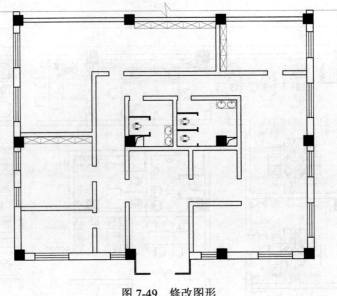

图 7-49　修改图形

7.3.2　绘制门槛石以及地面拼花

打开图纸并修改后，根据设计要求，需要在不同的区域铺贴不同型号和规格的地砖等，因此需要通过一些过门槛石来将这些区域隔开，其操作步骤如下。

（1）在图层控制下拉列表中，将当前图层设置为"DM-地面"图层，如图 7-50 所示。

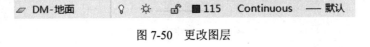

图 7-50　更改图层

（2）执行"矩形"命令（REC），在平面图的左下方仓库位置绘制一个矩形，尺寸为 240×900，表示门槛石，如图 7-51 所示。

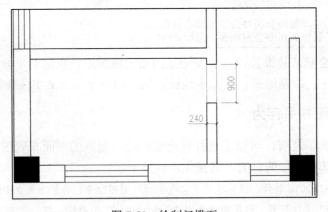

图 7-51　绘制门槛石

（3）继续执行"矩形"命令（REC），在平面图中如图 7-52 所示的其他位置根据门洞对应宽度来绘制矩形，所绘制的矩形效果如图 7-52 所示。

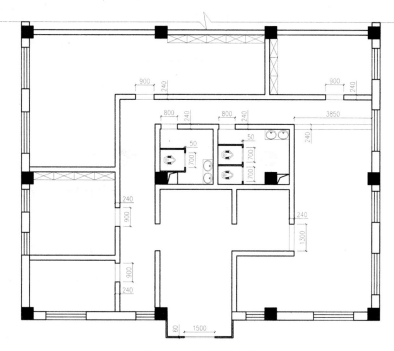

图 7-52　绘制其他门槛石

（4）执行"矩形"命令（REC），在接待区域绘制一个尺寸为 3530×1150 的矩形，所绘制的矩形效果如图 7-53 所示。

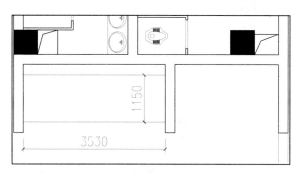

图 7-53　绘制矩形

（5）执行"矩形"命令（REC），在大门口位置绘制一个尺寸为 2300×3080 的矩形，并执行"移动"命令（M），将所绘制的矩形进行移动，效果如图 7-54 所示。

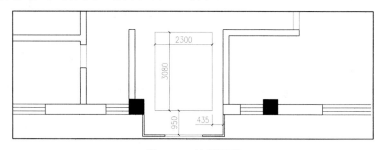

图 7-54　绘制矩形

（6）执行"偏移"命令（O），将所绘制的矩形向内进行偏移操作，偏移尺寸为 260 和 120，效果如图 7-55 所示。

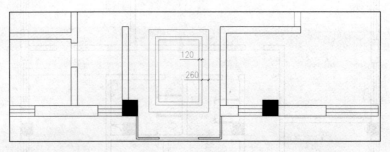

图 7-55　偏移操作

7.3.3　绘制地砖铺贴图

现在绘制该装饰公司办公室的地砖铺贴图，根据要求，该办公室有地砖正贴和木地板正贴，因此，可以通过填充的方式快速绘制，其操作步骤如下。

（1）在图层控制下拉列表中，将当前图层设置为"TC-填充"图层，如图 7-56 所示。

图 7-56　更改图层

（2）执行"图案填充"命令（H），对所偏移的矩形区域进行填充，填充参数如图 7-57 所示，填充后的效果如图 7-57 所示。

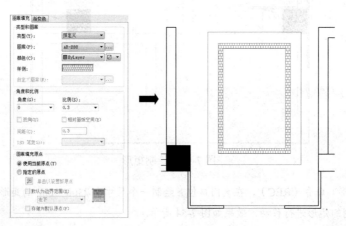

图 7-57　填充矩形偏移区域地砖

（3）继续执行"图案填充"命令（H），对所偏移的矩形另一个区域进行填充，填充参数如图 7-58 所示，填充后的效果如图 7-58 所示。

（4）执行"图案填充"命令（H），对接待区域的矩形进行填充，填充参数为上一步所填充的参数，填充后的效果如图 7-59 所示。

（5）执行"图案填充"命令（H），对卫生间如图 7-60 所示的区域进行填充，填充参数如图 7-60 所示，填充后的效果如图 7-60 所示。

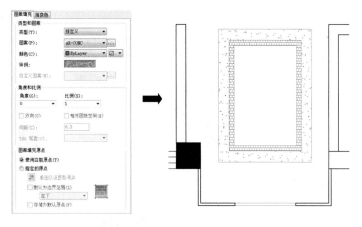

图 7-58　填充矩形另一偏移区域

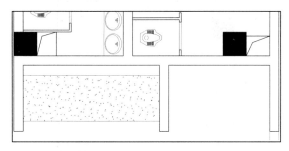

图 7-59　填充接待区矩形区域

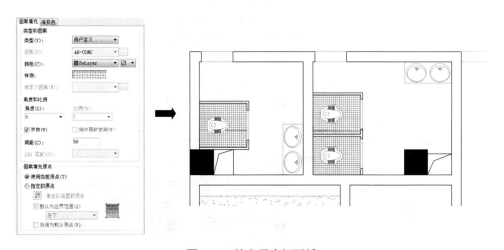

图 7-60　填充卫生间区域

（6）继续执行"图案填充"命令（H），对卫生间其他区域进行填充，填充参数如图 7-61 所示，填充后的效果如图 7-61 所示。

（7）执行"图案填充"命令（H），对市场部房间相关的区域进行填充，填充参数为上一步所填充的参数，填充后的效果如图 7-62 所示。

（8）执行"图案填充"命令（H），对设计部和会议室相关区域进行填充，填充参数如图 7-63 所示，填充后的效果如图 7-63 所示。

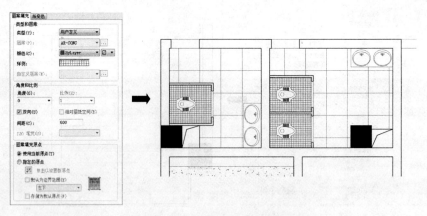

图 7-61　填充卫生间其他区域

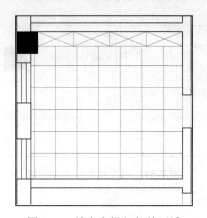

图 7-62　填充市场部相关区域

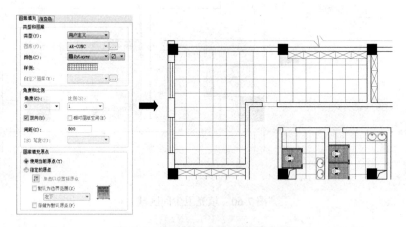

图 7-63　填充设计部和会议室区域

（9）继续执行"图案填充"命令（H），对走道、接待区、等候区和大门口相关的区域进行填充，填充参数为上一步所填充的参数，填充后的效果如图 7-64 所示。

（10）执行"图案填充"命令（H），对总监办公室区域进行填充，填充参数如图 7-65 所示，填充后的效果如图 7-65 所示。

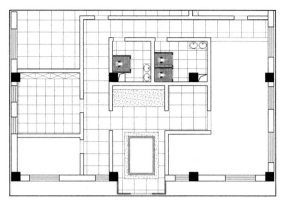

图 7-64 填充其他区域

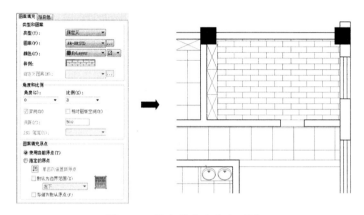

图 7-65 填充总监办公室区域

（11）执行"图案填充"命令（H），对洽谈区区域进行填充，填充参数如图 7-66 所示，填充后的效果如图 7-66 所示。

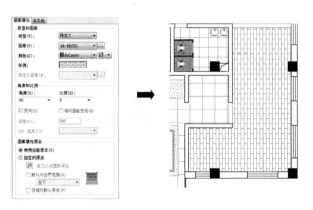

图 7-66 填充洽谈区区域

7.3.4 标注说明文字

前面已经绘制好了门槛石、地砖、木地板等图形，绘制部分的内容已经基本完成，现在需要对其进行尺寸标注及文字注释，其操作步骤如下。

（1）在图层控制下拉列表中，将当前图层设置为"BZ-标注"图层，如图 7-67 所示。

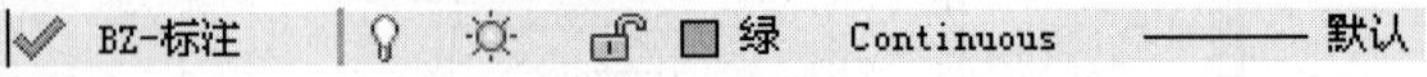

BZ-标注 💡 ☀ 🔓 ■绿 Continuous ——— 默认

图 7-67 设置图层

（2）结合"线型标注"命令（DLI）及"连续标注"命令（DCO），对地面布置图进行尺寸标注，如图 7-68 所示。

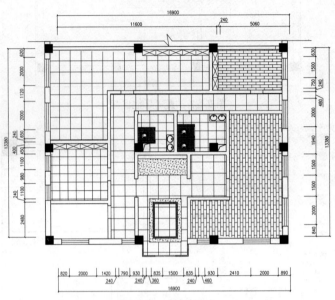

图 7-68 标注尺寸

（3）将当前图层设置为"ZS-注释"图层，参考前面章节的方法，对地面布置图进行文字注释以及图名比例的标注，如图 7-69 所示。

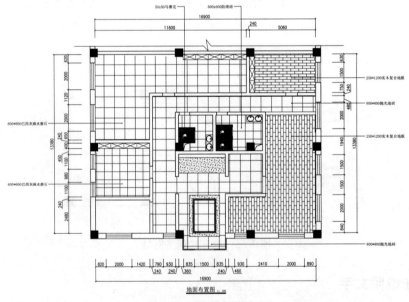

图 7-69 标注文字说明

（4）最后按键盘上的"Ctrl+S"组合键，将图形进行保存。

7.4　绘制装饰公司办公室顶面布置图

素材　视频\07\绘制装饰公司办公室顶面布置图.avi
案例\07\装饰公司办公室顶面布置图.dwg

本节讲解如何绘制该装饰公司办公室的顶面布置图图纸，包括对平面图的修改、封闭吊顶区域、填充吊顶区域、插入灯具图块图形、文字注释等。

7.4.1　打开图形并另存为

在绘制顶面图纸图之前，可以通过打开前面已经绘制好的平面布置图，另存为和修改，从而达到快速绘制基本图形的目的，其操作步骤如下。

（1）启动 Auto CAD 2016 软件，然后执行"文件|打开"菜单命令，将配套光盘中的"案例\07\装饰公司办公室平面布置图.dwg"文件打开。再按键盘上的"Ctrl+Shift+S"组合键，打开"图形另存为"对话框，将文件保存为"案例\07\装饰公司办公室顶面布置图.dwg"文件。

（2）执行"删除"命令（E），删除与绘制地面布置图无关的室内家具、文字注释等内容，再双击下侧的图名将其修改为"顶面布置图 1:100"，如图 7-70 所示。

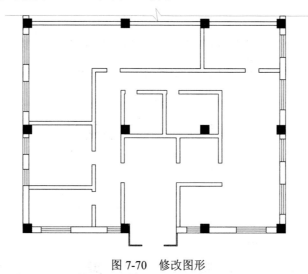

图 7-70　修改图形

7.4.2　封闭吊顶的各个区域

同绘制地面铺贴图一样，不同的区域用不同的吊顶方式，因此，在绘制时，需要绘制相关的图形来封闭吊顶区域，其操作步骤如下。

（1）在图层控制下拉列表中，将当前图层设置为"DD-吊顶"图层，如图 7-71 所示。

✔　DD-吊顶　　♀　☼　🔓　■洋红 Continuous　————　默认

图 7-71　设置图层

（2）执行"矩形"命令（REC），在平面图的左下方仓库位置绘制一个矩形，尺寸为 240×900，用以封闭吊顶区域，如图 7-72 所示。

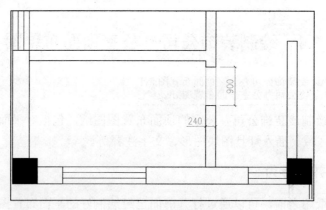

图 7-72　封闭吊顶区域

（3）继续执行"矩形"命令（REC），在平面图中如图 7-73 所示的其他位置绘制矩形，用以封闭其他的吊顶区域，所绘制的矩形效果如图 7-73 所示。

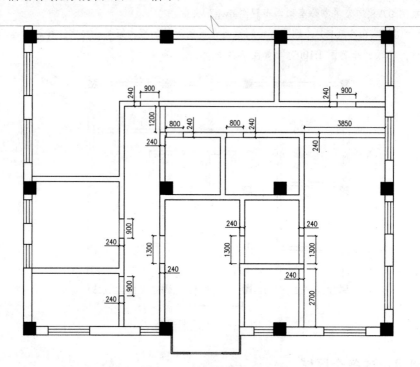

图 7-73　封闭其他吊顶区域

7.4.3　绘制吊顶轮廓造型

前面已经对相关的吊顶区域进行了封闭，现在可以根据设计要求在各个区域绘制吊顶图形，其操作步骤如下。

（1）执行"矩形"命令（REC），在市场部房间的中心处绘制一个尺寸为 3000×2790 的矩形，效果如图 7-74 所示。

（2）执行"多段线"命令（PL），在设计部区域绘制一段如图 7-75 所示的多段线。

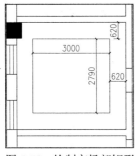

图 7-74 绘制市场部矩形

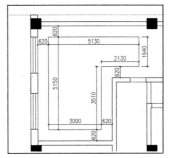

图 7-75 绘制设计部多段线

（3）执行"矩形"命令（REC），在会议室房间的中心处绘制一个尺寸为 4200×1850 的矩形，效果如图 7-76 所示。

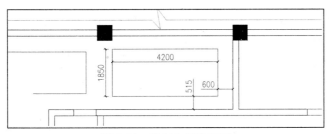

图 7-76 绘制会议室矩形

（4）执行"矩形"命令（REC），绘制如图 7-77 所示的两个矩形。

（5）执行"编组"命令（G），对所绘制的两个矩形进行编组操作，再执行"移动"命令（M），将编组后的图形移至如图 7-78 所示的位置。

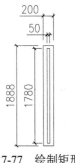

图 7-77 绘制矩形

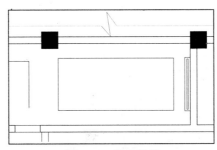

图 7-78 移动操纵

（6）继续执行"矩形"命令（REC），在总监办公室房间的中心处绘制一个尺寸为 3880×1900 的矩形，所绘制的矩形效果如图 7-79 所示。

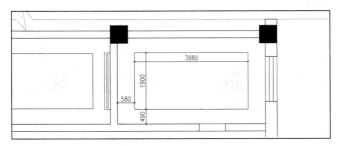

图 7-79 绘制总监办公室矩形

（7）执行"矩形"命令（REC），绘制 7 个尺寸为 350×1040 的矩形，所绘制的矩形效果如图 7-80 所示。

（8）执行"编组"命令（G），对所绘制的 7 个矩形进行编组操作，再执行"复制"命令（CO），将编组后的图形按照如图 7-81 所示的尺寸进行复制操作。

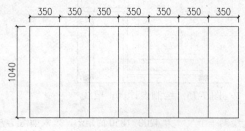

图 7-80　绘制矩形　　　　　　　　　　　　图 7-81　复制操作

（9）执行"矩形"命令（REC），在如图 7-82 所示的过道位置绘制一个尺寸为 1090×8680 的矩形，所绘制的矩形效果如图 7-82 所示。

（10）执行"偏移"命令（O），将刚才所绘制的矩形向内进行偏移操作，偏移尺寸为 50，偏移后的图形效果如图 7-83 所示。

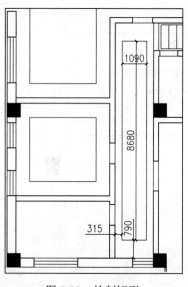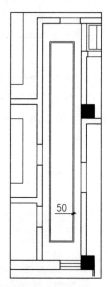

图 7-82　绘制矩形　　　　　　　　　　　　图 7-83　偏移操作

（11）执行"矩形"命令（REC），在如图 7-84 所示的大门口位置绘制一个尺寸为 2470×1040 的矩形，所绘制的矩形效果如图 7-84 所示。

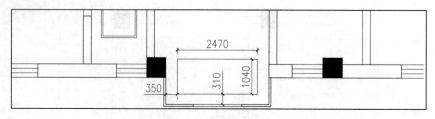

图 7-84　绘制矩形

（12）执行"矩形"命令（REC），绘制一个尺寸为2470×1040的矩形，所绘制的矩形效果如图7-85所示。

（13）执行"偏移"命令（O），将所绘制的矩形向外进行偏移操作，偏移尺寸为100和100，并将最外面的矩形置放到"DD1-灯带"图层，效果如图7-86所示。

图 7-85　绘制矩形　　　　　　　　　　　图 7-86　偏移操作

（14）执行"编组"命令（G），对所绘制的三个矩形进行编组操作，再执行"复制"命令（CO），将编组后的图形按照如图7-87所示的尺寸进行复制操作。

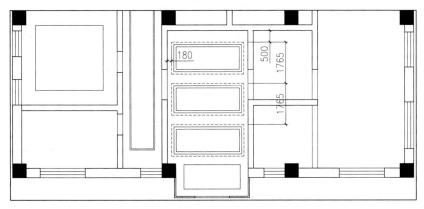

图 7-87　编组并进行复制操作

（15）执行"直线"命令（L），和执行"偏移"命令（O）等，在洽谈区绘制如图7-88所示的几条水平直线段，所绘制的直线段尺寸和效果如图7-88所示。

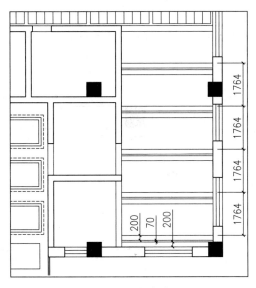

图 7-88　绘制直线段

（16）执行"直线"命令（L），和执行"偏移"命令（O）等，在卫生间绘制如图7-89所示的几条直线段，所绘制的直线段尺寸和效果如图7-89所示。

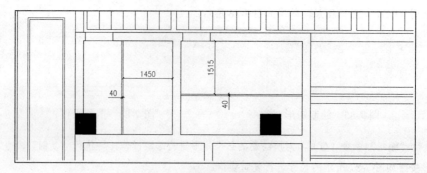

图7-89　在卫生间区域绘制直线段

（17）执行"直线"命令（L），在走道绘制如图7-90所示的几条竖直直线段，所绘制的直线段尺寸和效果如图7-90所示。

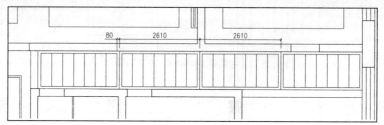

图7-90　在走道区域绘制直线段

（18）在图层控制下拉列表中，将当前图层设置为"TC-填充"图层，如图7-91所示。

图7-91　更改图层

（19）执行"图案填充"命令（H），对市场部室内的矩形区域进行填充，填充参数和填充后的效果如图7-92所示。

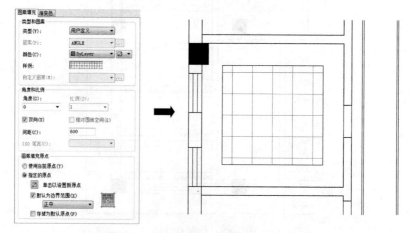

图7-92　填充市场部矩形区域

（20）继续执行"图案填充"命令（H），采用上一步的填充参数，对设计部、总监办公室、等候区和洽谈区左下方区域进行填充，填充后的效果如图 7-93 所示。

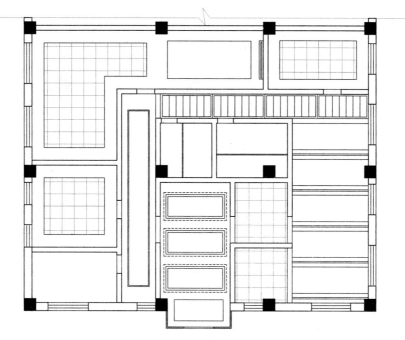

图 7-93 填充其他区域

（21）执行"图案填充"命令（H），对男卫生间的区域进行填充，填充参数和填充后的效果如图 7-94 所示。

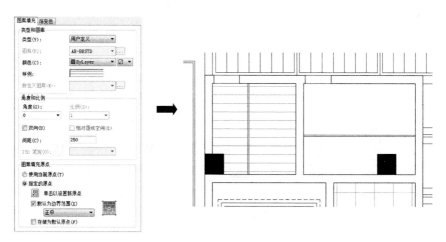

图 7-94 填充男卫生间区域

（22）执行"图案填充"命令（H），对女卫生间的区域进行填充，填充参数和填充后的效果如图 7-95 所示。

（23）执行"图案填充"命令（H），对走道的区域进行填充，填充参数和填充后的效果如图 7-96 所示。

（24）执行"图案填充"命令（H），对洽谈区区域进行填充，填充参数和填充后的效果如图 7-97 所示。

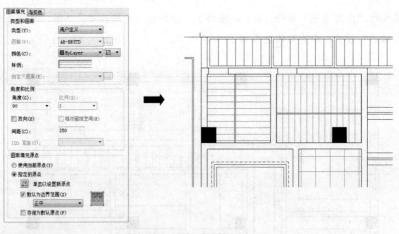

图 7-95 填充女卫生间区域

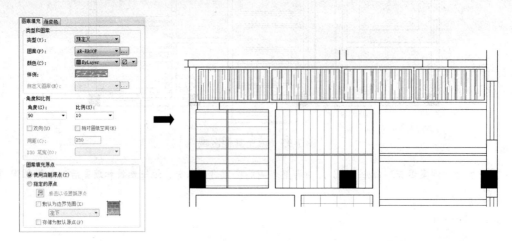

图 7-96 填充走道区域

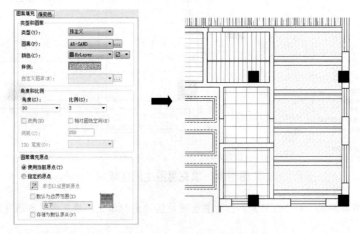

图 7-97 填充洽谈区区域

7.4.4 插入相应灯具图例

前面已经绘制好了顶面布置图的吊顶图形，灯具一般是成品，因此，可以通过制作图块的方式，再插入图形中，从而提高绘图效率，其操作步骤如下。

（1）在图层控制下拉列表中，将当前图层设置为"DJ-灯具"图层，如图7-98所示。

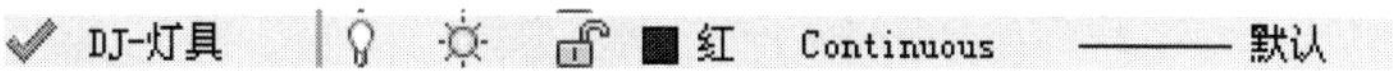

✓ DJ-灯具 ┃ ♀ ☼ 🔓 ■ 红 Continuous ──── 默认

图7-98　更改图层

（2）执行"插入块"命令（I），将本书配套光盘中的"图块\07"文件夹中的"玻璃磨砂灯"等图块插入绘图区中，如图7-99所示。

图7-99　插入玻璃磨砂灯图块图形

（3）执行"插入块"命令（I），将本书配套光盘中的"图块\07"文件夹中的"吊灯"等图块插入绘图区中，如图7-100所示。

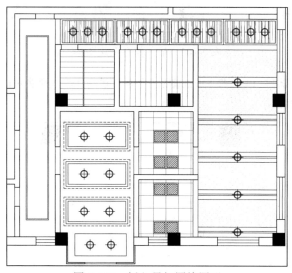

图7-100　插入吊灯图块图形

（4）执行"插入块"命令（I），将本书配套光盘中的"图块\07"文件夹中的"吸顶灯"等图块插入卫生间区域中，如图7-101所示。

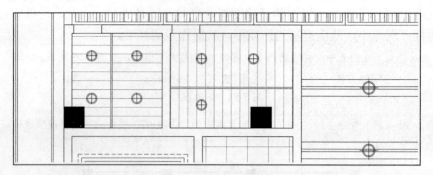

图 7-101　插入吸顶灯图块图形

（5）执行"插入块"命令（I），将本书配套光盘中的"图块\07"文件夹中的"筒灯"等图块插入仓库、市场部、设计部、会议室和总监办公室等区域中，如图7-102所示。

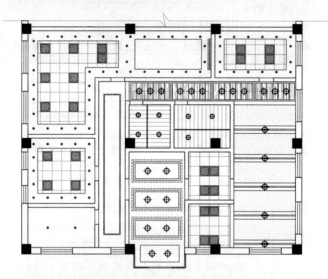

图 7-102　插入筒灯图块图形

（6）执行"插入块"命令（I），将本书配套光盘中的"图块\07"文件夹中的"组合灯"等图块插入会议室区域中，效果如图7-103所示。

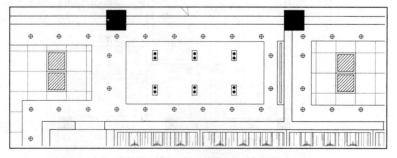

图 7-103　插入组合灯图块图形

（7）在图层控制下拉列表中，将当前图层设置为"TC-填充"图层，如图7-104所示。

TC-填充　　　♀　♧　🔓 ■ 8　Continuous　—— 默认

图7-104　更改图层

（8）执行"图案填充"命令（H），对会议室内的矩形区域进行填充，填充参数和填充后的效果如图7-105所示。

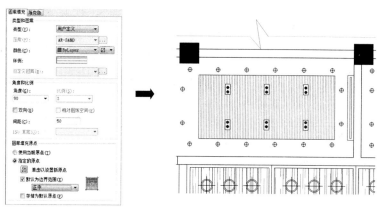

图7-105　填充会议室矩形区域

7.4.5　标注吊顶标高及文字说明

前面已经绘制好了顶面布置图的吊顶、板棚、灯具等图形，绘制部分的内容已经基本完成，现在需要对其进行尺寸标注及文字注释，其操作步骤如下。

（1）在图层控制下拉列表中，将当前图层设置为"ZS-注释"图层，如图7-106所示。

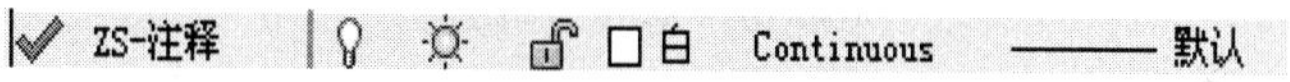

✔ ZS-注释　　　♀　♧　🔓 □ 白　Continuous　—— 默认

图7-106　设置图层

（2）执行"插入块"命令（I），将配套光盘中的"图块\07"文件夹中的"标高"图块插入绘图区中，如图7-107所示。

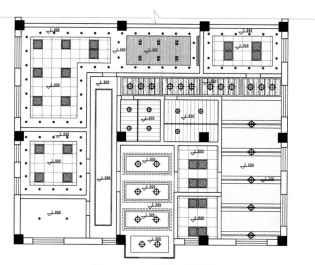

图7-107　插入标高符号

（3）执行"多重引线"命令（MLEA），在绘制完成的顶面布置图左右两侧进行文字注释标注，如图 7-108 所示。

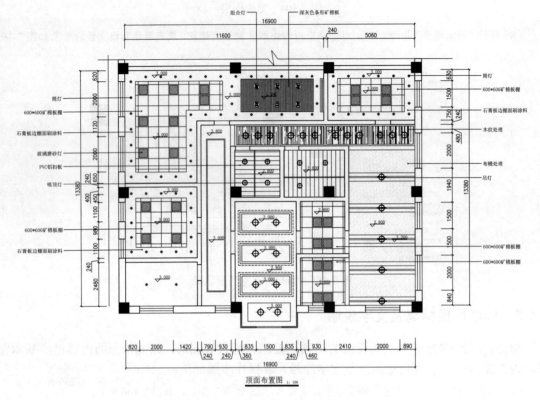

图 7-108　标注说明文字

（4）最后按键盘上的"Ctrl+S"组合键，将图形进行保存。

7.5　绘制装饰公司办公室 A 立面图

 素材　视频\07\绘制装饰公司办公室 A 立面图.avi
案例\07\装饰公司办公室 A 立面图.dwg

本节讲解如何绘制该装饰公司办公室的 A 立面图图纸，包括对平面图的修改、绘制墙面造型、填充墙面区域、插入图块图形、文字注释等。

7.5.1　打开图形并进行修改

与绘制地面布置图和顶面布置图一样，在绘制立面图之前，可以通过打开前面已经绘制好的平面布置图，另存为和修改，然后再参照平面布置图上的形式、尺寸等参数、快速、直观地绘制立面图，从而提高绘图效率，其操作步骤如下。

（1）启动 Auto CAD 2016 软件，然后执行"文件|打开"菜单命令，将配套光盘中的"案例\07\装饰公司办公室平面布置图.dwg"文件打开。再按键盘上的"Ctrl+Shift+S"组合键，打开"图形另存为"对话框，将文件保存为"案例\07\装饰公司办公室 A 立面图.dwg"文件。

（2）执行"删除"命令（E），执行"修剪"命令（TR）等，将多余的线条进行修剪和删除，修剪后的效果如图 7-109 所示。

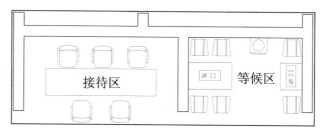

图 7-109　修改图形

（3）在图层控制下拉列表中，将当前图层设置为"QT-墙体"图层，如图 7-110 所示。

图 7-110　设置图层

（4）执行"直线"命令（L），捕捉平面图上的相应轮廓向上绘制引申线，并在图形的上方绘制一条适当长度的水平线作为地坪线，如图 7-111 所示。

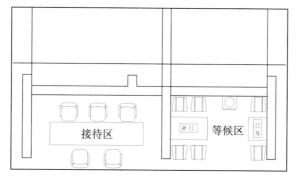

图 7-111　绘制直线段

7.5.2　绘制立面相关造型

前面已经修改好了平面图，并且绘制了相关的引申线段，接下来可以根据设计要求来绘制墙面的相关造型图形，其操作步骤如下。

（1）执行"偏移"命令（O），将前面所绘制的直线段进行偏移操作，偏移尺寸和方向如图 7-112 所示；接着再执行"修剪"命令（TR），对偏移后的线段进行修剪，修剪后的效果如图 7-112 所示。

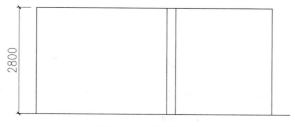

图 7-112　偏移线段

（2）接着将当前图层设置为"LM-立面"图层，如图 7-113 所示。

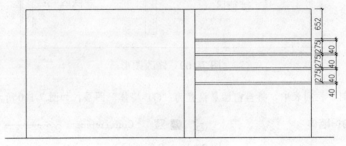

图 7-113　更改图层

（3）执行"偏移"命令（O），将最上面的水平直线段向下进行偏移操作，偏移尺寸如图 7-114 所示，并将偏移后的线段放到"LM-立面"图层；再执行"修剪"命令（TR），对图形进行修剪，如图 7-114 所示。

图 7-114　偏移立面相关线段

（4）继续执行"偏移"命令（O），将最下面的地坪线段向上进行偏移操作，将最左边的竖直直线段向右进行偏移操作，并将偏移后的线段置放到"LM-立面"图层；再执行"修剪"命令（TR），对图形进行修剪，如图 7-115 所示。

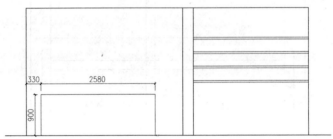

图 7-115　偏移直线段并修剪

（5）执行"偏移"命令（O），将最下面的地坪线段向上进行偏移操作，将最左边的竖直直线段向右进行偏移操作，并将偏移后的线段置放到"LM-立面"图层，尺寸如图 7-116 所示。

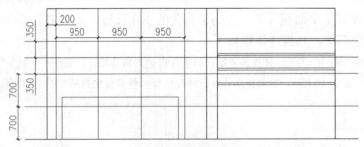

图 7-116　偏移直线段

（6）执行"修剪"命令（TR），对图形进行修剪操作，修剪后的图形效果如图 7-117 所示。

（7）执行"偏移"命令（O），将最下面的地坪线段向上进行偏移操作，偏移尺寸为 100，并将偏移后的线段置放到"LM-立面"图层，尺寸如图 7-118 所示。

图 7-117　修剪操作

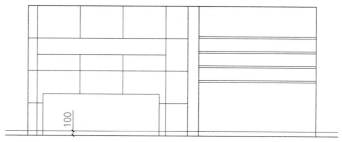

图 7-118　偏移直线段

（8）执行"修剪"命令（TR），对图形进行修剪操作，修剪后的图形效果如图7-119所示。

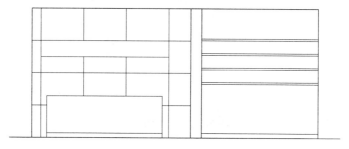

图 7-119　修剪操作

7.5.3　填充立面图墙面

在绘制立面图的过程中，为了更直观地表达墙面的各个区域，可以通过填充的方式来表示每个区域所表达的内容，其操作步骤如下。

（1）在图层控制下拉列表中，将当前图层设置为"TC-填充"图层，如图 7-120 所示。

图 7-120　更改图层

（2）执行"图案填充"命令（H），对如图 7-121 所示的区域进行填充，填充参数和填充后的效果如图 7-121 所示。

（3）继续执行"图案填充"命令（H），对如图 7-122 所示的几个矩形区域进行填充，填充参数后的效果如图 7-122 所示。

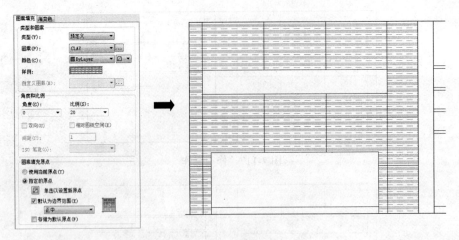

图 7-121　填充操作

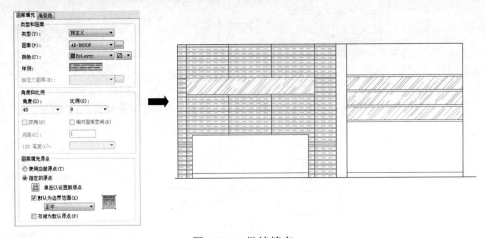

图 7-122　继续填充

（4）执行"图案填充"命令（H），对如图 7-123 所示的左下方的矩形区域进行填充，填充参数和填充后的效果如图 7-123 所示。

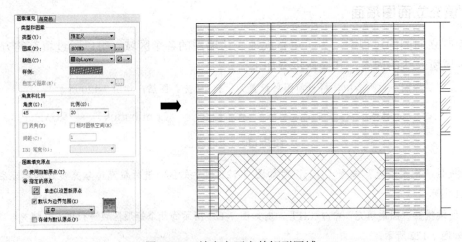

图 7-123　填充左下方的矩形区域

7.5.4 插入图块图形

前面已经绘制好了立面图的墙面相关造型，现在可以通过插入墙面相关的装饰物品以及墙面附近的家具等图块图形，从而更加形象地表达出该立面图的内容，其操作步骤如下。

（1）在图层控制下拉列表中，将当前图层设置为"TK-图块"图层，如图 7-124 所示。

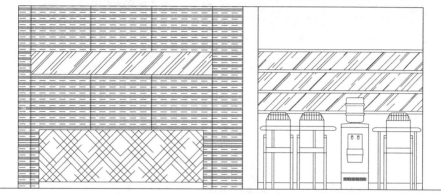

图 7-124　设置图层

（2）执行"插入块"命令（I），将配套光盘中的"图块\07"文件夹中的"等候区桌椅立面-1"、"等候区桌椅立面-2"和"饮水机-立面"等图块图形插入图形的顶部，插入图块图形后的效果如图 7-125 所示。

图 7-125　插入图块图形

7.5.5 标注尺寸及说明文字

前面已经绘制好了立面图的墙面造型、墙面填充及墙面装饰物品等图形，绘制部分的内容已经基本完成，现在需要对其进行尺寸标注及文字注释，其操作步骤如下。

（1）在图层控制下拉列表中，将当前图层设置为"BZ-标注"图层，如图 7-126 所示。

图 7-126　设置图层

（2）结合"线型标注"命令（DLI）及"连续标注"命令（DCO），对立面图进行尺寸标注，如图 7-127 所示。

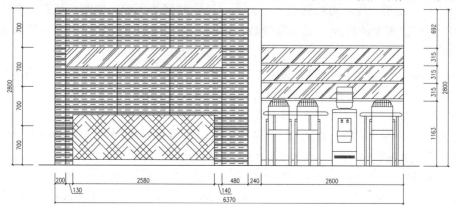

图 7-127　尺寸标注

（3）将当前图层设置为"ZS-注释"图层，参考前面章节的方法，对立面图进行文字注释以及图名比例的标注，如图 7-128 所示。

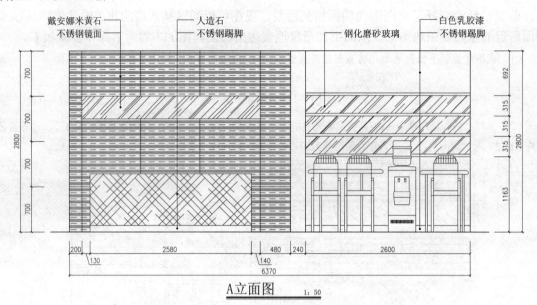

图 7-128　标注文字说明

（4）最后按键盘上的"Ctrl+S"组合键，将图形进行保存。

7.6　绘制装饰公司办公室 B 立面图

 视频\07\绘制装饰公司办公室 B 立面图.avi
案例\07\装饰公司办公室 B 立面图.dwg

本节讲解如何绘制该装饰公司办公室的 B 立面图图纸，包括对平面图的修改、绘制墙面造型、填充墙面区域、插入图块图形、文字注释等。

7.6.1　打开图形另存为并修改图形

与绘制 A 立面图一样，可以通过打开前面已经绘制好的平面布置图，另存为和修改，然后再参照平面布置图上的形式、尺寸等参数，快速、直观地绘制立面图，提高绘图效率，其操作步骤如下。

（1）启动 Auto CAD 2016 软件，然后执行"文件|打开"菜单命令，将配套光盘中的"案例\07\装饰公司办公室平面布置图.dwg"文件打开。再按键盘上的"Ctrl+Shift+S"组合键，打开"图形另存为"对话框，将文件保存为"案例\07\装饰公司办公室 B 立面图.dwg"文件。

（2）执行"删除"命令（E），执行"修剪"命令（TR）等，将多余的线条进行修剪和删除；再执行"旋转"命令（RO），将图形旋转-90°，修剪后的效果如图 7-129 所示。

（3）在图层控制下拉列表中，将当前图层设置为"QT-墙体"图层，如图 7-130 所示。

（4）执行"直线"命令（L），捕捉平面图上的相应轮廓向下绘制引申线，并在图形的下方绘制一条适当长度的水平线作为地坪线，如图 7-131 所示。

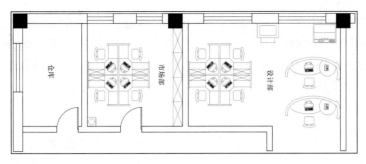

图 7-129　修改图形

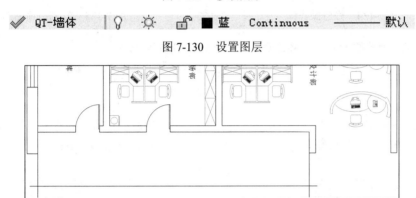

图 7-130　设置图层

图 7-131　绘制直线段

7.6.2　绘制立面相关造型

前面已经修改好了平面图，并且绘制了相关的引申线段，接下来可以根据设计要求来绘制墙面的相关造型图形，其操作步骤如下。

（1）执行"偏移"命令（O），将前面所绘制的直线段进行偏移操作，偏移尺寸和方向如图 7-132 所示；接着再执行"修剪"命令（TR），对偏移后的线段进行修剪，修剪后的效果如图 7-132 所示。

图 7-132　偏移线段

（2）继续执行"偏移"命令（O），将最上面的水平直线段向下进行偏移操作，偏移尺寸如图 7-133 所示。

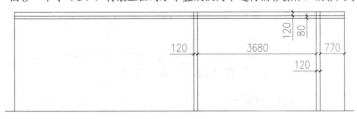

图 7-133　偏移竖直相关线段

（3）执行"修剪"命令（TR），对偏移后的线段进行修剪操作，修剪后的图形效果如图7-134所示。

（4）将当前图层设置为"DD-吊顶"图层。执行"偏移"命令（O），将最上面的水平直线段向下进行偏移操作，偏移尺寸如图7-135所示，并将偏移后的线段置放到"DD-吊顶"图层；再执行"修剪"命令（TR），对图形进行修剪，如图7-135所示。

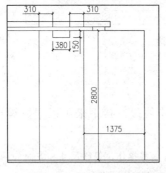

图7-134 修剪操作

图7-135 绘制吊顶图形

（5）接着将当前图层设置为"LM-立面"图层，如图7-136所示。

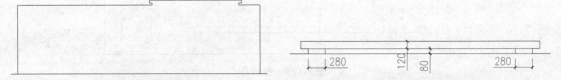

图7-136 更改图层

（6）执行"多段线"命令（PL），在图形的右边绘制如图7-137所示的一条多段线。

（7）执行"偏移"命令（O），将刚才所绘制的多段线向内进行偏移操作，偏移尺寸为60，偏移后的效果如图7-138所示。

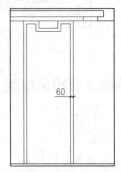

图7-137 绘制多段线

图7-138 偏移多段线

（8）执行"复制"命令（CO），将两条多段线向左进行复制操作，复制距离和效果如图7-139所示。

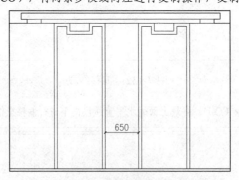

图7-139 复制多段线

（9）执行"偏移"命令（O），将最下面的地坪线段向上进行偏移操作，将最右边的竖直直线段向左进行偏移操作，偏移尺寸如图7-140所示。并将偏移后的线段置放到"LM-立面"图层。

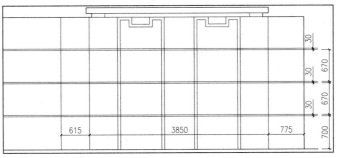

图 7-140 偏移操作

（10）执行"修剪"命令（TR），对偏移后的线段进行修剪操作，修剪后的图形效果如图 7-141 所示。

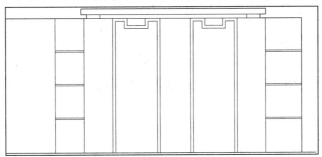

图 7-141 修剪操作

7.6.3 插入图块图形

前面已经绘制好了立面图的墙面相关造型，现在通过插入墙面相关的装饰物品以及墙面附近的家具等图块图形，从而更加形象地表达出该立面图的内容，其操作步骤如下。

（1）在图层控制下拉列表中，将当前图层设置为"MC-门窗"图层，如图 7-142 所示。

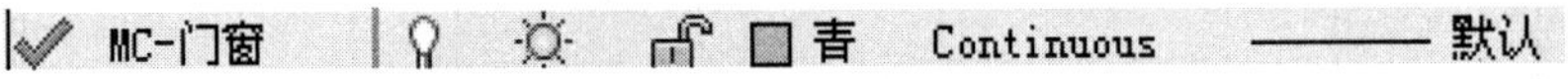

✔ MC-门窗 ♀ ☼ ☐ ■青 Continuous ——— 默认

图 7-142 设置图层

（2）执行"插入块"命令（I），将配套光盘中的"图块\07"文件夹中的"门 900-立面"图块图形插入立面图中，插入图块图形后的效果如图 7-143 所示。

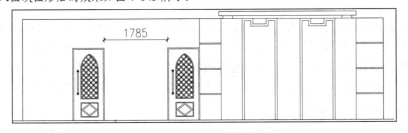

1785

图 7-143 插入门图块图形

（3）在图层控制下拉列表中，将当前图层设置为"TK-图块"图层，如图 7-144 所示。

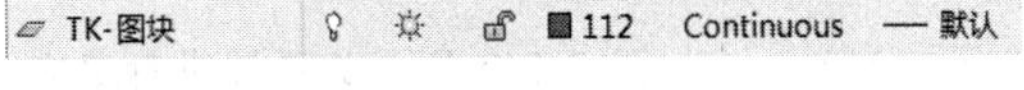

✎ TK-图块 ♀ ☼ ☐ ■112 Continuous —— 默认

图 7-144 设置图层

（4）执行"插入块"命令（I），将配套光盘中的"图块\07"文件夹中的"挂画"图块图形插入立面图中，插入图块图形后的效果如图7-145所示。

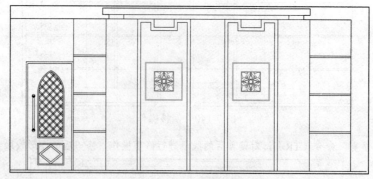

图7-145　插入挂画图块图形

（5）在图层控制下拉列表中，将当前图层设置为"DJ-灯具"图层，如图7-146所示。

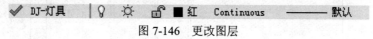

图7-146　更改图层

（6）执行"插入块"命令（I），将配套光盘中的"图块\07"文件夹中的"筒灯-立面"图块图形插入立面图中，插入图块图形后的效果如图7-147所示。

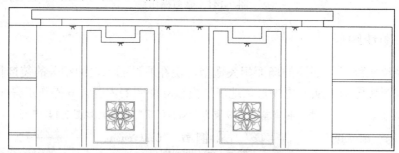

图7-147　插入筒灯-立面图块图形

7.6.4　填充立面图墙面

在绘制立面图的过程中，为了更直观地表达墙面的各个区域，可以通过填充的方式来表示每个区域所表达的内容，这里与填充A立面图的操作方式不同之处的原因在于，如果先填充操作，在插入装饰图块图形，那么填充图形和装饰图形将会冲突，从而不能体现装饰物品的效果，因此，在这里可以先插入图块，再填充，利用图块的边界来自动进行孤岛识别，完成填充，提高绘图效率，其操作步骤如下。

（1）在图层控制下拉列表中，将当前图层设置为"TC-填充"图层，如图7-148所示。

图7-148　更改图层

（2）执行"图案填充"命令（H），对如图7-149所示的区域进行填充，填充参数和填充后的效果如图7-149所示。

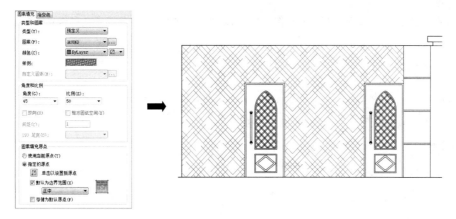

图 7-149　填充墙壁

（3）执行"图案填充"命令（H），对如图 7-150 所示的区域进行填充，填充参数和填充后的效果如图 7-150 所示。

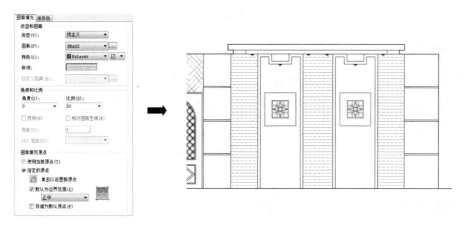

图 7-150　继续填充操作

（4）执行"图案填充"命令（H），对如图 7-151 所示的区域进行填允，填允参数和填允后的效果如图 7-151 所示。

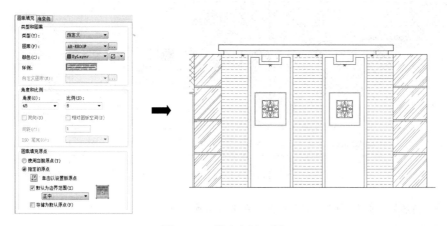

图 7-151　填充侧边区域

（5）执行"图案填充"命令（H），对如图 7-152 所示的区域进行填充，填充参数和填充后的效果如图 7-152 所示。

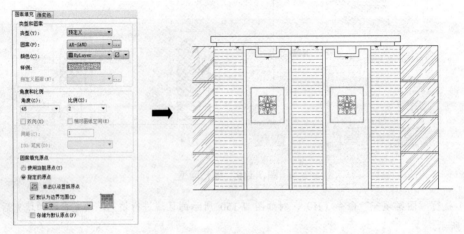

图 7-152　填充挂画周围区域

7.6.5　标注尺寸及说明文字

前面已经绘制好了立面图的墙面造型、墙面填充以及墙面装饰物品等图形，绘制部分的内容已经基本完成，现在需要对其进行尺寸标注及文字注释，其操作步骤如下。

（1）在图层控制下拉列表中，将当前图层设置为"BZ-标注"图层，如图 7-153 所示。

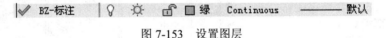

图 7-153　设置图层

（2）结合"线型标注"命令（DLI）及"连续标注"命令（DCO），对立面图进行尺寸标注，如图 7-154 所示。

图 7-154　尺寸标注

（3）将当前图层设置为"ZS-注释"图层，参考前面章节的方法，对立面图进行文字注释以及图名比例的标注，如图 7-155 所示。

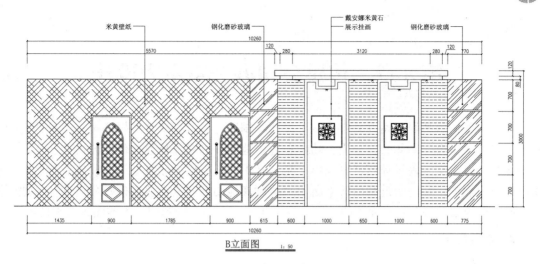

图 7-155　标注文字说明

（4）最后按键盘上的"Ctrl+S"组合键，将图形进行保存。

7.7　本 章 小 结

通过本章的学习，可以使读者迅速掌握装饰公司办公室的设计方法及相关知识要点，掌握装饰公司办公室相关施工图纸的绘制，了解装饰公司办公室的空间布局以及划分、装修材料的应用。

第8章 传媒公司办公室室内设计

本章主要讲解传媒公司办公室的室内设计绘制过程,首先讲解传媒公司室内设计的相关概述,了解传媒公司的简介、分类、功能和音乐范围,以进一步设计传媒公司办公室。在绘制传媒公司办公室室内设计图纸过程中,先打开本章所提供的原始结构图,然后绘制传媒公司办公室平面图,从而可以利用该平面图来绘制其他图纸,其中包括传媒公司办公室地面图的绘制、传媒公司办公室顶面图的绘制、各个相关立面图、剖视图、大样图等图形的绘制。

■ 学习内容

✧ 传媒公司办公室设计概述
✧ 绘制传媒公司办公室平面布置图
✧ 绘制传媒公司办公室地面布置图
✧ 绘制传媒公司办公室顶面布置图
✧ 绘制前台接待区 A 立面图
✧ 绘制总经理办公室 A 立面图
✧ 绘制会议室 C 立面图
✧ 绘制接待室立面图
✧ 绘制接待室 01 剖面图

8.1 传媒公司办公室概述

传媒公司主要是以媒体代理业务为住,这样的公司也常包括设计制作,另外它们还为客户做些媒体的投放计划和企业策划。媒体业务包括电视报纸墙体广告等,传媒公司效果如图 8-1 所示。

图 8-1 传媒公司效果

8.1.1　传媒公司简介

"传媒"这个词来自于英文的 media，汉语词典里的解释很简单，意思就是传播媒介（指广播、电视、报刊、网络、电影等）。近几年，随着留学业的不断发展，越来越多的人开始有机会接触到传媒这门学科。尽管传媒专业比较强调理论学习，但是越来越多的大学也在强调学生在传媒业中的实习，以及提供足够的机会使学生了解最新的多媒体技术在传媒业中的应用。同时传媒专业还需要学生学习语言及文学、信息传递及社会组织机构，以及人与人之间的或人与组织之间的行为科学方面的专业知识。

8.1.2　传媒的分类

根据传媒的载体不同，传媒有以下几种分类。

1）第一类传媒

利用手势、旗语、烽火等直接简捷直观的互动方法接收彼此信息的方式，是传统的原始的传媒的一种，它的特点是直观快速，但受自然界条件的局限性较大，如天气、光线、自然障碍物等。

2）第二类传媒

包括信件、绘画、文字、符号、印刷品、摄影作品等。在这种信息交流方式中，信息的接收者要靠视觉感官接收信息，信息的发出者则开始使用一定的传播设施和工具。

3）第三类传媒

无论是信息的发出者还是接收者，都必须借助传播设施。这类传媒包括电话、唱片、电影、广播、电视、手机通讯等。

4）第四类传媒

互联网传媒，之所以单独的将互联网传媒列为第四类传媒，是因为它的传媒方式和信息载体有别于第三传媒。

8.1.3　传媒的功能

传媒具有以下几方面的功能。

（1）监测社会环境。

（2）协调社会关系。

（3）传承文化。

（4）提供娱乐。

8.1.4　传媒公司的经营范围

传媒有限公司经营范围很广，主要有如下几方面。

（1）多媒体开发，包括网站建设、软件开发、影视广告、动画、企业宣传片、多媒体开发。

（2）平面设计，包括企业 VI、CI、标志设计、企业画册、卡通设计、商业插画、企业宣传海报、包装设计、展示设计、商业摄影。

（3）装饰工程，包括建筑效果图制作、产品建模、建筑动画制作、CAD 工程制图。

（4）技术服务，包括网络维护、软硬件维护、系统解决方案。

（5）销售音像制品。

（6）从事影视制作，包括各种影视片的策划、拍摄生产、后期包装制作等业务。创作三维动画、电视广告片、音乐 MTV、宣传片、专题片、记录片、独立电影。策划平面、展示设计、企业 CI、VI。

8.2　绘制传媒公司办公室平面布置图

素材　视频\08\绘制传媒公司办公室平面布置图.avi
　　　案例\08\传媒公司办公室平面布置图.dwg

本节主要讲解传媒公司办公室平面布置图的绘制，其中包括调用样板文件、创建轴线、创建墙体、柱子、开启门窗洞口、创建玻璃隔断、插入室内门、背景墙、衣柜、展示柜、地台、插入相关家具图块等内容。

8.2.1　创建室内隔墙

绘制该类图纸，一般都会提供原始结构图，因此利用原始结构图来绘制办公室平面图，就会提高一定的效率。

（1）启动 Auto CAD 2016 软件，然后执行"文件|打开"菜单命令，将配套光盘中的"案例\08\传媒公司办公室原始结构图.dwg"文件打开。再按键盘上的"Ctrl+Shift+S"组合键，打开"图形另存为"对话框，将文件保存为"案例\08\传媒公司办公室平面布置图.dwg"文件。

（2）执行"删除"命令（E），将标注等图形删除掉，效果如图 8-2 所示。

（3）在图层控制下拉列表中，将"ZX-轴线"图层打开，效果如图 8-3 所示。

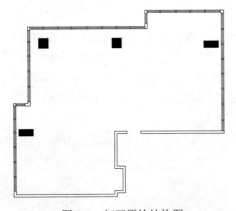

图 8-2　打开原始结构图

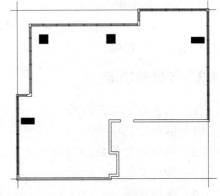

图 8-3　打开轴线图层

（4）在图层控制下拉列表中，将当前图层设置为"QT-墙体"图层，如图 8-4 所示。

✓ QT-墙体　　♀　☼　　🔓　■蓝　Continuous　　──── 默认

图 8-4　设置图层

（5）执行"偏移"命令（O），按照如图 8-5 所示的尺寸与方向，将轴线进行偏移操作，效果如图 8-5 所示。

（6）执行"多线"命令（ML），根据命令行行提示，设置多线样式为"墙体样式"，多线比例为 100，对正方式为"无"，根据前面所偏移的轴线位置，绘制如图 8-6 所示的几条 100 隔断墙体对象，效果如图 8-6 所示。

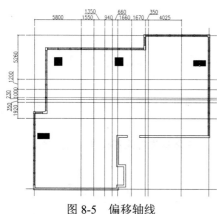

图 8-5 偏移轴线

图 8-6 绘制 100 墙体

（7）执行"偏移"命令（O），在图形的下方按照如图 8-7 所示的尺寸与方向，将轴线进行偏移操作，效果如图 8-7 所示。

（8）执行"多线"命令（ML），根据命令行提示，设置多线样式为"墙体样式"，多线比例为 120，对正方式为"无"，根据前面所偏移的轴线位置，绘制如图 8-8 所示的几条 120 隔断墙体对象。

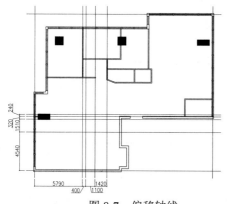

图 8-7 偏移轴线

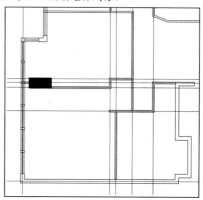

图 8-8 绘制 120 墙体

（9）双击 200 宽的多线墙体图形，弹出"多线编辑工具"对话框，如图 8-9 所示。单击选择"角点结合"编辑工具，对图中相对应的墙线位置进行多线编辑，如图 8-10 所示。

图 8-9 多线编辑工具

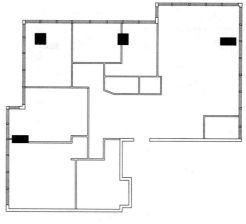

图 8-10 多线编辑效果

8.2.2　开启门洞口并插入室内门

在前面的隔断墙体绘制过程中，也开启了相关的门洞，就可以根据门洞宽度来插入门图形了，其操作步骤如下。

（1）执行"偏移"命令（O），将相关的轴线进行偏移操作，好用来开启门洞（为了图形清楚，轴线部分没有绘制完全，仅表示尺寸大小）效果如图8-11所示。

（2）执行"修剪"命令（TR），以前面所偏移的轴线为修剪边，对墙体进行修剪操作，来开启对应的门洞，开启门洞后的效果如图8-12所示。

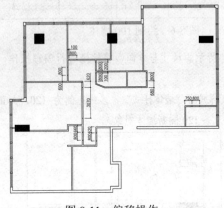

图8-11　偏移操作

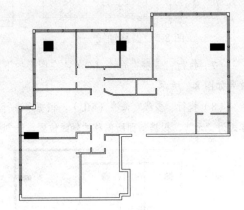

图8-12　修剪操作

（3）在图层控制下拉列表中，将当前图层设置为"MC-门窗"图层，如图8-13所示。

✔ MC-门窗　♀　☼　🗗 □ 青　Continuous　——— 默认

图8-13　设置图层

（4）执行"插入块"命令（I），弹出"插入"对话框，然后根据各门洞的宽度，将配套光盘中的"图块\08\门 1000"图块插入平面图右边的的门洞处中，如图8-14所示。

（5）执行"矩形"命令（REC），在如图8-15所示的位置上绘制一个尺寸为40×800的矩形，所绘制的矩形图形效果如图8-15所示。

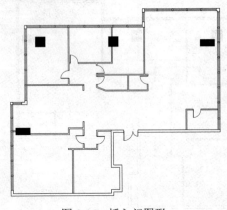

图8-14　插入门图形

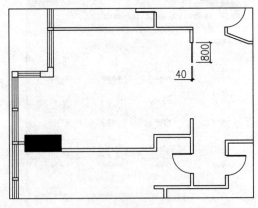

图8-15　绘制矩形

（6）执行"复制"命令（CO），将刚才所绘制的矩形按照如图8-16所示的形状进行复制操作；再执行"镜像"命令（MI），将上面的两个矩形镜像到下方，效果如图8-16所示。

（7）执行"直线"命令（L），在四个矩形的地方绘制两条直线段来联接墙体，并将所绘制的直线段设置放到"DM–地面"图层，效果如图8-17所示。

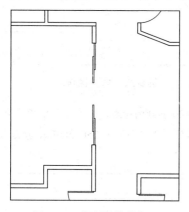

图8-16　复制并镜像矩形

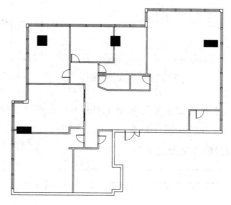

图8-17　绘制直线段

8.2.3　绘制室内相关家具图形

前面的步骤已经绘制好隔断墙体和插入相关的门图形后，就可以根据设计要求，在相关的一些地方绘制家具图形，这些家具图形是根据现场尺寸来做的，因此不便于做图块，需要直接绘制，其操作步骤如下。

（1）在图层控制下拉列表中，将当前图层设置为"JJ-家具"图层，如图8-18所示。

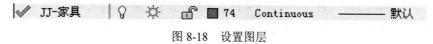

图8-18　设置图层

（2）执行"矩形"命令（REC），在如图8-19所示的位置上绘制一个尺寸为4680×1550的矩形，效果如图8-19所示。

（3）执行"分解"命令（X），将刚才所绘制的矩形进行分解操作；然后再执行"偏移"命令（O），按照图8-20所示的尺寸与方向，将相关直线段进行偏移操作，效果如图8-20所示。

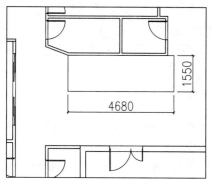

图8-19　绘制矩形

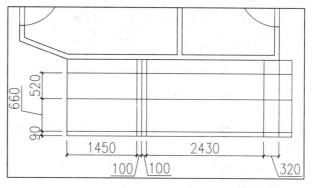

图8-20　偏移操作

（4）执行"直线"命令（L），捕捉前面偏移后的直线段相关的交点，绘制如图 8-21 所示的几条斜线段。

（5）执行"修剪"命令（TR），对图形进行修剪操作，修剪后的图形效果如图 8-22 所示。

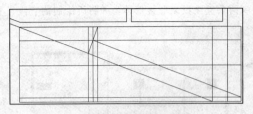
图 8-21　绘制斜线段

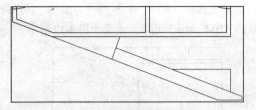
图 8-22　修剪操作

（6）执行"矩形"命令（REC），在右下方绘制一个尺寸为 600×600 的矩形，效果如图 8-23 所示。

（7）执行"圆"命令（C），在矩形的中心位置绘制两个同心圆，半径分别为 250 和 300，所绘制的同心圆图形的效果如图 8-24 所示。

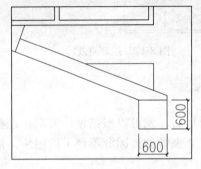
图 8-23　绘制矩形

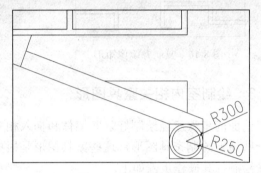
图 8-24　绘制同心圆

（8）执行"多段线"命令（PL），在如图 8-25 所示的位置上绘制一条多段线，效果如图 8-25 所示。

（9）执行"多段线"命令（PL），执行"直线"命令（L）等，在图 8-26 所示的区域绘制几条多段线和斜线段，表示柜子，图形效果如图 8-26 所示。

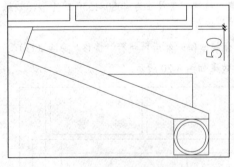
图 8-25　绘制多段线

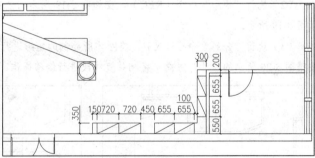
图 8-26　绘制柜子图形

（10）执行"矩形"命令（REC），在两个柜子之间绘制一个尺寸为 350×350 的矩形，效果如图 8-27 所示。

（11）执行"圆"命令（C），在刚才所绘制的矩形中间绘制三个同心圆，半径为 50、70 和 150，图形效果如图 8-28 所示。

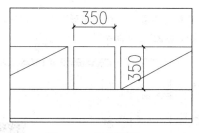

图 8-27　绘制矩形

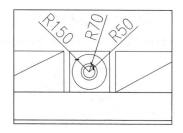

图 8-28　绘制同心圆

（12）在图层控制下拉列表中，将当前图层设置为"TK-图块"图层，如图 8-29 所示。

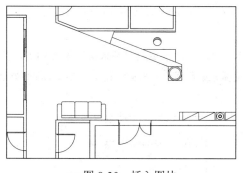

图 8-29　设置图层

（13）执行"插入块"命令（I），将配套光盘中的"图块\08"文件夹下的"吧椅"图块插入平面图中的相应位置处，其布置后的效果，效果如图 8-30 所示。

（14）在图层控制下拉列表中，将当前图层设置为"JJ-家具"图层；执行"矩形"命令（REC），在图形的右下方绘制如图 8-31 所示的几个矩形图形。

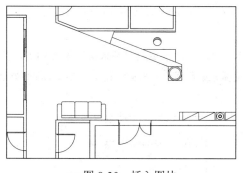

图 8-30　插入图块

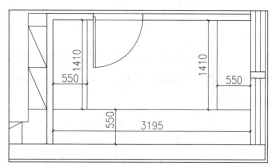

图 8-31　绘制矩形

（15）执行"偏移"命令（O），将所绘制的矩形向内进行偏移操作，偏移距离为 30，效果如图 8-32 所示。

（16）执行"直线"命令（L），在矩形的中间绘制如图 8-33 所示的几条直线段。

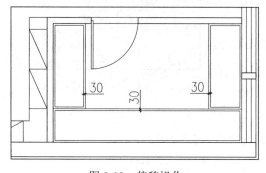

图 8-32　偏移操作

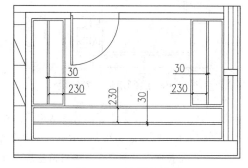

图 8-33　绘制直线段

（17）在图层控制下拉列表中，将当前图层设置为"TK-图块"图层；执行"插入块"命令（I），将本书配套光盘中的"图块\08"文件夹下的"衣架"图块插入平面图中的相应位置处，其布置后的效果，效果如图 8-34 所示。

（18）在图层控制下拉列表中，将当前图层设置为"JJ-家具"图层；执行"矩形"命令（REC），在如图 8-35 所示的地方绘制一个尺寸为 350×6290 的矩形，图形效果如图 8-35 所示。

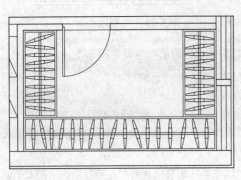

图 8-34　插入衣架图形

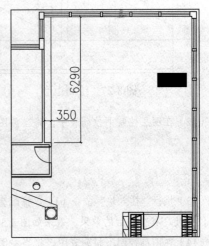

图 8-35　绘制直线段

（19）执行"矩形"命令（REC），执行"直线"命令（L），在如图 8-36 所示的地方绘制矩形和斜线段，表示柜子。

（20）在图层控制下拉列表中，将当前图层设置为"TK-图块"图层；执行"插入块"命令（I），将本书配套光盘中的"图块\08"文件夹下的"办公桌组合"图块插入平面图中的相应位置处，其布置后的效果，图形效果如图 8-37 所示。

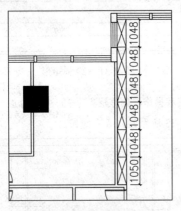

图 8-36　绘制矩形和斜线段

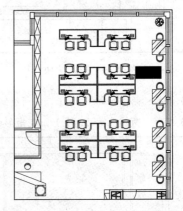

图 8-37　插入办公桌组合图块图形

（21）在图层控制下拉列表中，将当前图层设置为"JJ-家具"图层；执行"矩形"命令（REC），执行"直线"命令（L），在如图 8-38 所示的地方绘制矩形和斜线段，表示柜子。

（22）在图层控制下拉列表中，将当前图层设置为"TK-图块"图层；执行"插入块"命令（I），将本书配套光盘中的"图块\08"文件夹下的"副总经理室办公桌椅组合"、"两人沙发组合"、"打印机"和"盆栽 2"图块插入平面图中的相应位置处，其布置后的效果，图形效果如图 8-39 所示。

（23）在图层控制下拉列表中，将当前图层设置为"JJ-家具"图层；执行"矩形"命令（REC），执行"直线"命令（L），在如图 8-40 所示的地方绘制矩形和斜线段，表示柜子。

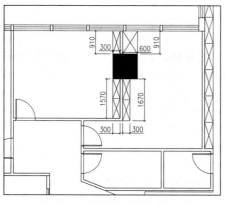

图 8-38　绘制矩形和斜线段

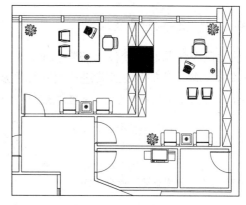

图 8-39　插入图块图形

（24）在图层控制下拉列表中，将当前图层设置为"TK-图块"图层；执行"插入块"命令（I），将本书配套光盘中的"图块\08"文件夹下的"财务室办公桌组合"、"会议桌"、"会议室休闲桌椅"和"盆栽2"图块插入平面图中的相应位置处，其布置后的效果，图形效果如图8-41所示。

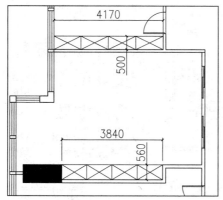

图 8-40　绘制矩形和斜线段

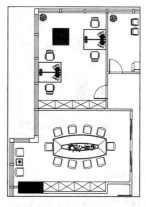

图 8-41　插入图块图形

（25）在图层控制下拉列表中，将当前图层设置为"JJ-家具"图层；执行"矩形"命令（REC），执行"直线"命令（L），在如图8-42所示的地方绘制矩形和斜线段，表示柜子。

（26）在图层控制下拉列表中，将当前图层设置为"TK-图块"图层；执行"插入块"命令（I），将本书配套光盘中的"图块\08"文件夹下的"总经理室办公桌"、"沙发组合"、"综合办公室办公桌组合"和"衣架"图块插入平面图中的相应位置处，其布置后的效果，图形效果如图8-43所示。

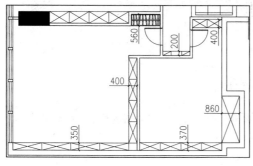

图 8-42　绘制矩形和斜线段

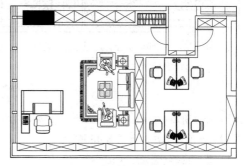

图 8-43　插入图块图形

8.2.4 标注文字注释及尺寸

前面已经绘制好了墙体、家具图形，插入了相关的家具、门图块图形，绘制部分的内容已经基本完成，现在需要对其进行尺寸标注及文字注释，其操作步骤如下。

（1）在图层控制下拉列表中，将当前图层设置为"BZ-标注"图层，如图8-44所示。

| ✔ | BZ-标注 | | ♀ | ☀ | 🔓 | ■ 绿 | Continuous | —— 默认 |

图8-44 设置图层

（2）结合"线型标注"命令（DLI）及"连续标注"命令（DCO），对平面图进行尺寸标注，如图8-45所示。

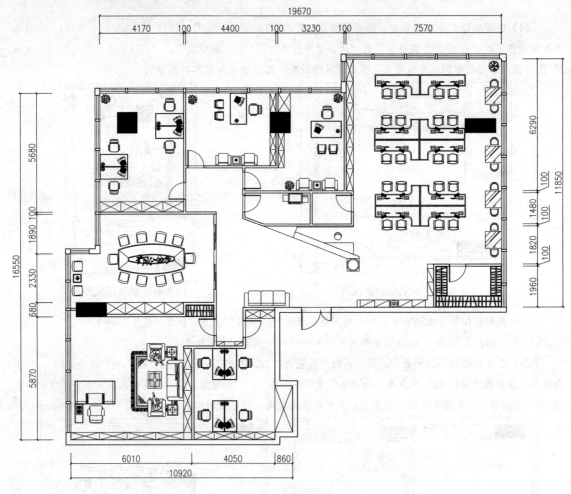

图8-45 标注尺寸

（3）将当前图层设置为"ZS-注释"图层，参考前面章节的方法，对平面图进行立面指向符号、文字注释以及图名比例的标注，如图8-46所示。

（4）最后按键盘上的"Ctrl+S"组合键，将图形进行保存。

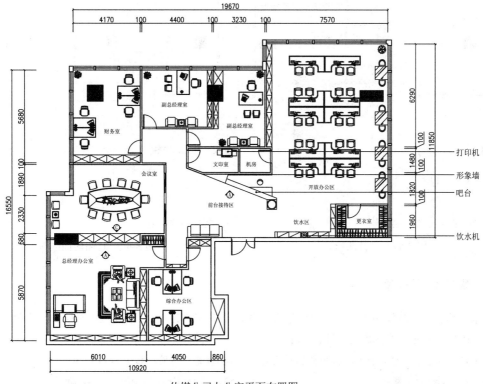

传媒公司办公室平面布置图 1:150

图 8-46 标注文字说明

8.3 绘制传媒公司办公室地面布置图

视频\08\绘制传媒公司办公室地面布置图.avi
案例\08\传媒公司办公室地面布置图.dwg

本节讲解如何绘制传媒公司办公室的地面布置图图纸，包括对平面图的修改、绘制门槛石、绘制地面拼花、绘制地砖、绘制木地板、插入图块图形、文字注释等。

8.3.1 封闭地面区域

为了快速达到绘制基本图形的目的，可以通过打开前面已经绘制好的平面布置图，然后将其另存为和修改，其操作步骤如下。

（1）启动 Auto CAD 2016 软件，然后执行"文件|打开"菜单命令，将配套光盘中的"案例\08\传媒公司办公室平面布置图.dwg"文件打开。再按键盘上的"Ctrl+Shift+S"组合键，打开"图形另存为"对话框，将文件保存为"案例\08\传媒公司办公室地面布置图.dwg"文件。

（2）执行"删除"命令（E），删除与绘制地面布置图无关的室内家具、文字注释等内容，再双击下侧的图名将其修改为"地面布置图 1:100"，如图 8-47 所示。

（3）在图层控制下拉列表中，将当前图层设置为"DM-地面"图层；执行"矩形"命令（REC），在平面图中如图 8-48 所示的其他位置根据门洞对应宽度来绘制矩形，所绘制的矩形效果如图 8-48 所示。

图 8-47　打开图形　　　　　　　　　　　图 8-48　封闭地面区域

8.3.2　填充地面图案

现在绘制该传媒公司办公室的地砖铺贴图，根据要求，该广告办公室为不同规格的地砖正铺，因此可以通过填充的方式快速绘制，其操作步骤如下。

（1）在图层控制下拉列表中，将当前图层设置为"TC-填充"图层，如图 8-49 所示。

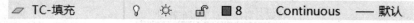

图 8-49　更改图层

（2）执行"图案填充"命令（H），对前面所绘制的矩形区域进行填充，填充参数和填充后的效果如图 8-51 所示。

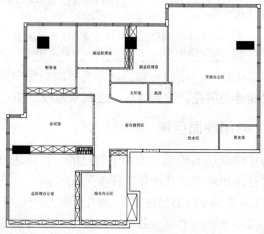

图 8-50　填充参数　　　　　　　　　　　图 8-51　填充效果

（3）继续执行"图案填充"命令（H），填充参数如图 8-52 所示，对如图 8-53 所示区域进行填充，该区域填充后的效果如图 8-53 所示。

（4）再次执行"图案填充"命令（H），填充参数如图 8-54 所示，对如图 8-55 所示区域进行填充，该区域填充后的效果如图 8-55 所示。

图 8-52　填充参数

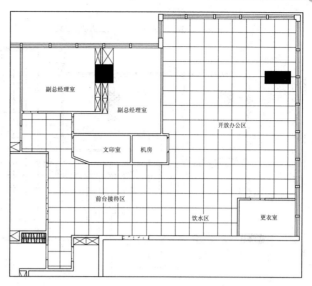

图 8-53　填充效果

图 8-54　填充参数

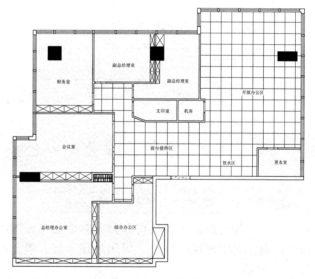

图 8-55　填充效果

8.3.3　标注地面材质

前面已经绘制好了门槛石、地砖等图形，绘制部分的内容已经基本完成，现在需要对其进行尺寸标注及文字注释，其操作步骤如下。

（1）在图层控制下拉列表中，将当前图层设置为 "ZS-注释" 图层，如图 8-56 所示。

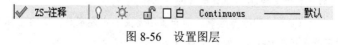

图 8-56　设置图层

（2）参考前面章节的方法，对地面布置图进行文字注释以及图名比例的标注，如图 8-57 所示。

（3）最后按键盘上的 "Ctrl+ S" 组合键，将图形进行保存。

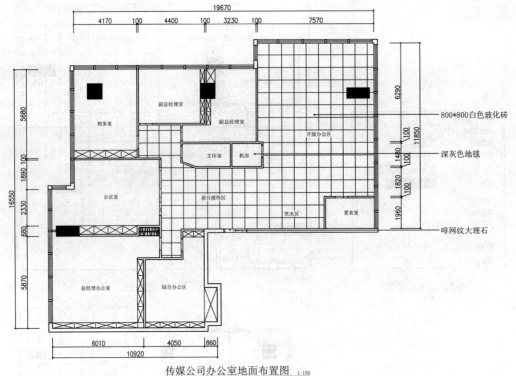

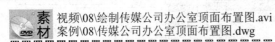

图 8-57 标注文字说明

8.4 绘制传媒公司办公室顶面布置图

素材 视频\08\绘制传媒公司办公室顶面布置图.avi
案例\08\传媒公司办公室顶面布置图.dwg

前面讲解了如何绘制传媒公司办公室的地面布置图,接着讲解传媒公司办公室的顶面布置图图纸,包括对平面图的修改、封闭吊顶区域、填充吊顶区域、插入灯具图块图形、文字注释等。

8.4.1 封闭吊顶区域

同绘制地面布置图一样,在绘制顶面图纸图之前,可以通过打开前面已经绘制好的平面布置图,另存为和修改,从而快速达到绘制基本图形的目的,其操作步骤如下。

(1)启动 Auto CAD 2016 软件,然后执行"文件|打开"菜单命令,将配套光盘中的"案例\08\传媒公司办公室平面布置图.dwg"文件打开。再按键盘上的"Ctrl+Shift+S"组合键,打开"图形另存为"对话框,将文件保存为"案例\08\传媒公司办公室顶面布置图.dwg"文件。

(2)执行"删除"命令(E),删除与绘制地面布置图无关的室内家具、文字注释等内容,再双击下侧的图名将其修改为"顶面布置图 1:100",如图 8-58 所示。

(3)在图层控制下拉列表中,将当前图层设置为"DD-吊顶"图层;执行"矩形"命令(REC),在平面图中如图 8-59 所示的其他位置根据门洞对应宽度来绘制矩形,所绘制的矩形效果如图 8-59 所示。

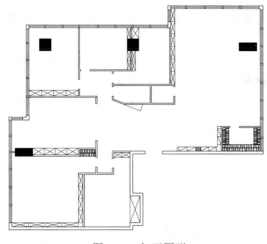

图 8-58　打开图形

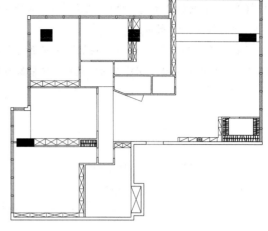

图 8-59　绘制矩形

8.4.2　绘制吊顶轮廓

前面已经对相关的吊顶区域进行了封闭，现在可以根据设计要求在各个区域绘制吊顶图形，其操作步骤如下。

（1）执行"矩形"命令（REC），在如图 8-60 所示的区域绘制几个矩形，效果如图 8-60 所示。

（2）执行"圆"命令（C），在三个矩形附近绘制三个同心圆，半径分别为 300、500 和 800，效果如图 8-61 所示。

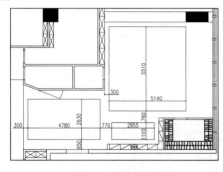

图 8-60　绘制矩形

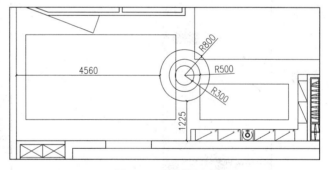

图 8-61　绘制同心圆

（3）执行"修剪"命令（TR），对图形进行修剪操作，效果如图 8-62 所示。

（4）执行"合并"命令（J），对如图 8-63 所示的几条线段进行合并操作，效果如图 8-63 所示。

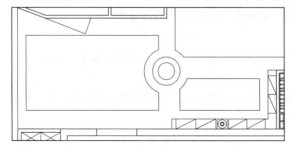

图 8-62　修剪操作

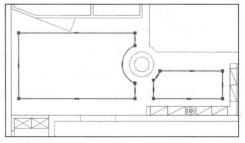

图 8-63　合并操作

（5）执行"偏移"命令（O），将合并后的多段线进行偏移操作，并将偏移后的线段置放到"DD1-灯带"图层，效果如图 8-64 所示。

（6）执行"圆"命令（C），在如图 8-66 所示的区域绘制三个同心圆，半径分别为 300、400 和 450，并将最外面的圆置放到"DD1-灯带"图层，效果如图 8-65 所示。

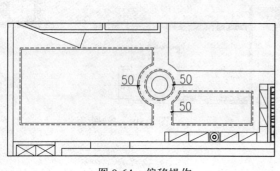

图 8-64　偏移操作

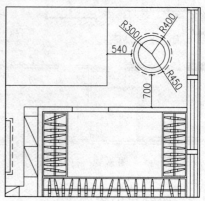

图 8-65　绘制同心圆

（7）执行"复制"命令（CO），将前面所绘制的三个同心圆向上进行复制操作，复制距离和效果如图 8-66 所示。

（8）执行"矩形"命令（REC），在如图 8-67 所示的区域绘制几个矩形。

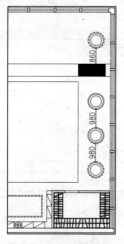

图 8-66　复制操作

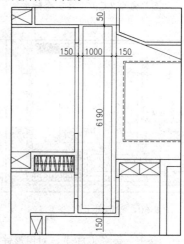

图 8-67　绘制矩形

（9）执行"偏移"命令（O），将刚才所绘制的矩形向内进行偏移操作，并将偏移后的线段置放到"DD1-灯带"图层，效果如图 8-68 所示。

（10）执行"矩形"命令（REC），在如图 8-69 所示的区域绘制几个矩形；并执行"旋转"命令（RO），将所绘制的矩形进行旋转操作，效果如图 8-69 所示。

（11）执行"直线"命令（L），在旋转后的矩形附近绘制四条斜线段，斜线段与矩形长边平行，并将所绘制的斜线段置放到"DD1-灯带"图层，效果如图 8-70 所示。

（12）执行"椭圆"命令（EL），在如图 8-71 所示的区域绘制一个长轴为 2040，短轴为 1340 的椭圆，效果如图 8-71 所示。

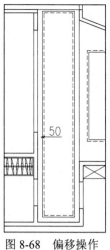

图 8-68 偏移操作

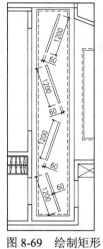

图 8-69 绘制矩形

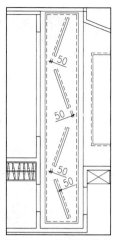

图 8-70 绘制斜线段

（13）执行"偏移"命令（O），将椭圆向内进行偏移操作，并将偏移后的线段置放到"DD1-灯带"图层，效果如图 8-72 所示。

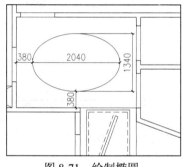

图 8-71 绘制椭圆

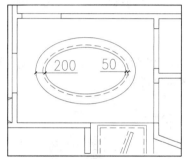

图 8-72 偏移操作

（14）执行"矩形"命令（REC），在图形的左上方绘制如图 8-73 所示的几个矩形。

（15）执行"偏移"命令（O），将椭圆向内进行偏移操作，并将偏移后的线段置放到"DD1-灯带"图层，效果如图 8-74 所示。

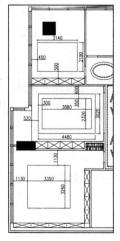

图 8-73 绘制矩形

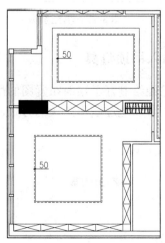

图 8-74 偏移操作

（16）执行"矩形"命令（REC），在如图 8-75 所示的矩形区域内绘制几个矩形。

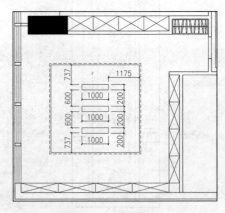

图 8-75 绘制矩形

（17）在图层控制下拉列表中，将当前图层设置为"TC-填充"图层，如图 8-76 所示。

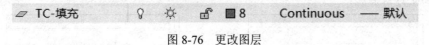

图 8-76 更改图层

（18）执行"图案填充"命令（H），填充参数如图 8-77 所示，对如图 8-78 所示的区域进行填充，填充后的效果如图 8-78 所示。

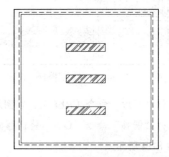

图 8-77 填充参数　　　　　　　　图 8-78 填充效果

8.4.3　插入吊顶灯具

前面已经绘制好了顶面布置图的吊顶图形，接下来绘制相关的灯具图形，灯具一般是成品，因此，可以通过制作图块的方式，然后再插入图形中，从而提高绘图效率，其操作步骤如下。

（1）在图层控制下拉列表中，将当前图层设置为"DJ-灯具"图层，如图 8-79 所示。

图 8-79 更改图层

（2）执行"插入块"命令（I），将配套光盘中的"图块\08"文件夹中的灯具图块插入绘图区中，灯具图形示例如图 8-80 所示。插入灯图形之后的效果如图 8-81 所示。

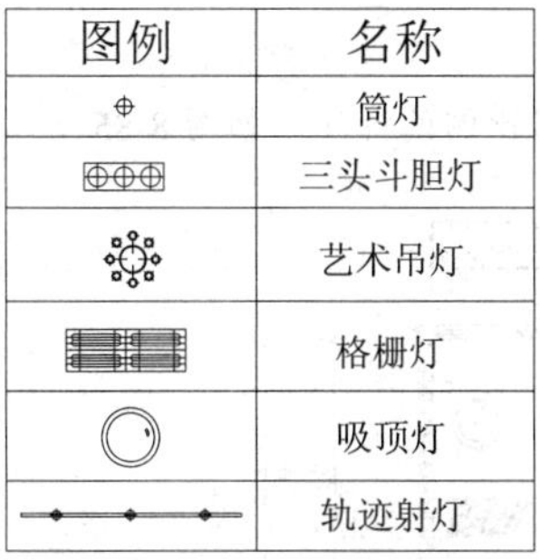

图例	名称
⊕	筒灯
⊞⊞⊞	三头斗胆灯
✳	艺术吊灯
▦	格栅灯
◯	吸顶灯
◆━◆━◆	轨迹射灯

图 8-80　灯具示例图形

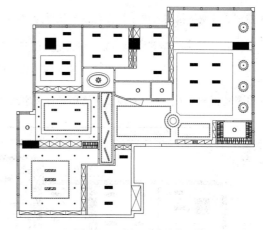

图 8-81　插入灯具图形效果

8.4.4　标注标高及文字注释

前面已经绘制好了顶面布置图的吊顶、板棚、灯具等图形，绘制部分的内容已经基本完成，现在需要对其进行尺寸标注及文字注释，其操作步骤如下。

（1）在图层控制下拉列表中，将当前图层设置为"ZS-注释"图层，如图 8-82 所示。

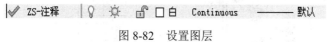

图 8-82　设置图层

（2）执行"插入块"命令（I），将配套光盘中的"图块\08"文件夹中的"标高"图块插入绘图区中，如图 8-83 所示。

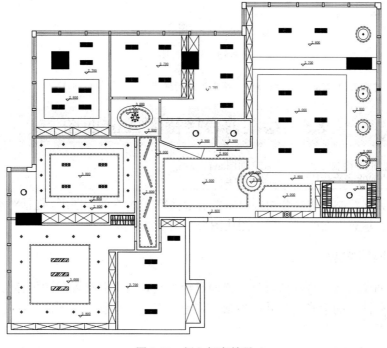

图 8-83　插入标高符号

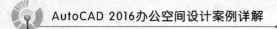

（3）在图层控制下拉列表中，将当前图层设置为"ZS-注释"图层，如图8-84所示。

ZS-注释 Continuous 默认

图 8-84　设置图层

（4）参考前面章节的方法，对顶面布置图进行文字注释以及图名比例的标注，如图8-85所示。

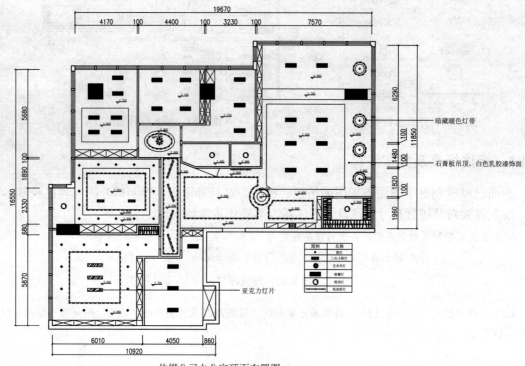

图 8-85　标注说明文字

（6）最后按键盘上的"Ctrl+ S"组合键，将图形进行保存。

8.5　绘制前台接待区 A 立面图

> 素材　视频\08\绘制前台接待区 A 立面图.avi
> 案例\08\前台接待区 A 立面图.dwg

本节讲解如何绘制该传媒公司办公室的前台接待区 A 立面图图纸，包括对平面图的修改、绘制墙面造型、填充墙面区域、插入图块图形、文字注释等。

8.5.1　绘制墙体轮廓

在绘制立面图之前，可以通过打开前面已经绘制好的平面布置图，另存为和修改，然后再参照平面布置图上的形式、尺寸等参数，快速、直观地绘制立面图，从而提高绘图效率，其操作步骤如下。

（1）启动 Auto CAD 2016 软件，然后执行"文件|打开"菜单命令，将配套光盘中的"案例\08\传媒公司

办公室平面布置图.dwg"文件打开。再按键盘上的"Ctrl+Shift+S"组合键，打开"图形另存为"对话框，将文件保存为"案例\08\前台接待区 A 立面图.dwg"文件。

（2）执行"删除"命令（E），执行"修剪"命令（TR）等，将多余的线条进行修剪和删除，修剪后的效果如图 8-86 所示。

（3）在图层控制下拉列表中，将当前图层设置为"QT-墙体"图层；再执行"直线"命令（L），捕捉平面图上的相应轮廓向下绘制引申线，并在图形的上方绘制一条适当长度的水平线作为地坪线，如图 8-87 所示。

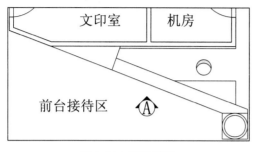

图 8-86　修剪图形

图 8-87　绘制竖直直线段

（4）执行"修剪"命令（TR）等，对图形进行修剪操作，修剪后的效果如图 8-88 所示。

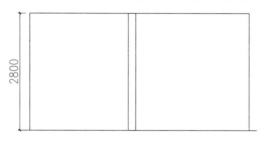

图 8-88　修剪图形

8.5.2　绘制立面图形并填充图案

前面已经对平面图做好修改，同时绘制了相关的引申线段，接下来可以根据设计要求绘制墙面的相关造型图形，其操作步骤如下。

（1）执行"偏移"命令（O），将前面修剪后的直线段进行偏移操作，效果如图 8-89 所示。

（2）执行"直线"命令（L），捕捉图中相关的交点，绘制几条斜线段，效果如图 8-90 所示。

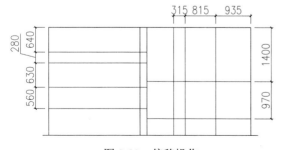

图 8-89　偏移操作

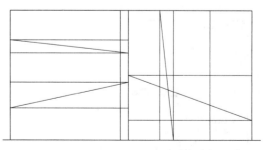

图 8-90　绘制斜线段

（3）执行"修剪"命令（TR）等，对图形进行修剪操作；再执行"偏移"命令（O），将相关斜线段进行偏移操作，偏移后的图形效果如图8-91所示。

（4）再次执行"修剪"命令（TR）等，对图形进行修剪操作，修剪后的效果如图8-92所示。

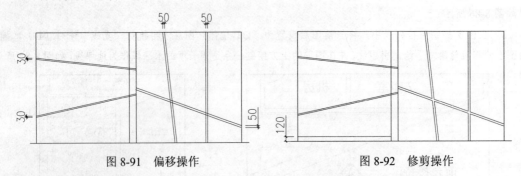

图8-91 偏移操作　　　　　　　　　　　图8-92 修剪操作

（5）在图层控制下拉列表中，将当前图层设置为"TC-填充"图层，如图8-93所示。

图8-93 更改图层

（6）执行"图案填充"命令（H），填充参数如图8-94所示，对如图8-95所示的区域进行填充，填充后的效果如图8-95所示。

图8-94 填充参数

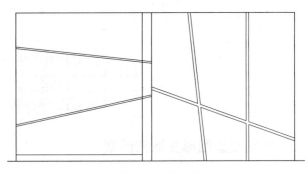

图8-95 填充效果

（7）继续执行"图案填充"命令（H），填充参数如图8-96所示，对如图8-97所示的另一个区域进行填充，填充后的效果如图8-97所示。

图8-96 填充参数

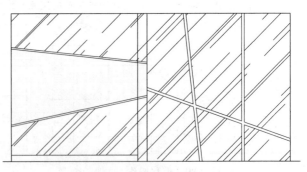

图8-97 填充效果

（8）在图层控制下拉列表中，将当前图层设置为"TK-图块"图层，如图 8-98 所示。

TK-图块 ☼ ♡ 112 Continuous —— 默认

图 8-98 设置图层

（9）执行"插入块"命令（I），将配套光盘中的"图块\08"文件夹中的"轨迹射灯"图块图形插入图形的顶部，插入图块图形后的效果如图 8-99 所示。

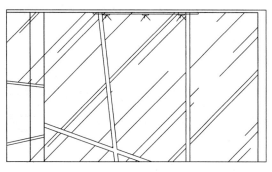

图 8-99 插入图块图形

8.5.3 标注尺寸及文字注释

前面已经绘制好了立面图的墙面造型、墙面填充、墙面装饰物品等图形，绘制部分的内容已经基本完成，现在需要对其进行尺寸标注及文字注释，其操作步骤如下。

（1）在图层控制下拉列表中，将当前图层设置为"BZ-标注"图层，如图 8-100 所示。

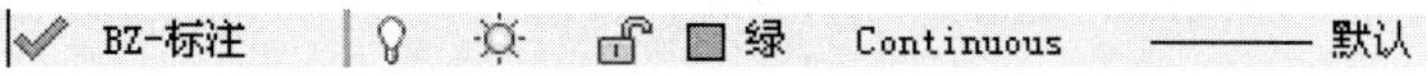

BZ-标注 ☼ ♡ 绿 Continuous —— 默认

图 8-100 设置图层

（2）结合"线型标注"命令（DLI）及"连续标注"命令（DCO），对平面图进行尺寸标注，如图 8-101 所示。

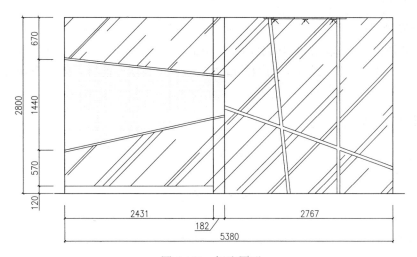

图 8-101 标注图形

（3）将当前图层设置为"ZS-注释"图层，参考前面章节的方法，对立面图进行文字注释以及图名比例的标注，如图 8-102 所示。

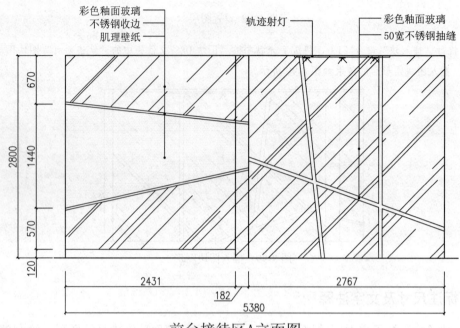

图 8-102　标注文字说明

（4）最后按键盘上的"Ctrl+S"组合键，将图形进行保存。

8.6　绘制总经理办公室 A 立面图

素材　视频\08\绘制总经理办公室 A 立面图.avi
　　　案例\08\总经理办公室 A 立面图.dwg

前面已经绘制好了传媒公司办公室的前台接待区 A 立面图图纸，现在可以参照绘制前台接待区 A 立面图的方式，讲解如何绘制该传媒公司办公室的 A 立面图图纸，包括对传媒公司办公室平面图的修改、绘制立面图的墙面造型、填充墙面区域、插入图块图形、文字注释等。

8.6.1　绘制墙体轮廓

与绘制地面布置图和顶面布置图一样，在绘制立面图之前，可以通过打开前面已经绘制好的平面布置图，另存为和修改，然后再参照平面布置图上的形式、尺寸等参数，快速、直观地绘制立面图，从而提高绘图效率，其操作步骤如下。

（1）启动 Auto CAD 2016 软件，然后执行"文件|打开"菜单命令，将配套光盘中的"案例\08\传媒公司办公室平面布置图.dwg"文件打开。再按键盘上的"Ctrl+Shift+S"组合键，打开"图形另存为"对话框，将文件保存为"案例\08\总经理办公室 A 立面图.dwg"文件。

（2）执行"删除"命令（E），执行"修剪"命令（TR）等，将多余的线条进行修剪和删除；然后在图层控制下拉列表中，将当前图层设置为"QT-墙体"图层；再执行"直线"命令（L），捕捉平面图上的相应轮廓向下绘制引申线，并在图形的上方绘制一条适当长度的水平线作为地坪线，如图 8-103 所示。

（3）执行"修剪"命令（TR）等，对图形进行修剪操作，修剪后的效果如图 8-104 所示。

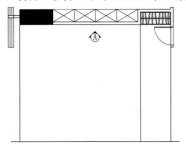

图 8-103　修剪图形并绘制引申线

图 8-104　修剪操作

8.6.2　绘制立面相关图形

前面已经修改好平面图，并且绘制了相关的引申线段之后，接下来可以根据设计要求绘制墙面的相关造型图形，其操作步骤如下。

（1）执行"偏移"命令（O），将前面修剪后的直线段进行偏移操作，效果如图 8-105 所示。

（2）接着将当前图层设置为"LM-立面"图层，执行"矩形"命令（REC），在如图 8-106 所示的区域绘制一个尺寸为 1000×2330 的矩形，效果如图 8-106 所示。

图 8-105　偏移操作

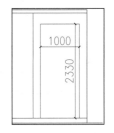

图 8-106　绘制矩形

（3）执行"分解"命令（X），将前面所绘制的矩形进行分解操作，再执行"偏移"命令（O），将分解后的矩形相关的直线段按照图 8-107 所示的尺寸与方向进行偏移操作，效果如图 8-107 所示。

（4）执行"修剪"命令（TR），对偏移后的线段进行修剪操作，修剪后的图形效果如图 8-108 所示。

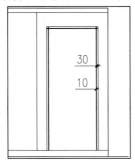

图 8-107　偏移操作

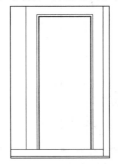

图 8-108　修剪图形

（5）执行"直线"命令（L），在矩形内部绘制几条直线段，效果如图8-109所示。

（6）执行"矩形"命令（REC），在矩形内部绘制几个如图8-110所示的矩形。

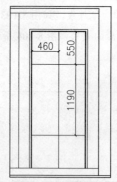

图8-109　绘制直线段

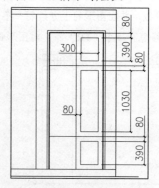

图8-110　绘制矩形

（7）执行"偏移"命令（O），将所绘制的矩形进行偏移操作，效果如图8-111所示。

（8）执行"多段线"命令（PL），在右边的区域内绘制如图8-112所示的几条斜线段，并将斜线段更改成"ACAD_ISO03W100"线型。

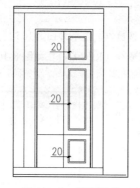

图8-111　偏移操作

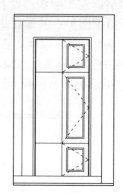

图8-112　绘制多段线

（9）执行"镜像"命令（MI），将右边的图形镜像到左边，效果如图8-113所示。

（10）执行"多段线"命令（PL），在图形的左边区域绘制一条如图8-114所示的多段线。

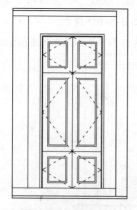

图8-113　镜像操作

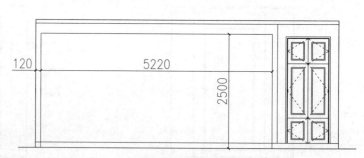

图8-114　绘制多段线

（11）执行"分解"命令（X），将多段线进行分解操作；再执行"偏移"命令（O），将分解后的相关线段按照如图 8-115 所示的方向与尺寸进行偏移操作。

（12）执行"修剪"命令（TR），对图形进行修剪操作，效果如图 8-116 所示。

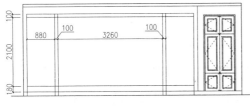

图 8-115　偏移操作　　　　　　　　　　　图 8-116　修剪操作

（13）执行"矩形"命令（REC），在图形的左边绘制一个尺寸为 640×1860 的矩形；接着执行"偏移"命令（O），将矩形向内偏移 30；再在如图 8-117 所示的尺寸为 100 的地方绘制两组斜线段。

（14）执行"镜像"命令（MI），将左边的图形镜像到右边，效果如图 8-118 所示。

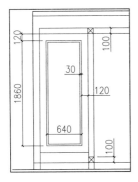
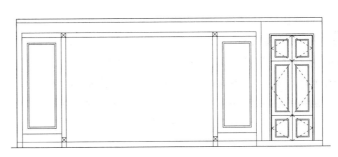

图 8-117　绘制矩形和斜线段　　　　　　图 8-118　镜像操作

（15）执行"偏移"命令（O），将如图 8-119 所示的直线段进行偏移操作。

（16）执行"修剪"命令（TR），对图形进行修剪操作，效果如图 8-120 所示。

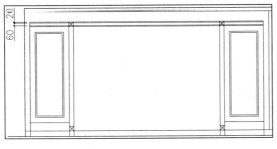
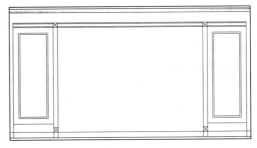

图 8-119　偏移线段　　　　　　　　　　图 8-120　修剪操作

8.6.3　插入图块并填充图案

绘制好立面图的墙面相关造型之后，现在可以通过插入墙面相关的装饰物品以及墙面附近的家具等图块图形，从而更加形象地表达出该立面图的内容，其操作步骤如下。

（1）在图层控制下拉列表中，将当前图层设置为"TK-图块"图层，如图 8-121 所示。

图 8-121　设置图层

（2）执行"插入块"命令（I），将配套光盘中的"图块\08"文件夹中的"阴角线"图块图形插入图形的顶部，插入图块图形后的效果如图 8-122 所示。

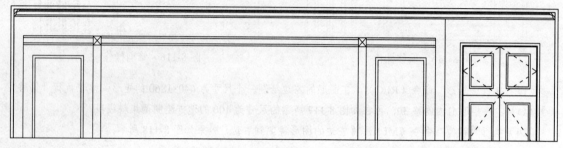

图 8-122　插入阴角线图块图形

（3）继续执行"插入块"命令（I），将配套光盘中的"图块\08"文件夹中的"立面吊灯"和"装饰桌与挂画"图块图形插入图形中，插入图块图形后的效果如图 8-123 所示。

（4）执行"多段线"命令（PL），沿着"立面吊灯"和"装饰桌与挂画"图块图形各绘制一条多段线，形成一个封闭区域，方便后面的填充操作，效果如图 8-124 所示。

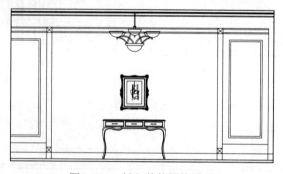　　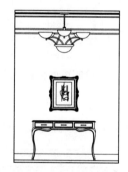

图 8-123　插入其他图块图形　　　　　　　　图 8-124　绘制多段线

（5）在图层控制下拉列表中，将当前图层设置为"TC-填充"图层，如图 8-125 所示。

图 8-125　更改图层

（6）执行"图案填充"命令（H），对如图 8-127 所示的两边的矩形区域进行填充，填充参数如图 8-126 所示，填充后的效果如图 8-127 所示。

（7）继续执行"图案填充"命令（H），对如图 8-129 所示的其他区域进行填充，填充参数如图 8-128 所示，填充后的效果如图 8-129 所示。

（8）继续执行"图案填充"命令（H），对如图 8-131 所示的矩形区域进行填充，填充参数如图 8-130 所示，填充后的效果如图 8-131 所示。

图 8-126 填充参数

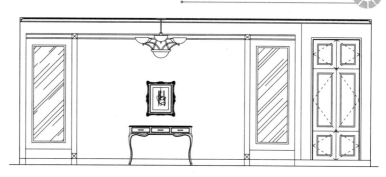

图 8-127 填充效果

图 8-128 填充参数

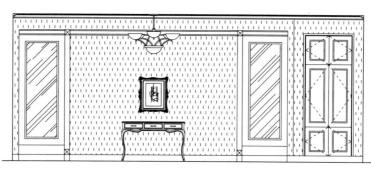

图 8-129 填充效果

图 8-130 填充参数

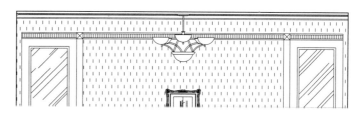

图 8-131 填充效果

8.6.4 标注尺寸及文字注释

当绘制好了立面图的墙面造型、墙面填充以及墙面装饰物品等图形，绘制部分的内容已经基本完成，现在需要对其进行尺寸标注及文字注释，其操作步骤如下。

（1）在图层控制下拉列表中，将当前图层设置为"BZ-标注"图层，如图 8-132 所示。

图 8-132 设置图层

（2）结合"线型标注"命令（DLI）及"连续标注"命令（DCO），对平面图进行尺寸标注，如图 8-133 所示。

（3）将当前图层设置为"ZS-注释"图层，参考前面章节的方法，对立面图进行立面指向符号、文字注释以及图名比例的标注，如图 8-134 所示。

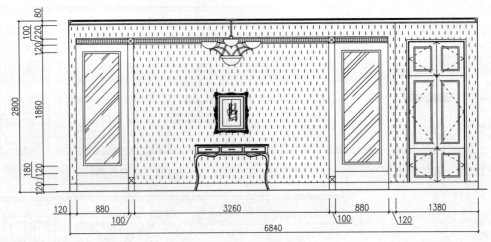

图 8-133　标注图形

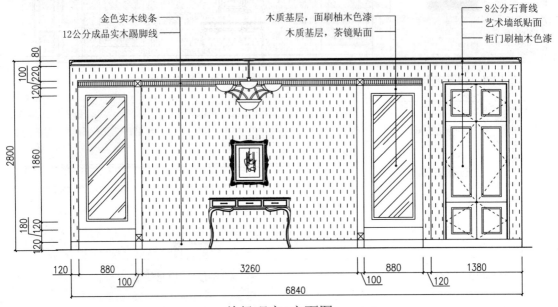

总经理室A立面图　1:50

图 8-134　标注文字说明

（4）最后按键盘上的 "Ctrl+ S" 组合键，将图形进行保存。

8.7　绘制会议室 C 立面图

　视频\08\绘制会议室 C 立面图.avi
案例\08\会议室 C 立面图.dwg

现在讲解如何绘制公司接待室的 C 立面图图纸，包括对平面图的修改、绘制墙面造型、填充墙面区域、插入图块图形、文字注释等。

8.7.1　绘制墙体轮廓

　　同样的方式，与绘制 A 立面图一样，可以通过打开前面已经绘制好的平面布置图，另存为和修改，然后再参照平面布置图上的形式、尺寸等参数，快速、直观地绘制立面图，来提高绘图效率，其操作步骤如下。

　　（1）启动 Auto CAD 2016 软件，然后执行"文件|打开"菜单命令，将配套光盘中的"案例\08\传媒公司办公室平面布置图.dwg"文件打开。再按键盘上的"Ctrl+Shift+S"组合键，打开"图形另存为"对话框，将文件保存为"案例\08\会议室 C 立面图.dwg"文件。

　　（2）执行"删除"命令（E），执行"修剪"命令（TR）等，将多余的线条进行修剪和删除，修剪后的效果如图 8-135 所示。

　　（3）在图层控制下拉列表中，将当前图层设置为"QT-墙体"图层；再执行"直线"命令（L），捕捉平面图上的相应轮廓向下绘制引申线，并在图形的上方绘制一条适当长度的水平线作为地坪线，如图 8-136 所示。

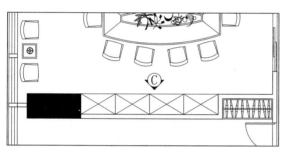

图 8-135　修剪图形　　　　　　　　　图 8-136　绘制竖直直线段

　　（4）执行"修剪"命令（TR）等，对图形进行修剪操作，修剪后的效果如图 8-137 所示。

图 8-137　修剪图形

8.7.2　绘制立面轮廓

　　当修改好了平面图，绘制了相关的引申线段之后，接下来可以根据设计要求来绘制墙面的相关造型图形，其操作步骤如下。

　　（1）接着将当前图层设置为"LM-立面"图层，如图 8-138 所示。

图 8-138　更改图层

（2）执行"偏移"命令（O），将前面修剪后的直线段进行偏移操作，效果如图 8-139 所示。

（3）执行"多段线"命令（PL），绘制如图 8-140 所示的几条多段线。

图 8-139　偏移操作　　　　　　　　　　图 8-140　绘制多段线

（4）执行"偏移"命令（O），将图中相关的直线段按照如图 8-141 所示的尺寸与方向进行偏移操作。

（5）执行"修剪"命令（TR）等，对图形进行修剪操作，修剪后的效果，效果如图 8-142 所示。

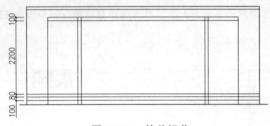

图 8-141　偏移操作　　　　　　　　　　图 8-142　修剪图形

（6）执行"直线"命令（L），在如图 8-143 所示的四个地方绘制四组斜线段。

（7）执行"矩形"命令（REC），在图形的左边区域绘制尺寸为 640×1860 的矩形；再执行"偏移"命令（O），将所绘制的矩形向内进行偏移操作，偏移距离为 30，效果如图 8-144 所示。

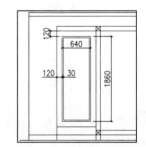

图 8-143　绘制斜线段作　　　　　　　　图 8-144　绘制矩形并偏移

（8）执行"镜像"命令（MI），将左边的图形镜像到右边，效果如图 8-145 所示。

（9）执行"偏移"命令（O），将图中相关的直线段按照如图 8-146 所示的尺寸与方向进行偏移操作。

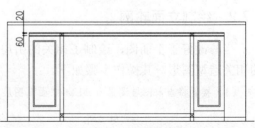

图 8-145　镜像操作　　　　　　　　　　图 8-146　偏移直线段

（10）执行"修剪"命令（TR），对图形进行修剪操作，修剪后的图形效果如图 8-147 所示。

（11）执行"偏移"命令（O），将图中相关的直线段按照如图 8-148 所示的尺寸与方向进行偏移操作，效果如图 8-148 所示。

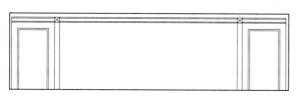

图 8-147　修剪操作

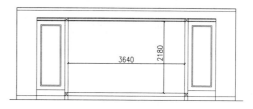

图 8-148　偏移直线段

（12）继续执行"偏移"命令（O），将图中相关的线段按照如图 8-149 所示的尺寸与方向进行偏移操作，偏移后的图形效果如图 8-149 所示。

（13）执行"修剪"命令（TR），对图形进行修剪操作，修剪后的图形效果如图 8-150 所示。

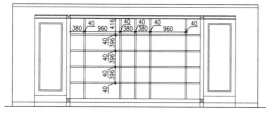

图 8-149　偏移操作

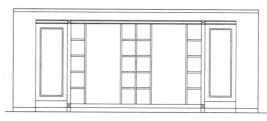

图 8-150　修剪图形操作

（14）执行"直线"命令（L），参照图中提供的尺寸，绘制几条直线段，效果如图 8-151 所示。

（15）执行"矩形"命令（REC），在两条水平直线段中间绘制一个尺寸为 480×500 的矩形；再执行"偏移"命令（O），将矩形向内进行偏移操作，偏移距离为 30，效果如图 8-152 所示。

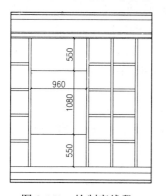

图 8-151　绘制直线段

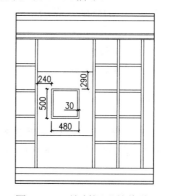

图 8-152　绘制矩形并偏移

（16）执行"直线"命令（L），绘制如图 8-153 所示的两组直线段。

（17）执行"修剪"命令（TR），对图形进行修剪操作，修剪后的图形效果如图 8-154 所示。

（18）然后再执行"圆"命令（C），在矩形中心绘制两个同心圆，半径分别为 190 和 210，所绘制的同心圆图形效果如图 8-155 所示。

（19）执行"镜像"命令（MI），将左边的图形镜像到右边，效果如图 8-156 所示。

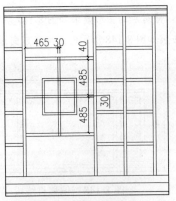

图 8-153　绘制直线段

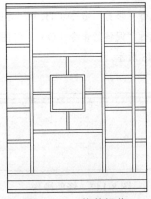

图 8-154　修剪操作

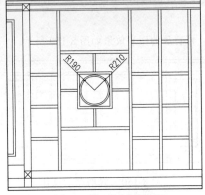

图 8-155　绘制直线段

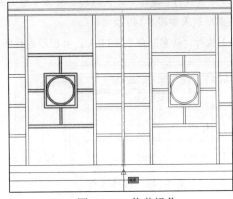

图 8-156　修剪操作

8.7.3　插入图块及填充图案

当绘制好了立面图的墙面相关造型之后，则可以通过插入墙面相关的装饰物品以及墙面附近的家具等图块图形，从而更加形象地表达出该立面图的内容，其操作步骤如下。

（1）在图层控制下拉列表中，将当前图层设置为"TK-图块"图层，如图 8-157 所示。

图 8-157　设置图层

（2）执行"插入块"命令（I），将配套光盘中的"图块\08"文件夹中的"立面壁灯"、"木雕花"等图块图形插入图形的顶部，插入图块图形后的效果如图 8-158 所示。

图 8-158　插入图块图形

（3）执行"插入块"命令（I），将配套光盘中的"图块\08"文件夹中的"阴角线"图块图形插入图形的顶部，插入图块图形后的效果如图8-159所示。

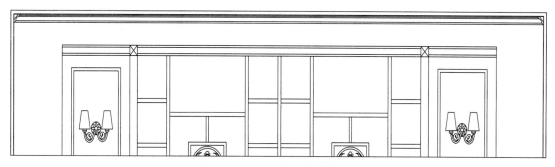

图8-159 插入阴角线图块图形

（4）在图层控制下拉列表中，将当前图层设置为"TC-填充"图层，如图8-160所示。

图8-160 更改图层

（5）然后再执行"图案填充"命令（H），对如图8-162所示的区域进行填充，填充参数如图8-161所示，填充后的效果如图8-162所示。

图8-161 填充参数

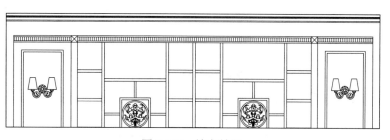

图8-162 填充效果

（6）继续执行"图案填充"命令（H），对如图8-164所示的两侧矩形区域进行填充，填充参数如图8-163所示，填充后的效果如图8-164所示。

图8-163 填充参数

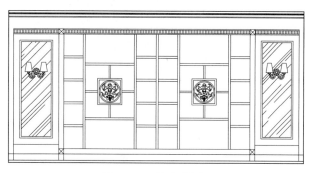

图8-164 填充效果

（7）继续执行"图案填充"命令（H），对如图8-166所示的其他相关区域进行填充，填充参数如图8-165所示，填充后的效果如图8-166所示。

图8-165　填充参数

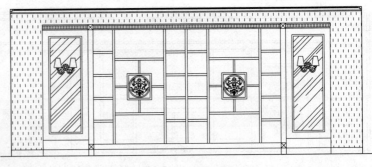

图8-166　填充效果

8.7.4　标注尺寸及文字注释

前面已经绘制好了立面图的墙面造型、墙面填充、墙面装饰物品等图形，绘制部分的内容已经基本完成，现在需要对其进行尺寸标注及文字注释，其操作步骤如下。

（1）在图层控制下拉列表中，将当前图层设置为"BZ-标注"图层，如图8-167所示。

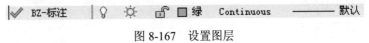

图8-167　设置图层

（2）结合"线型标注"命令（DLI）及"连续标注"命令（DCO），对平面图进行尺寸标注，如图8-168所示。

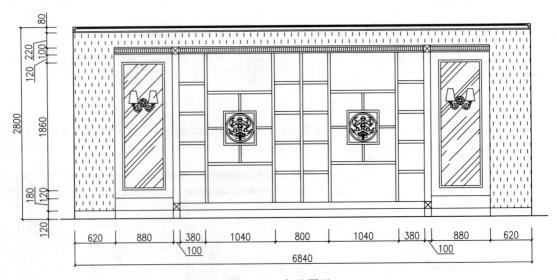

图8-168　标注图形

（3）将当前图层设置为"ZS-注释"图层，参考前面章节的方法，对立面图进行文字注释以及图名比例的标注，如图8-169所示。

（4）最后按键盘上的"Ctrl+ S"组合键，将图形进行保存。

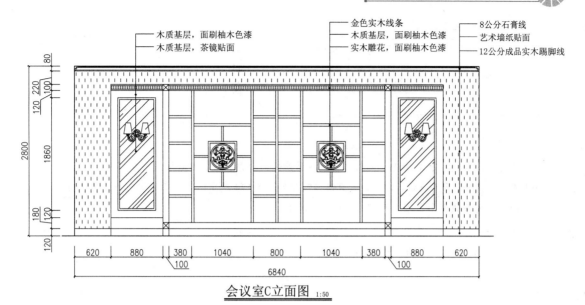

会议室C立面图 1:50

图 8-169　标注文字说明

8.8　绘制接待台立面图

素材

视频\08\绘制接待台立面图.avi
案例\08\接待台立面图.dwg

当前面已经绘制好了相关的平面图、地面图、顶面图和立面图之后，某些形状特殊、开孔或连接较复杂的零件或节点，在整体图中不便表达清楚时，需要对某一特定区域进行特殊性放大标注，较详细的表示出来。现在绘制该传媒公司办公室的接待台立面图图纸。

8.8.1　绘制接待台立面轮廓

绘制剖视图时，可以单独打开样板文件重新创建一个新的图形文件，也可以打开已经绘制好的平面图或者立面图，另存为的方式创建一个图形文件，另存为的方式可以保留前面所绘制图形是的一些参数特征，在这里采用打开模板创建新图形文件的方式绘制该传媒公司办公室的接待台立面图图纸，其操作步骤如下。

（1）执行"文件|打开"命令，打开配套光盘"案例\08\室内设计模板.dwg"图形文件，按键盘上的"Ctrl+Shift+S"组合键，打开"图形另存为"对话框，将文件保存为"案例\08\接待台立面图.dwg"文件。

（2）接着将当前图层设置为"LM-立面"图层，如图 8-170 所示。

图 8-170　更改图层

（3）执行"矩形"命令（REC），绘制一个尺寸为 3346×1335 的矩形，效果如图 8-171 所示。

（4）执行"分解"命令（X），将前面所绘制的矩形分解掉；再执行"偏移"命令（O），按照图 8-172 所示的尺寸与方向，将相关线段进行偏移操作，效果如图 8-172 所示。

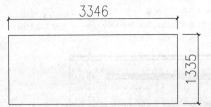

图 8-171　绘制矩形

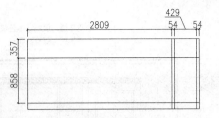

图 8-172　偏移操作

（5）执行"修剪"命令（TR），对图形进行修剪操作，修剪后的图形效果如图 8-173 所示。

（6）执行"偏移"命令（O），将相关直线段按照如图 8-174 所示的尺寸与方向进行偏移；再执行"直线"命令（L），绘制两条斜线段，效果如图 8-174 所示。

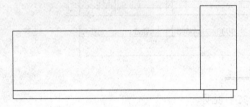

图 8-173　修剪操作

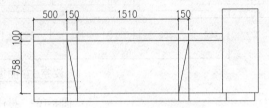

图 8-174　绘制斜线段

（7）执行"修剪"命令（TR），对图形进行修剪操作，修剪后的图形效果如图 8-175 所示。

（8）执行"矩形"命令（REC），在如图 8-176 所示的位置上绘制两个矩形。

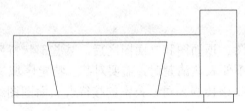

图 8-175　修剪操作

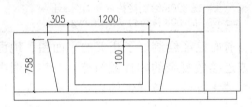

图 8-176　绘制矩形

（9）执行"偏移"命令（O），将相关直线段按照图 8-177 所示的尺寸与方向进行偏移操作，偏移后的图形效果如图 8-177 所示。

（10）执行"修剪"命令（TR），对图形进行修剪操作，修剪后的图形效果如图 8-178 所示。

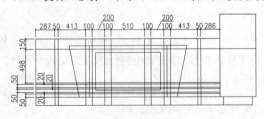

图 8-177　偏移操作

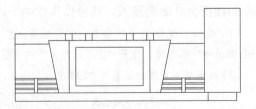

图 8-178　修剪操作

（11）执行"偏移"命令（O），将右边最上面的水平直线段按照如图 8-179 所示的尺寸与方向进行偏移操作，偏移后的图形效果如图 8-179 所示。

（12）继续执行"偏移"命令（O），将相关的竖直直线段按照图 8-180 所示的方向进行偏移操作，尺寸随意，中间的稀疏，用以表示弧面，偏移后的图形效果如图 8-180 所示。

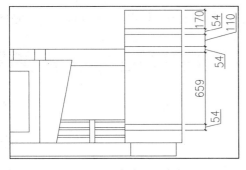

图 8-179　偏移水平线段

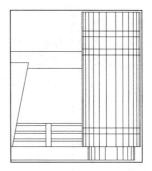

图 8-180　偏移竖直线段

（13）执行"偏移"命令（O），将上面的水平直线段按照如图 8-181 所示的尺寸与方向进行偏移操作，偏移后的图形效果如图 8-181 所示。

（14）执行"圆弧"命令（A），在图形的左上角绘制几条圆弧图形；再执行"修剪"命令（TR），对图形进行修剪操作，修剪后的图形效果如图 8-182 所示。

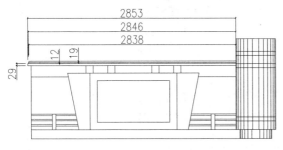

图 8-181　偏移水平线段

图 8-182　绘制圆弧并修剪操作

（15）执行"偏移"命令（O），将图形上方的相关直线段按照图 8-183 所示的尺寸与方向进行偏移操作，偏移后的图形效果如图 8-183 所示。

（16）执行"偏移"命令（O），将图形的右上方相关直线段按照图 8-184 所示的尺寸与方向进行偏移操作；再执行"修剪"命令（TR），对图形进行修剪操作，修剪后的图形效果如图 8-184 所示。

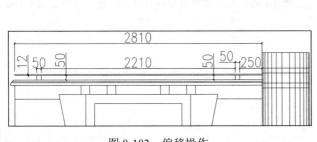

图 8-183　偏移操作

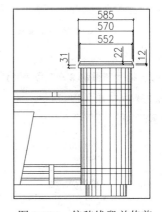

图 8-184　偏移线段并修剪

（17）执行"圆弧"命令（A），在前面所偏移的线段图形的两边绘制几条圆弧图形；再执行"修剪"命令（TR），对图形进行修剪操作，修剪后的图形效果如图 8-185 所示。

（18）执行"圆"命令（C），绘制一个半径为15的圆；再执行"复制"命令（CO），将该圆图形按照如图8-185所示的位置进行复制操作，效果如图8-186所示。

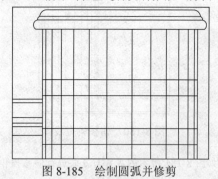

图 8-185　绘制圆弧并修剪 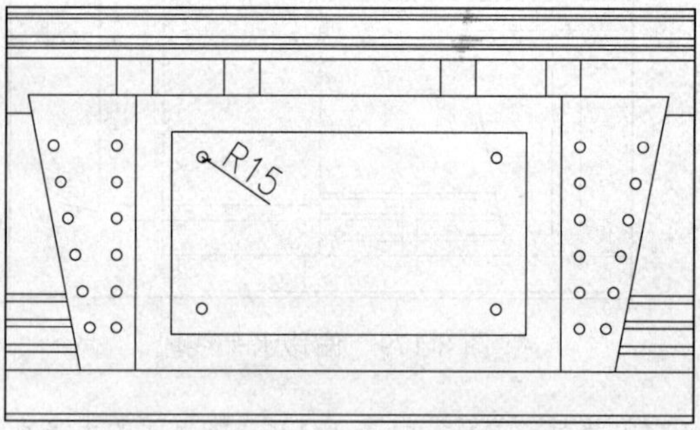　　　　　　　图 8-186　绘制圆图形并复制操作

（19）执行"偏移"命令（O），将如图8-187所示的两条竖直直线段进行偏移操作，并将偏移后的线段更改成"ACAD_ISO03W100"线型，效果如图8-187所示。

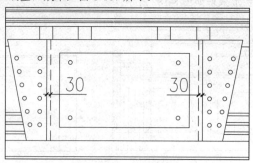

图 8-187　偏移操作

8.8.2　填充材质图案

前面已经绘制好立面图墙面相关的造型图形，接着通过填充的方式，对墙面相关的区域进行填充操作，从而更加形象地表达墙面上的装饰图形，操作过程如下。

（1）在图层控制下拉列表中，将当前图层设置为"TC-填充"图层，如图8-188所示。

＝　TC-填充　　　　　♀　☆　🔓　■8　　Continuous　—— 默认

图 8-188　更改图层

（2）执行"图案填充"命令（H），对如图8-190所示的矩形区域进行填充，填充参数如图8-189所示，填充后的效果如图8-190所示。

图 8-189　填充参数

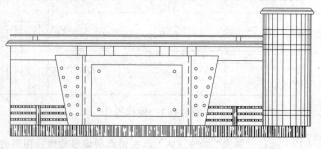

图 8-190　填充效果

（3）执行"图案填充"命令（H），对如图 8-192 所示的矩形区域进行填充，填充参数如图 8-191 所示，填充后的效果如图 8-192 所示。

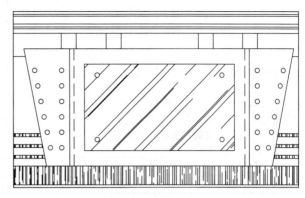

图 8-191　填充参数　　　　　　　　　　　　　　图 8-192　填充效果

（4）继续执行"图案填充"命令（H），对上一步所填充的区域继续进行填充操作，填充参数如图 8-193 所示，填充后的效果如图 8-194 所示。

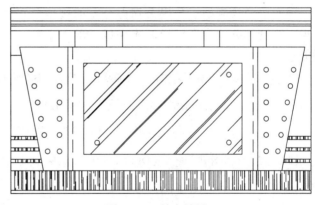

图 8-193　填充参数　　　　　　　　　　　　　　图 8-194　填充效果

（5）执行"图案填充"命令（H），对如图 196 所示的右边相关的区域进行填充操作，填充参数如图 8-195 所示，填充后的效果如图 8-196 所示。

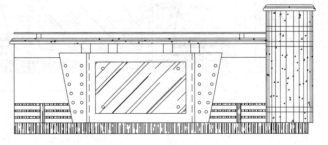

图 8-195　填充参数　　　　　　　　　　　　　　图 8-196　填充效果

（6）继续执行"图案填充"命令（H），对如图 8-198 所示的右边区域内的六条水平直线段所形成的区域进行填充操作，填充参数如图 8-197 所示，填充后的效果如图 8-198 所示。

图 8-197　填充参数

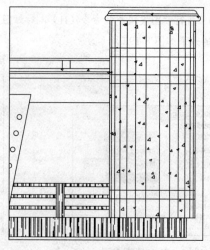

图 8-198　填充效果

8.8.3　标注尺寸及文字注释

现在已经绘制好了传媒公司办公室的接待台立面图的具体造型，以及镂槽装饰物品等图形，绘制部分的内容已经基本完成，现在需要对其进行尺寸标注及文字注释，其操作步骤如下。

（1）在图层控制下拉列表中，将当前图层设置为"BZ-标注"图层，如图 8-199 所示。

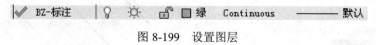

图 8-199　设置图层

（2）结合"线型标注"命令（DLI）及"连续标注"命令（DCO），对平面图进行尺寸标注，如图 8-200 所示。

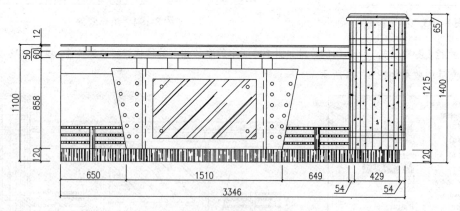

图 8-200　标注图形

（3）将当前图层设置为"ZS-注释"图层，参考前面章节的方法，对立面图进行文字注释以及图名比例的标注，如图 8-201 所示。

（4）最后按键盘上的"Ctrl+ S"组合键，将图形进行保存。

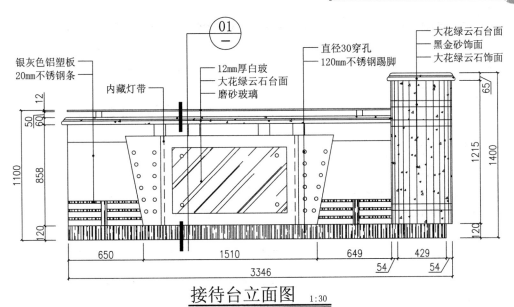

接待台立面图 1:30

图 8-201 标注文字说明

8.9 绘制接待台 01 剖面图

视频\08\绘制接待台 01 剖面图.avi
案例\08\接待台 01 剖面图.dwg

本节主要讲解传媒公司接待台 01 剖面图的绘制，其中包括绘制剖面墙体吊顶主要轮廓、绘制顶面相关图形、插入相关图块及填充图案、标注文字说明及尺寸等内容。

8.9.1 绘制接待台 01 剖面轮廓

与绘制传媒公司办公室的接待台立面图一样，先打开室内设计模板，再另存为，从而创建一个新的图形文件，然后再绘制传媒公司接待台 01 剖面图，其操作步骤如下。

（1）执行"文件|打开"命令，打开配套光盘"案例\08\室内设计模板.dwg"图形文件，按键盘上的"Ctrl+Shift+S"组合键，打开"图形另存为"对话框，将文件保存为"案例\08\接待台 01 剖面图.dwg"文件。

（2）接着将当前图层设置为"LM-立面"图层，如图 8-202 所示。

图 8-202 更改图层

（3）执行"矩形"命令（REC），绘制两个如图 8-203 所示的矩形，尺寸分别为 452×750 和 118×1018，所绘制的矩形效果如图 8-203 所示。

（4）执行"分解"命令（X），将矩形进行分解操作；再执行"偏移"命令（O），将相关的直线段按照如图 8-204 所示的尺寸与方向进行偏移操作；接着再执行"直线"命令（L），绘制一条斜线段，效果如图 8-204 所示。

（5）执行"修剪"命令（TR），对图形进行修剪操作，修剪后的图形效果如图 8-205 所示。

（6）执行"偏移"命令（O），将相关的直线段按照图8-206所示的尺寸与方向进行偏移操作。

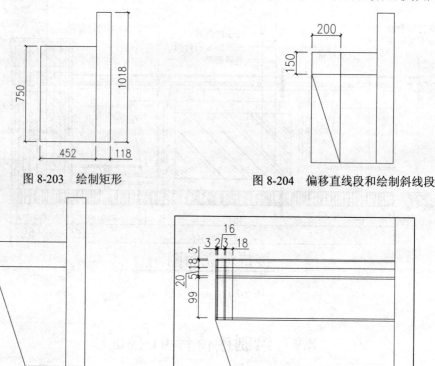

图8-203　绘制矩形　　　　　　　　　　图8-204　偏移直线段和绘制斜线段

图8-205　修剪操作　　　　　　　　　　图8-206　偏移操作

（7）执行"修剪"命令（TR），对图形进行修剪操作，修剪后的图形效果如图8-207所示。

（8）接着再执行"偏移"命令（O），将图形右边的相关的竖直直线段按照图8-208所示的尺寸与方向进行偏移操作。

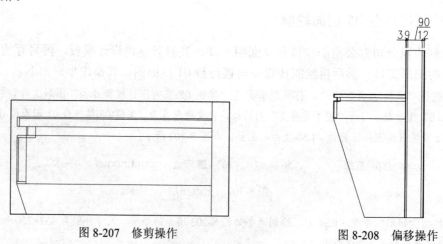

图8-207　修剪操作　　　　　　　　　　图8-208　偏移操作

（9）执行"矩形"命令（REC），在图形的右上方位置绘制一个尺寸为90×60的矩形；再执行"直线"命令（L），在矩形内部绘制两条斜线段，效果如图8-209所示。

（10）执行"编组"命令（G），将前面所绘制矩形和斜线段进行编组操作；再执行"复制"命令（CO），将编组后的图形向下进行复制操作，复制距离如图8-210所示。

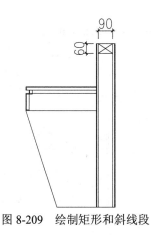

图 8-209　绘制矩形和斜线段

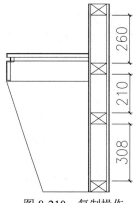

图 8-210　复制操作

（11）执行"多段线"命令（PL），在图形的右边绘制一条如图 8-211 所示的多段线，效果如图 8-211 所示。

（12）执行"偏移"命令（O），将所绘制的多段线向外进行偏移操作，偏移尺寸为 8，如图 8-212 所示。

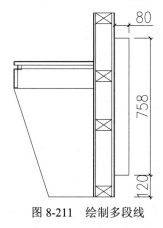

图 8-211　绘制多段线

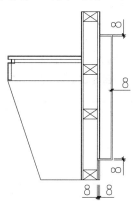

图 8-212　偏移操作

（13）执行"矩形"命令（REC），在矩形的上下位置各绘制一个尺寸为 72×30 的矩形；再执行"直线"命令（L），在矩形内部绘制两条斜线段，效果如图 8-213 所示。

（14）执行"直线"命令（L），在矩形内部绘制如图 8-214 所示的两条竖直直线段，并将右边的竖直直线段更改成"ACAD_ISO03W100"线型，如图 8-214 所示。

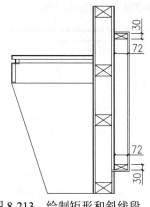

图 8-213　绘制矩形和斜线段

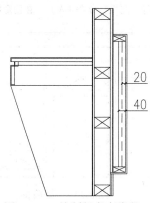

图 8-214　绘制竖直直线段

（15）执行"矩形"命令（REC），如图 8-215 所示的位置绘制一个尺寸为 20×160 的矩形。

（16）执行"分解"命令（X），将前面所绘制的矩形进行分解操作；再执行"偏移"命令（O），将相关的直线段按照如图 8-216 所示尺寸与方向进行偏移操作。

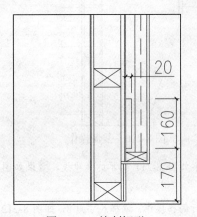

图 8-215　绘制矩形

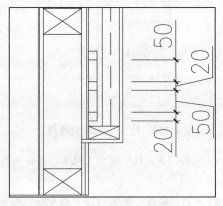

图 8-216　分解操作并偏移

（17）执行"矩形"命令（REC），如图 8-217 所示的位置绘制一个尺寸为 340×120 的矩形。

（18）执行"分解"命令（X），将前面所绘制的矩形进行分解操作；再执行"偏移"命令（O），将相关的直线段按照如图 8-218 所示尺寸与方向进行偏移操作。

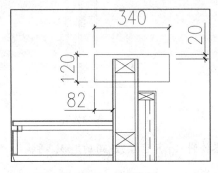

图 8-217　绘制矩形

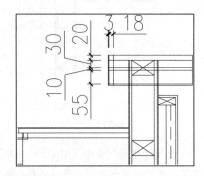

图 8-218　分解操作并偏移

（19）执行"修剪"命令（TR），将图形进行修剪操作，修剪后的图形效果如图 8-219 所示。

（20）执行"圆弧"命令（A），在图形的右边部分绘制几条如图 8-220 所示的圆弧图形。

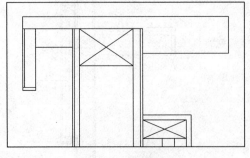

图 8-219　修剪操作

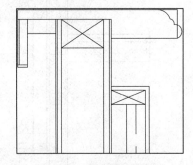

图 8-220　绘制圆弧图形

（21）执行"修剪"命令（TR），将图形进行修剪操作，修剪后的图形效果如图 8-221 所示。

（22）执行"矩形"命令（REC），在图形的上方绘制两个尺寸为 30×50 的矩形；再执行"移动"命令（M），将这两个矩形移动到如图 8-222 所示的位置上。

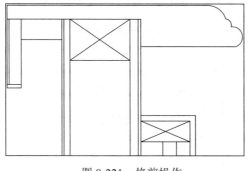

图 8-221　修剪操作

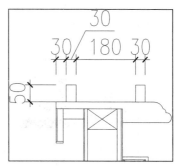

图 8-222　绘制矩形

（23）继续执行"矩形"命令（REC），按照下面的命令行提示，在图形的上方绘制一个尺寸为 300×12 的矩形，并设置为倒角模式，倒角距离为 2，所绘制的矩形图形效果如图 8-223 所示。

```
命令：REC
RECTANG
指定第一个角点或 [倒角(C)/标高(E)/圆角(F)/厚度(T)/宽度(W)]：c
指定矩形的第一个倒角距离 <0.0000>：2
指定矩形的第二个倒角距离 <2.0000>：2
指定第一个角点或 [倒角(C)/标高(E)/圆角(F)/厚度(T)/宽度(W)]：
指定另一个角点或 [面积(A)/尺寸(D)/旋转(R)]：d
指定矩形的长度 <10.0000>：300
指定矩形的宽度 <10.0000>：12
指定另一个角点或 [面积(A)/尺寸(D)/旋转(R)]：
```

（24）将当前图层设置为"TK-图块"图层；执行"插入块"命令（I），将本书配套光盘中的"图块\08"文件夹中的"灯管"图块图形插入图形中，插入图块图形后的效果如图 8-224 所示。

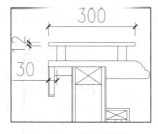

图 8-223　绘制矩形

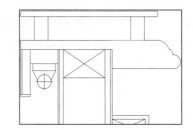

图 8-224　插入图块图形

8.9.2　填充相应位置图案

前面已经绘制好立面图墙面相关的造型图形，接着通过填充的方式，对墙面相关的区域进行填充操作，从而更加形象地表达墙面上的装饰图形，操作过程如下所示。

（1）在图层控制下拉列表中，将当前图层设置为"TC-填充"图层，如图 8-225 所示。

TC-填充   ♀   ☼   ☁ ■8   Continuous   —— 默认

图 8-225   更改图层

（2）执行"图案填充"命令（H），对如图 8-227 所示的相关区域进行填充，填充参数如图 8-226 所示，填充后的效果如图 8-227 所示。

图 8-226   填充参数

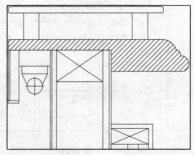

图 8-227   填充效果

（3）继续执行"图案填充"命令（H），对图形左边的相关区域进行填充，填充参数如图 8-228 所示，填充后的效果如图 8-229 所示。

图 8-228   填充参数

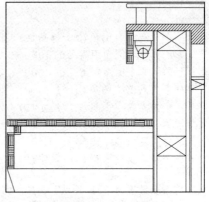

图 8-229   填充效果

（4）继续执行"图案填充"命令（H），对图形右边前面偏移尺寸为 8 的多段线区域进行填充，填充参数如图 8-230 所示，填充后的效果如图 8-231 所示。

图 8-230   填充参数

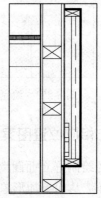

图 8-231   填充效果

8.9.3 标注尺寸及文字注释

现在绘制好了传媒公司办公室的接待台立面图的具体造型，以及墙面装饰物品等图形，绘制部分的内容已经基本完成，现在需要对其进行尺寸标注及文字注释，其操作步骤如下。

（1）在图层控制下拉列表中，将当前图层设置为"BZ-标注"图层，如图8-232所示。

图8-232　设置图层

（2）结合"线型标注"命令（DLI）及"连续标注"命令（DCO），对01剖面图进行尺寸标注，如图8-233所示。

（3）将当前图层设置为"ZS-注释"图层，参考前面章节的方法，对01剖面图进行文字注释以及图名比例的标注，如图8-234所示。

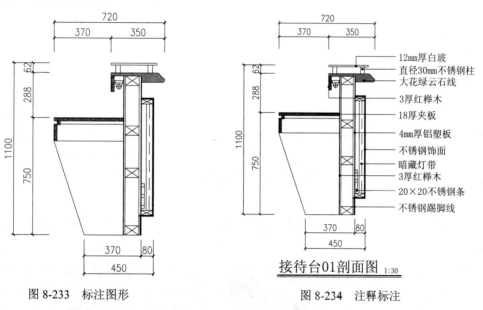

图8-233　标注图形　　　　　　　　　图8-234　注释标注

（4）最后按键盘上的"Ctrl+ S"组合键，将图形进行保存。

8.10　本 章 小 结

通过本章的学习，可以使读者迅速掌握传媒公司办公室的设计方法及相关知识要点，掌握传媒公司办公室相关施工图纸的绘制，了解传媒公司办公室的空间布局以及划分、装修材料的应用。

第9章 银行大厅室内设计

本章主要讲解银行大厅室内设计绘制过程，首先讲解银行大厅室内设计的相关概述，了解银行的作用、分类等内容，从而好进一步来设计银行大厅。在绘制银行大厅室内设计图纸过程中，首先打开本章所提供的原始结构图，然后再利用原始结构图中的参数与尺寸来绘制银行大厅平面图，从而可以利用该平面图来绘制其他的图纸，例如银行大厅的地面布置图、顶面布置图以及各个相关立面图等。

■ 学习内容

✧ 银行大厅室内设计概述
✧ 绘制银行大厅平面布置图
✧ 绘制银行大厅地面布置图
✧ 绘制银行大厅顶面布置图
✧ 绘制银行大厅 A 立面图
✧ 绘制银行大厅 B 立面图
✧ 绘制银行大厅室外门楣剖面图

9.1 银行大厅室内设计概述

银行是依法成立的经营货币信贷业务的金融机构。银行是商品货币经济发展到一定阶段的产物。银行大厅效果如图 9-1 所示。

图 9-1　移动营业厅效果

9.1.1　银行的作用

银行是经营货币的企业，它的存在方便了社会资金的筹措与融通，它是金融机构里面非常重要的一员。可以看出银行的业务，一方面，它以吸收存款的方式，把社会上闲置的货币资金和小额货币节余集中起来，然后以贷款的形式借给需要补充货币的人去使用；在这里，银行充当贷款人和借款人的中介。

另一方面，银行为商品生产者和商人办理货币的收付、结算等业务，它又充当支付中介。总之，银行起信用中介作用。

商业银行的基本职能包括：信用中介、支付中介、信用创造、金融服务。

9.1.2　银行的分类

随着银行业竞争的不断加剧，银行业金融机构愈来愈重视对行业发展环境与市场需求的跟踪研究，特别是对银行业务发展环境和客户需求趋势变化的深入研究。正因为如此，各类银行机构迅速崛起，逐渐形成自己的业务特色并成为行业的翘楚或新秀。

- **中央银行**：如中国人民银行、美联储、英格兰银行。
- **监管机构**：如银行业监督管理委员会，简称银监会。
- **自律组织**：如中国银行业协会。
- **银行业金融机构**：包括政策性银行、大型商业银行 5 家（工、农、建、中、交）、全国性股份制中小型商业银行 12 家（招商、浦发、中信、民生、兴业、平安、光大、华夏、广发、浙商、渤海、恒丰）、城市商业银行、农村商业银行（农村信用社）、中国邮政储蓄银行、外资银行、非银行类金融机构（小额贷款公司）、村镇银行等。

9.1.3　银行大厅设计的设计要点

银行大厅装修设计有以下几个设计要点。

1）银行大厅大体设计风格

银行大厅大体设计风格的体现在：标准化，系列化，明快，高雅，舒适，简单。

2）银行大厅装修的设计功能

银行大厅装修的设计功能：一种全功能的便利，以满足客户的个别需求，拉近与客户的距离，突出了良好的公众形象的例子，强调照明设计和颜色运用，细节精细，美观大方。

3）银行大厅装修的设计理念

银行大厅装修的设计理念是指以人为本的管理基础上的设计理念，设计是基于特定的业务功能需求和结构的条件下使用的财产，原则上，设计该程序必须具有以下功能区。

- 在布局，要密切与客户的距离，以及促进与客户的关系，相关业务的发展更直接和快捷。
- 银行职员未来规模和安装方法应符合有关规定。
- 经营的视觉布局是最好的办事处的各个方面，尽可能保证足够大的面积，以确保现场的气氛，透明，并为客人提供舒适的等候区有足够的休息。

4）银行大厅装修的设计方案必备的几项功能

银行大厅装修的设计方案必备以下几项功能。

- 在布局上要接近与客户的距离，与客户的关系更为融洽，相关业务开展更直接、更快捷。
- 银行员工工作前台的尺寸和安装方法应符合相关规定。

◆ 营业厅各方面的视觉效果最好在作平面布局时应尽可能保证足够大的面积,确保大厅大气、通透,同时为客人提供舒适和足够的休息等待区域。

9.1.4　银行大厅设计的注重点

作为金融大企业的形象,因此设计需运用超前意识、国际观念、设计美学,来顷力打造出勇于探索开拓,不断进取、不断创新、实力雄厚的国内一流的企业形象。

1)空间功能

通过流畅的路线来划分内部空间,让不同的功能区域紧密的联系在一起,功能布置合理,交通流线通畅,空间紧凑有序,充分提高建筑的面积使用率,以体现高效率、高智能的办公空间。

2)空间形体

以大块面简洁的几何形体构成现代大气的室内环境,简洁明快,充分展示办公空间的科技感和超强意识。

3)色彩运用

色彩采用中性的冷色调为主色调,局部以重色调点缀突出空间的重点部位,体现银行高效与干炼的办公作风,同时也充分展示高品位国内顶级公司的形象。

4)材料运用

主要运用高光泽度,色差少的石材,表面烤漆铝板,金属面吸音板,新兴的环保吸音材料,来装饰整个办公空间,营造高贵典雅的室内环境,以体现作为国内大企业的强劲实力。

5)灯光效果

尽量避免直射灯光,根据不同的功能空间需求,运用合理的灯光设计,除了满足空间的照度需求还营造出舒适优雅的办公氛围。

6)绿化

通过将城市外部绿化环境延伸至室内,将绿化并入到室内空间中,形成重要组成部分。使建筑成为亲近于人的、自然和有机园林化的人居环境。

9.1.5　银行大厅设计所具备的功能

根据具体经营使用功能要求和房产的结构情况,原则上设计方案必须具备如下几方面的功能。

◆ 在布局上要接近与客户的距离,与客户的关系更为融洽,相关业务开展更直接、更快捷。

◆ 银行员工工作前台的尺寸和安装方法应符合相关规定。

◆ 营业厅各方面的视觉效果最好在作平面布局时应尽可能保证足够大的面积,确保大厅大气、通透,同时为客人提供舒适和足够的休息等待区域。

9.2　绘制银行大厅平面布置图

素材　视频\09\绘制银行大厅平面布置图.avi
　　　案例\09\银行大厅平面布置图.dwg

该章节讲解如何绘制银行大厅的平面图图纸,包括绘制隔断墙体,绘制背景墙,绘制卫生间,绘制加钞室,插入图块图形,文字注释等。

9.2.1　打开原始结构图

在绘制银行大厅时，可以打开原有的原始结构图，利用原有的原始结构图绘制平面图，从而提高绘图效率，其操作步骤如下。

（1）启动 Auto CAD 2016 软件，然后执行"文件|打开"菜单命令，将本章配套光盘中的"案例\09\银行大厅原始结构图.dwg"文件打开。再按键盘上的"Ctrl+Shift+S"组合键，打开"图形另存为"对话框，将文件保存为"案例\09\银行大厅平面布置图.dwg"文件。

（2）执行"删除"命令（E），将标注等图形删除掉，效果如图 9-2 所示。

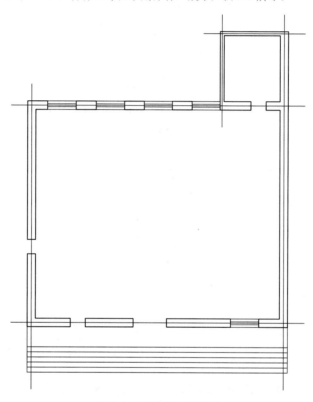

图 9-2　打开原始结构图

9.2.2　绘制室内墙体

在绘制之前，通过设计要求，需要在室内进行增加墙体来进行隔断，从而形成不同用途的区域，例如设计部、会议室、市场部、办公室等，其操作步骤如下。

（1）在图层控制下拉列表中，将当前图层设置为"ZX-轴线"图层，如图 9-3 所示。

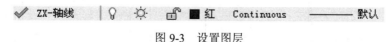

图 9-3　设置图层

（2）将绘图区域移至图形的右上角区域。执行"偏移"命令（O），将最上面的水平轴线向下偏移操作，再将左面的竖直线段向右偏移操作，偏移尺寸，如图 9-4 所示。

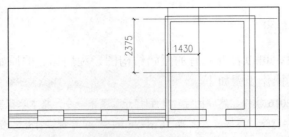

图 9-4　偏移轴线

（3）在图层控制下拉列表中，将当前图层设置为"QT-墙体"图层，如图 9-5 所示。

✔　**QT-墙体**　　💡　☀　🔓　■ 蓝　Continuous　———— 默认

图 9-5　设置图层

（4）执行"多线"命令（ML），根据命令行提示，设置多线样式为"墙体样式"，多线比例为 100，对正方式为"无"，根据前面所偏移的轴线位置，绘制如图 9-6 所示的几条 100 隔断墙体对象，效果如图 9-6 所示。

（5）双击 140 宽的多线墙体图形，弹出"多线编辑工具"对话框，对刚才所绘制的两条墙体图线相交的地方进行编辑操作，其编辑后的效果如图 9-7 所示。

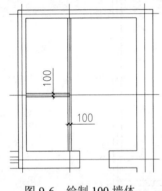

图 9-6　绘制 100 墙体

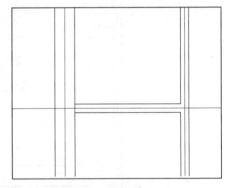

图 9-7　墙线编辑结果

（6）执行"偏移"命令（O），将 100 宽水平墙线的轴线上下进行偏移操作，偏移尺寸依次是 150、700，如图 9-8 所示。

（7）执行"修剪"命令（TR），以刚才所偏移后的轴线为修剪边，对墙体进行修剪操作，开启门洞；再执行"删除"命令（E），将前面偏移的轴线删除，效果如图 9-9 所示。

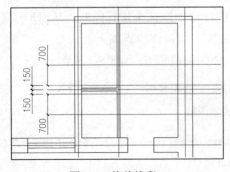

图 9-8　偏移线段

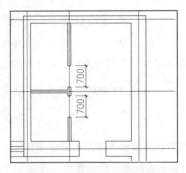

图 9-9　修剪操作开启门洞

（8）执行"偏移"命令（O），将最上面的水平轴线向下偏移操作，再将右面的竖直线段向左偏移操作，偏移尺寸，如图9-10所示。

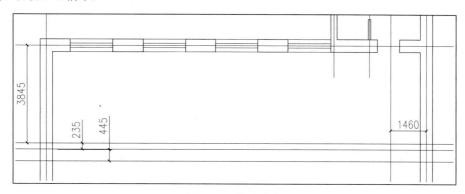

图9-10　偏移线段

（9）执行"多线"命令（ML），根据命令行提示，设置多线样式为"墙体样式"，多线比例为200，对正方式为"无"，根据前面所偏移的轴线位置，在图形的右侧绘制如图9-11所示的200隔断墙体对象，效果如图9-11所示。

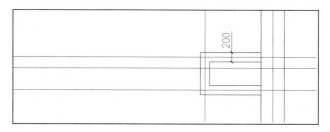

图9-11　绘制200墙体

（10）继续执行"多线"命令（ML），根据命令行提示，设置多线样式为"墙体样式"，多线比例为600，对正方式为"无"，根据前面所偏移的轴线位置，在图形的左侧绘制如图9-12所示的600隔断墙体对象，效果如图9-12所示。

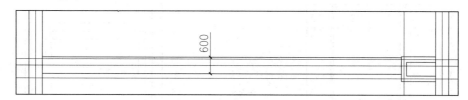

图9-12　绘制600墙体

（11）执行"偏移"命令（O），在图形的右边将相关的轴线进行偏移操作，偏移尺寸，如图9-13所示。

（12）执行"修剪"命令（TR），以刚才所偏移后的轴线为修剪边，对墙体进行修剪操作，开启门洞；再执行"删除"命令（E），将前面偏移的轴线删除，效果如图9-14所示。

（13）将绘图区域移至图形的左下侧。执行"偏移"命令（O），按照如图9-15所示的尺寸与方向将轴线进行偏移操作。

（14）执行"多线"命令（ML），根据命令行提示，设置多线样式为"墙体样式"，多线比例为200，对正方式为"无"，在下方绘制如图 9-16 所示的 200 隔断墙体对象；继续执行"多线"命令（ML），根据命令行提示，设置多线样式为"墙体样式"，多线比例为 120，对正方式为"无"，在上方绘制如图 9-16 所示的 120 隔断墙体对象，效果如图 9-16 所示。

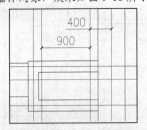

图 9-13　偏移轴线

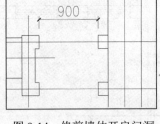

图 9-14　修剪墙体开启门洞

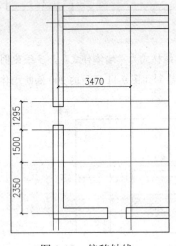

图 9-15　偏移轴线

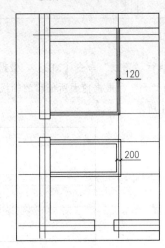

图 9-16　绘制 200 墙体和 120 墙体

（15）执行"偏移"命令（O），将下方的水平轴线向上进行偏移操作，偏移尺寸，如图 9-17 所示。

（16）执行"修剪"命令（TR），以刚才所偏移后的轴线为修剪边，对墙体进行修剪操作，开启门洞；再执行"删除"命令（E），将前面偏移的轴线删除，效果如图 9-18 所示。

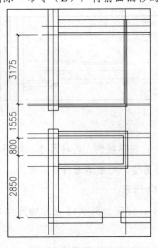

图 9-17　偏移轴线

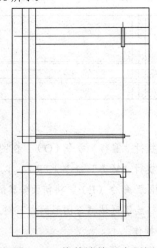

图 9-18　修剪墙体开启门洞

9.2.3 绘制玻璃和窗体

因银行是开放服务场所，需要在相关的一些地方来用钢化玻璃来进行隔断，形成不同的区域，其操作步骤如下。

（1）在图层控制下拉列表中，将当前图层设置为"MC-门窗"图层。执行"偏移"命令（O），将如图9-19所示的轴线进行偏移操作，并将偏移后的线置放到"MC-门窗"图层；再将线型转换成"DASHED"，如图9-19所示。

（2）执行"修剪"命令（TR），对偏移后的线段进行修剪操作，如图9-20所示。

（3）执行"多线"命令（ML），根据命令行提示，设置多线样式为"窗线样式"，多线比例为120，对正方式为"无"，在如图9-21所示的位置绘制两条宽度为120的玻璃窗线，长度如图9-21所示。

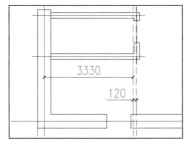

图9-19　偏移轴线

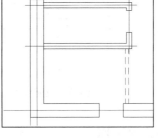

图9-20　修剪操作

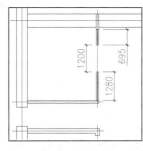

图9-21　绘制玻璃窗线

（4）执行"删除"命令（E），将图形上方中间的两条窗线删除掉，效果如图9-22所示。

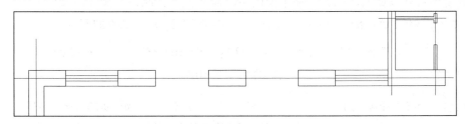

图9-22　删除中间的窗线

（5）在图层控制下拉列表中，将当前图层设置为"QT-墙体"图层，如图9-23所示。

图9-23　设置图层

（6）执行"矩形"命令（REC），在删除的窗线位置绘制两个矩形，如图9-24所示。

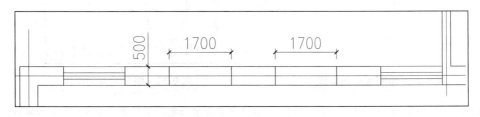

图9-24　绘制矩形

（7）在图层控制下拉列表中，将当前图层设置为"TC-填充"图层，如图9-25所示。

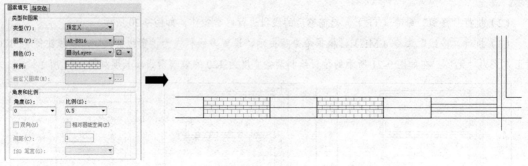

图9-25　更改图层

（8）执行"图案填充"命令（H），选择如图9-26所示的填充参数，对刚才所绘制的矩形区域进行填充，效果如图9-26所示。

图9-26　填充操作

9.2.4　绘制服务台、柜子及形象墙

现在根据设计要求，在相关的一些地方来绘制装饰隔断、柜子等家具图形，这些家具图形是根据现场尺寸来做的，因此不便于做图块，需要直接绘制，其操作步骤如下。

（1）在图层控制下拉列表中，将当前图层设置为"JJ-家具"图层，如图9-27所示。

图9-27　设置图层

（2）执行"矩形"命令（REC），执行"直线"命令（L）等，绘制如图9-28所示的图形。

（3）执行"编组"命令（G），将刚才所绘制的矩形和直线进行编组操作；再执行"复制"命令（CO），将编组后的图形复制到图形右上方如图9-29所示的位置，表示衣柜，如图9-29所示。

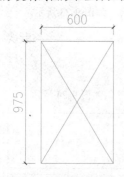

图9-28　绘制矩形和直线

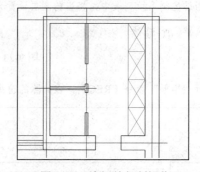

图9-29　编组并复制操作

（4）执行"矩形"命令（REC），在如图9-30所示的位置绘制一个尺寸为550×1125的矩形，表示洗手台，如图9-30所示。

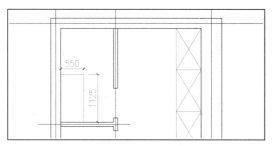

图 9-30　绘制洗手台矩形

（5）执行"矩形"命令（REC），在如图 9-31 所示的位置绘制一个尺寸为 4800×200 的矩形，表示背景墙，如图 9-31 所示。

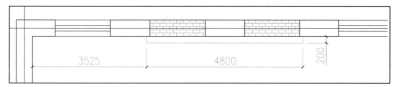

图 9-31　绘制背景墙矩形

（6）执行"矩形"命令（REC），绘制一个尺寸为 100×150 的矩形，如图 9-32 所示。

（7）执行"倒角"命令（CHA），在矩形的四个角倒 15×15 的斜角，如图 9-33 所示。

图 9-32　绘制背景墙矩形　　　　　图 9-33　绘制背景墙矩形

（8）在图层控制下拉列表中，将当前图层设置为"TC-填充"图层，如图 9-34 所示。

图 9-34　更改图层

（9）执行"图案填充"命令（H），选择如图 9-35 所示的填充参数，对刚才所绘制的矩形区域进行填充，效果如图 9-35 所示。

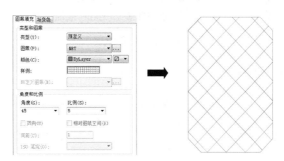

图 9-35　填充操作

（10）执行"编组"命令（G），将刚才所绘制的矩形和直线进行编组操作；再执行"复制"命令（CO），将编组后的图形复制到图形中间600宽墙体相对应的位置，如图9-36所示。

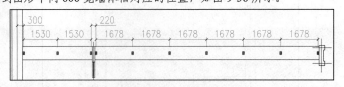

图9-36　复制操作

（11）在图层控制下拉列表中，将当前图层设置为"JJ-家具"图层，如图9-37所示。

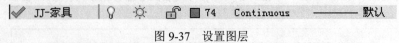

图9-37　设置图层

（12）执行"矩形"命令（REC），绘制一个尺寸为200×300的矩形，效果如图9-38所示。

（13）执行"分解"命令（X），将所绘制的矩形分解掉；再执行"偏移"命令（O），按照如图9-39所示的形状对相关线段进行偏移操作，尺寸依次是5、10、15、20，效果如图9-39所示。

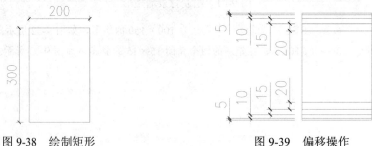

图9-38　绘制矩形　　　　　　　　　　　　　图9-39　偏移操作

（14）执行"编组"命令（G），将刚才所绘制的图形进行编组操作；再执行"复制"命令（CO），将编组后的图形复制到图形中间600宽墙体相对应的位置，如图9-40所示。

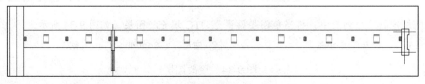

图9-40　复制操作

（15）在图层控制下拉列表中，将当前图层设置为"MC-门窗"图层，如图9-41所示。

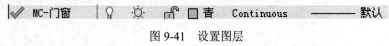

图9-41　设置图层

（16）执行"矩形"命令（REC），绘制一个尺寸为13450×12的矩形，表示柜台隔离玻璃，效果如图9-42所示。

图9-42　绘制矩形

9.2.5 插入门图块图形

前面的操作已经封闭了相关门洞，现在就可以根据门洞宽度来插入门洞宽度所对应的门图块图形了，其操作步骤如下。

（1）执行"插入块"命令（I），将本书配套光盘中的"图块\09\门"图块插入平面图中的相应位置处，如图 9-43 所示。

图 9-43　插入 900 宽门图形

（2）继续执行"插入块"命令（I），根据各门洞的宽度以及开启方向，来将门图形图块相应位置处，图形右上方部分的效果如图 9-44 所示。

（3）继续执行"插入块"命令（I），根据各门洞的宽度以及开启方向，来将门图形图块相应位置处，图形下侧部分的效果如图 9-45 所示。

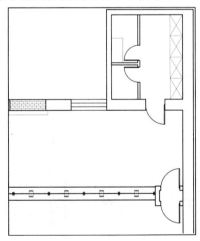

图 9-44　继续插入门图形

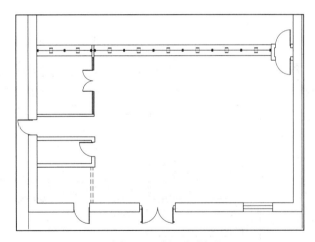

图 9-45　插入门图形

9.2.6 插入室内家具图块

在前面已经将平面图的相关图形绘制完成，接下来为其布置相应的家具图形。

（1）在图层控制下拉列表中，将当前图层设置为"TK-图块"图层，如图 9-46 所示。

图 9-46　设置图层

（2）执行"插入块"命令（I），将本书配套光盘中的"图块\09"文件夹中的"蹲便器"、"拖把池"、"洗手池"等图块插入平面图中右上方位置，其布置后的效果，如图9-47所示。

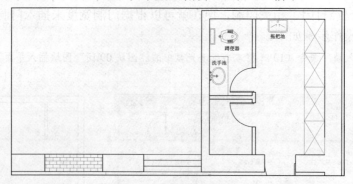

图9-47　插入蹲便器等图块

（3）继续执行"插入块"命令（I），将本书配套光盘中的"图块\09"文件夹中的"办公桌"、"柜员桌"、"凳子"等图块插入平面图中，其布置后的效果，如图9-48所示。

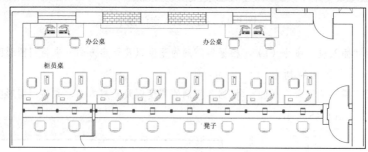

图9-48　插入办公桌等图块

（4）继续执行"插入块"命令（I），将本书配套光盘中的"图块\09"文件夹中的"VIP沙发"、"等候区桌椅"、"业务桌"、"大堂经理桌"、"叫号机"等图块插入平面图中，其布置后的效果，如图9-49所示。

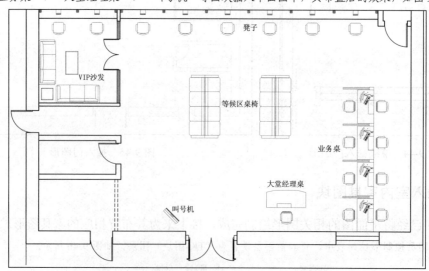

图9-49　插入VIP沙发等图块

（5）继续执行"插入块"命令（I），将本书配套光盘中的"图块\09"文件夹中的"自动柜员机"图块插入平面图中，其布置后的效果，如图9-50所示。

（6）执行"修剪"命令（TR），以自动柜员机的边为修剪边，对墙体进行修剪操作，修剪后的效果如图9-51所示。

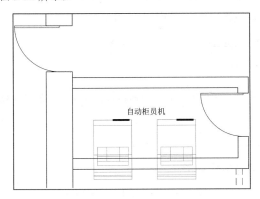

图9-50　插入自动柜员机图块

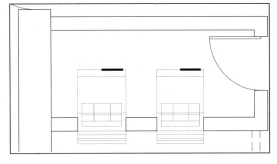

图9-51　修剪墙体操作

（7）再次执行"插入块"命令（I），将本书配套光盘中的"图块\09\立面指向符.dwg"图块插入平面图中的相应位置处（共5处），其布置后的效果，如图9-52所示。

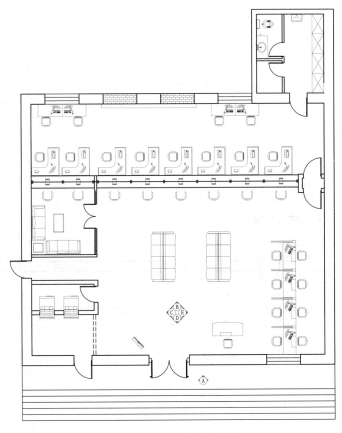

图9-52　插入立面指向符

9.2.7 标注尺寸及文字说明

前面已经绘制好了墙体、展示柜、家具图形，以及插入了相关的家具、门图块图形，绘制部分的内容已经基本完成，现在则需要对其进行尺寸标注，以及文字注释，其操作步骤如下。

（1）在图层控制下拉列表中，将当前图层设置为"BZ-标注"图层，如图9-53所示。

✓　BZ-标注　　🔅　☀　🔓 ■绿　Continuous　————默认

图 9-53　设置图层

（2）结合"线型标注"命令（DLI）及"连续标注"命令（DCO），对平面图进行尺寸标注，如图9-54所示。

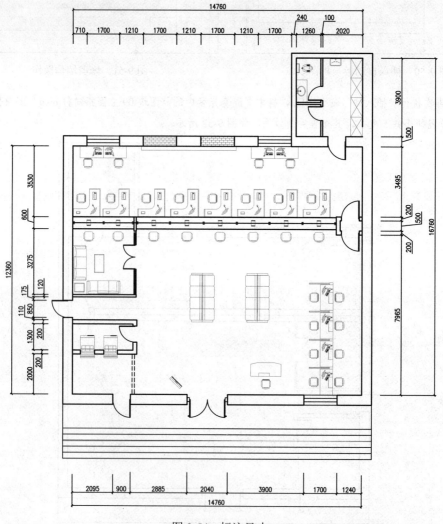

图 9-54　标注尺寸

（3）将当前图层设置为"ZS-注释"图层，执行"单行文字"命令（DT），在图形的右上角区域输入单行文字，效果如图9-55所示。

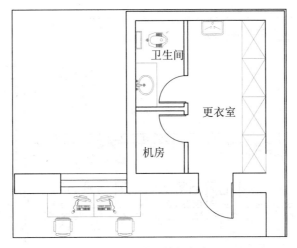

图 9-55　输入单行文字

（4）继续执行"单行文字"命令（DT），输入其他位置的单行文字，效果如图 9-56 所示。

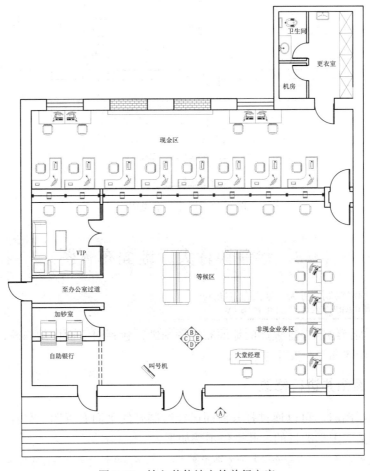

图 9-56　输入其他地方的单行文字

（5）参考前面章节的方法，对平面图进行文字注释以及图名比例的标注，如图 9-57 所示。

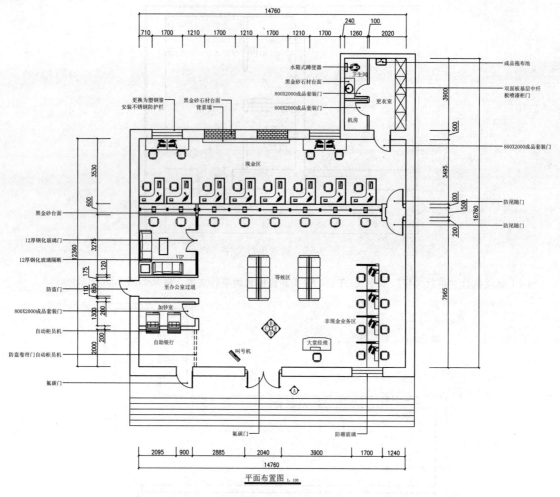

平面布置图 1：100

图 9-57 标注文字说明

9.3 绘制银行大厅地面布置图

 素材
视频\09\绘制银行大厅地面布置图.avi
案例\09\银行大厅地面布置图.dwg

该章节讲解如何绘制银行大厅的地面布置图图纸，包括对平面图的修改，绘制门槛石，绘制地砖，插入图块图形，文字注释等。

9.3.1 打开平面图并进行修改

绘制地面图纸图时，可以通过打开前面已经绘制好的平面布置图，另存为和修改，从而来快速达到绘制基本图形的目的，其操作步骤如下。

（1）执行"文件|打开"菜单命令，打开本书配套光盘"案例\09\银行大厅平面布置图.dwg"图形文件，按键盘上的"Ctrl+Shift+S"组合键，打开"图形另存为"对话框，将文件保存为"案例\09\银行大厅地面布置图.dwg"文件。

（2）执行"删除"命令（E），删除与绘制地面布置图无关的室内家具、文字注释等内容，再双击下侧的图名将其修改为"地面布置图 1:100"，如图 9-58 所示。

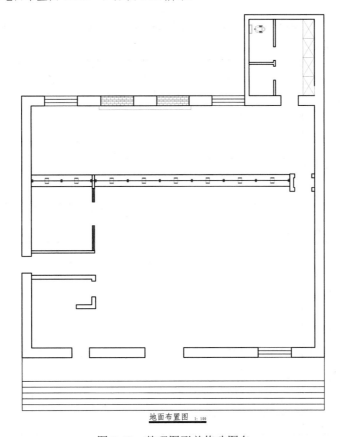

地面布置图 1:100

图 9-58　整理图形并修改图名

9.3.2　整理图形并封闭地面区域

打开图纸并修改后，根据设计要求，需要在不同的区域来铺贴不同型号和规格的地砖等，因此需要通过一些过门槛石来将这些区域隔开，其操作步骤如下。

（1）单击选择放钞室下方的墙体，再单击选择左侧的夹点，将它拉刀左侧外墙墙体上，效果如图 9-59 所示。

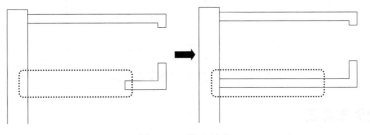

图 9-59　修改墙体

（2）在图层控制下拉列表中，将当前图层设置为"DM-地面"图层，如图 9-60 所示。

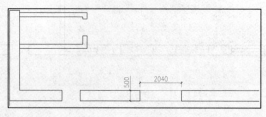

图 9-60　更改图层

（3）执行"矩形"命令（REC），在银行大厅门口双扇门的地方绘制一个尺寸为 2040×500 的矩形，表示门槛石，如图 9-61 所示。

图 9-61　绘制门槛石

（4）继续执行"矩形"命令（REC），参照图中提供的尺寸与位置，在银行大厅下方相关的地方绘制相关的矩形，表示门槛石，如图 9-62 所示。

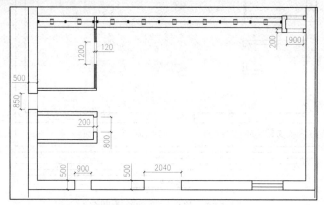

图 9-62　绘制银行大厅下方门槛石

（5）执行"矩形"命令（REC），参照图中提供的尺寸与位置，在银行大厅上方相关的地方绘制相关的矩形，表示门槛石，如图 9-63 所示。

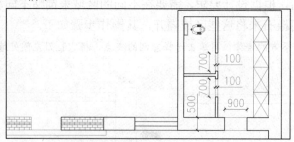

图 9-63　绘制银行大厅上方门槛石

9.3.3　绘制地面布置图

现在来绘制该银行大厅的地砖铺贴图，因各个区域所用的地砖规格不一样，所以要分开来绘制，该银行大厅要求的是地砖正铺，因此可以通过填充的方式来快速绘制，其操作步骤如下。

（1）在图层控制下拉列表中，将当前图层设置为"TC-填充"图层，如图9-64所示。

图9-64　更改图层

（2）现在来填充更衣室处的300地砖。执行"图案填充"命令（H），对更衣室内相关的区域进行填充，设置参数为"图案为USER、双排、0°、填充间距为300、设置填充区域右下角为填充原点"，表示300×300的砖正铺，如图9-65所示。

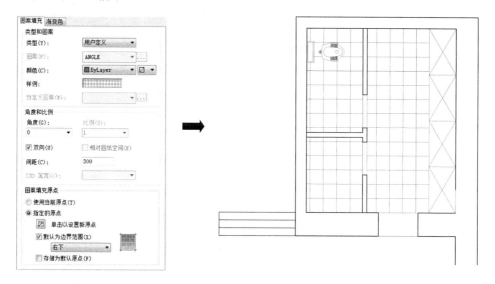

图9-65　填充台阶地砖

（3）继续执行"图案填充"命令（H），对现金区相关的区域进行填充，设置参数为"图案为USER、双排、0°、填充间距为600、设置填充区域中心为填充原点"，表示600×600的砖正铺，如图9-66所示。

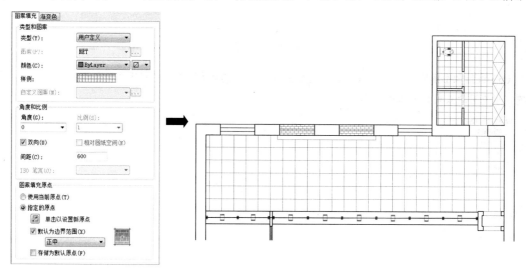

图9-66　填充现金区地砖

（4）执行"图案填充"命令（H），对大厅、VIP、放钞室和自助银行区域相关的地方进行填充，设置参数为"图案为 USER、双排、0°、填充间距为 800、设置大门口门槛石矩形上方水平线段的中点填充原点"，表示 800×800 的砖正铺，填充后的大厅如图 9-67 所示。

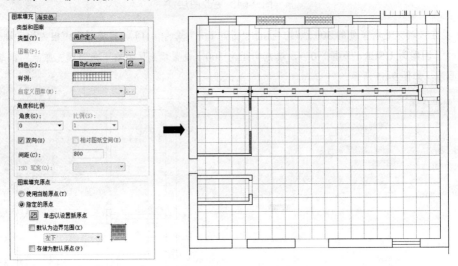

图 9-67　填充大厅区域地砖

（5）执行"多段线"命令（PL），在柜台区域位置绘制如图 9-68 所示的一段多段线，形成一个封闭的区域，方便后面的填充操作，所绘制的多段线如图 9-68 所示。

图 9-68　绘制多段线

（6）执行"图案填充"命令（H），采用如图 9-69 所示的填充参数，选择刚才所绘制的多段线区域进行填充，填充后的效果如图 9-69 所示。

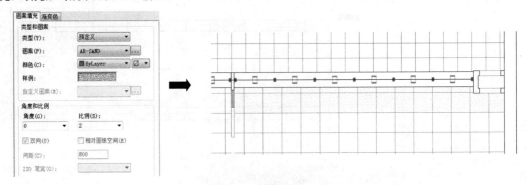

图 9-69　填充多段线区域

9.3.4 标注说明文字

前面已经绘制好了门槛石、地砖、木地板等图形，绘制部分的内容已经基本完成，现在则需要对其进行尺寸标注，以及文字注释，其操作步骤如下。

（1）在图层控制下拉列表中，将当前图层设置为"ZS-注释"图层，如图 9-70 所示。

图 9-70 设置图层

（2）执行"多重引线"命令（MLEA），对绘制完成的地面布置图进行文字说明标注，如图 9-71 所示。

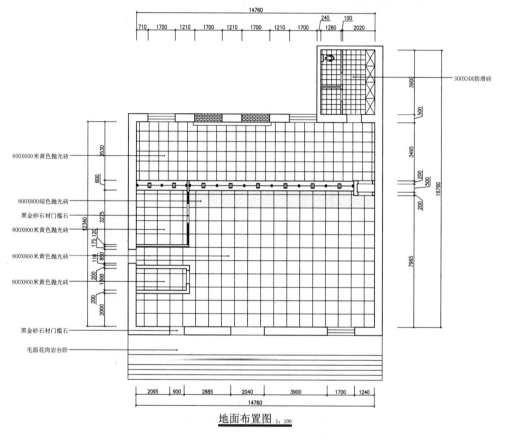

图 9-71 标注说明文字

（3）最后按键盘上的"Ctrl+S"组合键，将图形进行保存。

9.4 绘制银行大厅顶面布置图

素材 视频\09\绘制银行大厅顶面布置图.avi
案例\09\银行大厅顶面布置图.dwg

前面讲解了如何绘制银行大厅的地面布置图，接着来讲解银行大厅的顶面布置图图纸，包括对平面图的修改，封闭吊顶区域，填充吊顶区域，插入灯具图块图形，文字注释等。

9.4.1 打开图形并另存为

要绘制顶面布置图，可以通过打开前面已经绘制好的平面布置图，另存为和修改，从而来快速达到绘制基本图形的目的，其操作步骤如下。

（1）执行"文件|打开"命令，打开本书配套光盘"案例\09\银行大厅平面布置图.dwg"图形文件，按键盘上的"Ctrl+Shift+S"组合键，打开"图形另存为"对话框，将文件保存为"案例\09\银行大厅顶面布置图.dwg"文件。

（2）接着执行"删除"命令（E），删除与绘制顶面布置图无关的室内家具、文字注释等内容，再双击下侧的图名将其修改为"顶面布置图 1:100"，如图 9-72 所示。

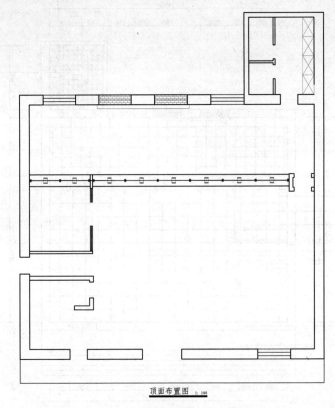

顶面布置图 1：100

图 9-72 整理图形并修改图名

（3）单击选择放钞室下方的墙体，再单击选择左侧的夹点，将它拉刀左侧外墙墙体上，效果如图 9-73 所示。

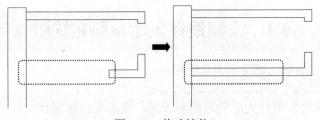

图 9-73 修改墙体

9.4.2 整理图形并封闭吊顶空间

同绘制地面铺贴图一样，不同的区域用不同的吊顶方式，因此在绘制时，需要绘制相关的图形来封闭吊顶区域，其操作步骤如下。

（1）在图层控制下拉列表中，将当前图层设置为"DD-吊顶"图层，如图 9-74 所示。

图 9-74　设置图层

（2）执行"矩形"命令（REC），在银行大厅门口双扇门的地方绘制一个尺寸为 2040×500 的矩形，以封闭吊顶区域，如图 9-75 所示。

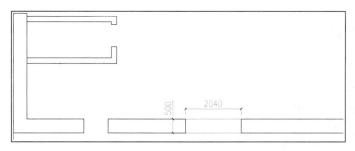

图 9-75　封闭吊顶区域

（3）继续执行"矩形"命令（REC），参照图中提供的尺寸与位置，在银行大厅其他地方绘制相关的矩形，以封闭吊顶区域，如图 9-76 所示。

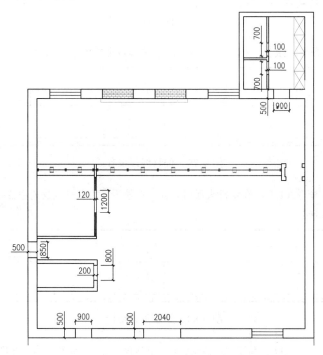

图 9-76　封闭其他地方的吊顶区域

（4）执行"直线"命令（L），在防尾随门处绘制两条水平直线段，以封闭吊顶区域，如图9-77所示。

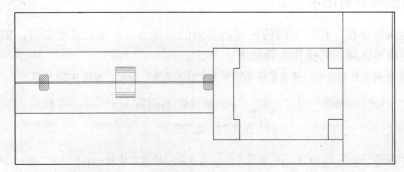

图9-77 绘制直线段

9.4.3 绘制吊顶轮廓造型

前面已经如何对相关的吊顶区域进行了封闭，封闭相关的区域后，接着就可以根据设计要求来在各个区域绘制吊顶图形，其操作步骤如下。

（1）执行"偏移"命令（O），将银行大厅门口的三条线段向内进行偏移操作，偏移距离为150，并将相关线段置放到"DD-吊顶"图层，如图9-78所示。

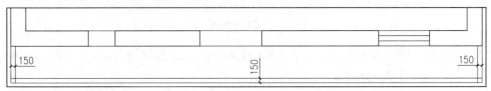

图9-78 偏移线段操作

（2）执行"修剪"命令（TR），对刚才所偏移的三条直线段进行修剪操作，修剪后的图形如图9-79所示。

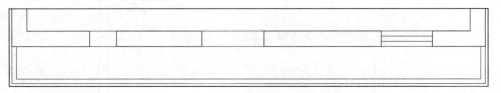

图9-79 偏移线段操作

（3）执行"直线"命令（L），在银行大厅门口处，以最下方的水平线段的中点为起点，绘制一条竖直直线段，效果如图9-80所示。

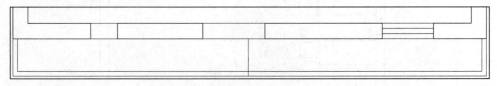

图9-80 绘制竖直线段

（4）执行"偏移"命令（O），将刚才所绘制的竖直直线段左右进行偏移操作，偏移距离为800，如图9-81所示。

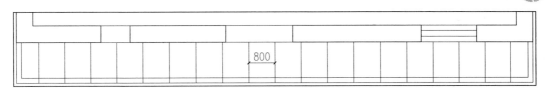

图 9-81 偏移竖直线段

（5）执行"矩形"命令（REC），绘制一个尺寸为 9440×4240 的矩形；再执行"移动"命令（M），将所绘制的矩形移动到银行大厅如图 9-82 所示的位置上，如图 9-82 所示。

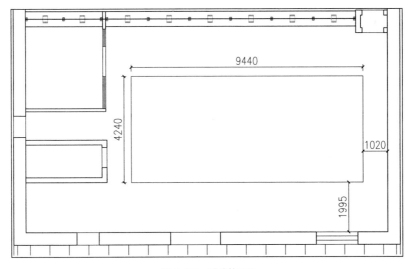

图 9-82 绘制矩形

（6）执行"偏移"命令（O），将刚才所绘制的矩形向外进行偏移操作，偏移距离为 120，并将偏移后的线段置放到"DD1-灯带"图层，如图 9-83 所示。

（7）同样方法，利用执行"矩形"命令（REC），和"偏移"命令（O）等，在 VIP 室绘制一个尺寸如图 9-84 所示的吊顶图形，并将相关线段置放到"DD1-灯带"图层，如图 9-84 所示。

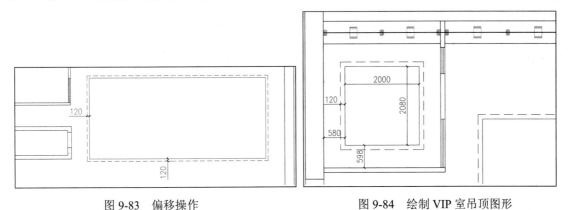

图 9-83 偏移操作

图 9-84 绘制 VIP 室吊顶图形

（8）执行"图案填充"命令（H），对柜台现金区域进行填充，设置参数为"图案为 USER、双排、0°、填充间距为 600、设置填充区域的中心点为填充原点"，表示 600×600 的矿棉板，如图 9-85 所示。

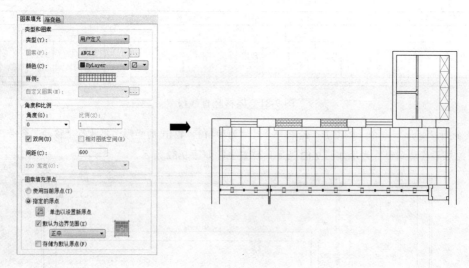

图 9-85　填充操作

9.4.4　绘制相应灯具图例

当绘制好了顶面布置图的吊顶图形之后，接着就是绘制顶面布置图相关的灯具，灯具一般是成品，因此可以通过制作图块的方式，然后再插入图形中，从来提高绘图效率，其操作步骤如下。

（1）在图层控制下拉列表中，将当前图层设置为"DJ-灯具"图层，如图 9-86 所示。

图 9-86　更改图层

（2）执行"矩形"命令（REC），绘制一个尺寸为 600×600 的矩形，如图 9-87 所示。

（3）执行"分解"命令（X），将矩形进行分解操作，分解之后再执行"偏移"命令（O），将分解后的矩形相关线段进行偏移操作，偏移尺寸如图 9-88 所示。

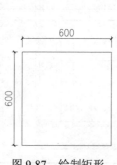

图 9-87　绘制矩形

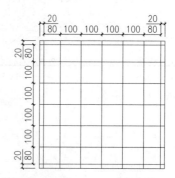

图 9-88　分解并偏移操作

（4）执行"修剪"命令（TR），对图形按照如图 9-89 所示的形状进行修剪操作。

（5）执行"多段线"命令（PL），捕捉如图 9-90 所示的两个交点为多段线的起点和端点，绘制一条宽度为 30 的多段线。

（6）执行"复制"命令（CO），将刚才所绘制的多段线向上进行复制操作，复制后的效果如图 9-91 所示。

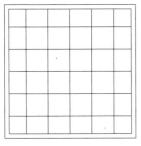

图 9-89　修剪操作

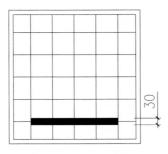

图 9-90　绘制多段线

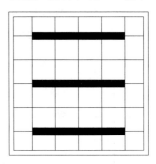

图 9-91　复制多段线

（7）执行"编组"命令（G），将刚才所绘制的图形进行编组操作；然后再执行"复制"命令（CO），将编组后的图形按照如图 9-92 所示的尺寸与位置进行复制操作，复制到银行大厅吊顶区域，效果如图 9-92 所示。

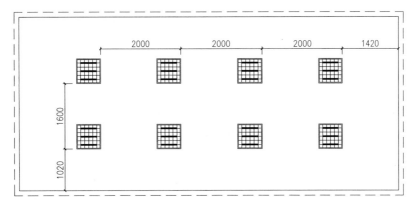

图 9-92　编组并复制操作

（8）同样方式，继续执行"复制"命令（CO），将编组后的图形分别复制到 VIP 室、放钞室和自助银行区域，复制位置为相对应的区域中心点，效果如图 9-93 所示。

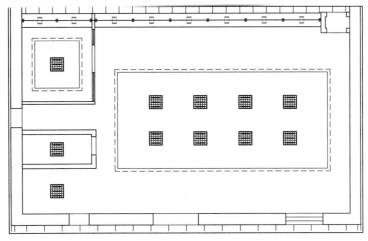

图 9-93　复制操作

（9）继续执行"复制"命令（CO），将编组后的图形分别复制柜台现金区域，复制位置与 600×600 的矿棉板相对应，效果如图 9-94 所示。

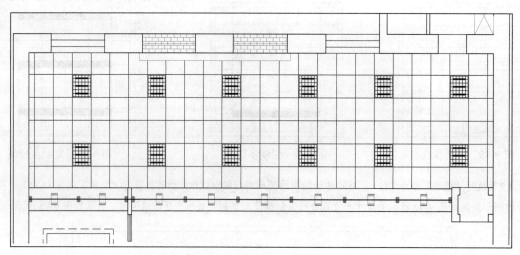

图 9-94　复制栅格灯到现金区

（10）在图层控制下拉列表中，将当前图层设置为"MC-门窗"图层，如图 9-95 所示。

图 9-95　设置图层

（11）执行"直线"命令（L），在自助银行区域绘制一条如图 9-96 所示的竖直直线段。

（12）执行"偏移"命令（O），将所绘制的竖直直线段向左进行偏移，偏移尺寸如图 9-97 所示。表示防盗卷帘。

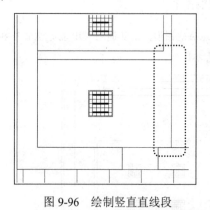

图 9-96　绘制竖直直线段 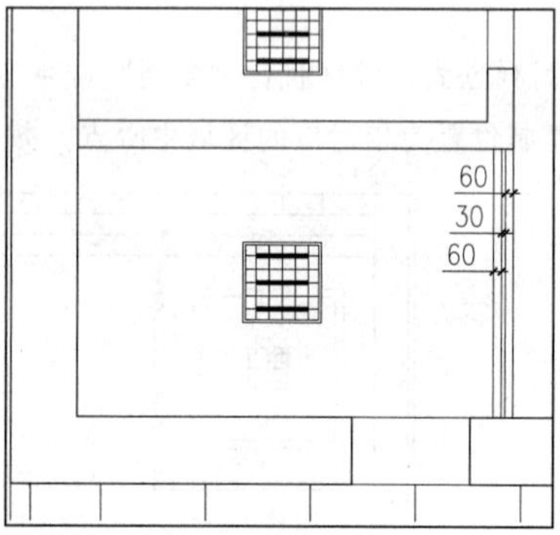　　　　　图 9-97　偏移操作

（13）在图层控制下拉列表中，将当前图层设置为"DJ-灯具"图层，如图 9-98 所示。

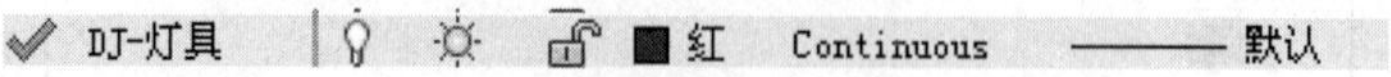

图 9-98　更改图层

（14）执行"插入块"命令（I），将本书配套光盘中的"图块\09"文件夹中的"3 寸筒灯"图块插入绘图区中，如图 9-99 所示。

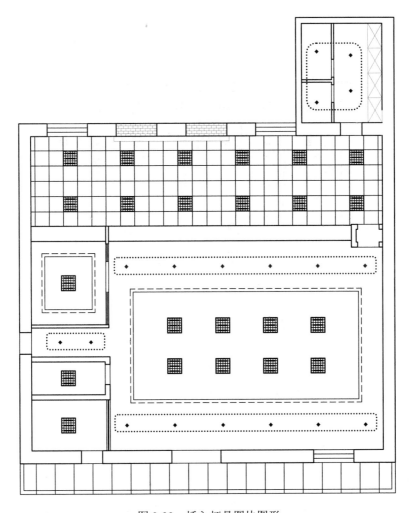

图 9-99　插入灯具图块图形

9.4.5　标注吊顶标高及文字说明

前面已经绘制好了顶面布置图的吊顶，板棚，以及灯具等图形，绘制部分的内容已经基本完成，现在则需要对其进行尺寸标注，以及文字注释，其操作步骤如下。

（1）在图层控制下拉列表中，将当前图层设置为"ZS-注释"图层，如图 9-100 所示。

图 9-100　设置图层

（2）执行"插入块"命令（I），将本书配套光盘中的"图块\09"文件夹中的"标高"图块插入绘图区中，如图 9-101 所示。

（3）再执行"多重引线"命令（MLEA），在绘制完成的顶面布置图左右两侧进行文字说明标注，如图 9-102 所示。

（4）最后按键盘上的"Ctrl+S"组合键，将图形进行保存。

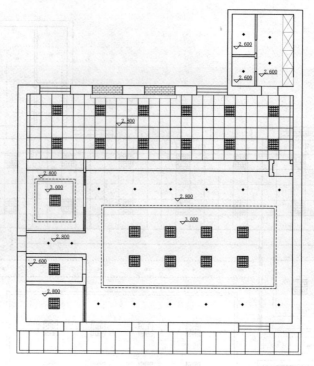

图 9-101　插入标高符号

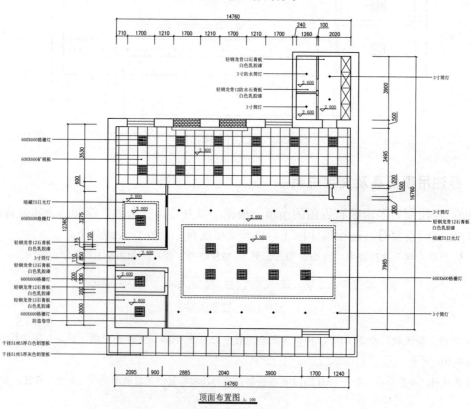

顶面布置图 1:100

图 9-102　标注说明文字

9.5 绘制银行大厅 **A** 立面图

素材 视频\09\绘制银行大厅 **A** 立面图.avi
案例\09\银行大厅 **A** 立面图.dwg

当绘制好银行大厅的地面布置图和顶面布置图之后，现在来绘制该银行大厅的 A 立面图图纸，绘制过程包括对平面图的修改，绘制墙面造型，填充墙面区域，插入图块图形，文字注释等。

9.5.1 打开图形另存为并修改图形

和绘制地面布置图和顶面布置图一样，在绘制立面图之前，可以通过打开前面已经绘制好的平面布置图，另存为和修改，然后再可以参照平面布置图上的形式，尺寸等参数，来快速、直观地绘制立面图，从来提高绘图效率，其操作步骤如下。

（1）执行"文件|打开"命令，打开本书配套光盘"案例\09\银行大厅平面布置图.dwg"图形文件，按键盘上的"Ctrl+Shift+S"组合键，打开"图形另存为"对话框，将文件保存为"案例\09\银行大厅 A 立面图.dwg"文件。

（2）执行"删除"命令（E），执行"修剪"命令（TR）等，将多余的线条进行修剪和删除，修剪后的效果如图 9-103 所示。

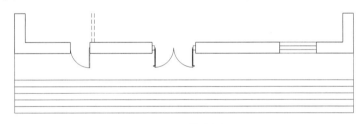

图 9-103　修改图形

（3）在图层控制下拉列表中，将当前图层设置为"QT-墙体"图层，如图 9-104 所示。

图 9-104　设置图层

（4）执行"直线"命令（L），捕捉平面图上的相应轮廓向下绘制引申线，并在图形的下方绘制一条适当长度的水平线作为地坪线，如图 9-105 所示。

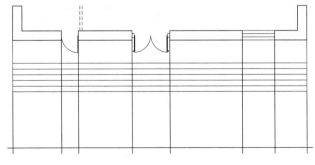

图 9-105　绘制直线段

9.5.2 绘制立面相关造型

修改好平面图，并且绘制了相关的引申线段之后，接下来则可以根据设计要求来绘制墙面的相关造型图形，其操作步骤如下。

（1）执行"偏移"命令（O），将前面所绘制的直线段进行偏移操作，偏移尺寸和方向如图9-106所示；接着再执行"修剪"命令（TR），对偏移后的线段进行修剪，修剪后的效果如图9-106所示。

图9-106　偏移线段并修剪

（2）继续执行"偏移"命令（O），将最下面的水平线段向上进行偏移操作，偏移尺寸为150，偏移5组；然后再执行"修剪"命令（TR），对偏移后的线段进行修剪操作，修剪后的效果如图9-107所示。并将偏移的线段置放到"LT-楼梯"图层。

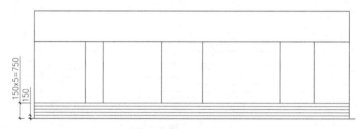

图9-107　偏移线段并修剪

（3）继续执行"偏移"命令（O），将中间的水平直线段向下进行偏移操作，偏移尺寸为400和1700，如图9-108所示。

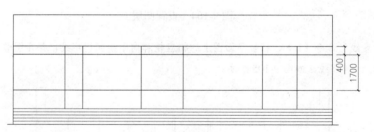

图9-108　偏移操作

（4）执行"修剪"命令（TR），将偏移后的线段和已有的线段进行偏移操作，修剪后的图形效果如图9-109所示。

（5）在图层控制下拉列表中，将当前图层设置为"MC-门窗"图层，如图9-110所示。

（6）执行"偏移"命令（O），将相关的水平线段向下进行偏移操作，偏移尺寸为600；再执行"矩形"命令（REC），绘制两个矩形，尺寸如图9-111所示。最后将相关的线段置放到"MC-门窗"图层。

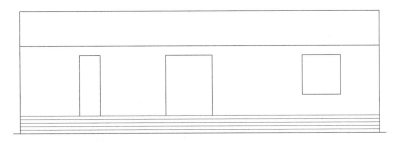

图 9-109　修剪操作

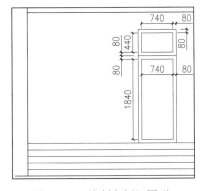

图 9-110　设置图层

（7）将绘图区域移至图形中间部分；采用绘制左侧门图形的方式，绘制银行大门立面图形吧，效果如图 9-112 所示。最后将相关的线段置放到"MC-门窗"图层。

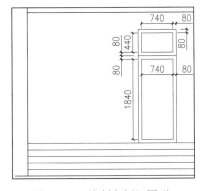

图 9-111　绘制左侧门图形

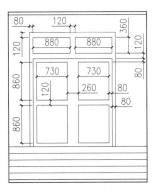

图 9-112　绘制大门图形

（8）执行"矩形"命令（REC），绘制一个尺寸为 40×430 的矩形，再执行"复制"命令（CO），将所绘制的矩形移动到如图 9-113 所示的位置上。

（9）将绘图区域移至图形右侧；执行"矩形"命令（REC），绘制一个尺寸为 1540×1540 的矩形，再执行"移动"命令（M），将所绘制的矩形移动到如图 9-114 所示的位置上。最后将相关的线段置放到"MC-门窗"图层。

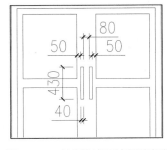

图 9-113　绘制门把手矩形图形

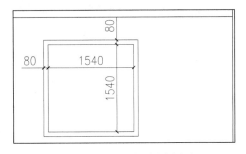

图 9-114　绘制右侧窗图形

（10）执行"偏移"命令（O），将最左边的竖直直线段向右进行偏移操作，再将最下面的水平线段向上进行偏移操作，偏移尺寸如图 9-115 所示，并将偏移后的线段置放到"LM-立面"图层。

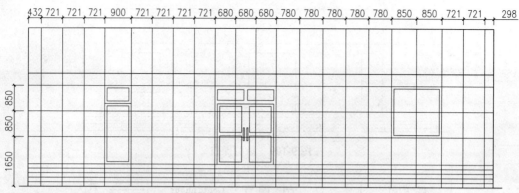

图 9-115　偏移线段

（11）执行"修剪"命令（TR），对刚才所偏移的线段进行修剪操作，修剪后的图形如图 9-116 所示。

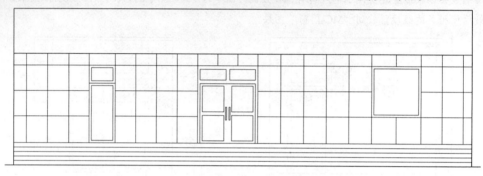

图 9-116　修剪操作

（12）执行"偏移"命令（O），将从上往下数第二条水平线段向上进行偏移操作，偏移尺寸为 150，并将偏移后的线段置放到"LM-立面"图层，如图 9-117 所示。

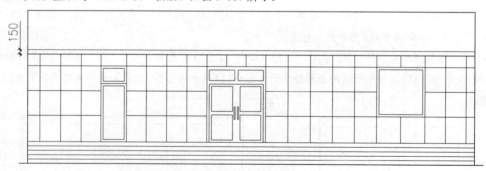

图 9-117　偏移线段

（13）在图层控制下拉列表中，将当前图层设置为"TC-填充"图层，如图 9-118 所示。

| ✎ TC-填充 | ♀ | ☼ | ⬚ ■8 | Continuous | —— 默认 |

图 9-118　更改图层

（14）执行"图案填充"命令（H），选择图中所示的填充参数，对立面图中门区域和窗区域进行填充，如图 9-119 所示。

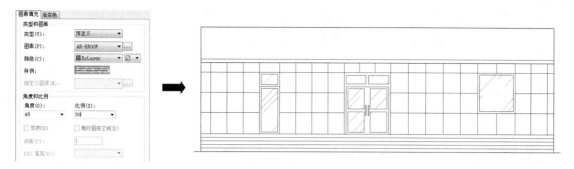

图 9-119　填充操作

9.5.3　插入图块图形

当绘制好了银行大厅的 A 立面图的墙面相关造型之后，接着就可以通过插入墙面相关的装饰物品以及墙面附近的家具等图块图形，从而更加形象地表达出该立面图的内容，其操作步骤如下。

（1）在图层控制下拉列表中，将当前图层设置为"TK-图块"图层，如图 9-120 所示。

🖉 TK-图块　　　♀　☼　🔓 ■112　Continuous　── 默认

图 9-120　设置图层

（2）然后再执行"插入块"命令（I），将本书配套光盘中的"图块\09"文件夹中的"银行 Logo"图块图形和"24 小时银行 Logo"图块图形插入图形的顶部，插入图块后的图形效果如图 9-121 所示。

图 9-121　插入图块图形

9.5.4　标注尺寸及说明文字

当绘制好了立面图的墙面造型，以及填充以及墙面装饰物品等图形，绘制部分的内容已经基本完成，现在则需要对其进行尺寸标注，以及文字注释，其操作步骤如下。

（1）在图层控制下拉列表中，将当前图层设置为"BZ-标注"图层，如图 9-122 所示。

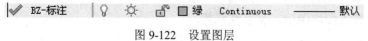

图 9-122　设置图层

（2）结合"线型标注"命令（DLI）及"连续标注"命令（DCO），对立面图进行尺寸标注，如图 9-123 所示。

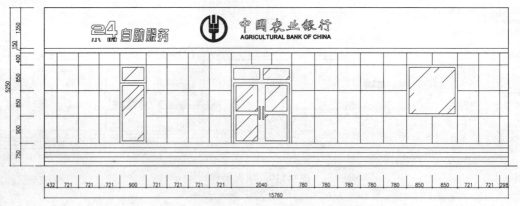

图 9-123　尺寸标注

（3）将当前图层设置为"ZS-注释"图层，参考前面章节的方法，对立面图进行文字注释以及图名比例的标注，如图 9-124 所示。

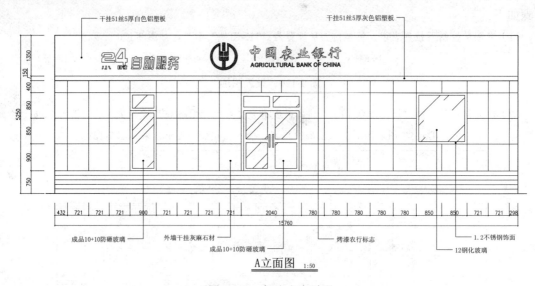

图 9-124　标注文字说明

（4）最后按键盘上的"Ctrl+S"组合键，将图形进行保存。

9.6　绘制银行大厅 B 立面图

 视频\09\绘制银行大厅 B 立面图.avi
案例\09\银行大厅 B 立面图.dwg

该章节讲解如何绘制该银行大厅的 B 立面图图纸，包括对平面图的修改，绘制墙面造型，填充墙面区域，插入图块图形，文字注释等。

9.6.1　整理图形并封闭地面区域

同样的方式，和绘制 A 立面图一样，可以通过打开前面已经绘制好的平面布置图，另存为和修改，然后再可以参照平面布置图上的形式，尺寸等参数，来快速、直观地绘制立面图，从而提高绘图效率，绘制银行大厅 B 立面图的操作步骤如下。

（1）执行"文件|打开"命令，打开本书配套光盘"案例\09\银行大厅平面布置图.dwg"图形文件，按键盘上的"Ctrl+Shift+S"组合键，打开"图形另存为"对话框，将文件保存为"案例\09\银行大厅 B 立面图.dwg"文件。

（2）执行"删除"命令（E），执行"修剪"命令（TR）等，将多余的线条进行修剪和删除，修剪后的效果如图 9-125 所示。

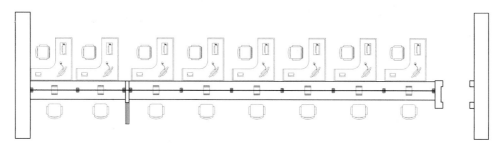

图 9-125　修改图形

（3）在图层控制下拉列表中，将当前图层设置为"QT-墙体"图层，如图 9-126 所示。

图 9-126　设置图层

（4）执行"直线"命令（L），捕捉平面图上的相应轮廓向下绘制引申线，并在图形的下方绘制一条适当长度的水平线作为地坪线，如图 9-127 所示。

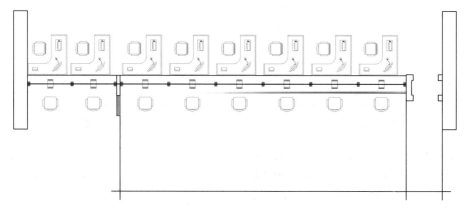

图 9-127　绘制直线段

9.6.2　绘制立面相关造型

前面已经修改好了平面图，并且绘制了相关的引申线段，接下来则可以根据设计要求来绘制墙面的相关造型图形，其操作步骤如下。

（1）执行"偏移"命令（O），将最下面的水平直线段向上进行偏移操作，偏移尺寸为 2800；接着再执行"修剪"命令（TR），对偏移后的线段进行修剪，修剪后的效果如图 9-128 所示。

图 9-128　偏移线段并修剪

（2）继续执行"偏移"命令（O），将最下面的水平直线段向上进行偏移操作，偏移尺寸如图 9-129 所示；接着再执行"修剪"命令（TR），对偏移后的线段进行修剪，修剪后的效果如图 9-129 所示。并将偏移后的线段置放到"LM-立面"图层。

图 9-129　偏移线段并修剪

（3）继续执行"偏移"命令（O），将从下往上数第二条水平直线段向下进行偏移操作，偏移尺寸为 15、20、20、15，效果如图 9-130 所示。表示台面圆角。

（4）执行"偏移"命令（O），将从下往上数第二条水平直线段向下进行偏移操作，偏移尺寸为 100、530，效果如图 9-131 所示。

图 9-130　偏移线段

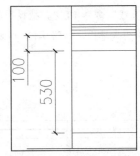

图 9-131　继续偏移线段

（5）执行"偏移"命令（O），将最左边的竖直直线段向右进行偏移操作，偏移尺寸如图 9-132 所示，接着再执行"修剪"命令（TR），对偏移后的线段进行修剪，修剪后的效果如图 9-132 所示。并将偏移后的线段置放到"LM-立面"图层。

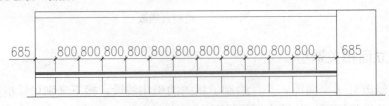

图 9-132　偏移线段并修剪

（5）将当前图层设置为"ZZ-柱子"图层，如图 9-133 所示。

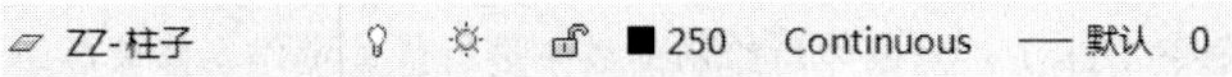

ZZ-柱子
250
Continuous
默认
0

图 9-133 更改图层

（6）执行“直线”命令（L），捕捉平面图上的相应轮廓的柱子位置向下绘制引申线，效果如图 9-134 所示。

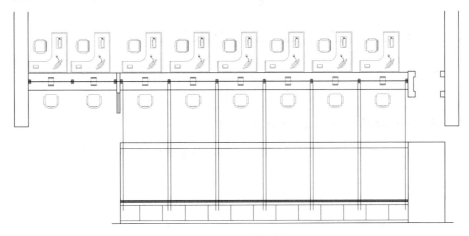

图 9-134 绘制直线段

（6）执行“修剪”命令（TR），对刚才所绘制的线条进行修剪操作，修剪后的效果如图 9-135 所示。

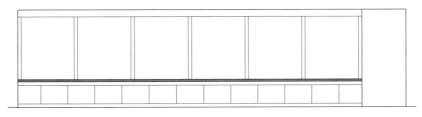

图 9-135 修剪操作

（7）执行“偏移”命令（O），将从上往下数第二根水平直线段向下进行偏移操作，偏移尺寸如图 9-136 所示，接着再执行“修剪”命令（TR），对偏移后的线段进行修剪，修剪后的效果如图 9 136 所示。并将偏移后的线段置放到“LM-立面”图层。

180
25
30
25
30
25
30
25
1230
80

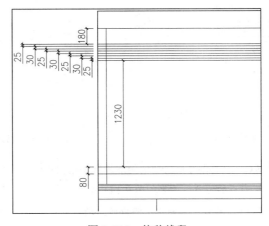

图 9-136 偏移线段

（8）执行"修剪"命令（TR），对刚才所绘制的线条进行修剪操作，修剪后的效果如图9-137所示。

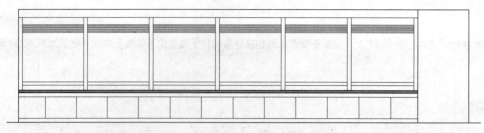

图9-137　修剪操作

（9）在图层控制下拉列表中，将当前图层设置为"MC-门窗"图层，如图9-138所示。

✔️ MC-门窗　　🔆　☀️　🔓 □青　Continuous　━━ 默认

图9-138　设置图层

（10）将绘图区域移至图形的右侧。然后再执行"多段线"命令（PL），参照图中提供的尺寸，绘制一条多段线，效果如图9-139所示。

（11）执行"偏移"命令（O），将刚才所绘制的多段线向外进行偏移操作，偏移尺寸为80，效果如图9-140所示。

图9-139　绘制多段线

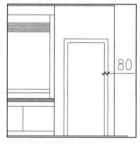

图9-140　偏移操作

（12）执行"矩形"命令（REC），绘制一个尺寸为285×385的矩形，效果如图9-141所示。

（13）执行"偏移"命令（O），将刚才所绘制的矩形向内进行偏移操作，偏移尺寸为15和25，效果如图9-142所示。

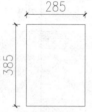

图9-141　绘制矩形

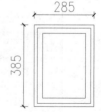

图9-142　偏移操作

（14）执行"编组"命令（G），将刚才所绘制的矩形进行编组操作；再执行"复制"命令（CO），将编组后的图形复制到立面图中相对应的位置，效果如图9-143所示。

（15）执行"偏移"命令（O），将最下面的水平线段向上进行偏移操作，偏移尺寸如图9-144所示，并将偏移后的尺寸置放到"LM-立面"图层，效果如图9-144所示。

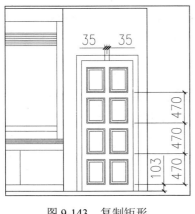

图 9-143　复制矩形

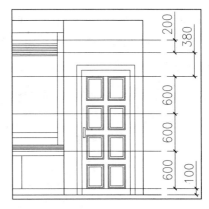

图 9-144　偏移操作

（16）执行"修剪"命令（TR），对刚才所偏移的线段进行修剪操作，修剪后的效果如图 9-145 所示。

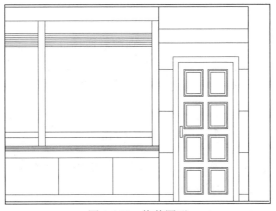

图 9-145　修剪图形

（17）在图层控制下拉列表中，将当前图层设置为"TC-填充"图层，如图 9-146 所示。

TC-填充　　　　　♀　☼　🔓 ■8　　Continuous　──默认

图 9-146　更改图层

（18）执行"图案填充"命令（H），选择如图 9-147 所示的填充参数，对图形顶部区域进行填充，如图 9-147 所示。

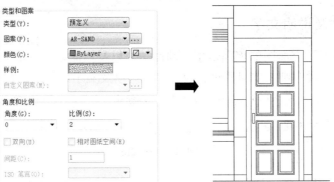

图 9-147　填充操作

（19）执行"图案填充"命令（H），选择图9-148所示的填充参数，对立面图中如图9-148所示的玻璃区域进行填充，如图9-148所示。

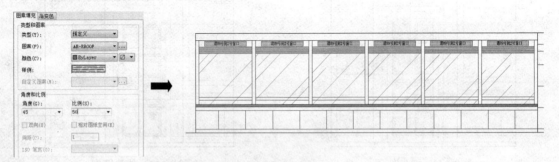

图9-148 填充操作

9.6.3 插入图块图形

当绘制好了立面图的墙面相关造型之后，则可以通过插入墙面相关的装饰物品以及墙面附近的家具等图块图形，从而更加形象地表达出该立面图的内容，其操作步骤如下。

（1）在图层控制下拉列表中，将当前图层设置为"TK-图块"图层，如图9-149所示。

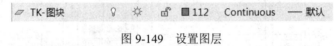

图9-149 设置图层

（2）执行"插入块"命令（I），将本书配套光盘中的"图块\09"文件夹中的"电子显示屏"图块图形插入立面图中窗口上方的区域，效果如图9-150所示。

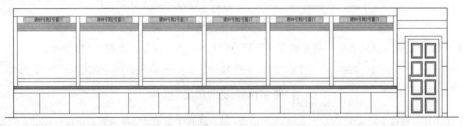

图9-150 插入电子显示屏图块图形

9.6.4 标注尺寸及说明文字

前面已经绘制好了立面图的墙面造型，墙面填充以及墙面装饰物品等图形，绘制部分的内容已经基本完成，现在则需要对其进行尺寸标注，以及文字注释，其操作步骤如下。

（1）在图层控制下拉列表中，将当前图层设置为"BZ-标注"图层，如图9-151所示。

图9-151 设置图层

（2）结合"线型标注"命令（DLI）及"连续标注"命令（DCO），对立面图进行尺寸标注，如图9-152所示。

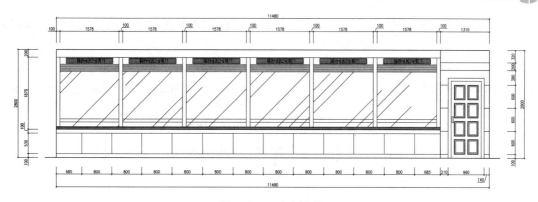

图 9-152 尺寸标注

（3）将当前图层设置为"ZS-注释"图层，参考前面章节的方法，对立面图进行文字注释以及图名比例的标注，如图 9-153 所示。

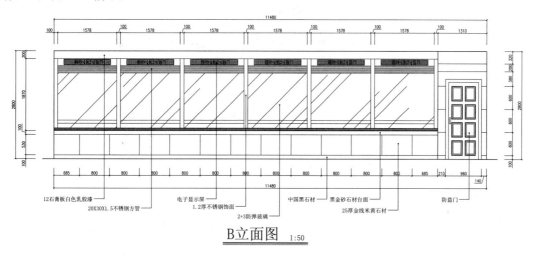

B立面图 1:50

图 9-153 标注文字说明

（4）最后按键盘上的"Ctrl+S"组合键，将图形进行保存。

9.7 绘制银行大厅室外门楣剖面图

视频\09\绘制银行大厅室外门楣剖面图.avi
案例\09\银行大厅室外门楣剖面图.dwg

当前面已经绘制好了相关的平面图、地面图、顶面图和立面图之后，现在来讲解银行大厅室外门楣剖面图的绘制，其中包括绘制台阶剖切主要轮廓、绘制门楣相关图形、插入相关图块及填充图案、标注文字说明及尺寸等内容。

9.7.1 新建图形文件并绘制门楣轮廓图形

绘制剖视图时，可以单独打开样板文件来从新创建一个新的图形文件，也可以打开已经绘制好的平面图或者立面图，另存为的方式来创建一个图形文件，另存为的方式可以保留前面所绘制图形是的一些参数特征，在这里采用打开模板创建新图形文件的方式来绘制公银行大厅室外门楣剖面图，其操作步骤如下。

（1）执行"文件|打开"命令，打开本书配套光盘"案例\09\银行大厅平面布置图.dwg"图形文件，按键盘上的"Ctrl+Shift+S"组合键，打开"图形另存为"对话框，将文件保存为"案例\09\银行大厅室外门楣剖面图.dwg"文件。

（2）在图层控制下拉列表中，将当前图层设置为"QT-墙体"图层，如图 9-154 所示。

✔ QT-墙体　　💡 ☼ 🔓 ■ 蓝　Continuous　───── 默认

图 9-154 设置图层

（3）执行"直线"命令（L），绘制几条如图 9-155 所示的直线段，表示底面和台阶，效果如图 9-155 所示。

（4）接着将当前图层设置为"LM-立面"图层，如图 9-156 所示。

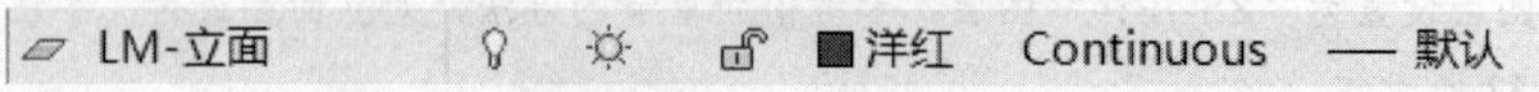

◢ LM-立面　　💡 ☼ 🔓 ■洋红　Continuous　── 默认

图 9-155 更改图层

（5）继续执行"直线"命令（L），在图形的上方绘制几条如图 9-157 所示的直线段，效果如图 9-157 所示。

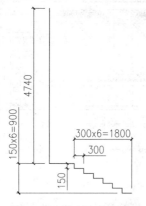

图 9-156 绘制台阶直线段

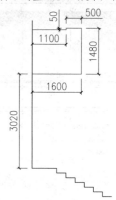

图 9-157 绘制上方直线段

（6）执行"偏移"命令（O），将上面、右面和下面的线段向内进行偏移操作，偏移尺寸为 30；并执行"修剪"命令（TR），对偏移后的线段进行修剪操作，效果如图 9-158 所示。

（7）继续执行"偏移"命令（O），将前面偏移后的线段再继续向内进行偏移操作，偏移尺寸如图 9-159 所示，偏移后的效果如图 9-159 所示。

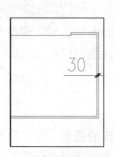

图 9-158 偏移并修剪

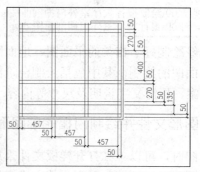

图 9-159 偏移操作

（8）执行"修剪"命令（TR），对刚才所偏移后的线段进行修剪操作，修剪后的图形效果如图 9-160 所示。

（9）接着再执行"直线"命令（L），在前面偏移的线段所形成的每一个相交处各绘制一组斜线段，所绘制的斜线段效果如图9-161所示。

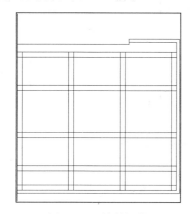

图 9-160　修剪操作

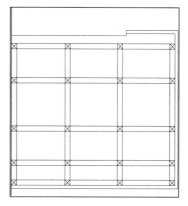

图 9-161　绘制斜线段

（10）执行"矩形"命令（REC），绘制一个尺寸为 150×20 的矩形；再执行"移动"命令（M），将所绘制的矩形进行移动，移动到如图9-162所示的位置。

（11）执行"直线"命令（L），在如图9-163所示的位置绘制一条水平的直线段，所绘制的直线段效果如图9-163所示。

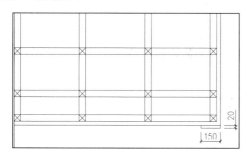

图 9-162　绘制矩形并移动

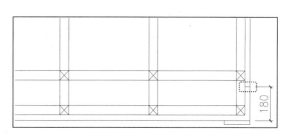

图 9-163　绘制直线段

9.7.2　标注尺寸及说明文字

现在已经绘制好了银行大厅室外门楣剖面图的具体造型，以及镂槽装饰物品等图形，绘制部分的内容已经基本完成，现在则需要对其进行尺寸标注，以及文字注释，其操作步骤如下。

（1）在图层控制下拉列表中，将当前图层设置为"BZ-标注"图层，如图9-164所示。

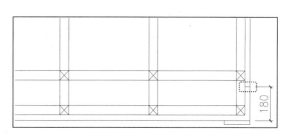

图 9-164　设置图层

（2）结合"线型标注"命令（DLI）及"连续标注"命令（DCO），对剖面图进行尺寸标注，如图9-165所示。

（3）将当前图层设置为"ZS-注释"图层，参考前面章节的方法，对剖面图进行文字注释以及图名比例的标注，如图9-166所示。

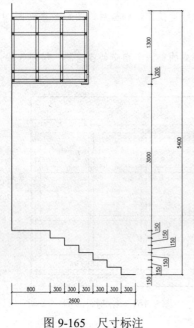

图 9-165　尺寸标注

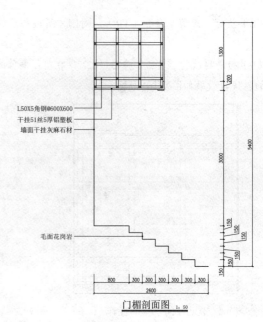

图 9-166　标注文字说明

（4）最后按键盘上的"Ctrl+S"组合键，将图形进行保存。

9.8　本 章 小 结

通过本章的学习，可以使读者迅速掌握银行大厅的设计方法及相关知识要点，掌握银行大厅相关施工图纸的绘制，了解银行的空间布局以及划分、装修材料的应用等知识。

第 10 章　移动营业厅室内设计

本章主要讲解移动营业厅室内设计的绘制过程，首先讲解移动营业厅室内设计的相关概述，了解移动营业厅的功能定位、布局形态，以及设计所要遵循的原则等，以便进一步设计移动营业厅。在绘制移动营业厅室内设计图纸过程中，首先打开本章所提供的原始结构图，然后利用原始结构图中的尺寸与参数等特征，绘制移动营业厅平面布置图，进而可以利用该平面图来绘制其他的图纸，其中包括移动营业厅地面图的绘制、移动营业厅顶面图的绘制、移动营业厅的各个相关立面图、剖视图、大样图等图形的绘制。

■ 学习内容

◆ 移动营业厅设计概述
◆ 绘制移动营业厅平面布置图
◆ 绘制移动营业厅地面布置图
◆ 绘制移动营业厅顶面布置图
◆ 绘制移动营业厅 A 立面图
◆ 绘制移动营业厅 B 立面图
◆ 绘制移动营业厅 C 立面图
◆ 绘制移动营业厅 D 立面图
◆ 绘制移动营业厅招牌侧视图

10.1　移动营业厅设计概述

中国移动营业厅是中国移动通信提供给客户进行业务受理、营销推广、信息查询的服务平台。移动营业厅效果如图 10-1 所示。

图 10-1　移动营业厅效果

10.1.1　营业厅的功能定位

营业厅的功能早已突破以往单纯的业务办理功能，逐步走向以服务营销、品牌传播为主，业务办理和业务咨询为辅的管理模式，也从单一的自办厅走向了多元化的营业厅所有制形式，如出现自营厅、自建他营、授权店、代理点等渠道类型。从以往的成本中心走向了利润中心，营业厅已经成为三大运营商在市场最前线的阵地。

1）服务与营销的矛盾。

如果在一线强调营销指标，那必然在服务上会大打折扣，客户满意度也会受到影响。但鉴于目前行业内竞争愈加激烈，可能在营销上的投入会暂时占据主导。因为指标的压力存在，很多营业员为了完成新业务指标，不惜用"哄"、"骗"的手段去诱导客户开通各类实际用不上的业务，导致投诉率高居不下。

2）应对暗访、明检与提升服务品质的矛盾。

3）体验功能方面存在投入产出的矛盾

尽管很多运营商采取自建他营的管理模式，甚至把营业厅外包出去，但是对于投入产出的收益比较敏感。对于新业务或数据业务，体现更多的是要求客户参与体验，获得某种良好的感知后才放心订购。这需要购置专业的体验硬件设备，配备相关的专业营销或引导人员，同时开设专门的体验区，而且在销售手机终端的过程中也要导入很多的体验元素，这对于很多营业厅在投入上是非常大的，但是在真正的产出上却是微乎其微。

10.1.2　营业厅的布局形态

营运商最终都要通过营业厅来实现价值的转换，营业厅必须重视每一个与客户发生关系的路径与触点，因为任何一个与客户接触的触点都是改善客户关系、促进营销宣传的"黄金点"。

在对营业厅室内设计时，必须考虑营业厅的布局形态，布局形态包括以下几方面。

1）营业厅的空间形式

营业厅的空间形式根据实际情况来布置，一般分为方正型（长方形、正方形）、隔断型（厅内有柱子或隔墙分开）、不规则型（厅在商场或办公楼内）。

2）营业厅的布局构成

在对营业厅室内设计时，需要考虑营业厅的布局构成，布局构成一般包括这几个方面：营业厅空间形状、营业厅设施设备摆放、营业厅宣传资料摆放、营业厅环境美化布置、营业厅整体搭配。

3）营业厅需要达成的布局

需要达成的布局，即布局结果是否符合要求，是否达到了目的。它包括这几个方面：整体搭配和谐、实物清洁摆放整齐、最大化合理化利用空间、布局搭配方便客户、宣传资料设置美观、摆放规则有统一标准。

10.1.3　营业厅布局设计遵循的原则

营业厅是为客户服务及推出新业务的地方，因此，在设计营业厅时需要遵循以下原则。

1）通道

足够宽，笔直坦荡少拐弯，方便客户寻找所需要的区域。

2）设备、设施

分区摆放，设备设施设计方便客户使用的自助标示、摆放位置和业务受理区分开，不影响客户排队。

3）物品摆放

遵循统一标准，摆放要注重实用和美观相结合，标准结合自己厅的特色。

10.2　绘制移动营业厅平面布置图

素材　视频\10\绘制移动营业厅平面布置图.avi
案例\10\移动营业厅平面布置图.dwg

本节讲解如何绘制移动营业厅的平面图图纸，例如，绘制隔断墙体、绘制通风管道、绘制柜子、插入图块图形、文字注释等。

10.2.1　打开原始结构图并进行修改

绘制该类图纸一般都会提供原有的原始结构图，因此利用原始结构图来绘制移动营业厅平面布置图，就会提高一定的效率。

（1）启动 Auto CAD 2016 软件，然后执行"文件|打开"菜单命令，将本章配套光盘中的"案例\10\移动营业厅原始结构图.dwg"文件打开。再按键盘上的"Ctrl+Shift+S"组合键，打开"图形另存为"对话框，将文件保存为"案例\10\移动营业厅平面布置图.dwg"文件。

（2）执行"删除"命令（E），将标注等图形删除，效果如图 10-2 所示。

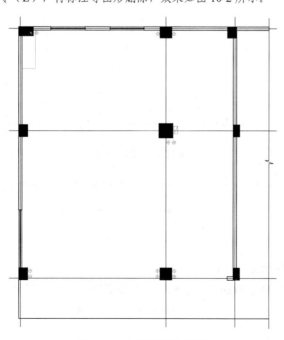

图 10-2　打开原始结构图

10.2.2　绘制隔断墙体

在绘制之前，通过设计要求，需要在室内进行增加墙体来进行隔断，从而形成不同用途的区域，如业务区、等候区、自助区、资料室、金库等区域，其操作步骤如下。

（1）在图层控制下拉列表中，将当前图层设置为"ZX-轴线"图层，如图10-3所示。

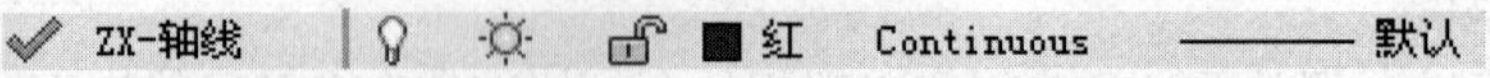

✔ ZX-轴线 ┃ ♀ ☼ ⚷ ■ 红 Continuous ━━━━ 默认

图 10-3　设置图层

（2）执行"偏移"命令（O），将最上面的水平轴线向下偏移，再将最左面的竖直线段向右偏移，偏移尺寸如图10-4所示。

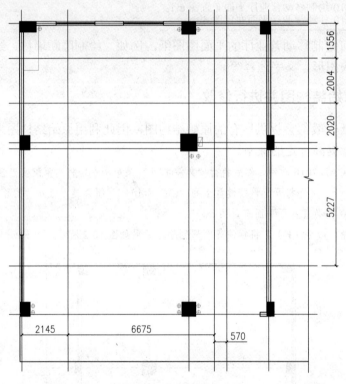

图 10-4　偏移轴线

（3）在图层控制下拉列表中，将当前图层设置为"QT-墙体"图层，如图10-5所示。

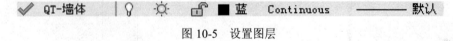

图 10-5　设置图层

（4）执行"多线"命令（ML），根据命令行提示，设置多线样式为"墙体样式"，多线比例为140，对正方式为"无"，根据前面所偏移的轴线位置，绘制几条140隔断墙体对象，效果如图10-6所示。

（5）双击140宽的多线墙体图形，弹出"多线编辑工具"对话框，对相关墙体进行编辑操作，编辑后的效果如图10-7所示。

（6）执行"偏移"命令（O），将图形下方的轴线向上偏移，偏移尺寸为306，如图10-8所示。

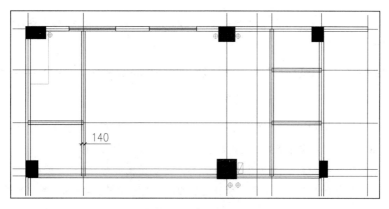

图 10-6 绘制 140 墙体

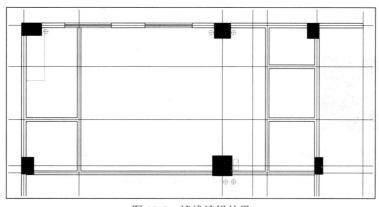

图 10-7 墙线编辑结果

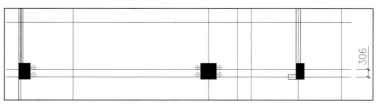

图 10-8 偏移操作

（7）在图层控制下拉列表中，将当前图层设置为 "MC-门窗" 图层，如图 10-9 所示。

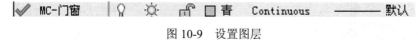

图 10-9 设置图层

（8）继续执行 "多线" 命令（ML），根据命令行提示，设置多线样式为 "窗线样式"，多线比例为 180，对正方式为 "无"，在图形右下角处绘制如图 10-10 所示的钢化玻璃。

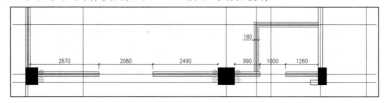

图 10-10 绘制窗线

（9）在图层控制下拉列表中，将当前图层设置为"ZZ-柱子"图层，并将"ZX-轴线"图层暂时隐藏起来，如图 10-11 所示。

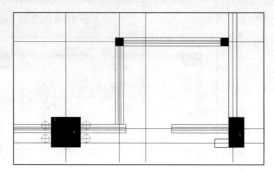

图 10-11　设置图层

（10）执行"矩形"命令（REC），绘制一个尺寸为 180×180 的矩形；再执行"图案填充"命令（H），选择填充图案为"SOLID"，对刚才所绘制的矩形进行图案填充，如图 10-12 所示。

（11）执行"编组"命令（G），将刚才所绘制的矩形及其图案填充一起进行编组。

（12）执行"复制"命令（CO），将刚才所编组后的图形按照如图 10-13 所示的位置进行复制操作。

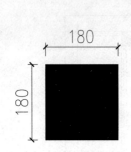

图 10-12　绘制矩形并填充

图 10-13　复制操作

（13）执行"矩形"命令（REC），在如图 10-14 所示的相关位置根据图中提供的尺寸绘制相关的矩形。

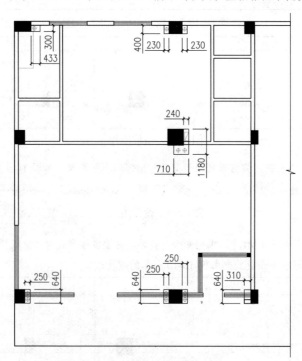

图 10-14　绘制矩形

（14）执行"修剪"命令（TR），将被刚才所绘制的矩形所挡住的地方进行修剪，修剪后的效果如图 10-15
所示。

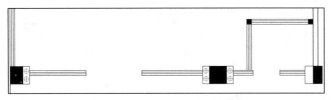

图 10-15　修剪操作

（15）执行"偏移"命令（O），将轴线向下进行偏移操作，如图 10-16 所示。

（16）执行"修剪"命令（TR），以偏移后的轴线为修剪边，将相关墙体进行修剪操作，如图 10-16 所示。

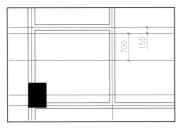 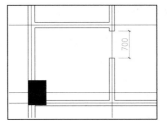

图 10-16　偏移操作　　　　　　　　　　　　　　　图 10-17　修剪操作

（17）继续利用执行"偏移"命令（O）和执行"修剪"命令（TR）等，按照如图 10-18 所示的尺寸与
位置，开启相关门洞。

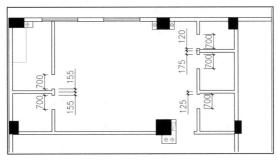

图 10-18　开启门洞

10.2.3　插入门图块图形

在前面的隔断墙体绘制过程中，已经开启了相关的门洞，那么就可以根据门洞宽度来插
入门图形了，其操作步骤如下。

（1）在图层控制下拉列表中，将当前图层设置为"MC-门窗"图层，如图 10-19 所示。

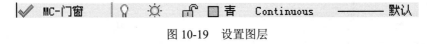

图 10-19　设置图层

（2）执行"插入块"命令（I），弹出"插入"对话框，勾选"在屏幕上指定"，勾选"统一比例"，
输入 X 比例值为 0.7（因为门洞的宽度为 700），输入角度值为-90，然后将本书配套光盘中的"图块\10\门
1000"图块插入绘图区域如图 10-20 所示的门洞中。

（3）重复执行"插入块"命令（I），按照图形中相关的门洞宽度，以及如图10-21所示门摆放方向，在其他门洞插入门图形。

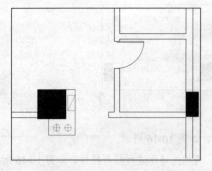

图10-20 插入门图形效果

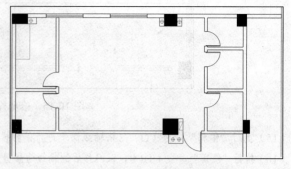

图10-21 其他门洞插入门图形

（4）用同样方式，在营业厅的大门口以及自助区门口插入"双扇门"和"玻璃门"图块图形，插入门图形后的效果如图10-22所示。

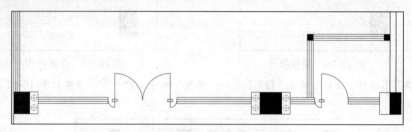

图10-22 插入其他门

10.2.4 绘制室内柜子及形象墙图形

当在平面图图形中插入相关的门图形后，接下来就是在相关的一些地方绘制家具图形，这些家具图形是根据现场尺寸来做的，因此不便于做图块，需要直接绘制，其操作步骤如下。

（1）在图层控制下拉列表中，将当前图层设置为"JJ-家具"图层，如图10-23所示。

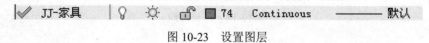

图10-23 设置图层

（2）执行"矩形"命令（REC），执行"直线"命令（L）等，绘制如图10-24所示的图形。

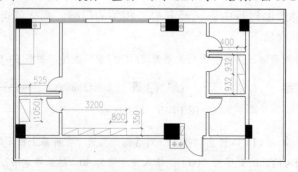

图10-24 绘制矩形及直线

（3）继续执行"矩形"命令（REC），绘制如图10-25所示的两个矩形，表示形象背景墙。

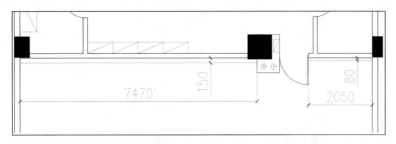

图10-25　绘制形象背景墙

10.2.5　插入室内家具图块

前面已经绘制好了相关需要现场制作的家具图形，现在来插入相关的家具图块图形，这些家具可以购买成品，因此可以用插入图块的方式来快速绘制，其操作步骤如下。

（1）在图层控制下拉列表中，将当前图层设置为"TK-图块"图层，如图10-26所示。

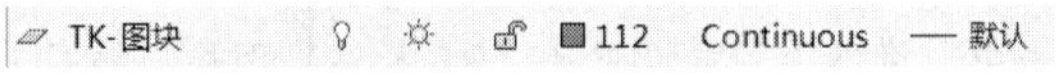

TK-图块　　♀　☼　🔓　■112　Continuous　—— 默认

图10-26　设置图层

（2）执行"插入块"命令（I），将本书配套光盘中的"图块\10\桌椅-1"图块插入平面图中的相应位置处，其布置后的效果，如图10-27所示。

（3）继续执行"插入块"命令（I），将本书配套光盘中其他的图块图形插入平面图中的相应位置处，其布置后的效果如图10-28所示。

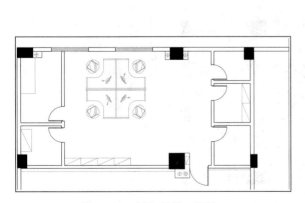

图10-27　插入桌椅-1图块

图10-28　插入其他图块图形

（4）再次执行"插入块"命令（I），将本书配套光盘中的"图块\03\立面指向符.dwg"图块插入平面图中的相应位置处（共4处），其布置后的效果如图10-29所示。

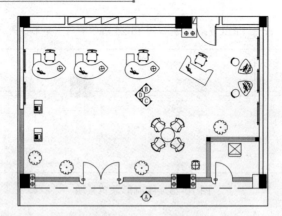

图 10-29　插入立面指向符

10.2.6　标注尺寸及文字说明

前面已经绘制好了墙体、家具图形，以及插入了相关的家具、门图块图形，绘制部分的内容已经基本完成，现在则需要对其进行尺寸标注及文字注释，其操作步骤如下。

（1）在图层控制下拉列表中，将当前图层设置为"BZ-标注"图层，如图 10-30 所示。

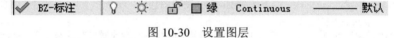

图 10-30　设置图层

（2）结合"线型标注"命令（DLI）及"连续标注"命令（DCO），对平面图进行尺寸标注，如图 10-31 所示。

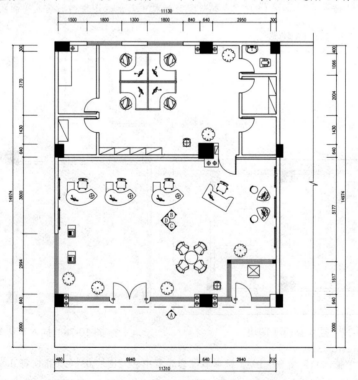

图 10-31　标注平面图尺寸

（3）将当前图层设置为"ZS-注释"图层，执行"单行文字"命令（DT），在平面图左上角相应位置输入输入文字"资料室"，如图10-32所示。

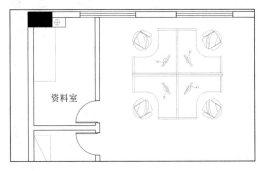

图 10-32　输入单行文字

（4）继续执行"单行文字"命令（DT），输入其他位置的单行文字，效果如图10-33所示。

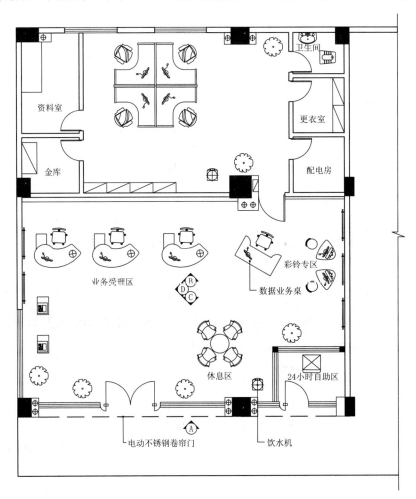

图 10-33　输入其他位置的单行文字

（5）参考前面章节的方法，对平面图进行文字注释以及图名比例的标注，如图10-34所示。

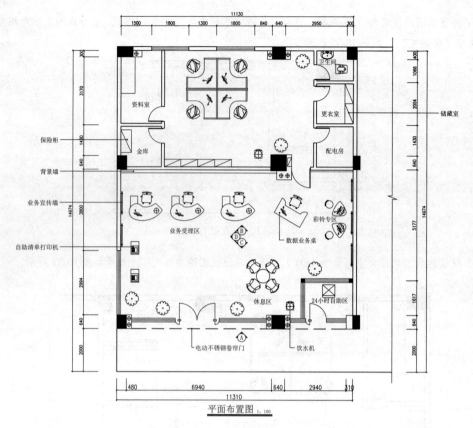

图 10-34 标注文字说明

（6）最后按键盘上的"Ctrl+S"组合键，将图形进行保存。

10.3 绘制移动营业厅地面布置图

 视频\10\绘制移动营业厅地面布置图.avi
案例\10\移动营业厅地面布置图.dwg

本节讲解如何绘制移动营业厅的地面布置图图纸，包括对平面图的修改，绘制门槛石，绘制地面拼花，绘制地砖，绘制木地板，插入图块图形，文字注释等。

10.3.1 打开平面图并进行修改

绘制移动营业厅地面布置图时，可以通过打开前面已经绘制好的平面布置图，另存为和修改，从而快速达到绘制基本图形的目的，其操作步骤如下。

（1）执行"文件|打开"菜单命令，打开本书配套光盘"案例\10\移动营业厅平面布置图.dwg"图形文件，按键盘上的"Ctrl+Shift+S"组合键，打开"图形另存为"对话框，将文件保存为"案例\10\移动营业厅地面布置图.dwg"文件。

（2）执行"删除"命令（E），删除与绘制地面布置图无关的室内家具、文字注释等内容，再双击下侧的图名将其修改为"地面布置图 1:100"，如图 10-35 所示。

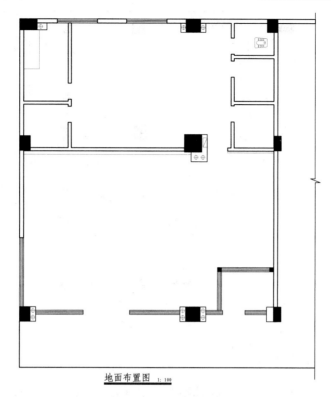

地面布置图 1：100

图 10-35 整理图形并修改图名

10.3.2 绘制门槛石及地面拼花

打开图纸并修改后，根据设计要求，需要在不同的区域铺贴不同型号和规格的地砖等，因此需要通过一些过门槛石来将这些区域隔开，其操作步骤如下。

（1）在图层控制下拉列表中，将当前图层设置为"DM-地面"图层，如图 10-36 所示。

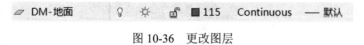

图 10-36 更改图层

（2）执行"矩形"命令（REC），在营业厅大门口双扇门的地方绘制一个尺寸为 2080×180 的矩形，表示门槛石，如图 10-37 所示。

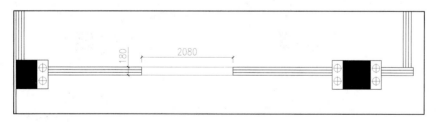

图 10-37 绘制门槛石

（3）继续执行"矩形"命令（REC），参照图中提供的尺寸与位置，在移动营业厅地面其他地方绘制相关的矩形，表示门槛石，如图 10-38 所示。

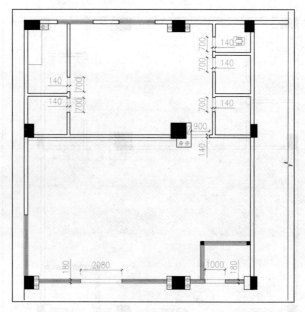

图 10-38 绘制其他地方的门槛石

10.3.3 绘制地面地砖铺贴图

现在来绘制移动营业厅地面的地砖铺贴图，根据要求，该办公室有地砖正贴和木地板正贴，因此可以通过填充的方式来快速绘制，其操作步骤如下。

（1）在图层控制下拉列表中，将当前图层设置为"TC-填充"图层，如图 10-39 所示。

图 10-39 更改图层

（2）现在来填充台阶处的 800 地砖。执行"图案填充"命令（H），对台阶区域进行填充，设置参数为"图案为 USER、双排、0°、填充间距为 800、捕捉原点为台阶边缘的线段中点"，表示 800×800 的砖正铺，如图 10-40 所示。

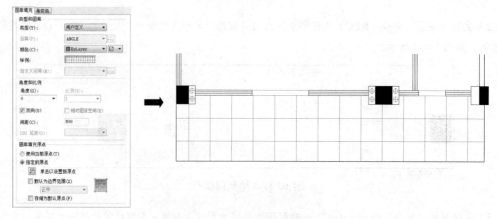

图 10-40 填充台阶地砖

（3）继续执行"图案填充"命令（H），对大厅区域进行 800 砖填充，所采用的填充参数为上一步填充的参数，填充后的效果如图 10-41 所示。

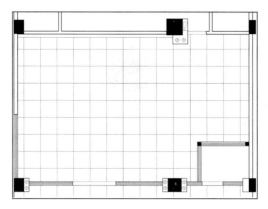

图 10-41　填充大厅地砖

（4）继续执行"图案填充"命令（H），对自助机区域进行 800 砖填充，所采用的填充参数为前面填充 800 砖时采用的填充参数，填充后的效果如图 10-42 所示。

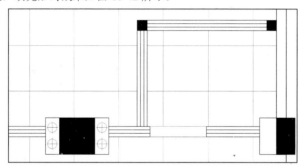

图 10-42　填充自助机区域

（5）执行"图案填充"命令（H），对后面的区域进行填充，设置参数为"图案为 USER、双排、0°、填充间距为 600、设置原点为右卜角点"，表示 600×600 的砖正铺，如图 10-43 所示。

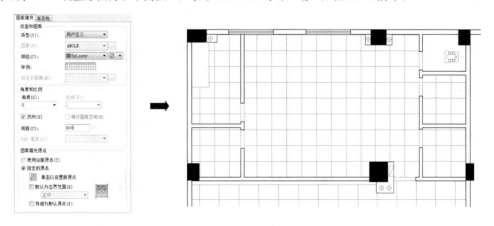

图 10-43　填充后面的区域

（6）执行"图案填充"命令（H），对卫生间的区域进行填充，设置参数为"图案为USER、双排、0°、填充间距为300、设置原点为左下角点"，表示300×300的砖正铺，如图10-44所示。

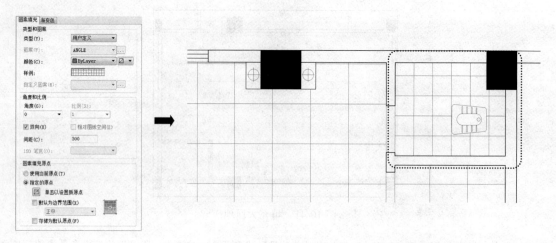

图10-44　填充卫生间区域

（7）继续执行"图案填充"命令（H），对如图10-45所示的区域进行填充，设置参数为"图案为AR-SAND、填充间距为1"，对相关门槛石区域进行填充，如图10-45所示。

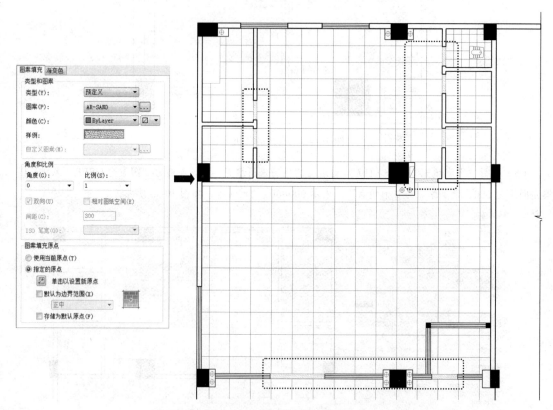

图10-45　填充门槛石区域

10.3.4 标注说明文字

前面已经绘制好了门槛石、地砖、木地板等图形，绘制部分的内容已经基本完成，现在则需要对其进行尺寸标注及文字注释，其操作步骤如下。

（1）在图层控制下拉列表中，将当前图层设置为"ZS-注释"图层，如图 10-46 所示。

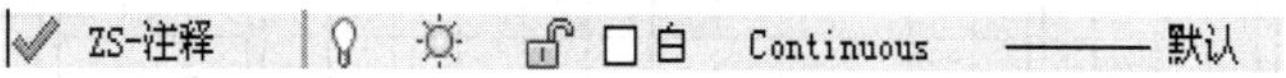

✅ ZS-注释 ｜ ♀ ☼ 🔓 □白 Continuous ——— 默认

图 10-46 设置图层

（2）执行"插入块"命令（I），将本书配套光盘中的"图块\10\标高符号.dwg"图块插入绘图区中；再执行"复制"命令（CO），将插入的标高符号复制到图中相应的位置处，并分别双击标高符号对其参数进行修改，如图 10-47 所示。

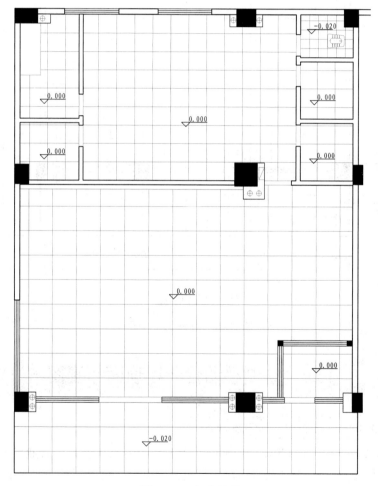

图 10-47 标高符号

（3）再执行"多重引线"命令（MLEA），在绘制完成的地面布置图右侧进行文字说明标注，如图 10-48 所示。

（4）最后按键盘上的"Ctrl+ S"组合键，将图形进行保存。

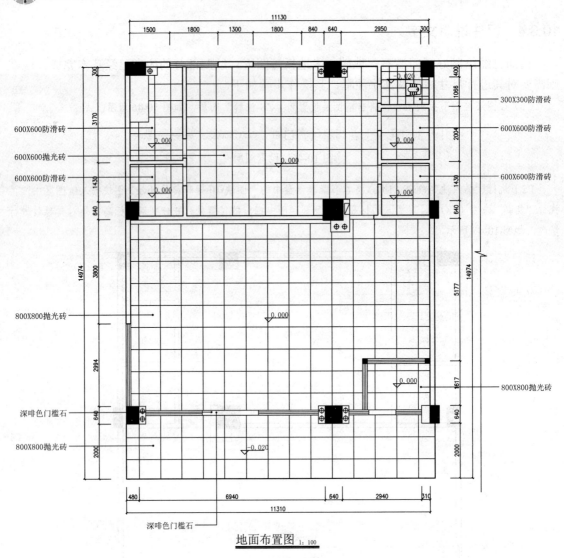

地面布置图 1:100

图 10-48　标注说明文字

10.4　绘制移动营业厅顶面布置图

素
材
视频\10\绘制移动营业厅顶面布置图.avi
案例\10\移动营业厅顶面布置图.dwg

前面讲解了如何绘制移动营业厅的地面布置图，接着来讲解移动营业厅的顶面布置图绘制，包括对平面图的修改，封闭吊顶区域，填充吊顶区域，插入灯具图块图形，文字注释等。

10.4.1　打开图形并进行修改

要绘制顶面布置图，可以通过打开前面已经绘制好的平面布置图，另存为和修改，从而快速达到绘制基本图形的目的，其操作步骤如下。

（1）执行"文件|打开"命令，打开本书配套光盘"案例\10\移动营业厅平面布置图.dwg"图形文件，按键盘上的"Ctrl+Shift+S"组合键，打开"图形另存为"对话框，将文件保存为"案例\10\移动营业厅顶面布置图.dwg"文件。

（2）接着执行"删除"命令（E），删除与绘制顶面布置图无关的室内家具、文字注释等内容，再双击下侧的图名将其修改为"顶面布置图 1:100"，如图 10-49 所示。

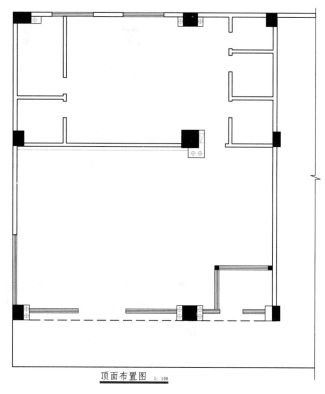

顶面布置图 1:100

图 10-49　整理图形并修改图名

10.4.2　封闭吊顶的各个区域

同绘制地面铺贴图一样，不同的区域用不同的吊顶方式，因此在绘制时，需要绘制相关的图形来封闭吊顶区域，其操作步骤如下。

（1）在图层控制下拉列表中，将当前图层设置为"QT-墙体"图层，如图 10-50 所示。

图 10-50　设置图层

（2）执行"多段线"命令（PL），在移动营业厅大门口处，绘制如图 10-51 所示的两条多段线。

（3）继续执行"多段线"命令（PL），以台阶右边柱子的右下角点为起点，向下绘制一条多段线，如图 10-52 所示。

（4）执行"偏移"命令（O），将如 10-53 所示三条线向内进行偏移操作，偏移尺寸为 300；再执行"修剪"命令（TR），对图形进行修剪操作。

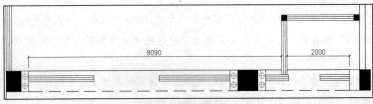

图 10-51　绘制两条多段线

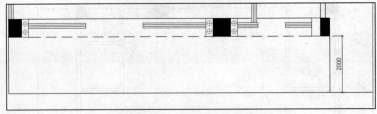

图 10-52　绘制一条多段线

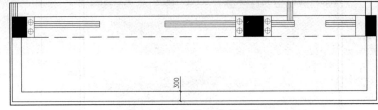

图 10-53　偏移并修剪操作

（5）在图层控制下拉列表中，将当前图层设置为"DD-吊顶"图层，如图 10-54 所示。

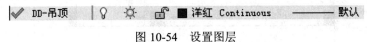

图 10-54　设置图层

（6）执行"矩形"命令（REC），在移动营业厅区域的几个门的地方，绘制对应的矩形，以封闭吊顶区域，如图 10-55 所示。

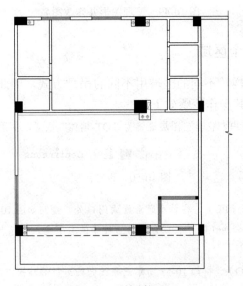

图 10-55　绘制矩形

10.4.3 绘制吊顶轮廓造型

前面已经对相关的吊顶区域进行了封闭，现在则可以根据设计要求来在各个区域绘制吊顶图形，其操作步骤如下。

（1）执行"多段线"命令（PL），在移动营业厅大门口处，绘制如图10-56所示的几条竖直多段线。

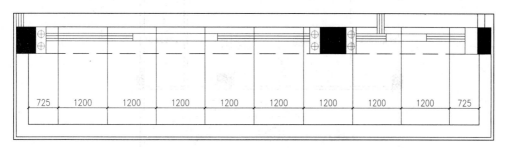

图 10-56　绘制竖直线段

（2）执行"修剪"命令（TR），对刚才所绘制的竖直线段进行修剪操作，修剪后的效果如图10-57所示。

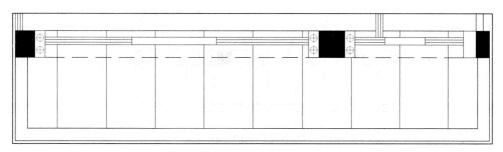

图 10-57　修剪操作

（3）在图层控制下拉列表中，将当前图层设置为"DJ-灯具"图层，如图10-58所示。

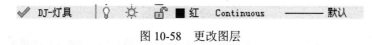

图 10-58　更改图层

（4）执行"矩形"命令（REC），绘制一个尺寸为1200×600的矩形，如图10-59所示。

（5）执行"分解"命令（X），将矩形进行分解操作，分解之后再执行"偏移"命令（O），将分解后的矩形相关线段进行偏移操作，偏移尺寸如图10-60所示。

图 10-59　绘制矩形

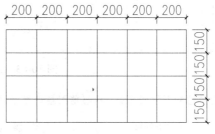

图 10-60　分解并偏移

（6）执行"编组"命令（G），将刚才所绘制的图形进行编组操作；然后再执行"复制"命令（CO），将编组后的图形按照如图 10-61 所示的尺寸与位置进行复制操作。

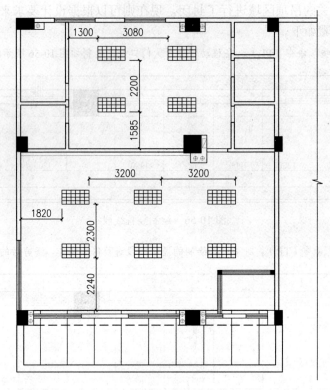

图 10-61　复制操作

（7）在图层控制下拉列表中，将当前图层设置为"DD-吊顶"图层，如图 10-62 所示。

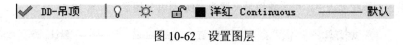

图 10-62　设置图层

（8）执行"矩形"命令（REC），绘制一个尺寸为 5800×80 的矩形，如图 10-63 所示。

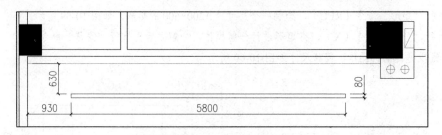

图 10-63　绘制矩形

（9）在图层控制下拉列表中，将当前图层设置为"DJ-灯具"图层，如图 10-64 所示。

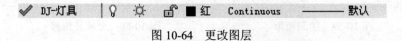

图 10-64　更改图层

（10）执行"矩形"命令（REC），绘制一个尺寸为 250×200 的矩形；再执行"复制"命令（CO），将所绘制的矩形复制到如图 10-65 所示的几个地方。

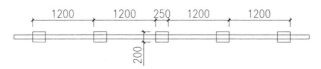

图 10-65　绘制矩形并复制操作

（11）在图层控制下拉列表中，将当前图层设置为"TC-填充"图层，如图 10-66 所示。

图 10-66　更改图层

（12）执行"图案填充"命令（H），对形象背景墙区域进行填充，设置参数为"图案为 ANSI31、填充间距为 20"，对该区域进行填充，如图 10-67 所示。

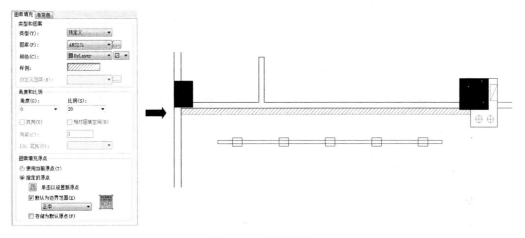

图 10-67　填充操作

10.4.4　插入相应灯具图例

前面已经绘制好了顶面布置图的吊顶图形，灯具一般是成品，因此可以通过制作图块的方式，然后再插入图形中，从而提高绘图效率，其操作步骤如下。

（1）在图层控制下拉列表中，将当前图层设置为"DJ-灯具"图层，如图 10-68 所示。

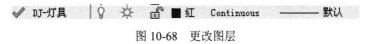

图 10-68　更改图层

（2）执行"插入块"命令（I），将本书配套光盘中的"图块\10"文件夹中的"灯-1、灯-2、灯-3、灯-4、吸顶空调"等图块插入绘图区中，如图 10-69 所示。

（3）在图层控制下拉列表中，将当前图层设置为"TC-填充"图层，如图 10-70 所示。

（4）执行"图案填充"命令（H），对大厅区域和自助机天花板区域进行填充，设置参数为"图案为 AR-SAND、填充间距为 5"，对该区域进行填充，如图 10-71 所示。

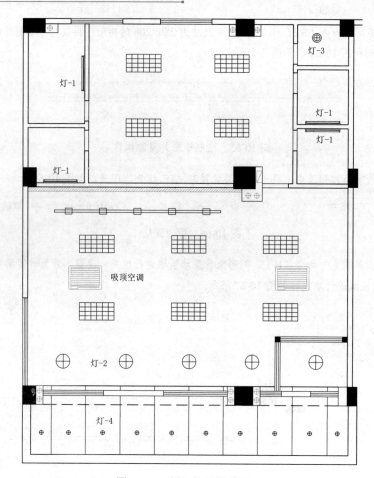

图 10-69　插入灯具图块图形

图 10-70　更改图层

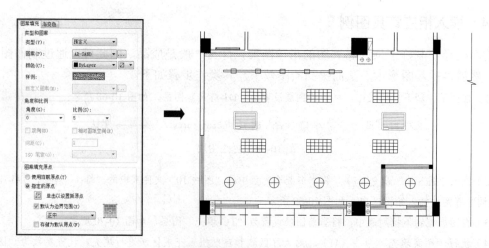

图 10-71　填充天花板区域

10.4.5　标注吊顶标高及文字说明

前面已经绘制好了顶面布置图的吊顶，板棚，以及灯具等图形，绘制部分的内容已经基本完成，现在则需要对其进行尺寸标注及文字注释，其操作步骤如下。

（1）在图层控制下拉列表中，将当前图层设置为"ZS-注释"图层，如图 10-72 所示。

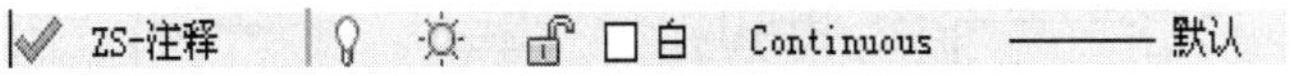

✔ ZS-注释　♀ ☼ 🔓 □白 Continuous ——— 默认

图 10-72　设置图层

（2）执行"插入块"命令（I），将本书配套光盘中的"图块\10"文件夹中的"标高"图块插入绘图区中，如图 10-73 所示。

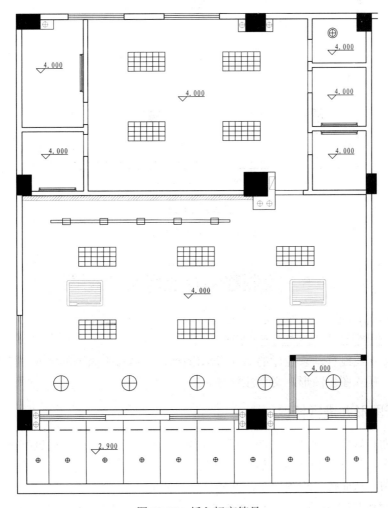

图 10-73　插入标高符号

（3）再执行"多重引线"命令（MLEA），在绘制完成的地面布置图左右侧进行文字说明标注，如图 10-74 所示。

（4）最后按键盘上的"Ctrl+ S"组合键，将图形进行保存。

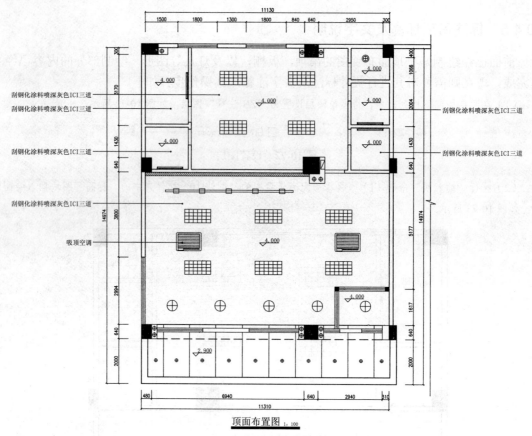

图 10-74　标注说明文字

10.5　绘制移动营业厅 A 立面图

　视频\10\绘制移动营业厅 A 立面图.avi
案例\10\移动营业厅 A 立面图.dwg

本节讲解如何绘制移动营业厅的 A 立面图图纸，包括对平面图的修改，绘制墙面造型，填充墙面区域，插入图块图形，文字注释等。

10.5.1　打开图形并进行修改

和绘制地面布置图和顶面布置图一样，在绘制立面图之前，可以通过打开前面已经绘制好的平面布置图，另存为和修改，然后再参照平面布置图上的形式、尺寸等参数，快速、直观地绘制立面图，从而提高绘图效率，其操作步骤如下。

（1）执行"文件|打开"命令，打开本书配套光盘"案例\10\移动营业厅地面布置图.dwg"图形文件，按键盘上的"Ctrl+Shift+S"组合键，打开"图形另存为"对话框，将文件保存为"案例\10\移动营业厅 A 立面图.dwg"文件。

（2）执行"删除"命令（E），执行"修剪"命令（TR）等，将多余的线条进行修剪和删除，修剪后的效果如图 10-75 所示。

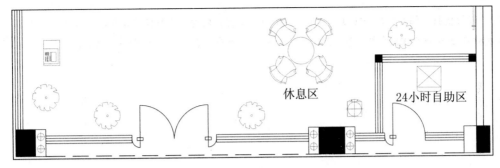

图 10-75　修改图形

（3）在图层控制下拉列表中，将当前图层设置为"QT-墙体"图层，如图 10-76 所示。

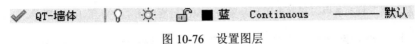

图 10-76　设置图层

（4）执行"直线"命令（L），捕捉平面图上的相应轮廓向下绘制引申线，并在图形的下方绘制一条适当长度的水平线，如图 10-77 所示。

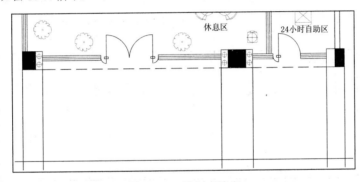

图 10-77　绘制直线段

10.5.2　绘制立面相关造型

前面已经修改好了平面图，并且绘制了相关的引申线段，接下来则可以根据设计要求来绘制墙面的相关造型图形，其操作步骤如下。

（1）执行"偏移"命令（O），将前面所绘制的直线段进行偏移操作，偏移尺寸和方向如图 10-78 所示；接着再执行"修剪"命令（TR），对偏移后的线段进行修剪。

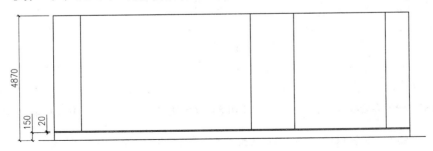

图 10-78　偏移线段

（2）继续执行"偏移"命令（O），将最上面的水平直线段向下进行偏移操作，偏移尺寸为1800，并将偏移后的线段置放到"DD-吊顶"图层；再执行"修剪"命令（TR），对图形进行修剪，如图10-79所示。

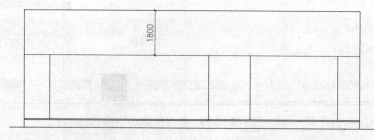

图10-79　偏移吊顶相关线段

（3）在图层控制下拉列表中，将当前图层设置为"MC-门窗"图层，如图10-80所示。

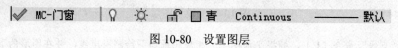

图10-80　设置图层

（4）执行"偏移"命令（O），将相关线段按照如图10-81所示的尺寸与方向进行偏移，并将相关的线段置放到"MC-门窗"图层；然后再执行"修剪"命令（TR），对偏移后的线段进行修剪操作，如图10-81所示。

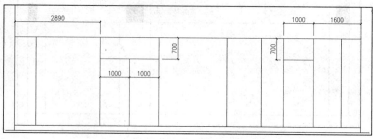

图10-81　偏移门窗相关线段

（5）执行"多段线"命令（PL），绘制一条如图10-82所示的多段线。

（6）执行"矩形"命令（REC），绘制一个尺寸为50×840的矩形；再执行"移动"命令（M），将这个矩形移动到如图10-83所示的位置。

（7）执行"修剪"命令（TR），将图形进行修剪操作，修剪后的效果如图10-84所示。

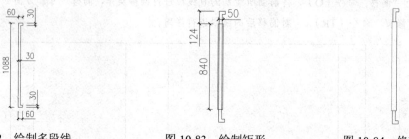

图10-82　绘制多段线　　　　图10-83　绘制矩形　　　　图10-84　修剪操作

（8）执行"编组"命令（G），将所绘制的图形进行编组操作，然后再执行"移动"命令（M）和执行"镜像"命令（MI），将编组后的图形移动到如图10-85所示的位置。

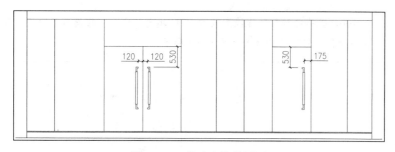

图 10-85　移动和镜像图形

（9）在图层控制下拉列表中，将当前图层设置为"TC-填充"图层，如图 10-86 所示。

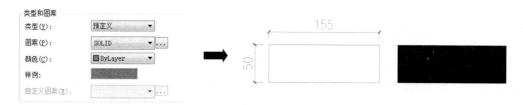

图 10-86　更改图层

（10）执行"矩形"命令（REC），绘制一个 155×50 的矩形，再按照图中提供的参数进行填充操作，如图 10-87 所示。

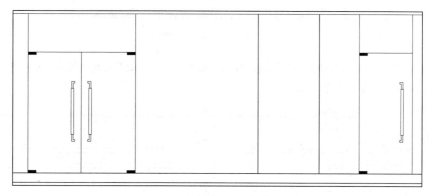

图 10-87　绘制矩形并填充

（11）执行"编组"命令（G），将所绘制的图形进行编组操作，然后再执行"复制"命令（CO），将编组后的图形复制到门的四个角落，效果如图 10-88 所示。

图 10-88　编组并复制图形

（12）绘制墙面瓷砖。执行"偏移"命令（O），将从下往上数第三条线段向上进行偏移操作，偏移尺寸依次为 800，并将偏移后的线段置放到"TC-填充"图层；在中间部分大于 800 的地方绘制一条竖直的线段，效果如图 10-89 所示。

（13）执行"修剪"命令（TR），将偏移的线段按照进行修剪操作，修剪后的效果如图 10-90 所示。

（14）绘制玻璃上的防撞胶条。执行"偏移"命令（O），将从下往上数第三条线段向上进行偏移操作，偏移尺寸依次为1800、100，并将偏移后的线段置放到"TC-填充"图层；接着再执行"修剪"命令（TR），对偏移后的线段进行修剪操作，修剪后的效果如图10-91所示。

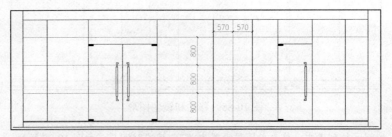

图10-89　偏移线段

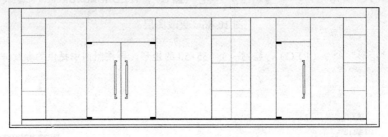

图10-90　修剪操作

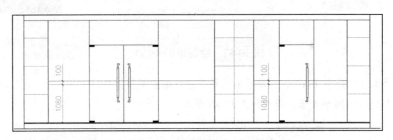

图10-91　偏移线段并修剪

（15）将当前图层设置为"DJ-灯具"图层。执行"矩形"命令（REC）和"偏移"命令（O）等，绘制如图10-92所示的一个图形，表示灯管。

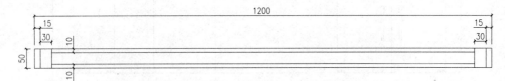

图10-92　绘制灯管

（16）执行"编组"命令（G），将前面所绘制的矩形进行编组操作，再执行"复制"命令（CO），将编组后的图形复制到图形的左上角，如图10-93所示。

（17）继续执行"复制"命令（CO），将图形继续进行复制操作，复制的尺寸与效果如图10-94所示。

（18）执行"编组"命令（G），将复制后的图形一起编组操作，编组后再执行"复制"命令（CO），将其进行复制操作，如图10-95所示。

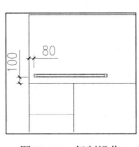

图 10-93　复制操作

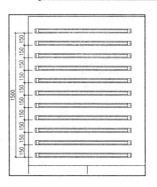

图 10-94　继续复制

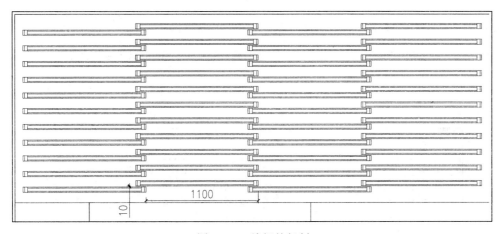

图 10-95　编组并复制

（19）执行"偏移"命令（O），将如图 10-96 所示的线段进行偏移操作，并将偏移后的线段置放到"LM-立面"图层。

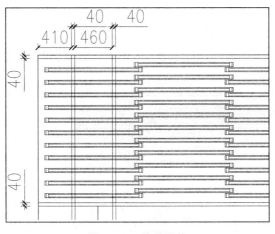

图 10-96　偏移操作

（20）执行"修剪"命令（TR），将偏移后的线段进行修剪操作；再将修剪后的线段向右依次复制到对应灯管的位置上，效果如图 10-97 所示。

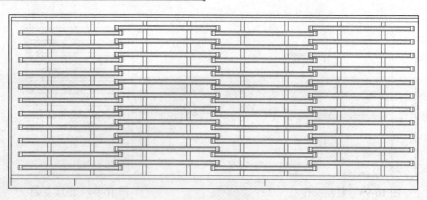

图 10-97　修剪操作

（21）接着将当前图层设置为"LM-立面"图层，如图 10-98 所示。

| ⚏ LM-立面 | ♀ | ☼ | 🔓 | ■洋红 | Continuous | ——默认 |

图 10-98　更改图层

（22）执行"样条曲线"命令（SPL），在图形的左上角绘制一条样条曲线，如图 10-99 所示。

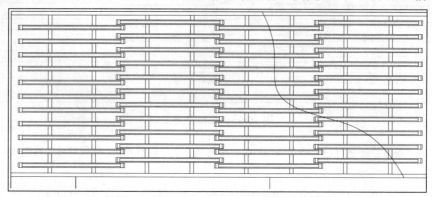

图 10-99　绘制样条曲线

（23）执行"修剪"命令（TR），以所绘制的样条曲线为修剪边，将样条曲线右边的图形进行修剪，修剪后的图形效果如图 10-100 所示。

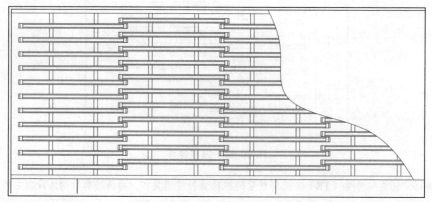

图 10-100　修剪操作

（24）执行"偏移"命令（O），将最上面的水平线段向下偏移 1650，并将偏移后的线段放到"LM-立面"图层；再执行"修剪"命令（TR），以样条曲线为修剪边，对偏移后的线段进行修剪操作，如图 10-101 所示。

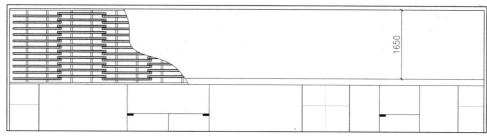

图 10-101　偏移并修剪线段

10.5.3　对立面图相应位置填充图案

当墙面的造型等图形绘制好之后，有些区域需要通过填充图案来进行装饰，从而起到更加直观的表达效果，其操作步骤如下。

（1）在图层控制下拉列表中，将当前图层设置为"TC-填充"图层，如图 10-102 所示。

TC-填充　　　　♀　　☼　　⌂　　■8　　Continuous　　—— 默认

图 10-102　更改图层

（2）执行"图案填充"命令（H），选择如图 10-103 所示的填充参数，对如图 10-103 所示的门把手区域进行填充。

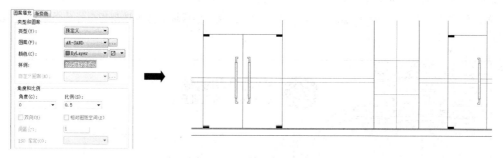

图 10-103　填充把手区域

（3）继续执行"图案填充"命令（H），以填充把手区域的填充参数，对防撞胶条区域进行填充，填充后的效果如图 10-104 所示。

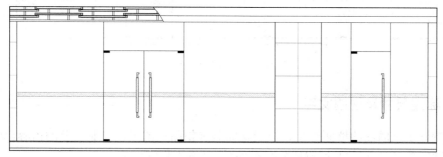

图 10-104　填充防撞胶条区域

（4）继续执行"图案填充"命令（H），选择如图 10-105 所示的填充参数，对 A 立面图中的所有玻璃区域进行填充。

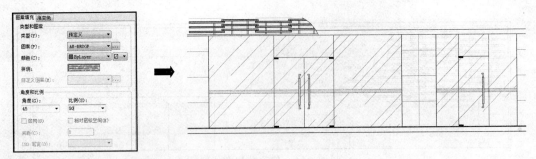

图 10-105　填充玻璃区域

10.5.4　插入图块图形

当绘制好了移动营业厅立面图的墙面相关造型之后，接着就可以通过插入墙面相关的装饰物品以及墙面附近的家具等图块图形，更加形象地表达该立面图的内容，其操作步骤如下。

（1）在图层控制下拉列表中，将当前图层设置为"TK-图块"图层，如图 10-106 所示。

 TK-图块　　　　♀　　☼　　🔓　　■112　Continuous　── 默认

图 10-106　设置图层

（2）执行"插入块"命令（I），将本书配套光盘中的"图块\11"文件夹中的"移动 Logo-大"图块图形插入图形的顶部，再把"移动 Logo-小"图块图形插入防撞胶条区域，插入图块图形后的效果如图 10-107 所示。

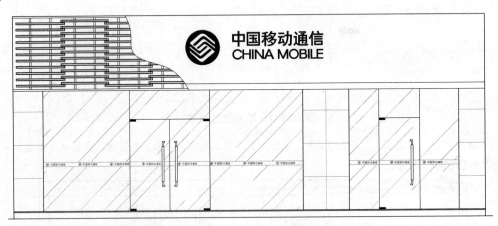

图 10-107　插入图块图形

10.5.5　标注尺寸及说明文字

当绘制好了立面图的墙面造型，以及墙面装饰物品等图形，绘制部分的内容已经基本完成，现在则需要对其进行尺寸标注及文字注释，其操作步骤如下。

（1）在图层控制下拉列表中，将当前图层设置为"BZ-标注"图层，如图 10-108 所示。

✔ BZ-标注 | ♀ ☼ 🔓 ■绿 Continuous ——— 默认

图 10-108 设置图层

（2）结合"线型标注"命令（DLI）及"连续标注"命令（DCO），对立面图进行尺寸标注，如图 10-109
所示。

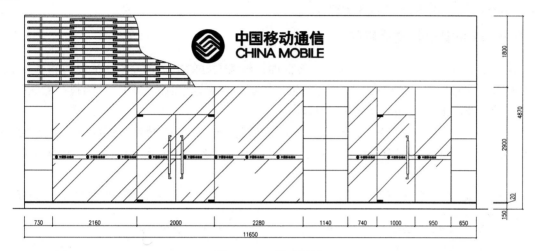

图 10-109 尺寸标注

（3）将当前图层设置为"ZS-注释"图层，参考前面章节的方法，对立面图进行立文字注释以及图名比
例的标注，如图 10-110 所示。

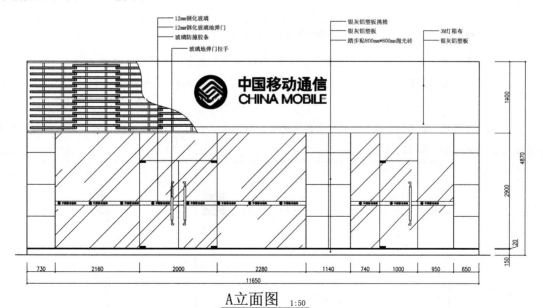

图 10-110 标注文字说明

（4）最后按键盘上的"Ctrl+ S"组合键，将图形进行保存。

10.6 绘制移动营业厅 B 立面图

素材 视频\10\绘制移动营业厅 B 立面图.avi
案例\10\移动营业厅 B 立面图.dwg

本节讲解如何绘制移动营业厅 B 立面图图纸，包括对平面图的修改、绘制墙面造型、填充墙面区域、插入图块图形、文字注释等。

10.6.1 打开图形并进行修改

同绘制 A 立面图一样，可以通过打开前面已经绘制好的平面布置图，另存为和修改，然后再参照平面布置图上的形式，尺寸等参数，快速、直观地绘制立面图，从而提高绘图效率，绘制移动营业厅 B 立面图的操作步骤如下。

（1）执行"文件|打开"命令，打开本书配套光盘"案例\10\移动营业厅地面布置图.dwg"图形文件，按键盘上的"Ctrl+Shift+S"组合键，打开"图形另存为"对话框，将文件保存为"案例\10\移动营业厅 B 立面图.dwg"文件。

（2）执行"删除"命令（E），执行"修剪"命令（TR）等，将多余的线条进行修剪和删除，修剪后的效果如图 10-111 所示。

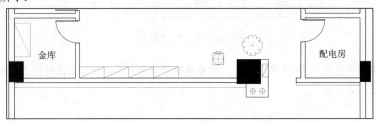

图 10-111 修改图形

（3）在图层控制下拉列表中，将当前图层设置为"QT-墙体"图层，如图 10-112 所示。

| ✔ QT-墙体 | 🔆 ☀ 🔓 ■蓝 Continuous ──── 默认 |

图 10-112 设置图层

（4）执行"直线"命令（L），捕捉平面图上的相应轮廓向下绘制引申线，并在图形的下方绘制一条适当长度的水平线，如图 10-113 所示。

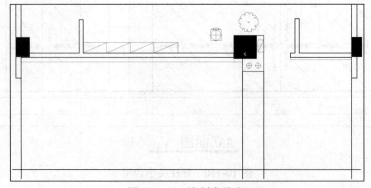

图 10-113 绘制直线段

10.6.2 绘制立面相关造型

前面已经修改好了平面图，并且绘制了相关的引申线段，接下来则可以根据设计要求来绘制墙面的相关造型图形，其操作步骤如下。

（1）执行"偏移"命令（O），将前面所绘制的直线段进行偏移操作，偏移尺寸和方向如图 10-114 所示；接着再执行"修剪"命令（TR），对偏移后的线段进行修剪，修剪后的效果如图 10-114 所示。

（2）继续执行"偏移"命令（O），将几条线段进行偏移操作，偏移方向和偏移尺寸如图 10-115 所示。并将偏移后的线段置放到"LM-立面"图层。

图 10-114　偏移线段并修剪

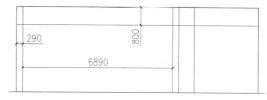

图 10-115　偏移线段

（3）执行"修剪"命令（TR），对偏移后的线段进行修剪操作，修剪后的图形如图 10-116 所示。

图 10-116　修剪操作

（4）在图层控制下拉列表中，将当前图层设置为"MC-门窗"图层，如图 10-117 所示。

图 10-117　设置图层

（5）执行"多段线"命令（PL），在图形的右边区域绘制一条多段线，表示门的内框，如图 10-118 所示。

（6）执行"偏移"命令（O），将刚才所绘制的多段线向外进行偏移操作，偏移尺寸为 80，如图 10-119 所示。

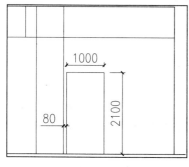

图 10-118　绘制多段线

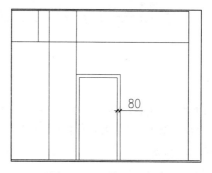

图 10-119　偏移操作

（7）将当前图层设置为"LM-立面"图层，如图10-120所示。

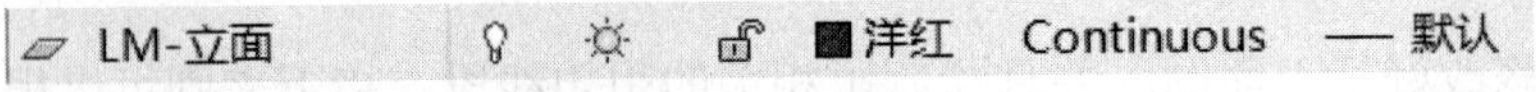

LM-立面　　　　　💡　　☀　　🔓　■洋红　　Continuous　　—— 默认

图 10-120　更改图层

（8）执行"偏移"命令（O），将最下面的水平线段向上进行偏移操作，并把偏移后的线段置放到"LM-立面"图层，表示铝塑板，如图10-121所示。

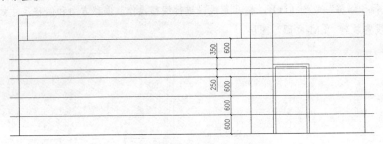

图 10-121　偏移线段

（9）执行"修剪"命令（TR），对刚才偏移后的线段进行修剪操作，修剪后的效果如图10-122所示。

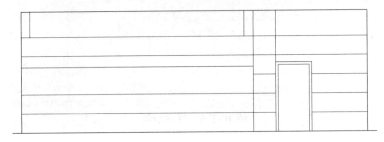

图 10-122　修剪操作

（10）执行"矩形"命令（REC），绘制一个尺寸为2500×30的矩形；再执行"复制"命令（CO），将所绘制的矩形进行复制操作，复制到如图10-123所示的位置。

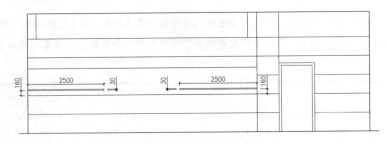

图 10-123　绘制矩形

（11）执行"偏移"命令（O），将最下面的水平直线段向上偏移，偏移尺寸为100，并把偏移后的线段置放到"LM-立面"图层；最后再执行"修剪"命令（TR），对偏移后的线段进行修剪操作，表示墙面踢脚线，如图10-124所示。

（12）现在来绘制背景墙射灯。在图层控制下拉列表中，将当前图层设置为"JJ-家具"图层，如图10-125所示。

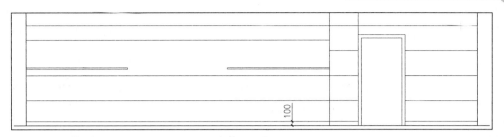

图 10-124 绘制踢脚线

图 10-125 设置图层

（13）执行"矩形"命令（REC），绘制一个尺寸为6600×50的矩形，如图10-126所示。

图 10-126 绘制矩形

（14）继续执行"矩形"命令（REC），绘制一个尺寸为10×880的矩形；再执行"复制"命令（CO），将所绘制的矩形复制到前面所绘制的矩形上，复制四个，如图10-127所示。

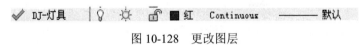

图 10-127 继续绘制矩形并复制

（15）在图层控制下拉列表中，将当前图层设置为"DJ-灯具"图层，如图10-128所示。

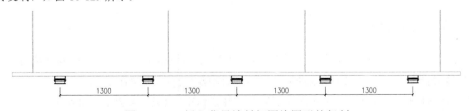

图 10-128 更改图层

（16）执行"插入块"命令（I），将本书配套光盘中的"图块\11"文件夹中的"背景墙射灯"图块图形插入所绘制的6600×50矩形的下方中间，再执行"复制"命令（CO），将插入的灯图块图形按照图中提供的尺寸进行复制，如图10-129所示。

图 10-129 插入背景墙射灯图块图形并复制

（17）执行"矩形"命令（REC），在背景墙射灯上面对应位置各绘制一个尺寸为150×50的矩形，如图10-130所示。

图 10-130　绘制矩形

（18）执行"编组"命令（G），将所绘制的矩形以及背景墙射灯图块图形进行编组操作，再执行"移动"命令（M），将编组后的图形移动到图形的顶端，如图 10-131 所示。

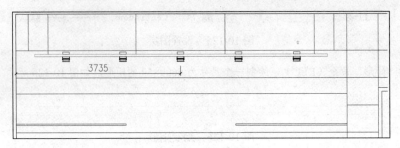

图 10-131　编组并移动图形

（19）在图层控制下拉列表中，将当前图层设置为"TC-填充"图层，如图 10-132 所示。

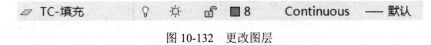

图 10-132　更改图层

（20）执行"图案填充"命令（H），选择如图 10-133 所示的填充参数，对图形顶部区域进行填充。

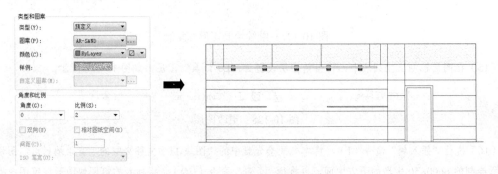

图 10-133　填充图形

10.6.3　插入图块图形

当绘制好了立面图的墙面相关造型之后，则可以通过插入墙面相关的装饰物品以及墙面附近的家具等图块图形，更加形象地表达该立面图的内容，其操作步骤如下。

（1）在图层控制下拉列表中，将当前图层设置为"BZ-标注"图层，如图 10-134 所示。

图 10-134　设置图层

（2）执行"插入块"命令（I），将本书配套光盘中的"图块\10"文件夹中的"移动 Logo-大"图块图形插入图形的背景墙区域中，再执行"比例缩放"命令（SC），将插入的图块图形缩放 0.5，如图 10-135 所示。

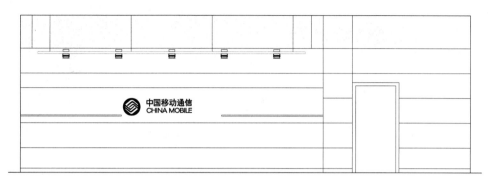

图 10-135　插入 Logo 图块图形

（3）继续执行"插入块"命令（I），将本书配套光盘中的"图块\10"文件夹中的"门把手"、"盆景-立"和"沟通一百"图块图形插入图形中，效果如图 10-136 所示。

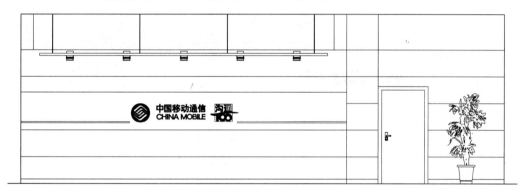

图 10-136　插入其他图块图形

10.6.4　标注尺寸及说明文字

前面已经绘制好了立面图的墙面造型，墙面填充以及墙面装饰物品等图形，绘制部分的内容已经基本完成，现在则需要对其进行尺寸标注及文字注释，其操作步骤如下。

（1）在图层控制下拉列表 0 中，将当前图层设置为"BZ-标注"图层，如图 10-137 所示。

✔️ **BZ-标注**　　💡　☀️　🔓 🟩 绿　Continuous　————— 默认

图 10-137　设置图层

（2）结合"线型标注"命令（DLI）及"连续标注"命令（DCO），对立面图进行尺寸标注，如图 10-138 所示。

（3）将当前图层设置为"ZS-注释"图层，参考前面章节的方法，对立面图进行文字注释以及图名比例的标注，如图 10-139 所示。

（4）最后按键盘上的"Ctrl+ S"组合键，将图形进行保存。

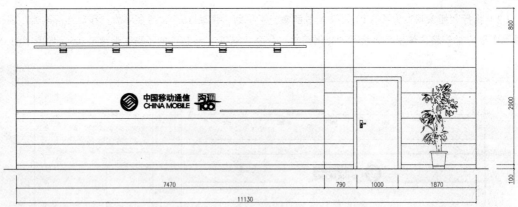

图 10-138　尺寸标注

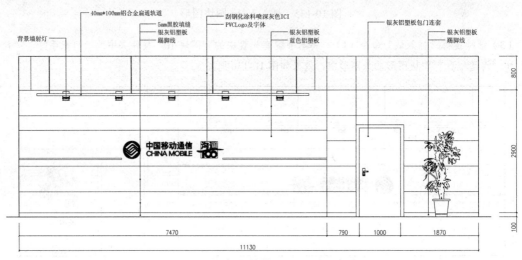

B立面图　1:50

图 10-139　标注文字说明

10.7　绘制移动营业厅 C 立面图

 视频\10\绘制移动营业厅 C 立面图.avi
案例\10\移动营业厅 C 立面图.dwg

前面绘制了移动营业厅的 A 立面图和 B 立面图，现在接着来讲解如何绘制移动营业厅 C 立面图图纸，包括对平面图的修改、绘制墙面造型、填充墙面区域、插入图块图形、文字注释等。

10.7.1　打开图形并进行修改

和绘制移动营业厅的 A 立面图和 B 立面图一样，在绘制立面图之前，可以通过打开前面已经绘制好的平面布置图，另存为和修改，然后再参照平面布置图上的形式、尺寸等参数，快速、直观地绘制立面图，从而提高绘图效率，其操作步骤如下。

（1）执行"文件|打开"命令，打开本书配套光盘"案例\10\移动营业厅地面布置图.dwg"图形文件，按键盘上的"Ctrl+Shift+S"组合键，打开"图形另存为"对话框，将文件保存为"案例\10\移动营业厅 C 立面图.dwg"文件。

（2）执行"旋转"命令（RO），将平面布置图旋转 180°。

（3）执行"删除"命令（E），执行"修剪"命令（TR）等，将多余的线条进行修剪和删除，修剪后的效果如图 10-140 所示。

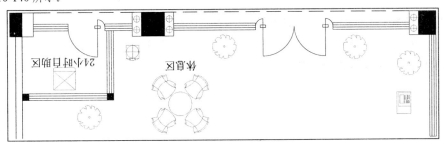

图 10-140　修改图形

（4）在图层控制下拉列表中，将当前图层设置为"QT-墙体"图层，如图 10-141 所示。

图 10-141　设置图层

（5）执行"直线"命令（L），捕捉平面图上的相应轮廓向上绘制引申线，并在图形的上方绘制一条适当长度的水平线，如图 10-142 所示。

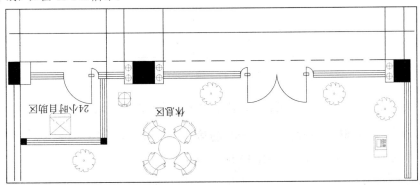

图 10-142　绘制直线段

10.7.2　绘制立面相关造型

修改好平面图并且绘制了相关的引申线段之后，接下来则可以根据设计要求绘制墙面的相关造型图形，其操作步骤如下。

（1）执行"偏移"命令（O），将前面所绘制的直线段进行偏移操作，偏移尺寸和方向如图 10-143 所示；接着再执行"修剪"命令（TR），对偏移后的线段进行修剪，修剪后的效果如图 10-143 所示。

（2）继续执行"偏移"命令（O），将如图 10-144 所示的几条线段进行偏移操作，偏移方向和偏移尺寸如图 10-144 所示。并将偏移后的线段置放到"LM-立面"图层。

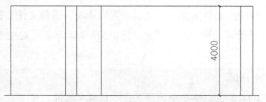

图 10-143　偏移线段并修剪　　　　　　　　　　　　图 10-144　偏移线段

（3）执行"修剪"命令（TR），对偏移后的线段进行修剪操作，修剪后的图形如图 10-145 所示。

（4）执行"偏移"命令（O），将最下面的水平直线段向上进行偏移操作，偏移方向和偏移尺寸如图 10-146 所示，并将偏移后的线段置放到"LM-立面"图层。

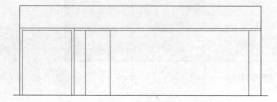

图 10-145　修剪操作

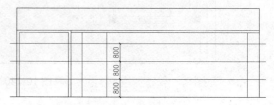

图 10-146　偏移线段

（5）执行"修剪"命令（TR），对偏移后的线段进行修剪操作，修剪后的图形如图 10-147 所示。

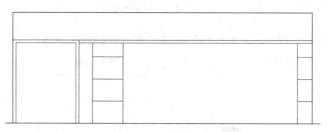

图 10-147　修剪操作

（9）在图层控制下拉列表中，将当前图层设置为"MC-门窗"图层，如图 10-148 所示。

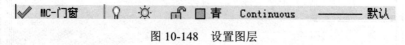

图 10-148　设置图层

（7）执行"偏移"命令（O），按照如图 10-149 所示的尺寸与方向将相关的线段进行偏移操作，并将偏移后的线段放到"MC-门窗"图层。

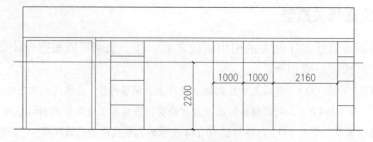

图 10-149　偏移线段操作

（8）执行"修剪"命令（TR），对偏移后的线段进行修剪操作，修剪后的图形如图 10-150 所示。

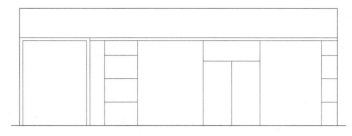

图 10-150　修剪操作

（9）参照绘制"移动营业厅 A 立面图"中的门把手与门四个角落上的金属块图形的方法，绘制 C 立面图中相对应的图形，绘制好的图形效果如图 10-151 所示。

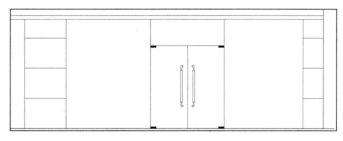

图 10-151　绘制门把手与金属块

（10）在图层控制下拉列表中，将当前图层设置为"TC-填充"图层，如图 10-152 所示。

图 10-152　更改图层

（11）执行"偏移"命令（O），将最下面的水平线段向上进行偏移操作，并将偏移后的线段置放到"TC-填充"图层；然后再执行"修剪"命令（TR），对偏移后的线段进行修剪操作，表示防撞胶条，修剪后的图形效果如图 10-153 所示。

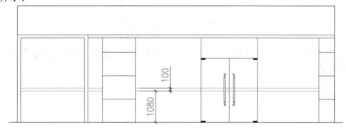

图 10-153　绘制防撞胶条

（12）执行"偏移"命令（O），将最下面的水平直线段向上偏移，偏移尺寸为 100，并把偏移后的线段置放到"LM-立面"图层；接着再执行"修剪"命令（TR），对偏移后的线段进行修剪操作，表示墙面踢脚线，如图 10-154 所示。

（13）执行"图案填充"命令（H），选择如图 10-155 所示的填充参数，对门把手区域进行填充。

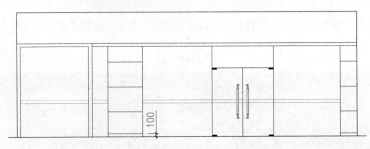

图 10-154　绘制踢脚线

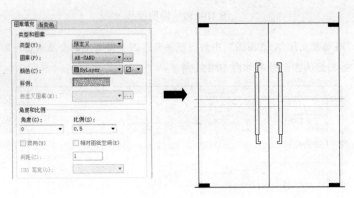

图 10-155　填充把手区域

（14）继续执行"图案填充"命令（H），以填充把手区域的填充参数，对防撞胶条区域进行填充，填充后的效果如图 10-156 所示。

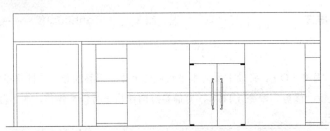

图 10-156　填充防撞胶条区域

（15）继续执行"图案填充"命令（H），以填充把手区域的填充参数，对图形顶部的空白区域进行填充，填充后的效果如图 10-157 所示。

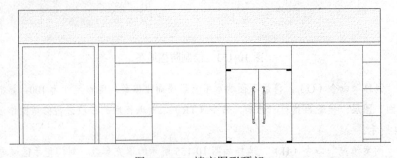

图 10-157　填充图形顶部

（16）继续执行"图案填充"命令（H），选择如图 10-158 所示的填充参数，对 C 立面图中的所有玻璃区域进行填充。

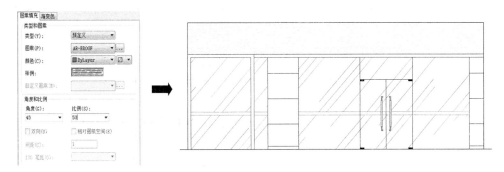

图 10-158　填充玻璃区域

10.7.3　标注尺寸及说明文字

前面已经绘制好了立面图的墙面造型、墙面填充及墙面装饰物品等图形，绘制部分的内容已经基本完成，现在则需要对其进行尺寸标注及文字注释，其操作步骤如下。

（1）在图层控制下拉列表中，将当前图层设置为"BZ-标注"图层，如图 10-159 所示。

图 10-159　设置图层

（2）结合"线型标注"命令（DLI）及"连续标注"命令（DCO），对立面图进行尺寸标注，如图 10-160所示。

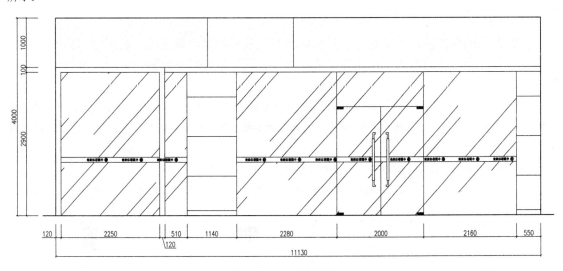

图 10-160　尺寸标注

（3）将当前图层设置为"ZS-注释"图层，参考前面章节的方法，对立面图进行文字注释以及图名比例的标注，如图 10-161 所示。

（4）最后按键盘上的"Ctrl+ S"组合键，将图形进行保存。

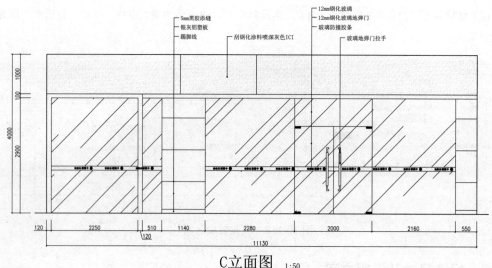

图 10-161　标注文字说明

10.8　绘制移动营业厅 D 立面图

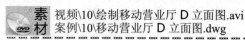

视频\10\绘制移动营业厅 D 立面图.avi
案例\10\移动营业厅 D 立面图.dwg

本节讲解如何绘制移动营业厅的 D 立面图图纸，包括对已有的平面图的修改、再绘制墙面造型、填充墙面区域、插入图块图形、文字注释等。

10.8.1　打开图形并进行修改

在绘制立面图之前，可以通过打开前面已经绘制好的平面布置图，另存为和修改，然后再参照平面布置图上的形式、尺寸等参数，快速、直观地绘制立面图，从而提高绘图效率，其操作步骤如下。

（1）执行"文件|打开"命令，打开本书配套光盘"案例\10\移动营业厅地面布置图.dwg"图形文件，按键盘上的"Ctrl+Shift+S"组合键，打开"图形另存为"对话框，将文件保存为"案例\10\移动营业厅 D 立面图.dwg"文件。

（2）执行"旋转"命令（RO），将平面布置图旋转-90°。

（3）执行"删除"命令（E），执行"修剪"命令（TR）等，将多余的线条进行修剪和删除，修剪后的效果如图 10-162 所示。

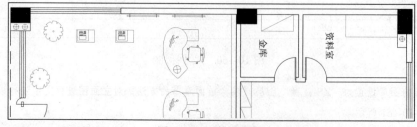

图 10-162　修改图形

（4）在图层控制下拉列表中，将当前图层设置为"QT-墙体"图层，如图 10-163 所示。

图 10-163　设置图层

（5）执行"直线"命令（L），捕捉平面图上的相应轮廓向上绘制引申线，并在图形的上方绘制一条适当长度的水平线，如图 10-164 所示。

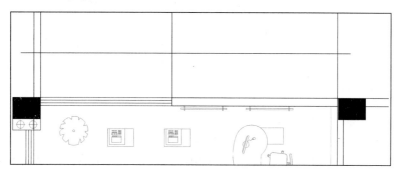

图 10-164　绘制直线段

10.8.2　绘制立面相关造型

修改好平面图，并且绘制了相关的引申线段之后，接下来则可以根据设计要求绘制墙面的相关造型图形，其操作步骤如下。

（1）执行"偏移"命令（O），将前面所绘制的直线段进行偏移操作，偏移尺寸和方向如图 10-165 所示；接着再执行"修剪"命令（TR），对偏移后的线段进行修剪，修剪后的效果如图 10-165 所示。

（2）继续执行"偏移"命令（O），将几条线段进行偏移操作，偏移方向和偏移尺寸如图 10-166 所示。

图 10-165　偏移线段并修剪

图 10-166　偏移线段

（3）执行"修剪"命令（TR），对偏移后的线段进行修剪操作，修剪后的图形如图 10-167 所示。

（4）执行"偏移"命令（O），将几条线段进行偏移操作，偏移方向和偏移尺寸如图 10-168 所示。并将偏移后的线段置放到"LM-立面"图层。

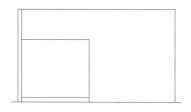

图 10-167　修剪操作

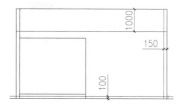

图 10-168　偏移线段

（5）执行"修剪"命令（TR），对偏移后的线段进行修剪操作，修剪后的图形如图 10-169 所示。

（6）执行"偏移"命令（O），将最下面的水平线段向上进行偏移操作，偏移方向和偏移尺寸如图 10-170 所示。并将偏移后的线段置放到"LM-立面"图层。

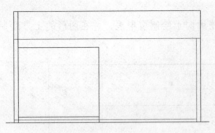

图 10-169　修剪操作

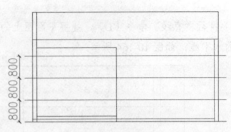

图 10-170　偏移线段

（7）执行"修剪"命令（TR），对偏移后的线段进行修剪操作，修剪后的图形如图 10-171 所示。

（8）执行"偏移"命令（O），将最下面的水平线段向上进行偏移操作，并将偏移后的线段置放到"TC-填充"图层；然后再执行"修剪"命令（TR），对偏移后的线段进行修剪操作，表示防撞胶条，修剪后的图形效果如图 10-172 所示。

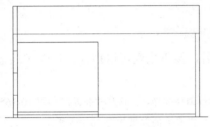

图 10-171　修剪操作

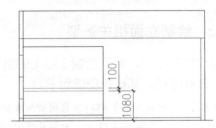

图 10-172　绘制防撞胶条

（9）在图层控制下拉列表中，将当前图层设置为"TC-填充"图层，如图 10-173 所示。

图 10-173　更改图层

（10）执行"图案填充"命令（H），选择如图 10-174 所示的填充参数，对防撞条区域进行填充。

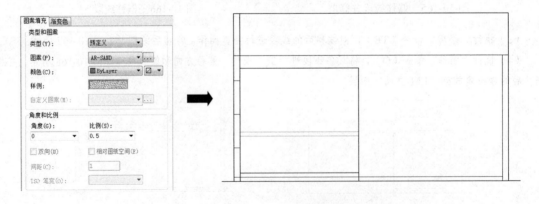

图 10-174　填充防撞条区域

（11）继续执行"图案填充"命令（H），以填充把手区域的填充参数，对图形顶部的空白区域进行填充，填充后的效果如图 10-175 所示。

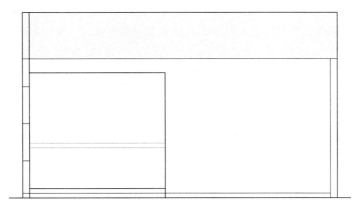

图 10-175 填充图形顶部

（12）执行"图案填充"命令（H），选择如图 10-176 所示的填充参数，对图形右侧区域进行填充。

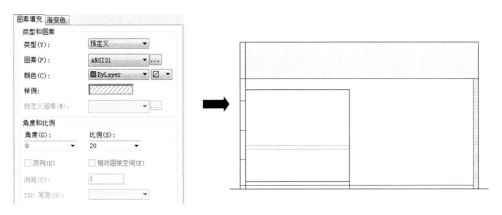

图 10-176 填充右侧区域

（13）继续执行"图案填充"命令（H），选择如图 10-177 所示的填充参数，对 C 立面图中的所有玻璃区域进行填充。

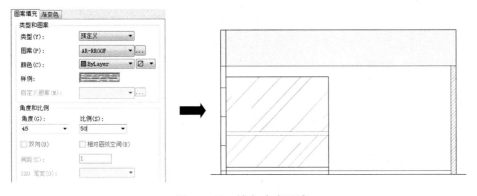

图 10-177 填充玻璃区域

10.8.3 插入图块图形

当绘制好了移动营业厅立面图墙面造型之后，接着就可以通过插入墙面相关的装饰物品以及墙面附近的家具等图块图形，从而更加形象地表达该立面图的内容，其操作步骤如下。

（1）在图层控制下拉列表中，将当前图层设置为"TK-图块"图层，如图 10-178 所示。

TK-图块　　　♀　☼　♂　■ 112　Continuous　── 默认

图 10-178　设置图层

（2）执行"插入块"命令（I），将本书配套光盘中的"图块\10"文件夹中的"移动 Logo-小"图块图形插入图形的防撞条区域中；再执行"镜像"命令（MI），将插入的图块图形左右镜像操作，并删除原对象；最后执行"复制"命令（CO），将镜像后的图块图形进行复制操作，效果如图 10-179 所示。

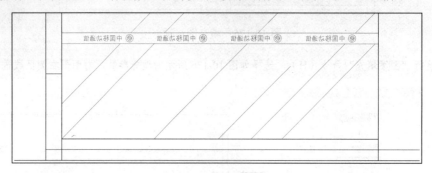

图 10-179　插入 Logo 图块图形

（3）继续执行"插入块"命令（I），将本书配套光盘中的"图块\10"文件夹中的"宣传画-立"图块图形插入图形中，效果如图 10-180 所示。

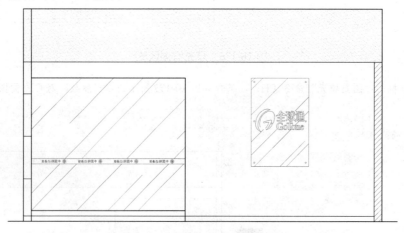

图 10-180　插入宣传画图块图形

10.8.4 标注尺寸及说明文字

前面已经绘制好了立面图的墙面造型、墙面填充以及墙面装饰物品等图形，绘制部分的内容已经基本完成，现在则需要对其进行尺寸标注及文字注释，其操作步骤如下。

（1）在图层控制下拉列表中，将当前图层设置为"BZ-标注"图层，如图 10-181 所示。

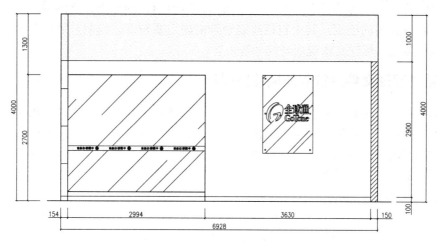

图 10-181　设置图层

（2）结合"线型标注"命令（DLI）及"连续标注"命令（DCO），对立面图进行尺寸标注，如图 10-182 所示。

图 10-182　尺寸标注

（3）将当前图层设置为"ZS-注释"图层，参考前面章节的方法，对立面图进行文字注释以及图名比例的标注，如图 10-183 所示。

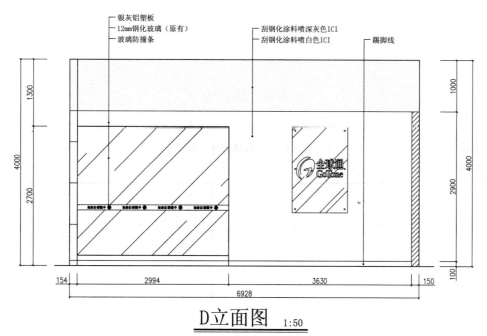

图 10-183　标注文字说明

（4）最后按键盘上的"Ctrl+ S"组合键，将图形进行保存。

10.9 绘制移动营业厅招牌侧视图

素
材 视频\10\绘制移动营业厅招牌侧视图.avi
案例\10\移动营业厅招牌侧视图.dwg

前面已经绘制好了移动营业厅相关的平面图、地面图、顶面图和立面图，现在来讲解移动营业厅招牌侧视图的绘制，其中包括绘制台阶剖切主要轮廓、绘制外墙相关图形、插入相关图块及填充图案、标注文字说明及尺寸等内容。

10.9.1 新建图形文件并绘制外墙轮廓图形

绘制剖视图时，可以单独打开样板文件来重新创建一个新的图形文件，也可以打开已经绘制好的平面图或者立面图，用另存为的方式来创建一个图形文件，另存为的方式可以保留前面所绘制图形的一些参数特征，在这里采用打开模板创建新图形文件的方式来绘制移动营业厅招牌侧视图，其操作步骤如下。

（1）执行"文件|打开"命令，打开本书配套光盘"案例\10\室内设计模板.dwg"图形文件，按键盘上的"Ctrl+Shift+S"组合键，打开"图形另存为"对话框，将文件保存为"案例\10\移动营业厅招牌侧视图.dwg"文件。

（2）在图层控制下拉列表中，将当前图层设置为"QT-墙体"图层，如图10-184所示。

图 10-184 设置图层

（3）执行"多段线"命令（PL），绘制一条多段线，表示底面和台阶，效果如图10-185所示。

图 10-185 绘制多段线

（4）执行"直线"命令（L），在图形的左侧绘制一条竖直的直线段，效果如图10-186所示。

（5）执行"偏移"命令（O），将几条线段进行偏移操作，偏移尺寸和方向如图10-187所示，并将偏移后的线段置放到"LM-里面"图层。

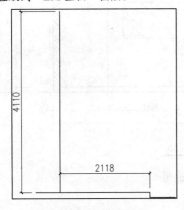

图 10-186 绘制直线段

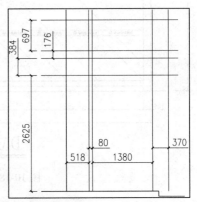

图 10-187 偏移操作

（6）将当前图层设置为"LM-立面"图层，如图 10-188 所示。

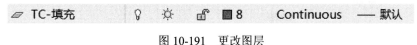

图 10-188　更改图层

（7）执行"修剪"命令（TR），将偏移后的线段按照如图 10-189 所示的效果进行修剪操作。

（8）执行"直线"命令（L），连接如图 10-190 所示的两个端点，绘制一条斜线段。

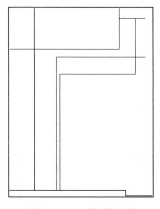

图 10-189　修剪操作

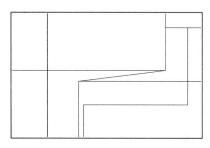

图 10-190　绘制斜线段

（9）在图层控制下拉列表中，将当前图层设置为"TC-填充"图层，如图 10-191 所示。

图 10-191　更改图层

（10）执行"删除"命令（E），将两条用过的水平辅助直线段删除，删除多余线段后的效果如图 10-192 所示。

（11）执行"多段线"命令（PL），在图形的顶端绘制一条多段线，表示图形截断，所绘制的多段线的效果如图 10-193 所示。

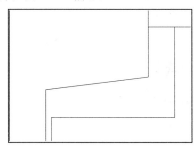

图 10-192　删除多余线段

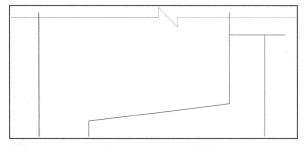

图 10-193　绘制多段线

（12）执行"复制"命令（CO），将刚才所绘制的多段线向下进行复制操作，效果如图 10-194 所示。

（13）执行"修剪"命令（TR），以复制后的两条多段线为修剪边，对图形进行修剪操作，修剪后的图形效果如图 10-195 所示。

（14）在图形的下方执行"多段线"命令（PL），绘制一条多段线，形成一个封闭区域，以方便填充操作，如图 10-196 所示。

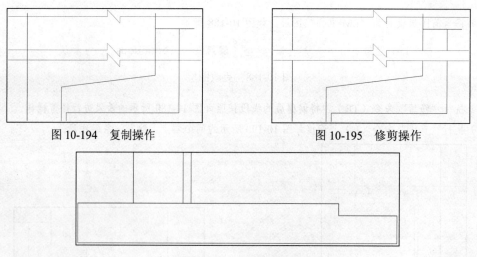

图 10-194 复制操作   图 10-195 修剪操作

图 10-196 绘制多段线

（15）执行"图案填充"命令（H），选择如图 10-197 所示的填充参数，对图形下方封闭的区域进行填充；然后再执行"删除"命令（E），将前面所绘制的辅助多段线删除删。

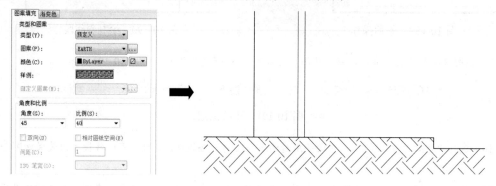

图 10-197 填充防撞条区域

（16）继续执行"图案填充"命令（H），选择如图 10-198 所示的填充参数，对图形墙面相关区域进行填充。

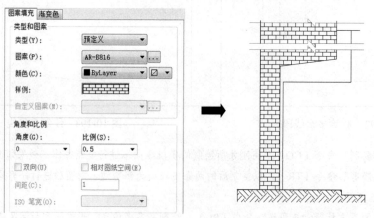

图 10-198 填充图形墙面

10.9.2 标注尺寸及说明文字

现在已经绘制好了移动营业厅招牌侧视图的具体造型及镂槽装饰物品等图形，绘制部分的内容已经基本完成，现在则需要对其进行尺寸标注及文字注释，其操作步骤如下。

（1）在图层控制下拉列表中，将当前图层设置为"BZ-标注"图层，如图 10-199 所示。

✔ BZ-标注   ♀ ☼ 🔓 ■绿 Continuous ──── 默认

图 10-199 设置图层

（2）结合"线型标注"命令（DLI）及"连续标注"命令（DCO），对招牌侧视图进行尺寸标注，如图 10-200 所示。

（3）将当前图层设置为"ZS-注释"图层，参考前面章节的方法，对招牌侧视图进行图名比例标注，如图 10-201 所示。

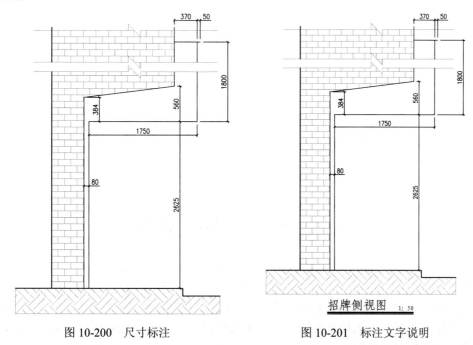

图 10-200 尺寸标注　　　　图 10-201 标注文字说明

（4）最后按键盘上的"Ctrl+ S"组合键，将图形进行保存。

10.10 本 章 小 结

通过本章的学习，可以使读者迅速掌握移动营业厅的室内设计方法及相关知识要点，掌握移动营业厅相关施工图纸的绘制，了解移动营业厅的空间布局及划分、装修材料的应用等知识。

第 11 章　保险公司室内设计

本章主要对保险公司大厅的室内设计进行相关讲解，首先讲解保险公司的设计概述，了解保险的特性，以及保险的层次，然后以一个知名保险公司为实例，讲解该保险公司大厅相关图纸的绘制，在保险公司大厅设计图纸过程中，先通过打开本章所提供的原始结构图，然后绘制保险公司大厅平面图，从而可以利用该平面图来绘制其他的图纸，其中包括保险公司大厅地面图的绘制、保险公司大厅顶面图的绘制，以及保险公司大厅各个相关立面图、剖视图、大样图等图形的绘制。

■ 学习内容

✧ 保险公司设计概述
✧ 绘制保险公司平面布置图
✧ 绘制保险公司地面布置图
✧ 绘制保险公司顶面布置图
✧ 绘制保险公司门头立面图
✧ 绘制保险公司 A 立面图
✧ 绘制保险公司 B 立面图
✧ 绘制保险公司 C 立面图
✧ 绘制保险公司 D 立面图

11.1　保险公司设计概述

保险公司是采用公司组织形式的保险人，经营保险业务。保险关系中的保险人享有收取保险费、建立保险费基金的权利。同时，当保险事故发生时，有义务赔偿被保险人的经济损失。

保险公司是销售保险合约、提供风险保障的公司，是指经营保险业的经济组织。保险公司要经中国保险监督管理机构批准设立，并依法登记注册，包括直接保险公司和再保险公司。

保险公司大厅效果如图 11-1 所示。

图 11-1　保险公司大厅效果

11.1.1　保险的特性

保险也是一种商品，既然是商品，它也就像一般商品那样具有使用价值和价值。保险商品的使用价值体现在它能够满足人们的某种需要。但是，与一般的实物商品和其他大众化金融产品相比，保险商品又具有自己的特点。

1）保险产品是一种无形商品

实物商品是有形商品，看得见，摸得着，其形状、大小、颜色、功能、作用一目了然，买者很容易根据自己的偏好，在与其他商品进行比较的基础上，作出买还是不买的决定。而保险产品则是一种无形商品，保户只能根据很抽象的保险合同条文来理解其产品的功能和作用。

2）保险产品的交易具有承诺性

实物商品在大多数情况下是即时交易。而保险产品的交易则是一种承诺交易。

3）保险产品的交易具有一种机会性

实物商品的交易是一种数量确定性的交换。而保险合同则具有机会性的特点。保险合同履行的结果是建立在保险事故可能发生、也可能不发生的基础之上的。

4）保险产品是一种较为复杂的金融产品

对于普通投资者来说，他只要知道存款本金和利息率、股票的买入价和卖出价、债券的票面价格和利息率，就很容易计算出其收益率来。而保险产品涉及保障责任的界定、保险金额的大小、保费的缴纳方式、责任免除、死亡类型、伤残界定等一系列复杂问题。

5）保险产品在本质上是一种避害商品

在投资者买卖股票和债券等金融商品时，他们是以承担一定的风险作为代价，期望获取更大的收益。因此，这些金融商品在本质上是一种"趋利"商品。而在购买保险的场合，大多数人是以支付一笔确定数额的货币来转移（可能存在的）风险，来换取对未来不确定性的保障。同时，由于保险所涉及的内容大都是人们不愿谈及或者避讳的事情，如死亡、伤残等，因此，保险产品在本质上是一种"避害"商品。

11.1.2　保险的层次

按照产品功能本质，可以把保险产品划分为以下3个层次。

1）核心产品

核心产品是指保险产品满足客户需求的属性。核心产品也称利益产品，是指客户购买到的基本服务或利益，因此，核心产品在保险产品的3个层次中处于中心地位。如果核心产品不能符合客户需求，那么形式产品和扩展产品再丰富也不会吸引客户。

2）形式产品

形式产品也称有形附加层产品，是指保险产品的具体形式，用于展现产品的外部特征。

3）扩展产品

扩展产品也称无形附加层产品，是指在满足客户的基本需求之外，保险产品还可以为客户提供额外的服务，使其得到更多的利益。

11.2 绘制保险公司平面布置图

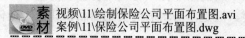
视频\11\绘制保险公司平面布置图.avi
案例\11\保险公司平面布置图.dwg

本节主要讲解保险公司平面布置图的绘制，其中包括调用样板文件、创建轴线、创建墙体、柱子、开启门窗洞口、创建玻璃隔断、插入室内门、背景墙、展示柜、地台、插入相关家具图块等内容。

11.2.1 创建室内隔墙

本节主要讲解保险公司平面布置图的绘制，其中包括调用样板文件、创建轴线、创建墙体、柱子、开启门窗洞口、创建玻璃隔断、插入室内门、背景墙、展示柜、地台、插入相关家具图块等内容。

（1）启动 Auto CAD 2016 软件，然后执行"文件|打开"菜单命令，将本章配套光盘中的"案例\11\保险公司原始结构图.dwg"文件打开。再按键盘上的"Ctrl+Shift+S"组合键，打开"图形另存为"对话框，将文件保存为"案例\11\保险公司平面布置图.dwg"文件。

（2）执行"删除"命令（E），将标注等图形删除，效果如图 11-2 所示。

（3）在图层控制下拉列表中，将"ZX-轴线"图层打开，效果如图 11-3 所示。

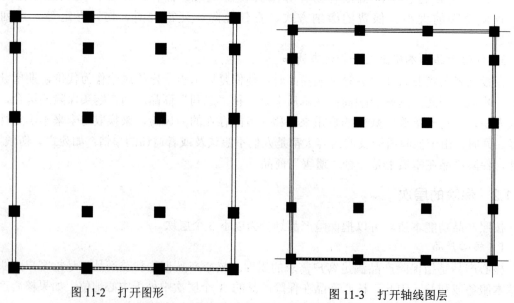

图 11-2　打开图形　　　　　　　　　　图 11-3　打开轴线图层

（4）执行"修剪"命令（TR），在图形的下方中间位置开启门洞，效果如图 11-4 所示。

（5）执行"偏移"命令（O），将轴线按照图 11-5 所示的方向与尺寸进行偏移操作，效果如图 11-5 所示。

（6）在图层控制下拉列表中，将当前图层设置为"QT-墙体"图层，如图 11-6 所示。

（7）执行"多线"命令（ML），根据命令行提示，设置多线样式为"墙体样式"，多线比例为 120，对正方式为"无"，根据前面所偏移的轴线位置，绘制几条 120 隔断墙体对象，效果如图 11-7 所示。

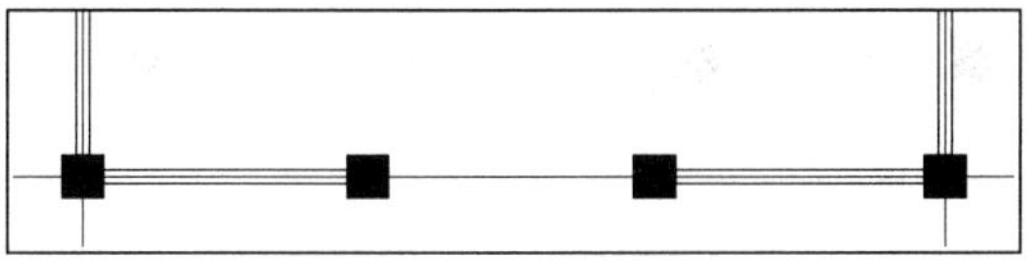

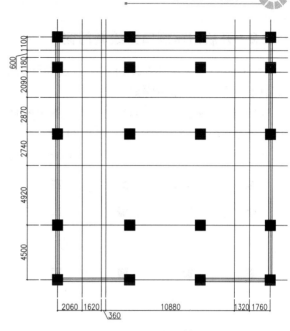

图 11-4 开启门洞

图 11-5 偏移轴线

图 11-6 设置图层

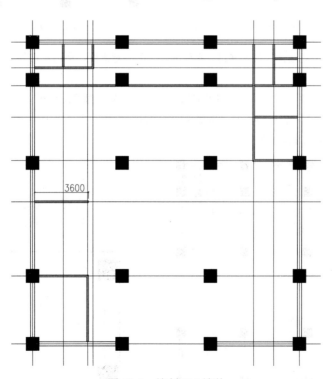

图 11-7 绘制 120 墙体

11.2.2　开启门窗洞口并绘制门窗

在前面的隔断墙体绘制过程中，已经开启了相关的门洞，那么就可以根据门洞宽度来插入门图形了，其操作步骤如下。

（1）执行"偏移"命令（O），将轴线按照如图11-8所示的尺寸进行偏移操作（为使图片整洁，方便用户观看数据，图片仅表示出尺寸），如图11-8所示。

（2）执行"修剪"命令（TR），对图形进行修剪操作，修剪后的图形效果如图11-9所示。

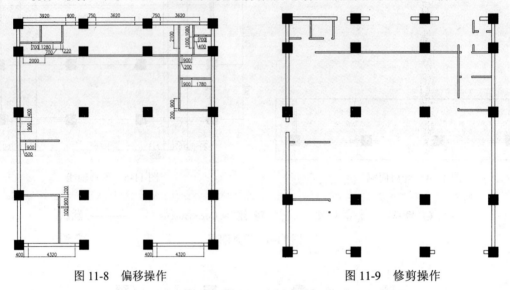

图 11-8　偏移操作　　　　　　　　　　　　　　图 11-9　修剪操作

（3）双击120宽的多线墙体图形，弹出"多线编辑工具"对话框，将相关墙体进行编辑操作，编辑后的效果如图11-10所示。

（4）在图层控制下拉列表中，将当前图层设置为"MC-门窗"图层；执行"多线"命令（ML），根据命令行提示设置多样样式为"窗线样式"，多线比例为120，对正方式为"无"，然后捕捉图中相应墙体上的中点绘制窗线，效果如图11-11所示。

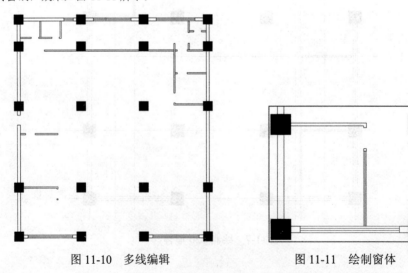

图 11-10　多线编辑　　　　　　　　　　　　　图 11-11　绘制窗体

（5）执行"插入块"命令（I），弹出"插入"对话框，然后将本书配套光盘中的"图块\11\门1000"图块插入绘图区域中，效果如图11-12所示。

图11-12　插入门图块图形

（6）执行"矩形"命令（ERC），在两扇门之间绘制如图11-13所示的四个矩形，表示移门，效果如图11-13所示。

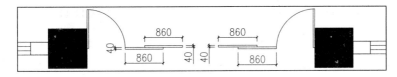

图11-13　绘制矩形

（7）用同样方式，根据门洞的宽度插入相关的门图形，根据情况适当进行旋转和镜像，如图11-14所示。

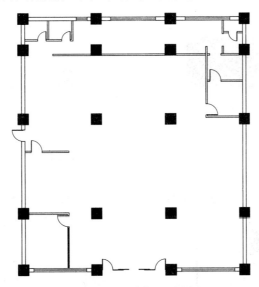

图11-14　插入其他门图块图形

11.2.3　绘制大厅相关图形

前面的步骤已经绘制好隔断墙体和插入相关的门图形后，那么就可以根据设计要求，在相关的一些地方绘制家具图形，这些家具图形是根据现场尺寸来做的，因此不便于作图块，需要直接绘制，其操作步骤如下。

（1）在图层控制下拉列表中，将当前图层设置为"JJ-家具"图层，如图11-15所示。

图11-15　设置图层

（2）将绘图区域移至移门图形的右边，执行"矩形"命令（REC），绘制一个尺寸为800×147的矩形，所绘制的矩形图形效果如图11-16所示。

（3）执行"分解"命令（X），将矩形进行分解操作；再执行"偏移"命令（O），再按照如图11-17所示的尺寸与方向，将相关线段进行偏移操作，效果如图11-17所示。

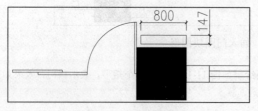

图11-16　绘制矩形

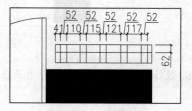

图11-17　偏移操作

（4）执行"修剪"命令（TR），对图形进行修剪操作，修剪后的图形效果如图11-18所示。

（5）执行"矩形"命令（REC），执行"直线"命令（L）等，绘制如图11-19所示的几个图形，效果如图11-19所示。

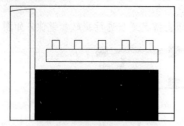

图11-18　修剪图形

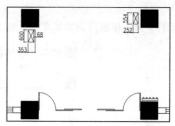

图11-19　绘制矩形

（6）执行"矩形"命令（REC），绘制一个尺寸为1840×1630的矩形；再执行"分解"命令（X），将矩形进行分解操作；再执行"偏移"命令（O），再按照如图11-20所示的尺寸与方向，将相关线段进行偏移操作，效果如图11-20所示。

（7）执行"圆弧"命令（A），在矩形内部绘制两条圆弧，所绘制的圆弧图形效果如图11-21所示。

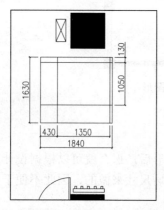

图11-20　绘制矩形并偏移

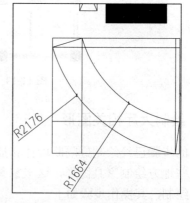

图11-21　绘制圆弧图形

（8）执行"修剪"命令（TR），对图形进行修剪操作，修剪后的图形效果如图11-22所示。

（9）执行"直线"命令（L），在图形的右下角绘制一条长3620的竖直直线段，效果如图11-23所示。

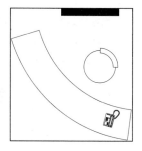

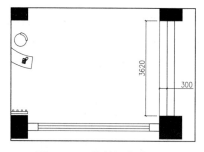

图 11-22 修剪图形　　　　　　　　　　图 11-23 绘制竖直线段

（10）执行"偏移"命令（O），再按照如图 11-24 所示的尺寸与方向，将相关线段进行偏移操作，效果如图 11-24 所示。

（11）执行"直线"命令（L），绘制如图 11-25 所示的几条斜线段，效果如图 11-25 所示。

（12）执行"修剪"命令（TR），对图形进行修剪操作，修剪后的图形效果如图 11-26 所示。

（13）执行"矩形"命令（REC），绘制几个尺寸为 200×500 的矩形；再执行"旋转"命令（RO），将矩形进行旋转，使之与斜线段对齐，效果如图 11-27 所示。

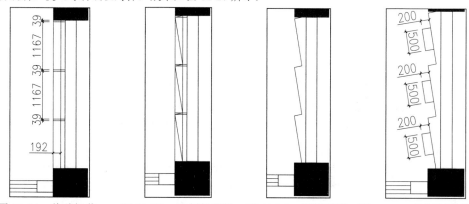

图 11-24 偏移操作　　图 11-25 绘制斜线段　　图 11-26 修剪图形　　图 11-27 绘制矩形并旋转

（14）执行"矩形"命令（REC），在如图 11-28 所示的位置上绘制一个尺寸为 1550×550 的矩形，效果如图 11-28 所示。

（15）在图层控制下拉列表中，将当前图层设置为"TC-填充"图层；执行"图案填充"命令（H），对刚才所绘制的矩形区域进行填充，填充参数和填充后的效果如图 11-29 所示。

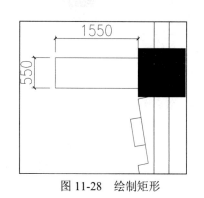

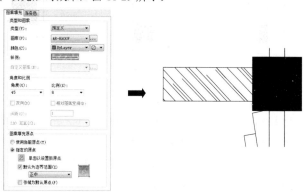

图 11-28 绘制矩形　　　　　　　　　　图 11-29 填充操作

（16）在图层控制下拉列表中，将当前图层设置为"JJ-家具"图层；执行"矩形"命令（ERC），在如图 11-30 所示的位置上绘制两个矩形，尺寸为 86×800 和 62×714，效果如图 11-30 所示。

（17）执行"镜像"命令（MI），将刚才所绘制的两个矩形镜像到上面，效果如图 11-31 所示。

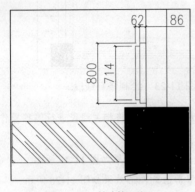

图 11-30　绘制矩形

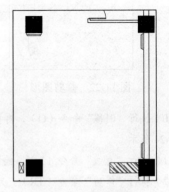

图 11-31　镜像操作

（18）在图层控制下拉列表中，将当前图层设置为"TK-图块"图层，如图 11-32 所示。

TK-图块　　　♀　☼　🔓　■112　Continuous　—— 默认

图 11-32　设置图层

（19）执行"插入块"命令（I），将本书配套光盘中的"图块\11"文件夹中的"四人排椅"图块图形插入如图 11-33 所示的位置上，插入块图形后的效果如图 11-33 所示。

（20）在图层控制下拉列表中，将当前图层设置为"JJ-家具"图层；执行"直线"命令（L），在图形的左边绘制一条如图 11-34 所示的竖直直线段。

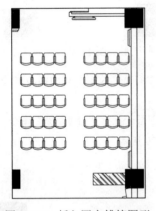

图 11-33　插入四人排椅图形

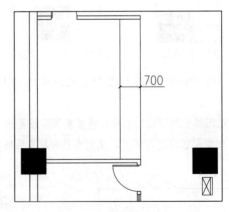

图 11-34　绘制竖直直线段

（21）执行"偏移"命令（O），将如图 11-35 所示的直线段进行偏移操作。

（22）执行"矩形"命令（ERC），绘制几个尺寸为 160×80 的矩形；然后执行"移动"命令（M），将这些矩形移动到如图 11-36 所示的位置上。

（23）执行"修剪"命令（TR），对图形进行修剪操作，修剪后的图形效果如图 11-37 所示。

（24）执行"矩形"命令（ERC），绘制几个尺寸为 160×80 的矩形；然后执行"移动"命令（M），将这些矩形移动到如图 11-38 所示的位置上。

图 11-35　偏移操作

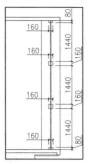

图 11-36　绘制矩形

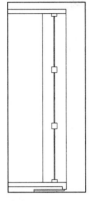

图 11-37　修剪操作

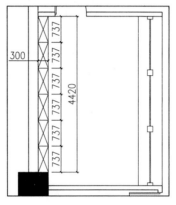

图 11-38　绘制矩形和斜线段

（25）在图层控制下拉列表中，将当前图层设置为"TK-图块"图层，如图 11-39 所示。

TK-图块　　　　♀　☼　🔓　■112　Continuous　── 默认

图 11-39　设置图层

（26）执行"插入块"命令（I），将本书配套光盘中的"图块\11\"文件夹下面的"壁挂电视"、"三人沙发茶几组合"和"办公桌椅组合 1"等图块图形插入平面图中相应位置上，其布置后的效果如图 11-40 所示。

（27）继续执行"插入块"命令（I），将本书配套光盘中的"图块\11\"文件夹下面的"办公桌椅组合 2"图块图形插入平面图中相应位置上，其布置后的效果如图 11-41 所示。

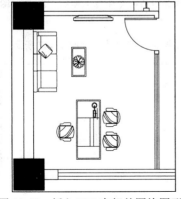

图 11-40　插入 VIP 室相关图块图形

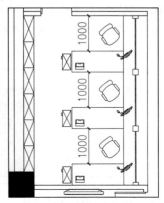

图 11-41　插入收银区相关图块图形

（28）执行"多段线"命令（PL），在如图 11-42 所示的位置上绘制一条多段线，所绘制的多段线效果如图 11-42 所示。

（29）执行"插入块"命令（I），将本书配套光盘中的"图块\11\"文件夹下面的"办公桌椅组合 3"和"吧椅"等图块图形插入平面图中相应位置上，其布置后的效果如图 11-43 所示。

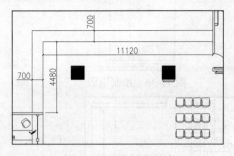

图 11-42　绘制多段线

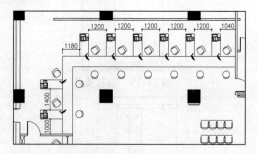

图 11-43　插入业务受理区相关图块图形

（30）继续执行"插入块"命令（I），将本书配套光盘中的"图块\11\"文件夹下面的"四人桌椅"和"办公桌椅组合 1"等图块图形插入平面图中相应位置上，其布置后的效果如图 11-44 所示。

（31）执行"矩形"命令（REC），在如图 11-45 所示的位置上绘制几个矩形，并将所绘制的矩形置放到"JJ-家具"图层上，所绘制的矩形效果如图 11-45 所示。

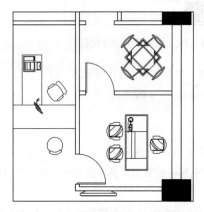

图 11-44　继续插入图块图形

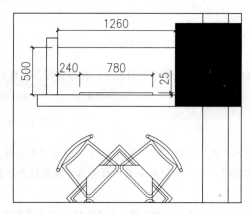

图 11-45　绘制矩形

（32）执行"插入块"命令（I），将本书配套光盘中的"图块\11\"文件夹下面的"脸盆"图块图形插入平面图中相应位置上，其布置后的效果如图 11-46 所示。

（33）执行"修剪"命令（TR），对图形进行修剪操作，修剪后的图形效果如图 11-47 所示。

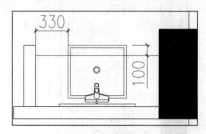

图 11-46　插入脸盆图块图形

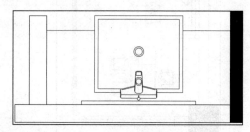

图 11-47　修剪操作

（34）执行"矩形"命令（REC），执行"直线"命令（L），在如图11-48所示的几个地方，绘制相关的矩形和斜线段，表示安装在这些地方的柜子。

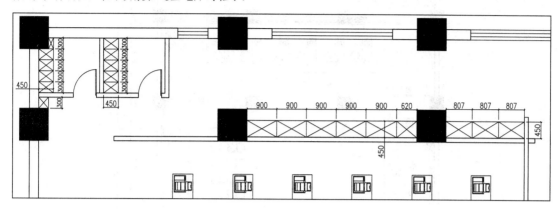

图11-48　绘制柜子图形

（35）执行"插入块"命令（I），将本书配套光盘中的"图块\11\"文件夹下面的"办公桌椅组合4"、"办公桌椅组合5"、"碎纸机"、"打印机"和"蹲便器"图块图形插入平面图中相应位置上，其布置后的效果如图11-49所示。

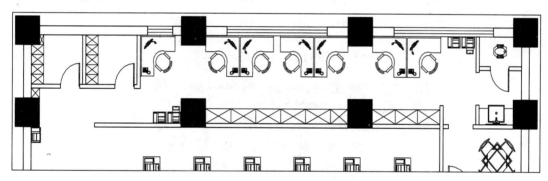

图11-49　插入图块图形

11.2.4　标注尺寸及文字注释

前面已经绘制好了墙体、家具图形，插入了相关的家具、门图块图形，绘制部分的内容已经基本完成，现在则需要对其进行尺寸标注及文字注释，其操作步骤如下。

（1）在图层控制下拉列表中，将当前图层设置为"BZ-标注"图层，如图11-50所示。

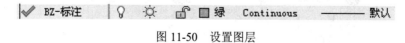

图11-50　设置图层

（2）结合"线型标注"命令（DLI）及"连续标注"命令（DCO），对平面图进行尺寸标注，如图11-51所示。

（3）将当前图层设置为"ZS-注释"图层，参考前面章节的方法，对平面图进行立面指向符号、文字注释以及图名比例的标注，如图11-52所示。

（4）最后按键盘上的"Ctrl+S"组合键，将图形进行保存。

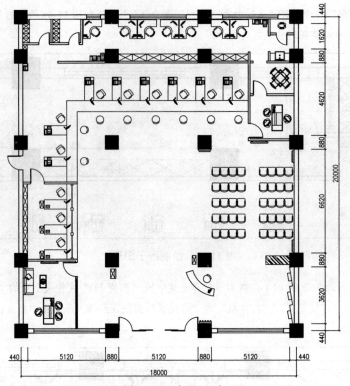

图 11-51　标注尺寸

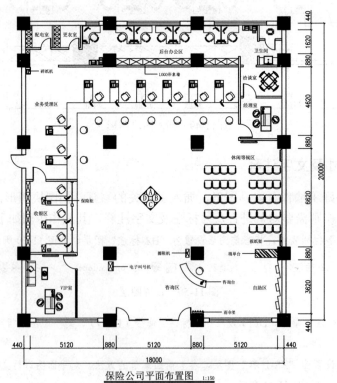

保险公司平面布置图 <u>1:150</u>

图 11-52　标注文字说明

11.3 绘制保险公司地面布置图

素材 视频\11\绘制保险公司地面布置图.avi
案例\11\保险公司地面布置图.dwg

本节讲解如何绘制保险公司的地面布置图图纸，包括对平面图的修改、绘制门槛石、绘制地面拼花、绘制地砖、绘制木地板、插入图块图形、文字注释等。

11.3.1 封闭地面区域

在绘制地面图纸之前，可以打开前面已经绘制好的平面布置图，另存为和修改，从而快速达到绘制基本图形的目的，其操作步骤如下。

（1）启动 Auto CAD 2016 软件，然后执行"文件|打开"菜单命令，将配套光盘中的"案例\11\保险公司平面布置图.dwg"文件打开。再按键盘上的"Ctrl+Shift+S"组合键，打开"图形另存为"对话框，将文件保存为"案例\11\保险公司地面布置图.dwg"文件。

（2）执行"删除"命令（E），删除与绘制地面布置图无关的室内家具、文字注释等内容，再双击下侧的图名，将其修改为"地面布置图 1:100"，如图 11-53 所示。

（3）在图层控制下拉列表中，将当前图层设置为"DM-地面"图层；执行"直线"命令（L），在图形下方大门口位置绘制两条平行的水平直线段，使其与墙线平齐，效果如图 11-54 所示。

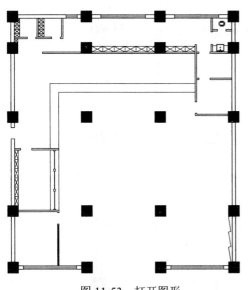

图 11-53 打开图形

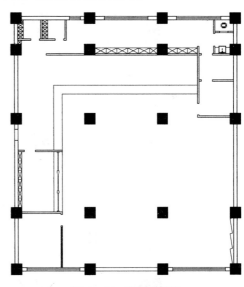

图 11-54 绘制直线段

11.3.2 绘制地面布置图

现在绘制保险公司的地砖铺贴图，根据要求，该办公室有地砖正贴和木地板正贴，因此，可以通过填充的方式来快速绘制，其操作步骤如下。

（1）执行"多段线"命令（PL），在如图 11-55 所示的位置上绘制一条封闭的多段线，效果如图 11-55 所示。

（2）然后再执行"偏移"命令（O），将所绘制的多段线向内进行偏移操作，偏移尺寸为 200，偏移后的图形效果如图 11-56 所示。

（3）执行"直线"命令（L），在偏移前和偏移后的两条多段线的转角处绘制几条斜线段，效果如图 11-57 所示。

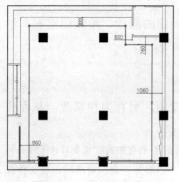
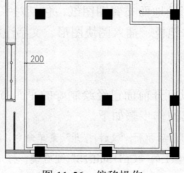
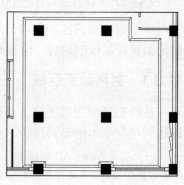

图 11-55　绘制多段线　　　　　图 11-56　偏移操作　　　　　图 11-57　绘制斜线段

（4）采用先执行"矩形"命令（REC），再执行"偏移"命令（O）的方式，在如图 11-58 所示的几个柱子边绘制几组图形，并执行"直线"命令（L），绘制相关的斜线段，尺寸和位置如图 11-58 所示。

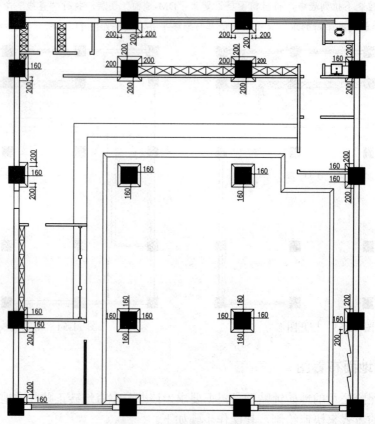

图 11-58　绘制柱子边的图形

（5）在图层控制下拉列表中，将当前图层设置为"TC-填充"图层，如图 11-59 所示。

| TC-填充 | 💡 | ☀ | 🔓 | ■8 | Continuous | ── 默认 |

图 11-59　更改图层

（6）执行"图案填充"命令（H），对前面所绘制的矩形区域和两条多段线区域进行填充，填充参数如图 11-60 所示，填充后的效果如图 11-61 所示。

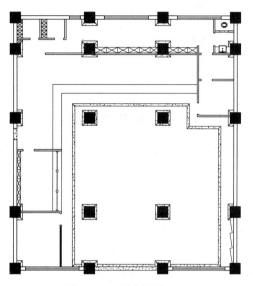

图 11-60　填充参数　　　　　　　　　　　　　图 11-61　填充效果

（7）继续执行"图案填充"命令（H），对相关区域进行填充，填充参数如图 11-62 所示，填充后的图形效果如图 11-63 所示。

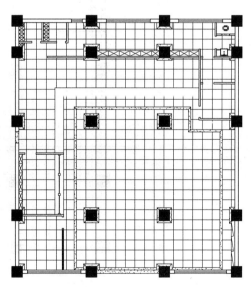

图 11-62　填充参数　　　　　　　　　　　　　图 11-63　填充效果

（8）继续执行"图案填充"命令（H），对如图 11-65 所示的卫生间相关区域进行填充，填充参数如图 11-64 所示，填充后的图形效果如图 11-65 所示。

图 11-64 填充参数

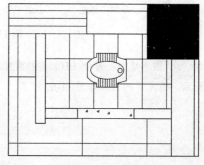

图 11-65 填充效果

11.3.3 标注文字注释并修改图名

前面已经绘制好了门槛石、地砖、木地板等图形，绘制部分的内容已经基本完成，现在需要对其进行尺寸标注及文字注释，其操作步骤如下。

（1）在图层控制下拉列表中，将当前图层设置为"ZS-注释"图层，如图 11-66 所示。

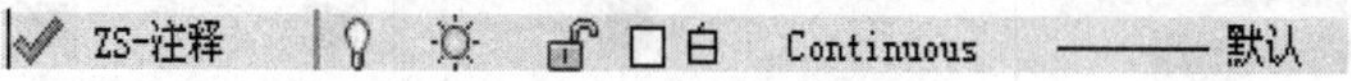

✓ ZS-注释 ┆ ♀ ☼ ☐ ☐白 Continuous ── 默认

图 11-66 设置图层

（2）参考前面章节的方法，对地面图进行文字注释以及图名比例的标注，如图 11-67 所示。

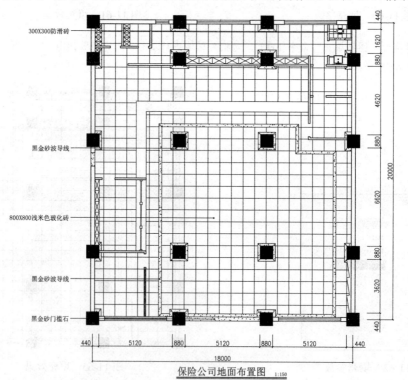

图 11-67 标注文字说明

（3）最后按键盘上的"Ctrl+S"组合键，将图形进行保存。

11.4 绘制保险公司顶面布置图

视频\11\绘制保险公司顶面布置图.avi
案例\11\保险公司顶面布置图.dwg

本节讲解如何绘制保险公司的顶面布置图图纸，包括对平面图的修改、封闭吊顶区域、填充吊顶区域、插入灯具图块图形、文字注释等。

11.4.1 封闭顶面区域

在绘制顶面图纸图之前，可以通过打开前面已经绘制好的平面布置图，另存为和修改，从而快速达到绘制基本图形的目的，其操作步骤如下。

（1）启动 Auto CAD 2016 软件，然后执行"文件|打开"菜单命令，将配套光盘中的"案例\11\保险公司平面布置图.dwg"文件打开。再按键盘上的"Ctrl+Shift+S"组合键，打开"图形另存为"对话框，将文件保存为"案例\11\保险公司顶面布置图.dwg"文件。

（2）执行"删除"命令（E），删除与绘制地面布置图无关的室内家具、文字注释等内容，再双击下侧的图名将其修改为"顶面布置图 1:100"，如图 11-68 所示。

（3）在图层控制下拉列表中，将当前图层设置为"DD-吊顶"图层；执行"直线"命令（L），在图形下方大门口位置绘制两条平行的水平直线段，使其与墙线平齐，图形效果如图 11-69 所示。

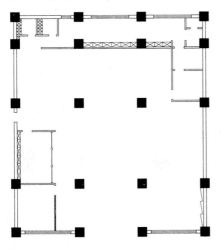

图 11-68　打开图形

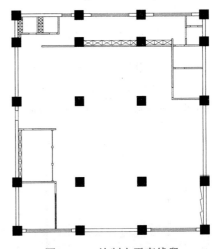

图 11-69　绘制水平直线段

11.4.2 绘制吊顶轮廓

前面已经对相关的吊顶区域进行了封闭，现在可以根据设计要求在各个区域绘制吊顶图形，其操作步骤如下。

（1）执行"矩形"命令（REC），在图形的大门口位置绘制一个尺寸为 2800×2800 的矩形，所绘制的矩形图形效果如图 11-70 所示。

（2）执行"分解"命令（X），将所绘制的矩形进行分解操作；再执行"偏移"命令（O），将相关线段按照图 11-71 所示的尺寸与方向进行偏移操作，效果如图 11-71 所示。

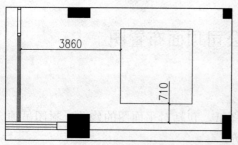

图 11-70　绘制矩形

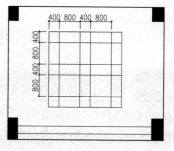

图 11-71　偏移操作

（3）执行"修剪"命令（TR），对图形进行修剪操作，修剪后的图形效果如图 11-72 所示。

（4）执行"偏移"命令（O），将如图 11-73 所示的相关直线段向外进行偏移操作，偏移尺寸为 50，效果如图 11-73 所示。

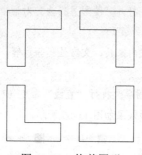

图 11-72　修剪图形

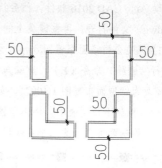

图 11-73　偏移操作

（5）执行"修剪"命令（TR），对图形进行修剪操作，并将修剪后的线段更改成"ACAD_ISO03W100"线型，修剪后的图形效果如图 11-74 所示。

（6）执行"复制"命令（CO），将前面所绘制的图形向右进行复制操作，复制后的图形效果如图 11-75 所示。

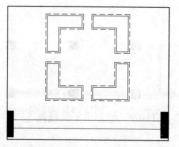

图 11-74　修剪图形

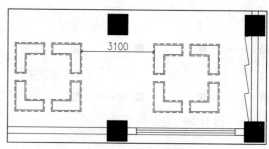

图 11-75　复制操作

（7）执行"偏移"命令（O），将如图 11-76 所示的几条竖直直线段进行偏移操作，偏移的尺寸和方向如图 11-76 所示。

（8）执行"矩形"命令（REC），在如图 11-77 所示的位置上绘制一个初次为 4120×6160 的矩形，效果如图 11-77 所示。

（9）执行"分解"命令（X），将刚才所绘制矩形进行分解操作；再执行"偏移"命令（O），将矩形最上面的水平线段向下进行偏移操作，偏移尺寸如图 11-78 所示。

（10）执行"多段线"命令（PL），在如图 11-79 所示的位置上绘制一条多段线，效果如图 11-79 所示。

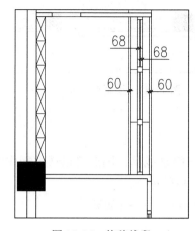

图 11-76　偏移线段

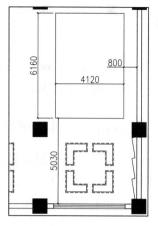

图 11-77　绘制矩形

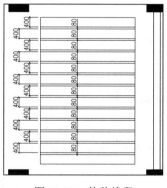

图 11-78　偏移线段

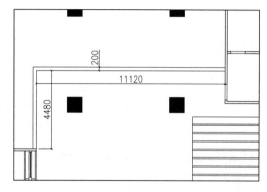

图 11-79　绘制多段线

（11）继续执行"多段线"命令（PL），在前面所绘制的多段线下面再绘制一条多段线，效果如图 11-80 所示。

（12）执行"圆弧"命令（A），捕捉相关直线段的交点和终点，绘制一条如图 11-81 所示的圆弧，效果如图 11-81 所示。

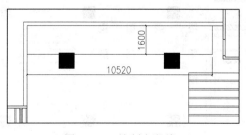

图 11-80　绘制多段线

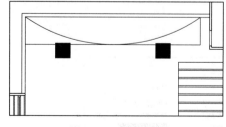

图 11-81　绘制圆弧

（13）执行"多段线"命令（PL），在如图 11-82 所示的位置上绘制一条多段线，效果如图 11-82 所示。

（14）执行"直线"命令（L），在前面所绘制的多段线下面绘制一条水平直线段，距离多段线的距离为50，并将该线段更改成"ACAD_ISO03W100"线型，效果如图 11-83 所示。

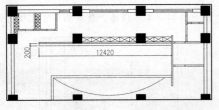

图 11-82　绘制多段线

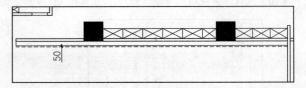

图 11-83　绘制直线段

11.4.3　绘制吊顶灯具并进行布置

前面已经绘制好了顶面布置图的吊顶图形，灯具一般是成品，因此可以通过制作图块的方式，然后再插入图形中，从而提高绘图效率，其操作步骤如下。

（1）执行"矩形"命令（REC），绘制，效果尺寸如图 11-84 所示的四个矩形。

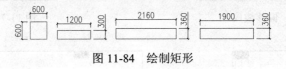

图 11-84　绘制矩形

（2）执行"偏移"命令（O），将前面所绘制的四个矩形向内进行偏移操作，偏移尺寸如图 11-85 所示。

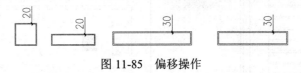

图 11-85　偏移操作

（3）执行"图案填充"命令（H），对如图 11-87 所示的相关区域进行填充，填充参数如图 11-86 所示，填充后的效果如图 11-87 所示。

图 11-86　填充参数

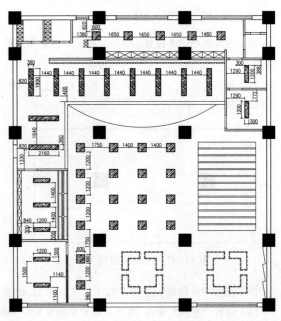

图 11-87　填充效果

（4）执行“插入块”命令（I），将配套光盘中的“图块\11”文件夹中的“日光灯”图块图形插入如图 11-88 所示的区域，插入图块图形后的效果如图 11-88 所示。

（5）继续执行“插入块”命令（I），将配套光盘中的“图块\11”文件夹中的“4 寸筒灯”图块图形插入如图 11-89 所示的区域，插入图块图形后的效果如图 11-89 所示。

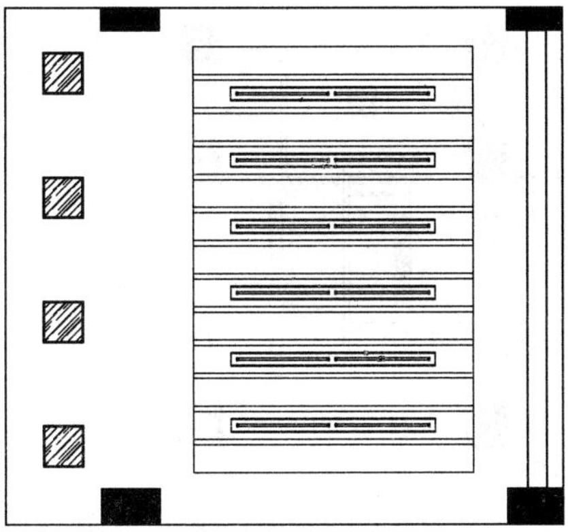

图 11-88　插入日光灯图形

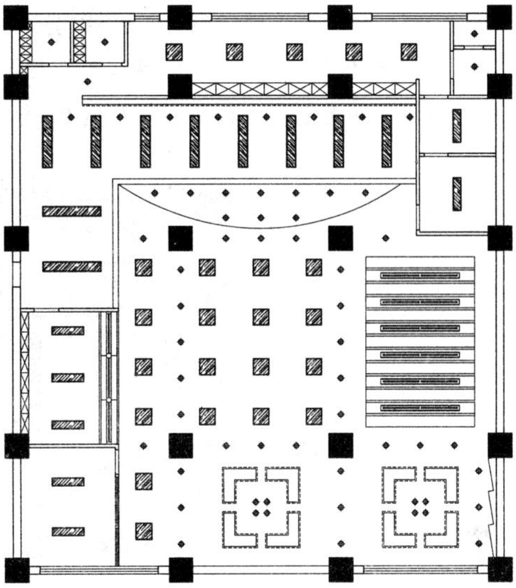

图 11-89　插入 4 寸筒灯图形

（6）在图层控制下拉列表中，将当前图层设置为“TC-填充”图层，如图 11-90 所示。

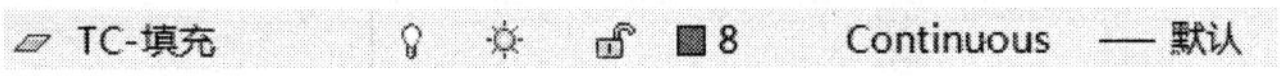

图 11-90　更改图层

（7）执行“图案填充”命令（H），对相关区域进行填充，填充参数如图 11-91 所示，填充后的效果如图 11-92 所示。

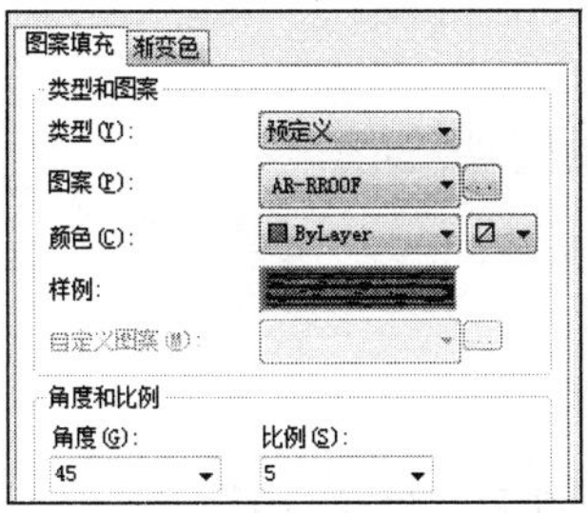

图 11-91　填充参数

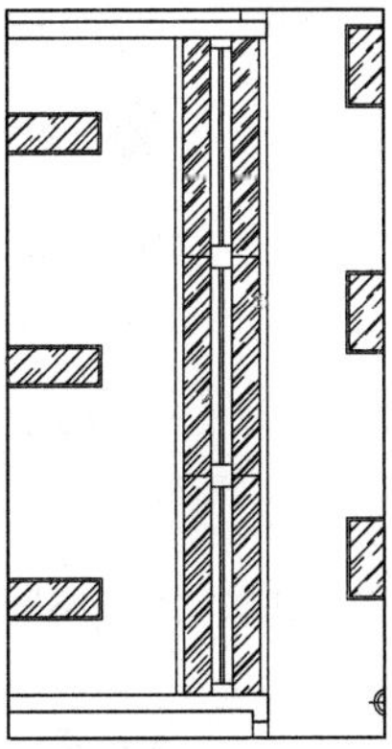

图 11-92　填充效果

11.4.4　标注标高及文字注释

前面已经绘制好了顶面布置图的吊顶、板棚及灯具等图形，绘制部分的内容已经基本完成，现在需要对其进行尺寸标注及文字注释，其操作步骤如下。

（1）在图层控制下拉列表中，将当前图层设置为"ZS-注释"图层，如图 11-93 所示。

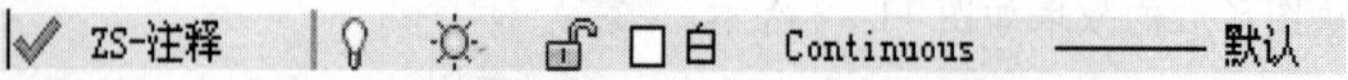

✓ ZS-注释　　┆┆ 💡 ☼　　🔓 ☐白　Continuous　──── 默认

图 11-93　设置图层

（2）执行"插入块"命令（I），将配套光盘中的"图块\11"文件夹中的"标高"图块插入绘图区中。

（3）在图层控制下拉列表中，将当前图层设置为"ZS-注释"图层；参考前面章节的方法，对顶面图进行文字注释以及图名比例的标注，如图 11-94 所示。

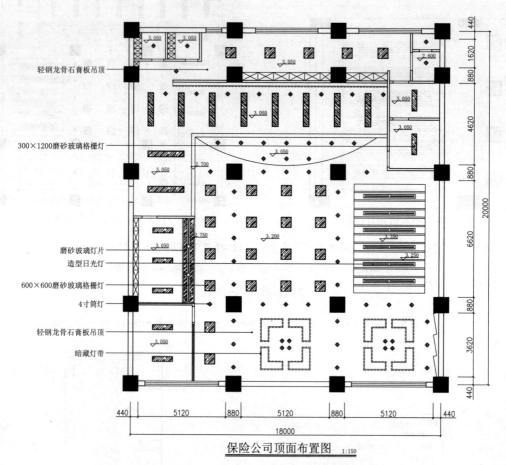

保险公司顶面布置图 1:150

图 11-94　标注说明文字

（4）最后按键盘上的"Ctrl+S"组合键，将图形进行保存。

11.5　绘制保险公司门头立面图

 视频\11\绘制保险公司门头立面图.avi
案例\11\保险公司门头立面图.dwg

本节讲解如何绘制保险公司门头立面图图纸，包括对平面图的修改、绘制墙面造型、填充墙面区域、插入图块图形、文字注释等。

11.5.1 绘制墙体轮廓

与绘制地面布置图和顶面布置图一样，在绘制立面图之前，可以通过打开前面已经绘制好的平面布置图，另存为和修改，然后再参照平面布置图上的形式、尺寸等参数，快速、直观地绘制立面图，从而提高绘图效率，其操作步骤如下。

（1）启动 Auto CAD 2016 软件，然后执行"文件|打开"菜单命令，将配套光盘中的"案例\11\保险公司平面布置图.dwg"文件打开。再按键盘上的"Ctrl+Shift+S"组合键，打开"图形另存为"对话框，将文件保存为"案例\11\保险公司门头立面图.dwg"文件。

（2）执行"删除"命令（E），执行"修剪"命令（TR）等，将多余的线条进行修剪和删除；在图层控制下拉列表中，将当前图层设置为"QT-墙体"图层；再执行"直线"命令（L），捕捉平面图上的相应轮廓向下绘制引申线，并在图形的上方绘制一条适当长度的水平线作为地坪线，如图 11-95 所示。

（3）执行"修剪"命令（TR）等，对图形进行修剪操作，修剪后的效果如图 11-96 所示。

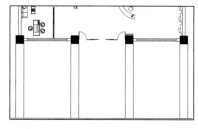

图 11-95　绘制引申线段

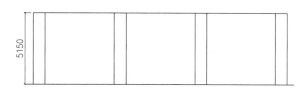

图 11-96　修剪操作

11.5.2 绘制立面相关图形

前面已经修改好了平面图，并且绘制了相关的引申线段，接下来可以根据设计要求绘制墙面的相关造型图形，其操作步骤如下。

（1）接着将当前图层设置为"LM-立面"图层，如图 11-97 所示。

| ✏ LM-立面 | 💡 | ☼ | 🔓 | ■洋红 | Continuous | —— 默认 |

图 11-97　更改图层

（2）执行"偏移"命令（O），将相关线段进行偏移操作，偏移方向和尺寸如图 11-98 所示，并将偏移后的线段置放到"LM-立面"图层，如图 11-98 所示。

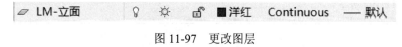

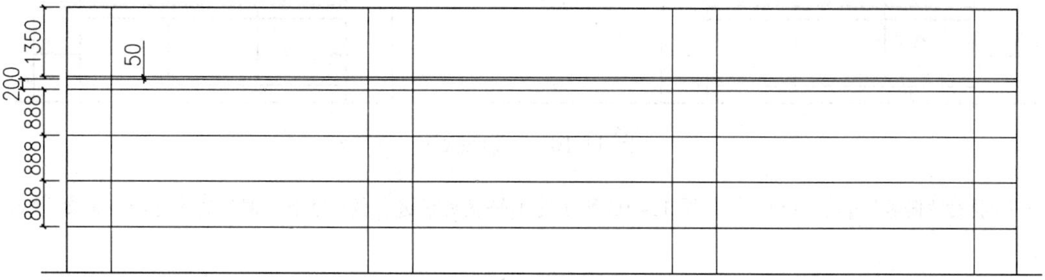

图 11-98　偏移操作

（3）执行"修剪"命令（TR），对图形进行修剪操作，修剪后的图形效果如图 11-99 所示。

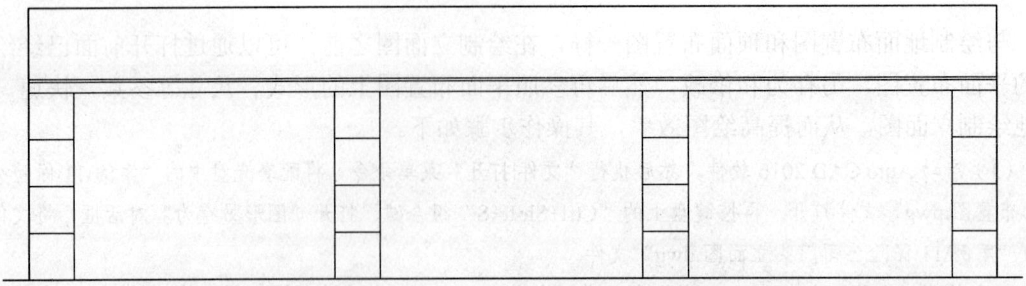

图 11-99　修剪操作

（4）执行"偏移"命令（O），将如图 11-100 所示的水平直线段进行偏移操作，偏移的尺寸与方向如图 11-100 所示。

（5）继续执行"偏移"命令（O），将如图 11-101 所示的竖直直线段进行偏移操作，偏移的尺寸与方向如图 11-101 所示。

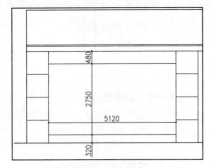

图 11-100　偏移水平线段

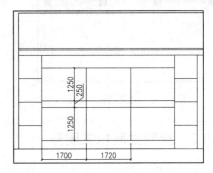

图 11-101　偏移竖直线段

（6）然后再执行"镜像"命令（MI），将刚才所偏移的水平直线段和竖直直线段镜像到右边，镜像后的图形效果如图 11-102 所示。

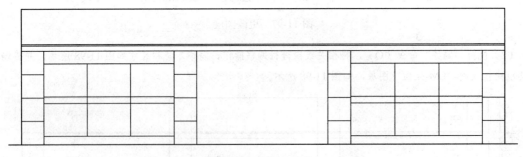

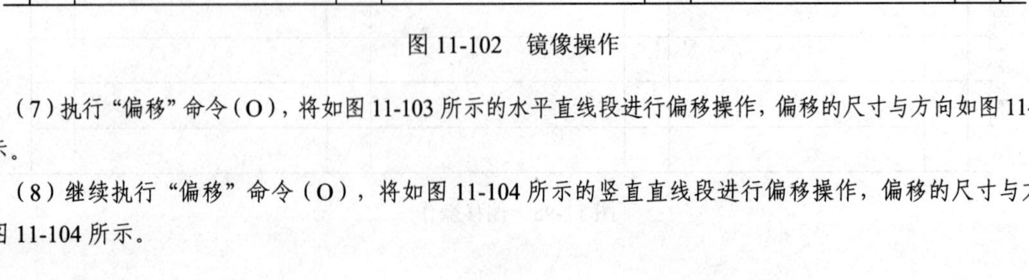

图 11-102　镜像操作

（7）执行"偏移"命令（O），将如图 11-103 所示的水平直线段进行偏移操作，偏移的尺寸与方向如图 11-103 所示。

（8）继续执行"偏移"命令（O），将如图 11-104 所示的竖直直线段进行偏移操作，偏移的尺寸与方向如图 11-104 所示。

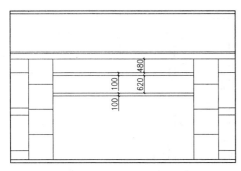

图 11-103　偏移水平线段

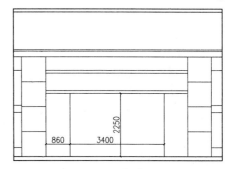

图 11-104　偏移竖直线段

（9）继续执行"偏移"命令（O），将如图 11-105 所示的竖直直线段进行偏移操作，偏移的尺寸与方向如图 11-105 所示。

（10）执行"合并"命令（J），将如图 11-106 所示的几条直线段进行合并操作，合并效果如图 11-106 所示。

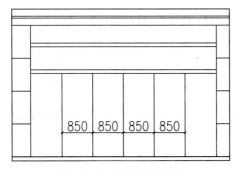

图 11-105　偏移竖直线段

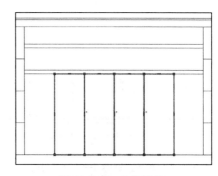

图 11-106　合并操作

（11）执行"偏移"命令（O），将前面合并后的多段线向内进行偏移操作，偏移尺寸为 40，偏移后的图形效果如图 11-107 所示。

（12）执行"矩形"命令（REC），在如图 11-108 所示的两侧区域绘制两个尺寸为 40×1200 的矩形。

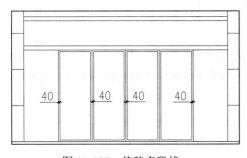

图 11-107　偏移多段线

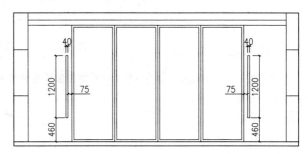

图 11-108　绘制矩形

（13）执行"多段线"命令（PL），矩形的旁边绘制如图 11-109 所示的两条多段线，并将这两条多段线更改成"ACAD_ISO03W100"线型，效果如图 11-109 所示。

（14）执行"多段线"命令（PL），绘制如图 11-110 所示的一条多段线，表示箭头符号。

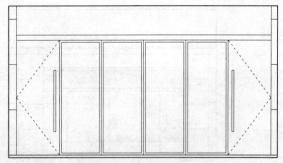

图 11-109　绘制多段线

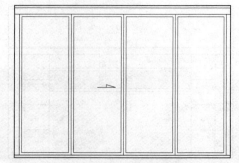

图 11-110　绘制箭头多段线

（15）执行"图案填充"命令（H），设置填充图案为"SOLID"，对前面所绘制的箭头区域进行填充；接着再执行"镜像"命令（MI），将箭头多段线以及相关的填充图形镜像到右边，镜像后的图形效果如图 11-111 所示。

（16）执行"矩形"命令（REC），在图形的上方绘制一个尺寸为 167×47 的矩形图形，效果如图 11-112 所示。

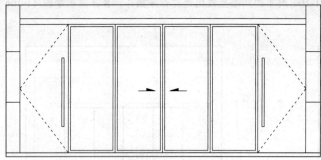

图 11-111　填充操作并镜像

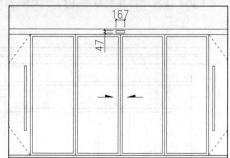

图 11-112　绘制矩形

11.5.3　填充图案及插入图块

在绘制立面图的过程中，为了更直观地表达墙面的各个区域，可以通过填充的方式表示每个区域所表达的内容，然后再通过插入墙面相关的装饰物品以及墙面附近的家具等图块图形，从而更加形象地表达该立面图的内容，其操作步骤如下。

（1）在图层控制下拉列表中，将当前图层设置为"TC-填充"图层，如图 11-113 所示。

图 11-113　更改图层

（2）执行"图案填充"命令（H），对相关区域进行填充，填充参数如图 11-114 所示，填充后的效果如图 11-115 所示。

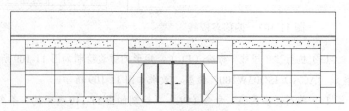

图 11-114　填充参数　　　　　　　　　　　　　图 11-115　填充效果

（3）继续执行"图案填充"命令（H），对玻璃区域进行填充，填充参数如图 11-116 所示，填充后的效果如图 11-117 所示。

图 11-116 填充参数

图 11-117 填充效果

（4）继续执行"图案填充"命令（H），对图形中的条形区域进行填充，填充参数如图 11-118 所示，填充后的效果如图 11-119 所示。

图 11-118 填充参数

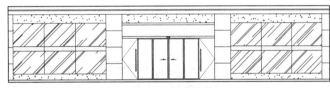

图 11-119 填充效果

（5）继续执行"图案填充"命令（H），对图形中的移动门上方的矩形区域进行填充，填充参数如图 11-120 所示，填充后的效果如图 11-121 所示。

图 11-120 填充参数

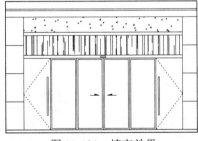

图 11-121 填充效果

（6）继续执行"图案填充"命令（H），对图形中的移动门相关的区域进行填充，填充参数如图 11-122 所示，填充后的效果如图 11-123 所示。

图 11-122 填充参数

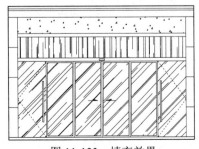

图 11-123 填充效果

（7）在图层控制下拉列表中，将当前图层设置为"TK-图块"图层，如图 11-124 所示。

| TK-图块 | ♀ | ☼ | 🔓 ■112 | Continuous | —— 默认 |

图 11-124　设置图层

（8）执行"插入块"命令（I），将配套光盘中的"图块\11"文件夹中的"招牌字"图块图形插入如图 11-125 所示的位置上，插入图块图形后的效果如图 11-125 所示。

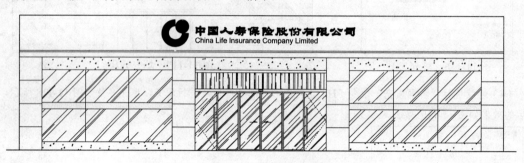

图 11-125　插入招牌字图块图形

11.5.4　标注尺寸及文字注释

前面已经绘制好了立面图的墙面造型、墙面填充及墙面装饰物品等图形，绘制部分的内容已经基本完成，现在需要对其进行尺寸标注及文字注释，其操作步骤如下。

（1）在图层控制下拉列表中，将当前图层设置为"BZ-标注"图层，如图 11-126 所示。

| ✔ BZ-标注 | ♀ | ☼ | 🔓 ■绿 | Continuous | —— 默认 |

图 11-126　设置图层

（2）结合"线型标注"命令（DLI）及"连续标注"命令（DCO），对平面图进行尺寸标注，如图 11-127 所示。

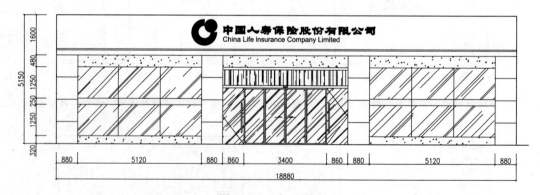

图 11-127　标注图形

（3）将当前图层设置为"ZS-注释"图层，参考前面章节的方法，对立面图进行立面指向符号、文字注释以及图名比例的标注，如图 11-128 所示。

（4）最后按键盘上的"Ctrl+S"组合键，将图形进行保存。

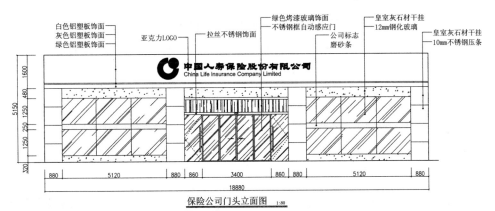

白色铝塑板饰面
灰色铝塑板饰面
绿色铝塑板饰面
亚克力LOGO
拉丝不锈钢饰面
绿色烤漆玻璃饰面
不锈钢框自动感应门
公司标志
磨砂条
皇室灰石材干挂
12mm钢化玻璃
皇室灰石材干挂
10mm不锈钢压条

中国人寿保险股份有限公司
China Life Insurance Company Limited

保险公司门头立面图 1:80

图 11-128　标注文字说明

11.6　绘制保险公司 A 立面图

视频\11\绘制保险公司 A 立面图.avi
案例\11\保险公司 A 立面图.dwg

　　前面已经绘制好了保险公司门头立面图图纸，现在可以参照绘制保险公司门头立面图的方式，讲解如何绘制保险公司 A 立面图图纸，包括对保险公司平面图的修改、绘制立面图的墙面造型、填充墙面区域、插入图块图形、文字注释等。

11.6.1　绘制墙体轮廓

　　与绘制地面布置图和顶面布置图一样，在绘制立面图之前，可以通过打开前面已经绘制好的平面布置图，另存为和修改，然后再参照平面布置图上的形式、尺寸等参数，快速、直观地绘制立面图，从而提高绘图效率，其操作步骤如下。

　　（1）启动 Auto CAD 2016 软件，然后执行"文件|打开"菜单命令，将配套光盘中的"案例\11\保险公司平面布置图.dwg"文件打开。再按键盘上的"Ctrl+Shift+S"组合键，打开"图形另存为"对话框，将文件保存为"案例\11\保险公司 A 立面图.dwg"文件。

　　（2）执行"删除"命令（E），执行"修剪"命令（TR）等，将多余的线条进行修剪和删除，修剪后的效果如图 11-129 所示。

　　（3）在图层控制下拉列表中，将当前图层设置为"QT-墙体"图层；再执行"直线"命令（L），捕捉平面图上的相应轮廓向下绘制引申线，并在图形的上方绘制一条适当长度的水平线作为地坪线；再执行"偏移"命令（O），将水平线段向上进行偏移操作，效果如图 11-130 所示。

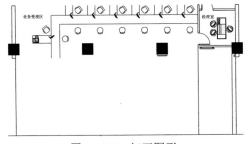

图 11-129　打开图形

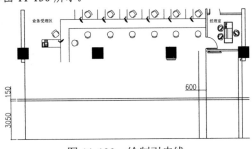

图 11-130　绘制引申线

（4）执行"修剪"命令（TR）等，对图形进行修剪操作，修剪后的效果如图 11-131 所示。

图 11-131　修剪操作

11.6.2　绘制立面相关图形

前面已经修改好平面图，并且绘制了相关的引申线段之后，接下来可以根据设计要求绘制墙面的相关造型图形，其操作步骤如下。

（1）接着将当前图层设置为"LM-立面"图层，如图 11-132 所示。

图 11-132　更改图层

（2）执行"多段线"命令（PL），在图形上方绘制一条如图 11-133 所示的多段线。

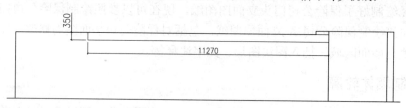

图 11-133　绘制多段线

（3）执行"分解"命令（X），将刚才所绘制的多段线进行分解操作；再执行"偏移"命令（O），将分解后的相关直线段按照如图 11-134 所示的尺寸与方向进行偏移操作。

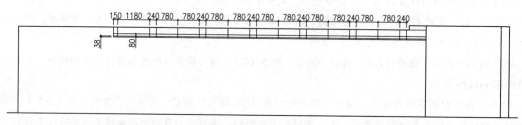

图 11-134　分解并偏移操作

（4）执行"修剪"命令（TR），对图形进行修剪操作，修剪后的图形效果如图 11-135 所示。

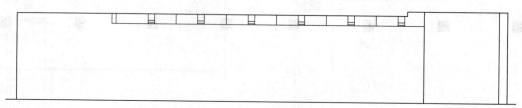

图 11-135　修剪操作

（5）执行"多段线"命令（PL），在图形的下方中间位置绘制一条如图11-136所示的多段线。

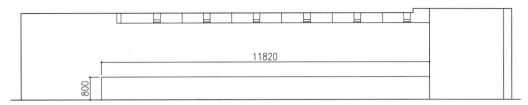

图 11-136　绘制多段线

（6）执行"分解"命令（X），将刚才所绘制的多段线进行分解操作；再执行"偏移"命令（O），将分解后的相关直线段按照如图11-137所示的尺寸与方向进行偏移操作。

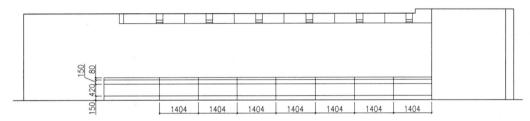

图 11-137　偏移操作

（7）执行"修剪"命令（TR），对图形进行修剪操作，并将如图 11-138 所示的直线更改成"ACAD_ISO03W100"线型。

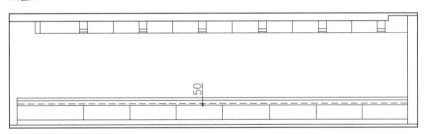

图 11-138　修剪图形

（8）执行"偏移"命令（O），将图形右边的相关线段进行偏移操作，偏移的尺寸与方向如图11-139所示。

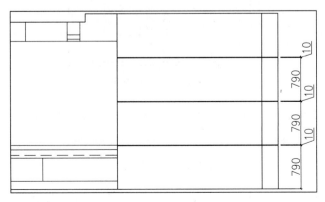

图 11-139　偏移线段

11.6.3 插入图案并填充图案

绘制好立面图的墙面相关造型之后，现在可以通过插入墙面相关的装饰物品以及墙面附近的家具等图块图形，从而更加形象地表达该立面图的内容，其操作步骤如下。

（1）在图层控制下拉列表中，将当前图层设置为"TK-图块"图层，如图11-140所示。

⟋ TK-图块　　　　💡　☼　🔓　■112　Continuous　—— 默认

图 11-140　设置图层

（2）执行"插入块"命令（I），将配套光盘中的"图块\11"文件夹中的"柜台剖面"图块图形插入如图11-141所示的位置上，插入图块图形后的效果如图11-141所示。

（3）继续执行"插入块"命令（I），将配套光盘中的"图块\11"文件夹中的"电视立面"图块图形插入如图11-142所示的位置上。

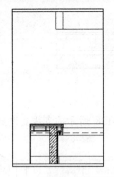

图 11-141　插入柜台剖面图形

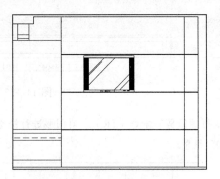

图 11-142　插入电视立面图形

（4）执行"修剪"命令（TR），将柜台剖面所遮挡住的两条水平线段进行修剪操作，修剪后的图形效果如图11-143所示。

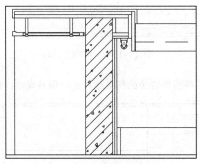

图 11-143　修剪操作

（5）在图层控制下拉列表中，将当前图层设置为"TC-填充"图层，如图11-144所示。

⟋ TC-填充　　　　💡　☼　🔓　■8　Continuous　—— 默认

图 11-144　更改图层

（6）执行"图案填充"命令（H），对相关区域进行填充，填充参数如图11-145所示，填充后的效果如图11-146所示。

图 11-145　填充参数

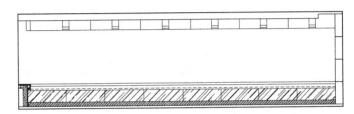

图 11-146　填充效果

（7）继续执行"图案填充"命令（H），对相关区域进行填充，填充参数如图 11-147 所示，填充后的效果如图 11-148 所示。

图 11-147　填充参数

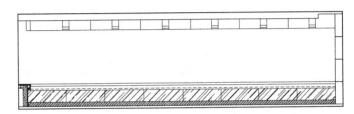

图 11-148　填充效果

（8）继续执行"图案填充"命令（H），对两条水平直线段所形成的相关区域进行填充，填充参数如图 11-149 所示，填充后的效果如图 11-150 所示。

图 11-149　填充参数

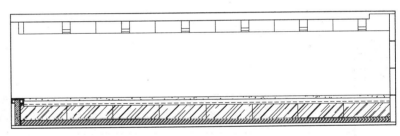

图 11-150　填充效果

（9）继续执行"图案填充"命令（H），对电视立面附近的相关区域进行填充，填充参数如图 11-151 所示，填充后的效果如图 11-152 所示。

图 11-151　填充参数

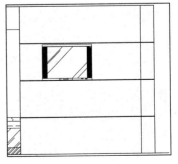

图 11-152　填充效果

11.6.4 尺寸标注及文字注释

当绘制好了立面图的墙面造型及墙面装饰物品等图形，绘制部分的内容已经基本完成，现在需要对其进行尺寸标注及文字注释，其操作步骤如下。

（1）在图层控制下拉列表中，将当前图层设置为"BZ-标注"图层，如图11-153所示。

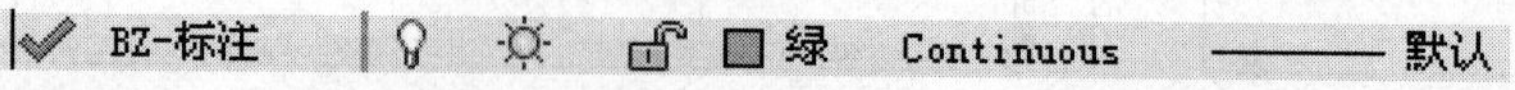

BZ-标注 　绿　Continuous　默认

图 11-153　设置图层

（2）结合"线型标注"命令（DLI）及"连续标注"命令（DCO），对平面图进行尺寸标注，如图11-154所示。

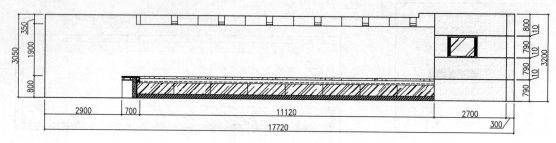

图 11-154　标注图形

（3）将当前图层设置为"ZS-注释"图层，参考前面章节的方法，对立面图进行立面指向符号、文字注释以及图名比例的标注，如图11-155所示。

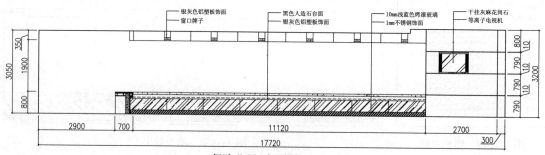

图 11-155　标注文字说明

（4）最后按键盘上的"Ctrl+S"组合键，将图形进行保存。

11.7　绘制保险公司 B 立面图

视频\11\绘制保险公司 B 立面图.avi
案例\11\保险公司 B 立面图.dwg

本节讲解如何绘制保险公司 B 立面图图纸，包括对平面图的修改、绘制墙面造型、填充墙面区域、插入图块图形、文字注释等。

11.7.1　绘制墙体轮廓

与绘制 A 立面图一样，可以通过打开前面已经绘制好的平面布置图，另存为和修改，然后再参照平面布置图上的形式、尺寸等参数，快速、直观地绘制立面图，提高绘图效率，其操作步骤如下。

（1）启动 Auto CAD 2016 软件，然后执行"文件|打开"菜单命令，将配套光盘中的"案例\11\保险公司平面布置图.dwg"文件打开。再按键盘上的"Ctrl+Shift+S"组合键，打开"图形另存为"对话框，将文件保存为"案例\11\保险公司 B 立面图.dwg"文件。

（2）然后再执行"删除"命令（E），执行"修剪"命令（TR）等，将多余的线条进行修剪和删除，修剪后的效果如图 11-156 所示。

（3）执行"旋转"命令（RO），将修剪后的图形旋转 90°，旋转后的图形效果如图 11-157 所示。

图 11-156　修剪图形

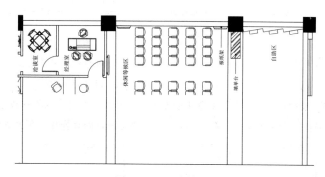

图 11-157　旋转图形

（4）在图层控制下拉列表中，将当前图层设置为"QT-墙体"图层；再执行"直线"命令（L），捕捉平面图上的相应轮廓向下绘制引申线，并在图形的上方绘制一条适当长度的水平线作为地坪线；再执行"偏移"命令（O），将水平线段向上进行偏移操作，效果如图 11-158 所示。

（5）执行"修剪"命令（TR）等，对图形进行修剪操作，修剪后的效果如图 11-159 所示。

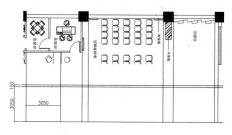

图 11-158　绘制引申线

图 11-159　修剪图形

11.7.2　绘制立面相关轮廓图形

前面已经修改好了平面图，并且绘制了相关的引申线段，接下来可以根据设计要求绘制墙面的相关造型图形，其操作步骤如下。

（1）接着将当前图层设置为"LM-立面"图层，如图 11-160 所示。

LM-立面　　♀　☼　🔒　■洋红　Continuous　—— 默认

图 11-160　更改图层

（2）执行"矩形"命令（REC），在图形上方绘制一个尺寸为 150×350 的矩形，如图 11-161 所示。

（3）继续执行"矩形"命令（REC），在图形的右下方绘制一个尺寸为 980×2040 的矩形；再执行"分解"命令（X），将矩形进行分解操作；再执行"偏移"命令（O），将相关的线段向内进行偏移操作，偏移距离为 40；然后执行"修剪"命令（TR），对偏移后的线段进行修剪操作，如图 11-162 所示。

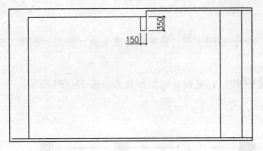

图 11-161　绘制矩形

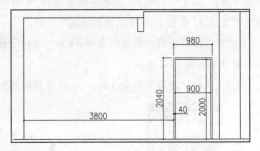

图 11-162　绘制矩形并偏移

（4）执行"矩形"命令（REC），在前面所绘制的矩形左边绘制一个尺寸为 25×800 的矩形；再执行"直线"命令（L），绘制两条水平直线段，尺寸如图 11-163 所示。

（5）继续执行"矩形"命令（REC），在前面所绘制的矩形右边绘制一个尺寸为 2760×1600 的矩形；再执行"偏移"命令（O），将所绘制的矩形向里进行偏移操作，偏移距离为 50，图形效果如图 11-164 所示。

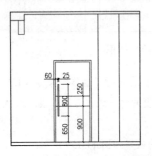

图 11-163　绘制矩形和水平直线段

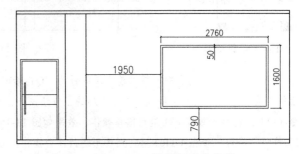

图 11-164　绘制矩形并偏移

（6）将绘图区域移至立面图的右边；然后再执行"偏移"命令（O），将相关线段进行偏移操作，偏移尺寸和方向如图 11-165 所示。

（7）执行"矩形"命令（REC），在如图 11-166 所示的区域绘制几个矩形，尺寸如图 11-166 所示。

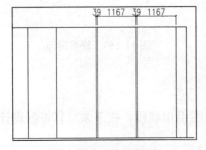

图 11-165　偏移操作

图 11-166　绘制矩形

（8）执行"复制"命令（CO），将最外面的两个矩形向左进行复制，复制距离尺寸如图11-167所示。

（9）执行"矩形"命令（REC），在复制后的矩形区域内绘制一个尺寸为333×435的矩形，如图11-168所示。

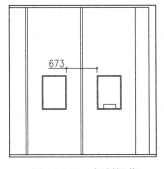

图11-167　复制操作

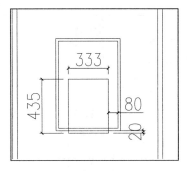

图11-168　绘制矩形

（10）执行"分解"命令（X），将刚才所绘制的矩形进行分解操作；再执行"偏移"命令（O），将相关的线段进行偏移操作，偏移尺寸和方向如图11-169所示。

（11）执行"修剪"命令（TR），对图形进行修剪操作，修剪后的图形效果如图11-170所示。

（12）执行"矩形"命令（REC），在图形的下方绘制两个矩形，尺寸为533×60和125×15，如图11-171所示。

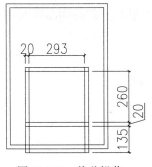

图11-169　偏移操作

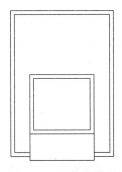

图11-170　修剪图形

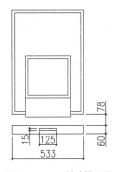

图11-171　绘制矩形

（13）执行"复制"命令（CO），将刚才所绘制的图形向左进行复制，复制距离尺寸如图11-172所示。

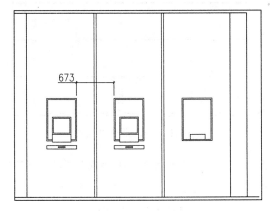

图11-172　复制操作

（14）执行“偏移”命令（O），将最下面的水平直线段向上进行偏移操作，偏移尺寸如图 11-173 所示。

10
790
10
790
10
790

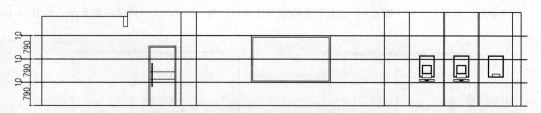

图 11-173　偏移操作

（15）执行“修剪”命令（TR），对图形进行修剪操作，修剪后的图形效果如图 11-174 所示。

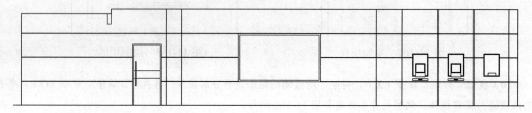

图 11-174　修剪操作

11.7.3　插入图块及填充图案

绘制好立面图的墙面相关造型之后，现在可以通过插入墙面相关的装饰物品以及墙面附近的家具等图块图形，从而更加形象地表达该立面图的内容，其操作步骤如下。

（1）在图层控制下拉列表中，将当前图层设置为“TK-图块”图层，如图 11-175 所示。

TK-图块
112
Continuous
—— 默认

图 11-175　设置图层

（2）执行“插入块”命令（I），将配套光盘中的“图块\11”文件夹中的“柜台剖面”图块图形插入如图 11-176 所示的位置上，插入图块图形后的效果如图 11-176 所示。

2412

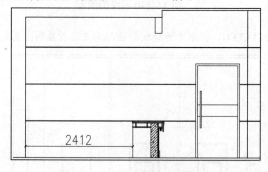

图 11-176　插入柜台剖面图形

（3）在图层控制下拉列表中，将当前图层设置为“TC-填充”图层，如图 11-177 所示。

TC-填充
8
Continuous
—— 默认

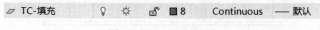

图 11-177　更改图层

（4）执行"图案填充"命令（H），对门图形相关区域进行填充，填充参数如图 11-178 所示，填充后的效果如图 11-179 所示。

图 11-178　填充参数

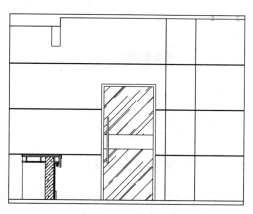

图 11-179　填充效果

（5）执行"图案填充"命令（H），对门图形两条水平线段中间的相关区域进行填充，填充参数如图 11-180 所示，填充后的效果如图 11-181 所示。

图 11-180　填充参数

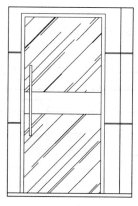

图 11-181　填充效果

（6）执行"图案填充"命令（H），对墙面相关区域进行填充，填充参数如图 11-182 所示，填充后的效果如图 11-183 所示。

图 11-182　填充参数

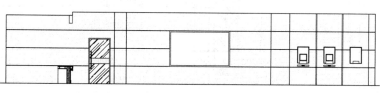

图 11-183　填充效果

（7）执行"图案填充"命令（H），对电子显示屏相关区域进行填充，填充参数如图 11-184 所示，填充后的效果如图 11-185 所示。

图 11-184　填充参数

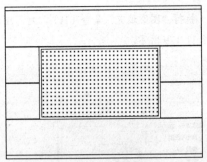

图 11-185　填充效果

11.7.4　尺寸标注及文字注释

当绘制好了立面图的墙面造型以及墙面装饰物品等图形，绘制部分的内容已经基本完成，现在需要对其进行尺寸标注及文字注释，其操作步骤如下。

（1）在图层控制下拉列表中，将当前图层设置为"BZ-标注"图层，如图 11-186 所示。

✔ BZ-标注　　♀　☼　🔓 ■绿　Continuous　　─── 默认

图 11-186　设置图层

（2）结合"线型标注"命令（DLI）及"连续标注"命令（DCO），对平面图进行尺寸标注，如图 11-187 所示。

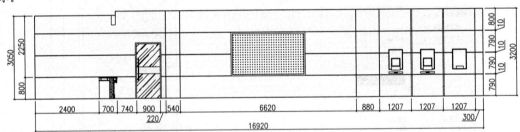

图 11-187　标注图形

（3）将当前图层设置为"ZS-注释"图层，参考前面章节的方法，对立面图进行立面指向符号、文字注释以及图名比例的标注，如图 11-188 所示。

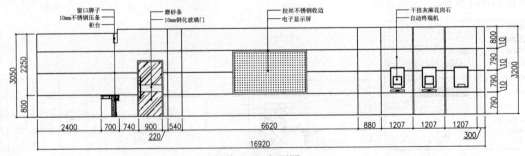

图 11-188　标注文字说明

（4）最后按键盘上的"Ctrl+S"组合键，将图形进行保存。

11.8 绘制保险公司 C 立面图

素材　视频\11\绘制保险公司 C 立面图.avi
案例\11\保险公司 C 立面图.dwg

现在讲解如何绘制保险公司的 C 立面图图纸，包括对平面图的修改、绘制墙面造型、填充墙面区域、插入图块图形、文字注释等。

11.8.1 绘制墙体轮廓

同样的方式，绘制 A 立面图一样，可以通过打开前面已经绘制好的平面布置图，另存为和修改，然后再参照平面布置图上的形式、尺寸等参数，快速、直观地绘制立面图，提高绘图效率，其操作步骤如下。

（1）启动 Auto CAD 2016 软件，然后执行"文件|打开"菜单命令，将配套光盘中的"案例\11\保险公司平面布置图.dwg"文件打开。再按键盘上的"Ctrl+Shift+S"组合键，打开"图形另存为"对话框，将文件保存为"案例\11\保险公司 C 立面图.dwg"文件。

（2）然后再执行"删除"命令（E），执行"修剪"命令（TR）等，将多余的线条进行修剪和删除，修剪后的效果如图 11-189 所示。

（3）执行"旋转"命令（RO），将修剪后的图形旋转 180°，旋转后的图形效果如图 11-190 所示。

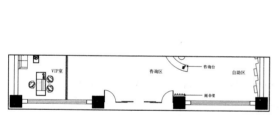

图 11-189　修剪图形

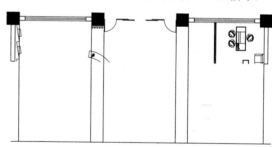

图 11-190　旋转图形

（4）在图层控制下拉列表中，将当前图层设置为"QT-墙体"图层；再执行"直线"命令（L），捕捉平面图上的相应轮廓向下绘制引申线，并在图形的上方绘制一条适当长度的水平线作为地坪线；再执行"偏移"命令（O），将水平线段向上进行偏移操作，效果如图 11-191 所示。

（5）执行"修剪"命令（TR）等，对图形进行修剪操作，修剪后的效果如图 11-192 所示。

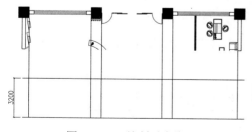

图 11-191　绘制引申线

图 11-192　修剪图形

11.8.2 绘制立面相关轮廓图形

当修改好了平面图，绘制了相关的引申线段之后，接下来可以根据设计要求来绘制墙面的相关造型图形，其操作步骤如下。

（1）接着将当前图层设置为"LM-立面"图层，如图11-193所示。

图11-193　更改图层

（2）执行"偏移"命令（O），将最上面的水平线段向下进行偏移操作，偏移尺寸如图11-194所示，并将偏移后的线段置放到"LM-立面"图层。

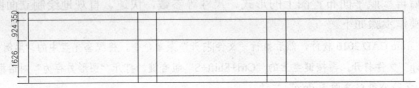
图11-194　偏移操作

（3）执行"修剪"命令（TR），对图形进行修剪操作，修剪后的图形如图11-195所示。

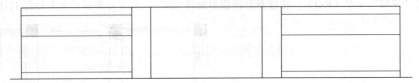
图11-195　修剪操作

（4）执行"偏移"命令（O），将两边的竖直线段向中间进行偏移操作，偏移尺寸如图11-196所示。

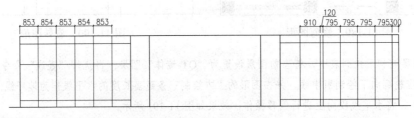
图11-196　偏移操作

（5）执行"修剪"命令（TR），对图形进行修剪操作，修剪后的图形如图11-197所示。

图11-197　修剪操作

（6）执行"偏移"命令（O），将相关的线段进行偏移操作，偏移尺寸和方向如图11-198所示。

图 11-198　偏移操作

（7）继续执行"偏移"命令（O），将最上面的书评线段向下进行偏移操作，偏移尺寸如图 11-199 所示。

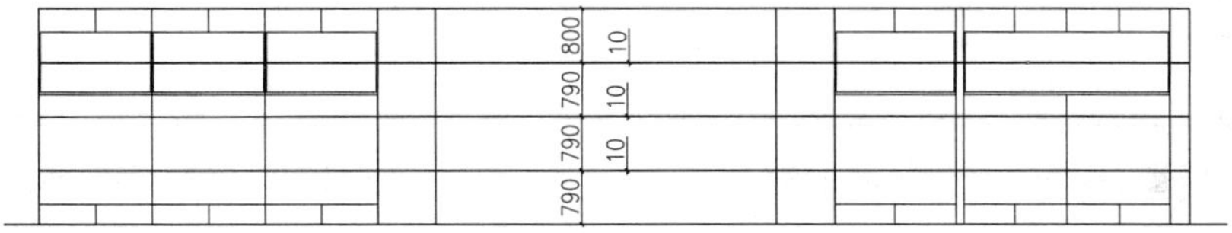

图 11-199　偏移水平线段

（8）执行"修剪"命令（TR），对图形进行修剪操作，修剪后的图形如图 11-200 所示。

图 11-200　修剪操作

（9）执行"偏移"命令（O），将相关的水平线段进行偏移操作，偏移尺寸和方向如图 11-201 所示。

（10）执行"偏移"命令（O），将相关的竖直线段进行偏移操作，偏移尺寸和方向如图 11-202 所示。

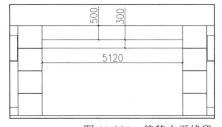

图 11-201　偏移水平线段

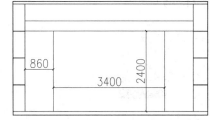

图 11-202　偏移竖直线段

（11）执行"多段线"命令（PL），矩形的旁边绘制如图 11-203 所示的两条多段线，并将这两条多段线更改成"ACAD_ISO03W100"线型，效果如图 11-203 所示。

（12）执行"定数等分"命令（DIV），将如图 11-204 所示的水平直线段进行定数等分操作；执行"直线"命令（L），捕捉定数等分所形成的节点，绘制三条竖直直线段，效果如图 11-204 所示。

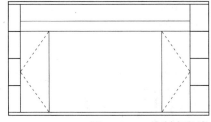

图 11-203　绘制多段线

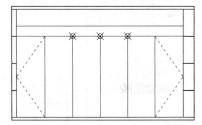

图 11-204　定数等分操作

（13）执行"矩形"命令（REC），捕捉相关的交点，绘制四个矩形；再执行"偏移"命令（O），将所绘制的矩形向内进行偏移操作，偏移距离为 40，效果如图 11-205 所示。

（14）采用门头立面图里面的绘制箭头方式与步骤，绘制一个箭头图形并填充；再执行"矩形"命令（REC），在移门的上方绘制一个尺寸为167×47的矩形，效果如图11-206所示。

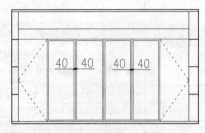

图11-205　绘制矩形并偏移

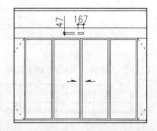

图11-206　绘制箭头和矩形

11.8.3　对相应区域填充图案

绘制好立面图的墙面相关造型之后，则可以通过插入墙面相关的装饰物品以及墙面附近的家具等图块图形，从而更加形象地表达出该立面图的内容，其操作步骤如下。

（1）图层控制下拉列表中，将当前图层设置为"TC-填充"图层，如图11-207所示。

图11-207　更改图层

（2）执行"图案填充"命令（H），对墙面图形相关区域进行填充，填充参数如图11-208所示，填充后的效果如图11-209所示。

图11-208　填充参数

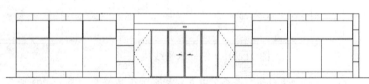

图11-209　填充效果

（3）继续执行"图案填充"命令（H），对矩形区域进行填充，填充参数如图11-210所示，填充后的效果如图11-211所示。

图11-210　填充参数

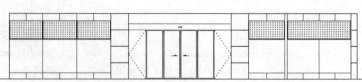

图11-211　填充效果

（4）继续执行"图案填充"命令（H），对矩形区域进行填充，填充参数如图 11-212 所示，填充后的效果如图 11-213 所示。

图 11-212　填充参数

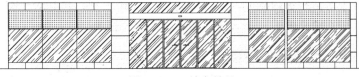

图 11-213　填充效果

11.8.4　标注尺寸及文字注释

当绘制好了立面图的墙面造型以及墙面装饰物品等图形，绘制部分的内容已经基本完成，现在需要对其进行尺寸标注及文字注释，其操作步骤如下。

（1）图层控制下拉列表中，将当前图层设置为"BZ-标注"图层，如图 11-214 所示。

图 11-214　设置图层

（2）结合"线型标注"命令（DLI）及"连续标注"命令（DCO），对立面图进行尺寸标注，如图 11-215 所示。

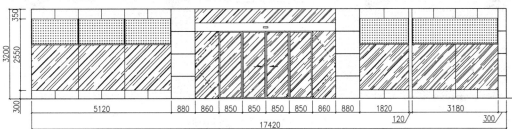

图 11-215　标注图形

（3）将当前图层设置为"ZS-注释"图层，参考前面章节的方法，对立面图进行立面指向符号、文字注释以及图名比例的标注，如图 11-216 所示。

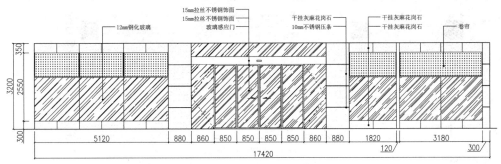

图 11-216　标注文字说明

（4）最后按键盘上的"Ctrl+S"组合键，将图形进行保存。

11.9 绘制保险公司 D 立面图

素材 视频\11\绘制保险公司 D 立面图.avi
案例\11\保险公司 D 立面图.dwg

本节讲解如何绘制保险公司的 D 立面图图纸，包括对已有平面图的修改、再绘制墙面造型、填充墙面区域、插入图块图形、文字注释等。

11.9.1 绘制墙体轮廓

在绘制立面图之前，可以通过打开前面已经绘制好的平面布置图，另存为和修改，然后再参照平面布置图上的形式、尺寸等参数，快速、直观地绘制立面图，从而提高绘图效率，其操作步骤如下。

（1）启动 Auto CAD 2016 软件，然后执行"文件|打开"菜单命令，将配套光盘中的"案例\11\保险公司平面布置图.dwg"文件打开。再按键盘上的"Ctrl+Shift+S"组合键，打开"图形另存为"对话框，将文件保存为"案例\11\保险公司 D 立面图.dwg"文件。

（2）然后再执行"删除"命令（E），执行"修剪"命令（TR）等，将多余的线条进行修剪和删除；再执行"旋转"命令（RO），将修剪后的图形旋转-90°，旋转后的图形效果如图 11-217 所示。

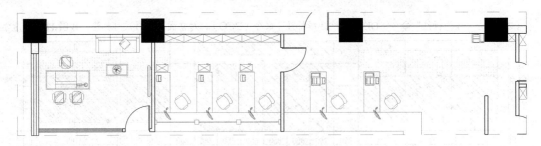

图 11-217 修改并旋转图形

（3）在图层控制下拉列表中，将当前图层设置为"QT-墙体"图层；再执行"直线"命令（L），捕捉平面图上的相应轮廓向下绘制引申线，并在图形的上方绘制一条适当长度的水平线作为地坪线；再执行"偏移"命令（O），将水平线段向上进行偏移操作，效果如图 11-218 所示。

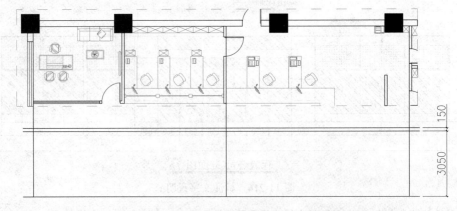

图 11-218 绘制引申线

（4）执行"修剪"命令（TR），对图形进行修剪操作，修剪后的图形效果如图 11-219 所示。

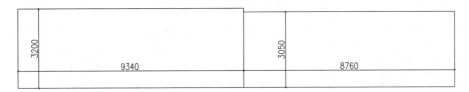

图 11-219　修剪图形

11.9.2　绘制立面相关轮廓图形

修改好平面图，并且绘制了相关的引申线段之后，接下来可以根据设计要求来绘制墙面的相关造型图形，其操作步骤如下。

（1）接着将当前图层设置为"LM-立面"图层，如图 11-220 所示。

✐ LM-立面　　♀ ☼ 🔓 ■洋红　Continuous　── 默认

图 11-220　更改图层

（2）执行"偏移"命令（O），将左边的竖直直线段向右进行偏移操作，偏移尺寸如图 11-221 所示，并将偏移后的线段置放到"LM-立面"图层，如图 11-221 所示。

（3）执行"矩形"命令（REC），在图形的左边绘制一个尺寸为 3220×2550 的矩形，效果如图 11-222 所示。

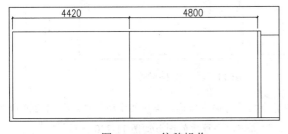

图 11-221　偏移操作

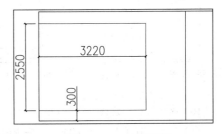

图 11-222　绘制矩形

（4）执行"直线"命令（L），在矩形的中间绘制一条竖直直线段，如图 11-223 所示。

（5）执行"多段线"命令（PL），在区域绘制两条多段线，效果如图 11-224 所示。

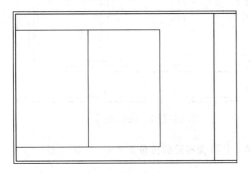

图 11-223　绘制竖直直线段

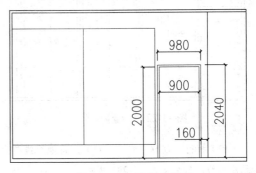

图 11-224　绘制多段线

（6）执行"矩形"命令（REC），在多段线区域内绘制一个尺寸为25×800的矩形；再执行"直线"命令（L），在该区域再绘制两条水平直线段，如图11-225所示。

（7）执行"偏移"命令（O），将相关的水平直线段向下进行偏移操作，偏移尺寸如图11-226所示。

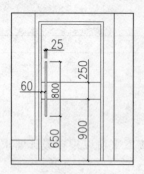

图11-225　绘制矩形和水平直线段

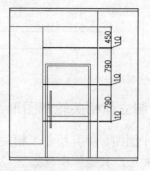

图11-226　偏移操作

（8）执行"修剪"命令（TR），将图形进行修剪操作，修剪后的图形如图11-227所示。

（9）执行"偏移"命令（O），将相关的直线段进行偏移操作，偏移尺寸和方向如图11-228所示。

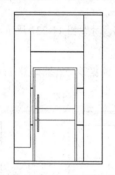

图11-227　修剪图形

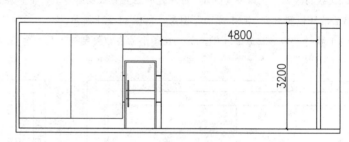

图11-228　偏移操作

（10）继续执行"偏移"命令（O），将相关的直线段进行偏移操作，偏移尺寸和方向如图11-229所示。

（11）执行"修剪"命令（TR），将图形进行修剪操作，修剪后的图形如图11-230所示。

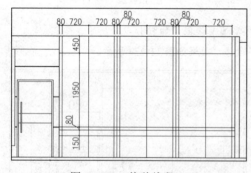

图11-229　偏移线段

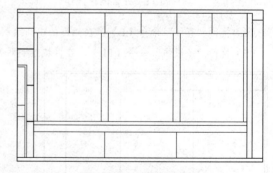

图11-230　修剪操作

（12）执行"偏移"命令（O），将地坪线向上偏移150，并将偏移后的线段置放到"LM-立面"图层，表示踢脚线，效果如图11-231所示。

（13）执行"修剪"命令（TR），将图形进行修剪操作，修剪后的图形如图11-232所示。

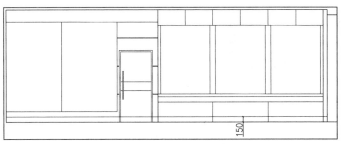

图 11-231　偏移踢脚线

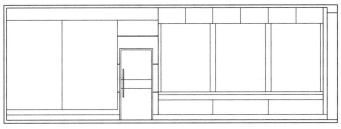

图 11-232　修剪操作

（14）执行"直线"命令（L），在如图 11-233 所示的地方绘制一条水平直线段，并将这条线段更改成"ACAD_ISO03W100"线型。

（15）执行"多段线"命令（PL），在如图 11-234 所示的区域绘制两条多段线，效果如图 11-234 所示。

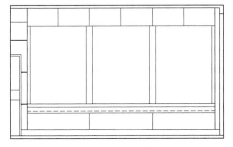

图 11-233　绘制水平直线段

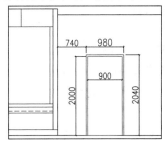

图 11-234　绘制多段线

（16）执行"多段线"命令（PL），在矩形区域内绘制一条如图 11-235 所示的多段线，并将这两条多段线更改成"ACAD_ISO03W100"线型；再在图层控制下拉列表中，将当前图层设置为"TK-图块"图层，执行"插入块"命令（I），将本书配套光盘中的"图块\11"文件夹中的"门把手"图块图形插入如图 11-235 所示的位置上，插入图块图形后的效果如图 11-235 所示。

（17）执行"偏移"命令（O），将相关的竖直直线段进行偏移操作，偏移后的图形效果如图 11-236 所示。

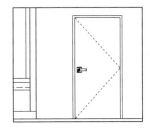

图 11-235　绘制多段线和插入门把手图形

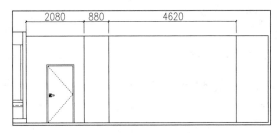

图 11-236　偏移操作

（18）执行"偏移"命令（O），将相关的水平直线段进行偏移操作，偏移后的图形效果如图11-237所示。

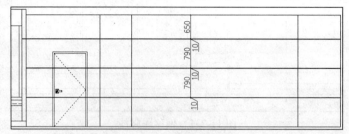

图11-237　偏移水平线段

（19）执行"修剪"命令（TR），对图形进行修剪操作，修剪后的图形效果如图11-238所示。

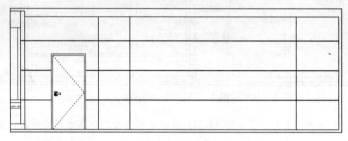

图11-238　修剪图形

11.9.3　对相应区域填充图案

绘制好立面图的墙面相关造型之后，则可以通过插入墙面相关的装饰物品以及墙面附近的家具等图块图形，从而更加形象地表达出该立面图的内容，其操作步骤如下。

（1）图层控制下拉列表中，将当前图层设置为"TC-填充"图层，如图11-239所示。

▱ TC-填充　　　♀　☼　♂　■8　　Continuous　── 默认

图11-239　更改图层

（2）执行"图案填充"命令（H），对门图形和玻璃相关区域进行填充，填充参数如图11-240所示，填充后的效果如图11-241所示。

　　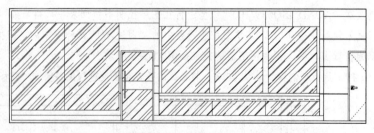

图11-240　填充参数　　　　　　　　　图11-241　填充效果

（3）执行"图案填充"命令（H），对门图形中间水平线段所形成的相关区域进行填充，填充参数如图11-242所示，填充后的效果如图11-243所示。

（4）继续执行"图案填充"命令（H），对矩形区域进行填充，填充参数如图11-244所示，填充后的效果如图11-245所示。

图 11-242　填充参数

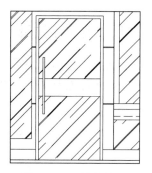

图 11-243　填充效果

图 11-244　填充参数

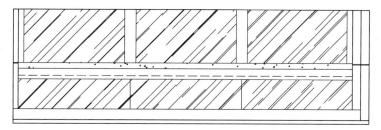

图 11-245　填充效果

（5）继续执行"图案填充"命令（H），对相关区域进行填充，填充参数如图 11-246 所示，填充后的效果如图 11-247 所示。

图 11-246　填充参数

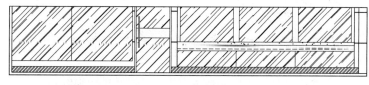

图 11-247　填充效果

（6）继续执行"图案填充"命令（H），对墙面相关区域进行填充，填充参数如图 11-248 所示，填充后的效果如图 11-249 所示。

图 11-248　填充参数

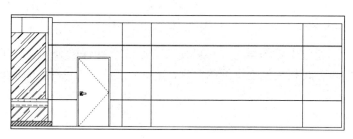

图 11-249　填充效果

11.9.4 标注尺寸及文字注释

当绘制好了立面图的墙面造型以及墙面装饰物品等图形，绘制部分的内容已经基本完成，则需要对其进行尺寸标注及文字注释，其操作步骤如下。

（1）图层控制下拉列表中，将当前图层设置为"BZ-标注"图层，如图 11-250 所示。

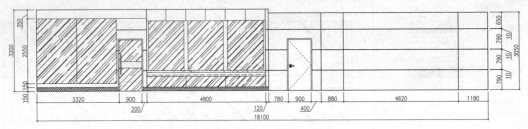

图 11-250　设置图层

（2）结合"线型标注"命令（DLI）及"连续标注"命令（DCO），对立面图进行尺寸标注，如图 11-251 所示。

图 11-251　标注图形

（3）将当前图层设置为"ZS-注释"图层，参考前面章节的方法，对立面图进行文字注释以及图名比例的标注，然后在立面图相应位置进行剖面符号的标注，如图 11-252 所示。

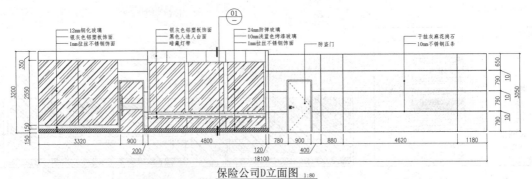

保险公司D立面图 1:80

图 11-252　标注文字说明

（4）最后按键盘上的"Ctrl+S"组合键，将图形进行保存。

11.10　本章小结

通过本章的学习，可以使读者迅速掌握保险公司室内的设计方法及相关知识要点，掌握保险公司相关施工图纸的绘制，了解保险公司的空间布局以及划分、装修材料的应用等知识。

第12章　保险公司电气图设计

在绘制室内装修施工图的过程中，有时需要绘制一些与电气相关的图纸，用于解释插座的安装位置、灯具与开关的连接情况、配电箱的线路划分布置情况，本章就以前面的保险公司为例，讲解绘制保险公司电气插座布置图、电气弱电布置图、电气照明布置图以及配电箱系统图等内容。

■ 学习内容

✧ 绘制保险公司电气插座布置图
✧ 绘制保险公司电气照明布置图
✧ 绘制保险公司电气弱电布置图
✧ 绘制保险公司配电箱系统图

12.1　绘制保险公司电气插座布置图

视频\12\绘制保险公司电气插座布置图.avi
案例\12\保险公司电气插座布置图.dwg

本节主要讲解绘制保险公司电气插座布置图，首先打开相关平面图并在此基础上进行整理，接着绘制相关电气图例，并将绘制的电气图例布置到平面图相应位置，最后绘制电气连接线路。

12.1.1　打开平面图并整理图形

首先打开保险公司平面图，然后对打开的平面图进行整理，并修改下侧的图名。

（1）启动 Auto CAD 2016 软件，然后执行"文件|打开"菜单命令，将配套光盘中的"案例\11\保险公司平面布置图.dwg"文件打开。再按键盘上的"Ctrl+Shift+S"组合键，打开"图形另存为"对话框，将文件保存为"案例\12\保险公司电气插座布置图.dwg"文件。

（2）执行"删除"命令（E），将标注等图形删除掉，然后修改下方的图名为"保险公司电气插座布置图"，如图 12-1 所示。

12.1.2　绘制相关电气图例

绘制相关的电气图例，其中包括安全出口指示灯、照明配电箱以及五孔插座。

（1）在图层控制下拉列表中，将当前图层设置为"0"图层，如图 12-2 所示。

（2）接下来绘制"安全出口指示灯"，执行"矩形"命令（REC），绘制一个尺寸为 1128×520 的矩形，图形效果如图 12-3 所示。

（3）执行"单行文字"命令（DT），在矩形内输入如图 12-4 所示的一行文字。

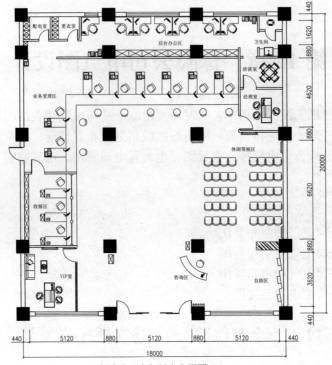

保险公司电气插座布置图 1:150

图 12-1　打开图形并进行整理

图 12-2　设置图层

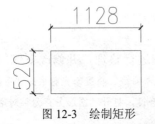

图 12-3　绘制矩形

图 12-4　输入单行文字

（4）执行"写块"命令（W），弹出"写块"对话框，将矩形和单行文字进行写块操作，相关的"写块"对话框如图 12-5 所示。

（5）接下来绘制"照明配电箱"，执行"矩形"命令（REC），绘制一个尺寸为 780×420 的矩形，图形效果如图 12-6 所示。

（6）执行"图案填充"命令（H），设置填充图案为"SOLID"，对矩形内部进行填充，填充后的效果如图 12-7 所示。

（7）执行"写块"命令（W），弹出"写块"对话框，将矩形和填充图形进行写块操作，块名称为"照明配电箱"。

（8）接下来绘制"五孔插座"，执行"圆"命令（C），绘制一个半径为 100 的圆图形，图形效果如图 12-8 所示。

图 12-5　写块操作

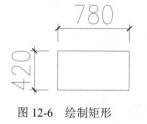

图 12-6　绘制矩形

图 12-7　填充操作图

图 12-8　绘制圆图形

（9）执行"直线"命令（L），捕捉圆图形的左右象限点，绘制一条水平的直线段，效果如图 12-9 所示。

（10）执行"修剪"命令（TR），将圆图形的下方进行修剪操作，图形效果如图 12-10 所示。

（11）执行"直线"命令（L），在图形的上方绘制两条直线段，效果如图 12-11 所示。

（12）然后再执行"图案填充"命令（H），设置填充图案为"SOLID"，对半圆内部进行填充，填充后的图形效果如图 12-12 所示。

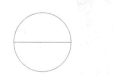

图 12-9　绘制直线段

图 12-10　修剪操作

图 12-11　绘制直线段

图 12-12　填充操作

（13）执行"写块"命令（W），弹出"写块"对话框，将前面所绘制的图形进行写块操作，块名称为"五孔插座"。

12.1.3　布置电气图例

前面已经绘制了相关的电气图例，接下来将绘制的这些电气图例布置到平面图相应的位置上。

（1）在图层控制下拉列表中，将当前图层设置为"DQ-电气"图层，如图12-13所示。

⌀ DQ-电气　♀ ☼ ⌀ ■152 Continuous —— 默认

图12-13　设置图层

（2）执行"插入块"命令（I），将配套光盘中的"图块\12"文件夹中的"安全出口指示灯"图块图形插入图中相应的位置，如图12-14所示。

（3）执行"插入块"命令（I），将配套光盘中的"图块\12"文件夹中的"照明配电箱"图块图形插入图中相应的位置，如图12-15所示。

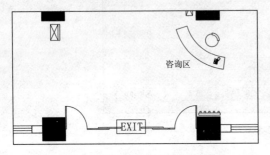

图12-14　插入安全出口指示灯图形

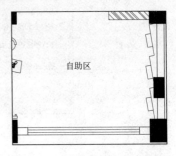

图12-15　插入照明配电箱图形

（4）执行"插入块"命令（I），将配套光盘中的"图块\12"文件夹中的"五孔插座"图块插入图中相应的位置；并结合"复制"命令（CO）及"旋转"命令（RO），将插入的五孔插座复制布置到图中相应的位置，如图12-16所示。

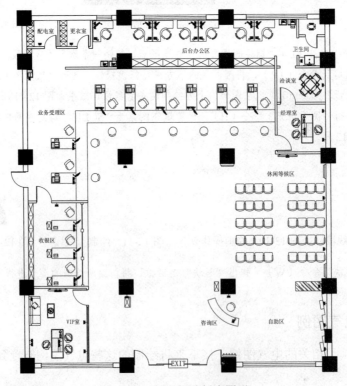

图12-16　插入五孔插座图形

12.1.4 绘制电气连接线路

在前一小节中已经在平面图的相应位置布置了相关的电气图例，接下来需要绘制电气连接线路，将布置的电气图例进行连接。

（1）在图层控制下拉列表中，将当前图层设置为"DL-电路"图层，如图 12-17 所示。

✔ DL-电路 　　🔆 ☼ 🔓 ■ 34 　Continuous 　── 默认

图 12-17 设置图层

（2）执行"多段线"命令（PL），绘制一条连接"安全出口指示灯"和"照明配电箱"的连接线路，如图 12-18 所示。

（3）接下来执行"单行文字"命令（DT），在上一步所绘制的多段线下侧输入单行文字，文字内容为"s1"，效果如图 12-19 所示。

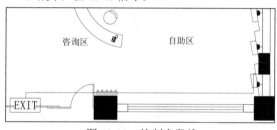

图 12-18 绘制多段线

图 12-19 输入单行文字

（4）参照前面的方法，执行"多段线"命令（PL），绘制其他位置的电气连接线路；再执行"单行文字"命令（DT），在多段线附近输入相应的单行文字，效果如图 12-20 所示。

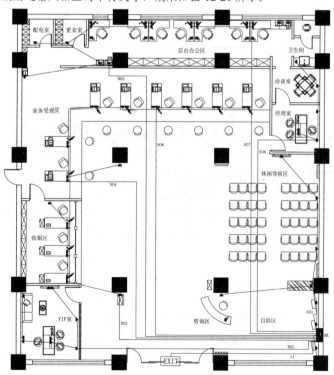

图 12-20 绘制其他连接线路及输入文字注释

（5）执行"矩形"命令（REC），在前面所绘制的连接线路相交的位置绘制矩形，效果如图 12-21 所示。

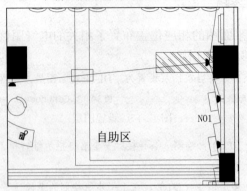

图 12-21　绘制矩形

（6）执行"修剪"命令（TR），以矩形为修剪边界，将矩形内的连接线路进行修剪操作；再执行"删除"命令（E），将辅助矩形删除掉，效果如图 12-22 所示。

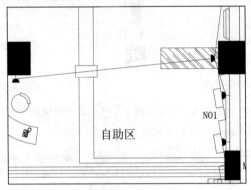

图 12-22　修剪操作

（7）最后按键盘上的"Ctrl+ S"组合键，将图形进行保存。

12.2　绘制保险公司电气照明布置图

视频\12\绘制保险公司电气照明布置图.avi
案例\12\保险公司电气照明布置图.dwg

本节讲解保险公司电气照明布置图的绘制，首先打开相关的顶面布置图，并对其进行整理，接下来绘制相关的照明电气图例，然后将绘制的电气图例布置到顶面图中相应的位置，最后绘制电气图例之间的连接线路。

12.2.1　打开顶面布置图并整理图形

打开相关的顶面布置图，并对图形进行整理，然后修改下方的图名。

（1）启动 Auto CAD 2016 软件，然后执行"文件|打开"菜单命令，将配套光盘中的"案例\11\保险公司顶面布置图.dwg"文件打开。再按键盘上的"Ctrl+Shift+S"组合键，打开"图形另存为"对话框，将文件保存为"案例\12\保险公司电气照明布置图.dwg"文件。

（2）执行"删除"命令（E），将标注等图形删除掉，并修改下方的图名为"保险公司电气照明布置图 1：150"，如图12-23所示。

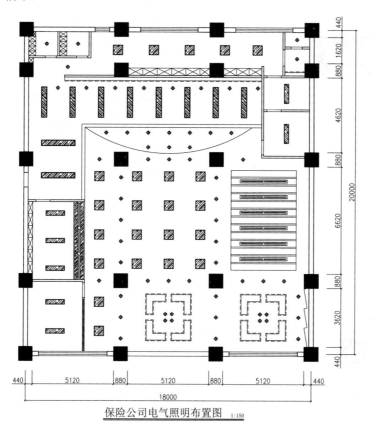

保险公司电气照明布置图 1:150

图12-23 打开并整理图形

12.2.2 绘制相关电气图例

绘制相关的电气图例，其中包括配电箱、应急灯、单联开关、双联开关、三联开关、四联开关。

（1）在图层控制下拉列表中，将当前图层设置为"0"图层，如图12-24所示。

0　　　　　♀ ☼ 🔓 ■白　Continuous　—— 默认

图12-24 设置图层

（2）接下来绘制"配电箱"，执行"矩形"命令（REC），绘制一个尺寸为780×420的矩形；再执行"图案填充"命令（H），设置填充图案为"SOLID"，对矩形内部进行填充，填充后的效果如图12-25所示。

（3）执行"写块"命令（W），弹出"写块"对话框，将矩形和填充图形进行写块操作，块名称为"配电箱"。

（4）接下来绘制"应急灯"，执行"直线"命令（L），绘制两条互相垂直的直线段，如图12-26所示。

（5）执行"圆"命令（C），以两直线段的交点为圆心，绘制两个同心圆，半径分别为155和230，如图12-27所示。

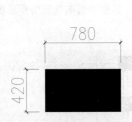

图 12-25 绘制矩形并填充

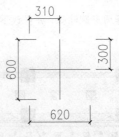

图 12-26 绘制直线段

图 12-27 绘制同心圆

（6）执行"图案填充"命令（H），设置填充图案为"SOLID"，对图中相应位置进行填充操作，填充后的效果如图 12-28 所示。

（7）执行"写块"命令（W），弹出"写块"对话框，将矩形和填充图形进行写块操作，块名称为"应急灯"。

（8）接下来绘制"单联开关"，执行"圆"命令（C），绘制一个半径为 50 的圆，图形效果如图 12-29 所示。

（9）执行"多段线"命令（PL），以上一步绘制圆的圆心为起点绘制一条多段线，图形效果如图 12-30 所示。

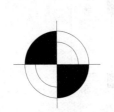

图 12-28 填充操作

图 12-29 绘制圆

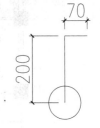

图 12-30 绘制多段线

（10）执行"旋转"命令（RO），以圆心为旋转点，将多段线旋转-45°，图形效果如图 12-31 所示。

（11）执行"修剪"命令（TR），对圆内的线段进行修剪，修剪后的效果如图 12-32 所示。

（12）执行"图案填充"命令（H），设置填充图案为"SOLID"，对圆图形区域进行填充操作，填充后的效果如图 12-33 所示。

图 12-31 旋转操作

图 12-32 修剪操作

图 12-33 填充操作

（13）执行"写块"命令（W），弹出"写块"对话框，将绘制的图形进行写块操作，块名称为"单联开关"。

（14）采用前面绘制单联开关的步骤，绘制一个双联开关，图形效果如图 12-34 所示。

（15）采用前面绘制单联开关的步骤，绘制一个三联开关，图形效果如图 12-35 所示。

（16）采用前面绘制单联开关的步骤，绘制一个四联开关，图形效果如图 12-36 所示。

（17）执行"写块"命令（W），弹出"写块"对话框，分别将"双联开关"、"三联开关"和"四联开关"进行写块操作。

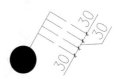

图 12-34　绘制双联开关　　　图 12-35　绘制三联开关　　　图 12-36　绘制四联开关

12.2.3　布置电气设备

在前一小节已经绘制了相关的电气图例，接下来将绘制的电气图例布置到顶面布置图中相应的位置。

（1）在图层控制下拉列表中，将当前图层设置为"DQ-电气"图层，如图 12-37 所示。

图 12-37　设置图层

（2）执行"插入块"命令（I），将配套光盘中的"图块\12"文件夹中的"配电箱"图块图形插入顶面图相应位置上，插入后的效果如图 12-38 所示。

（3）继续执行"插入块"命令（I），将配套光盘中的"图块\12"文件夹中的"应急灯"图块图形插入顶面图相应位置上，插入后的效果如图 12-39 所示。

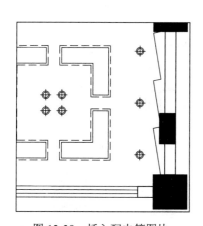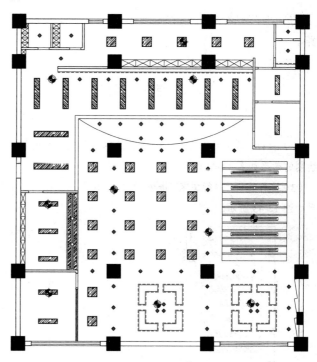

图 12-38　插入配电箱图块　　　　　图 12-39　插入应急灯图块

（4）继续执行"插入块"命令（I），将配套光盘中的"图块\12"文件夹中的"单联开关"、"双联开关"、"三联开关"和"四联开关"图块图形插入顶面图的相应位置上，插入的效果如图 12-40 所示。

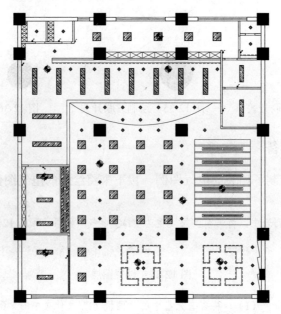

图 12-40　插入相关开关电气图例

12.2.4　绘制电气连接线路

前一小节已经将绘制的电气图例布置到了顶面图中相应的位置上，接下来绘制电气连接线路。

（1）在图层控制下拉列表中，将当前图层设置为"DL-电路"图层，如图 12-41 所示。

图 12-41　设置图层

（2）执行"多段线"命令（PL），绘制一条从"配电箱"引出连接上侧"单联开关"的电气连接线路，所绘制的效果如图 12-42 所示。

（3）接着执行"单行文字"命令（DT），在上一步绘制的多段线旁边输入单行文字，文字内容为"L01"，效果如图 12-43 所示。

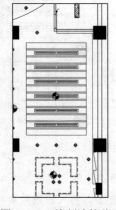

图 12-42　绘制连接线路

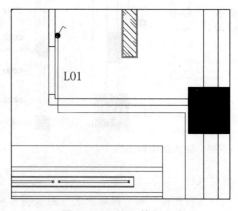

图 12-43　输入单行文字

（4）参照相同的方法，执行"多段线"命令（PL），绘制其他位置的电气连接线路；再执行"单行文字"命令（DT），在多段线附近输入单行文字，效果如图 12-44 所示。

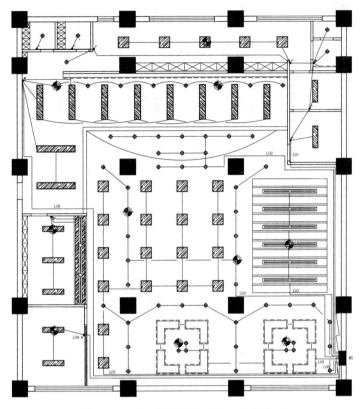

图 12-44　绘制其他线路并输入单行文字

（5）最后按键盘上的"Ctrl+ S"组合键，将图形进行保存。

12.3　绘制保险公司电气弱电布置图

素材

视频\12\绘制保险公司电气弱电布置图.avi
案例\12\保险公司电气弱电布置图.dwg

　　本节讲解绘制保险公司的电气弱电布置图，其中包括打开平面布置图并整理图形、绘制相关电气图例、布置电气图例、绘制电气连接线路等内容。

12.3.1　打开平面布置图并整理图形

　　打开相关的平面布置图，并对打开的图形进行整理，然后修改下方的图名。

（1）启动 Auto CAD 2016 软件，然后执行"文件|打开"菜单命令，将配套光盘中的"案例\11\保险公司平面布置图.dwg"文件打开。再按键盘上的"Ctrl+Shift+S"组合键，打开"图形另存为"对话框，将文件保存为"案例\12\保险公司电气弱电布置图.dwg"文件。

（2）执行"删除"命令（E），将标注等图形删除掉，并修改下方的图名为"保险公司电气弱电布置图 1:150"，效果如图 12-45 所示。

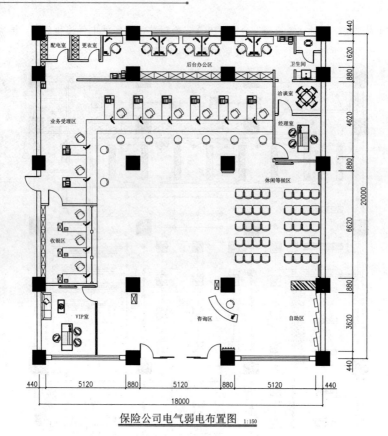

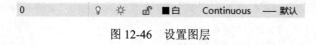
保险公司电气弱电布置图 1:150

图 12-45　打开图形并修改图名

12.3.2　绘制相关电气图例

本小节讲解绘制相关的电气图例，其中包括弱电配电箱、电视插座、网络插座。

（1）图层控制下拉列表中，将当前图层设置为"0"图层，如图 12-46 所示。

0	💡 ☀ 🔓 ■白　Continuous　── 默认

图 12-46　设置图层

（2）接下来绘制"弱电配电箱"，执行"矩形"命令（REC），绘制一个尺寸为 633×317 的矩形，如图 12-47 所示。

（3）执行"直线"命令（L），在矩形内部绘制两条斜线段，图形效果如图 12-48 所示。

（4）执行"图案填充"命令（H），设置填充图案为"SOLID"，对矩形内部相应位置进行填充，填充后的效果如图 12-49 所示。

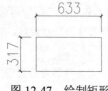

图 12-47　绘制矩形

图 12-48　绘制斜线段

图 12-49　填充操作

（5）执行"写块"命令（W），弹出"写块"对话框，将绘制完成的图形进行写块操作，块名称为"弱电配电箱"。

（6）接下来绘制"电视插座"，执行"矩形"命令（REC），绘制一个尺寸为380×160的矩形，如图12-50所示。

（7）执行"直线"命令（L），以上一步绘制矩形的下侧水平边中点为起点绘制一条竖直线段，如图12-51所示。

（8）执行"修剪"命令（TR），对图形进行修剪操作，修剪后的图形效果如图12-52所示。

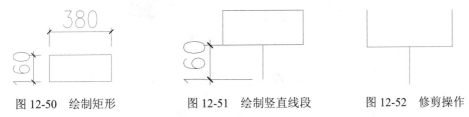

图 12-50　绘制矩形　　　　　图 12-51　绘制竖直线段　　　　　图 12-52　修剪操作

（9）执行"单行文字"命令（DT），在绘制的图形相应位置输入单行文字内容"TV"，效果如图12-53所示。

（10）执行"写块"命令（W），弹出"写块"对话框，将矩形和填充图形进行写块操作，块名称为"电视插座"。

（11）采用前面绘制电视插座的步骤，绘制一个电话插座，如图12-54所示。

（12）采用前面绘制电视插座的步骤，绘制一个网络插座，如图12-55所示。

图 12-53　输入单行文字　　　　　图 12-54　绘制电话插座　　　　　图 12-55　绘制网络插座

（13）执行"写块"命令（W），弹出"写块"对话框，分别将"电话插座"和"网络插座"进行写块操作。

12.3.3　布置电气图例

前一节已经绘制了相关的电气图例，接下来需要将绘制的电气图例布置到平面布置图中相应的位置处。

（1）在图层控制下拉列表中，将当前图层设置为"DQ-电气"图层，如图12-56所示。

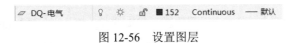

图 12-56　设置图层

（2）执行"插入块"命令（I），将配套光盘中的"图块\12"文件夹中的"弱电配电箱"图块插入平面图位置上，插入后的效果如图12-57所示。

（3）继续执行"插入块"命令（I），将配套光盘中的"图块\12"文件夹中的"电视插座"、"电话插座"和"网络插座"图块插入平面图的位置上，插入后的效果如图12-58所示。

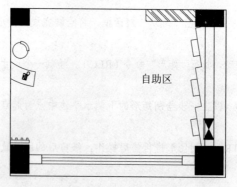

图 12-57　插入弱电配电箱图块

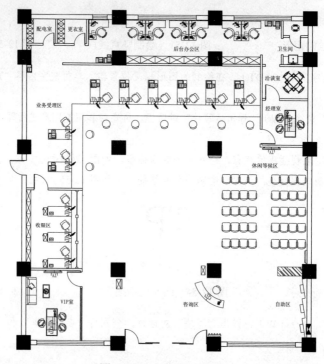

图 12-58　插入插座图块

12.3.4　绘制电气连接线路

前一节中已经将绘制的电气图例布置到平面图中相应位置处，接下来需要绘制相关的电气连接线路。

（1）在图层控制下拉列表中，将当前图层设置为"DL-电路"图层，如图 12-59 所示。

| ✓ | DL-电路 | 🔆 | ☼ | 🔓 | ■绿 | _DASH | —— 默认 |

图 12-59　设置图层

（2）执行"多段线"命令（PL），绘制一条从"弱电配电箱"引出的连接线路来表示弱电主要线路，绘制的效果如图 12-60 所示。

（3）继续执行"多段线"命令（PL），绘制多条与主要线路连接的次要线路，效果如图12-61所示。

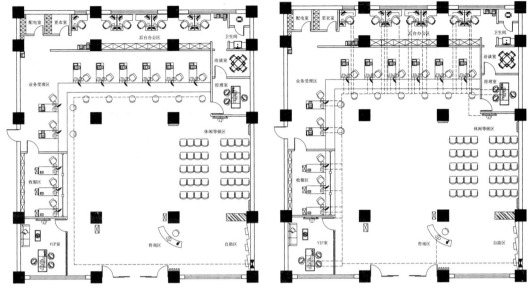

图12-60　绘制主要线路　　　　　　　　　　图12-61　绘制次要线路

（4）最后按键盘上的"Ctrl+S"组合键，将图形进行保存。

12.4　绘制保险公司配电箱系统图

视频\12\绘制保险公司配电箱系统图.avi
案例\12\保险公司配电箱系统图.dwg

本节讲解绘制保险公司的配电箱系统图，其中包括绘制主线路、绘制次线路、标注文字注释等内容。

12.4.1　绘制主线路图形

绘制配电箱系统图的主线路图形，其操作步骤如下。

（1）执行"文件|打开"命令，打开配套光盘"案例\12\室内设计模板.dwg"图形文件，按键盘上的"Ctrl+Shift+S"组合键，打开"图形另存为"对话框，将文件保存为"案例\12\保险公司配电箱系统图.dwg"文件。

（2）接着将当前图层设置为"DL-电路"图层，如图12-62所示。

图12-62　更改图层

（3）执行"多段线"命令（PL），绘制一条长11610，宽度为30的水平多段线，效果如图12-63所示。

（4）执行"直线"命令（L），在多段线的左端绘制一条竖直线段；再执行"偏移"命令（O），将刚才所绘制的直线段向右进行偏移操作，偏移尺寸如图12-64所示。

（5）执行"修剪"命令（TR），以刚才所偏移的直线段为修剪边，对前面的多段线进行修剪操作；再执行"直线"命令（L），在多段线的缺口处绘制一条水平直线段，效果如图12-65所示。

（6）执行“旋转”命令（RO），将刚才所绘制的直线段进行旋转，旋转角度为 25° ，效果如图 12-66 所示。

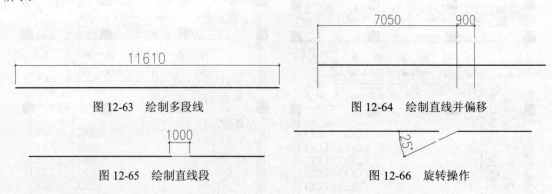

11610

图 12-63　绘制多段线

7050
900

图 12-64　绘制直线并偏移

1000

图 12-65　绘制直线段

25°

图 12-66　旋转操作

（7）执行“矩形”命令（REC），绘制一个尺寸为 300 × 300 的矩形；再执行“直线”命令（L），在矩形内部绘制两条斜线段，效果如图 12-67 所示。

（8）执行“删除”命令（E），将矩形删除掉；再执行“移动”命令（M），将这两条斜线段移动到主线路相应位置上，效果如图 12-68 所示。

300
300

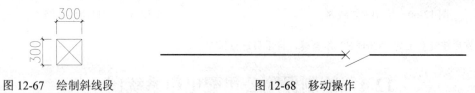

图 12-67　绘制斜线段

图 12-68　移动操作

（9）执行“单行文字”命令（DT），在绘制的主线路上的相应位置输入文字内容，效果如图 12-69 所示。

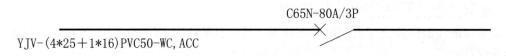

C65N-80A/3P
YJV-(4*25＋1*16)PVC50-WC,ACC

图 12-69　输入单行文字

12.4.2　绘制次线路图形

绘制配电箱系统图的次要线路图形，其操作步骤如下。

（1）执行“多段线”命令（PL），在主线路的右边绘制一条长 20328，宽度为 30 的多段线，效果如图 12-70 所示。

（2）继续执行“多段线”命令（PL），在图形的右上方绘制一条长 17000，宽度为 30 的多段线，效果如图 12-71 所示。

（3）结合执行“偏移”命令（O）及“修剪”命令（TR），在水平多段线的左端开启一段缺口，效果如图 12-72 所示。

（4）执行“复制”命令（CO），将主线路上的三条斜线段复制到刚才所开启的缺口上，效果如图 12-73 所示。

（5）执行“圆”命令（C），以图中相应斜线路的中点为圆心，绘制一个半径为 165 的圆，效果如图 12-74 所示。

（6）执行"复制"命令（CO），将次线路上的相关图形向下进行复制操作，复制间距为 968，复制 21 份，复制后的效果如图 12-75 所示。

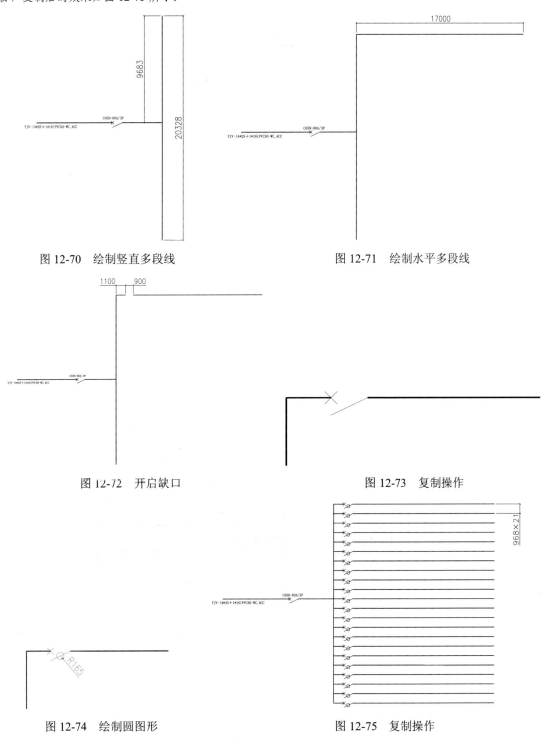

图 12-70　绘制竖直多段线

图 12-71　绘制水平多段线

图 12-72　开启缺口

图 12-73　复制操作

图 12-74　绘制圆图形

图 12-75　复制操作

（7）执行"删除"命令（E），将相关的圆删除掉，图形效果如图 12-76 所示。

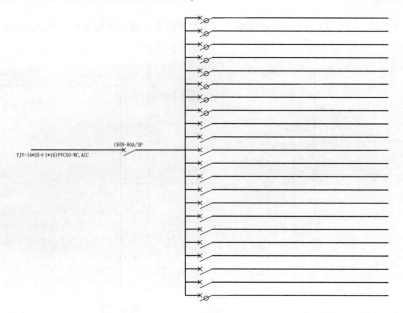

图 12-76　删除操作

（8）执行"矩形"命令（REC），在如图 12-77 所示的位置上绘制一个尺寸为 15190×22700 的矩形。

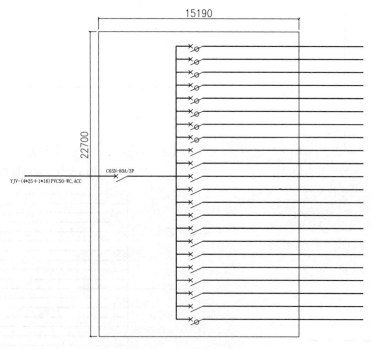

图 12-77　绘制矩形

12.4.3　标注文字注释

前面已经绘制完成了配电箱系统图的相关图形，最后需要在相应的线路上添加文字注释。

（1）执行"单行文字"命令（DT），在图中相应的位置上添加文字注释，如图 12-78 所示。

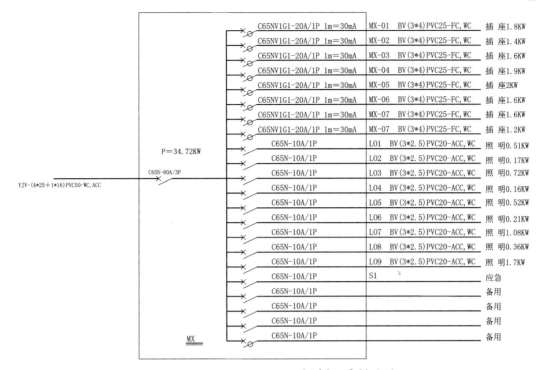

MX配电箱系统图

图 12-78   添加文字注释

（2）最后按键盘上的"Ctrl+S"组合键，将图形进行保存。

12.5   本 章 小 结

通过本章的学习，可以使读者迅速掌握室内装修图中相关电气图的绘制方法及相关技巧，了解线路的绘制、灯具的安装、插座的布置、线路的划分等。

第三部分 输出篇

第13章 施工图打印方法与技巧

对室内装修设计施工图而言，其输出对象主要为打印机，打印输出的图纸将成为施工人员施工的主要依据。

室内设计施工图一般采用 A3 纸进行打印，也可根据需要选用其他大小的纸张。在打印时，需要确定纸张大小、输出比例以及打印线宽、颜色等相关内容，本章主要讲解的就是关于室内施工图的打印方法及相关技巧。

■ 学习内容

✧ 模型空间打印

✧ 图纸空间打印

13.1 模型空间打印

打印有模型空间打印和图纸空间打印两种方式。模型空间打印指的是在模型窗口进行相关设置并进行打印；图纸空间打印是指在布局窗口中进行相关设置并进行打印。

当打开或新建 AutoCAD 文档时，系统默认显示的是模型窗口。如果当前工作区已经以布局窗口显示，可以单击状态栏左侧"模型"标签（"草图与注释"工作空间），从而将模型窗口快速切换到布局窗口。

13.1.1 调用图框

素材　视频\13\模型空间打印操作.avi
　　　案例\13\装饰公司办公室的模型空间打印.dwg

施工图在打印输出时，需要为其加上图签。图签在创建样板时就已经绘制好，并创建为图块，这里直接调用即可。

（1）启动 Auto CAD 2016 软件，然后执行"文件|打开"菜单命令，将配套光盘中的"案例\07\装饰公司办公室平面布置图.dwg"文件打开。再按键盘上的"Ctrl+Shift+S"组合键，打开"图形另存为"对话框，将文件保存为"案例\13\装饰公司办公室的模型空间打印.dwg"文件。

（2）在图层控制下拉列表中，将当前图层设置为"0"图层，如图 13-1 所示。

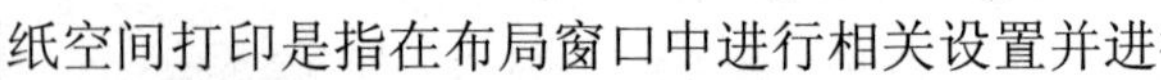

| 0 | ♀ | ☼ | 🔓 | ■白 | Continuous | —— 默认 |

图 13-1 设置图层

（3）执行"插入块"命令（I），将配套光盘中的"图块\13"文件夹中的"A3 图框"图块插入绘图区中，如图 13-2 所示。

（4）执行"比例缩放"命令（SC），将图框进行放大操作，放大比例因子为100。

（5）执行"移动"命令（M），将放大后的图块移动到图形中，使其能完全框住平面图图形，如图13-3所示。

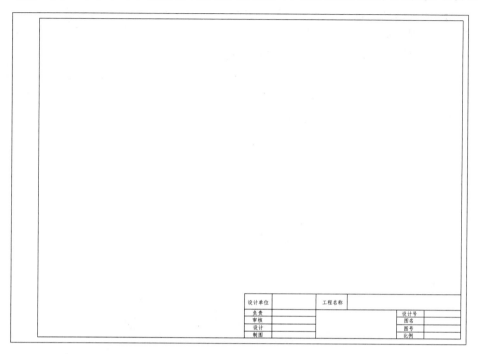

图 13-2 插入 A3 图框图形

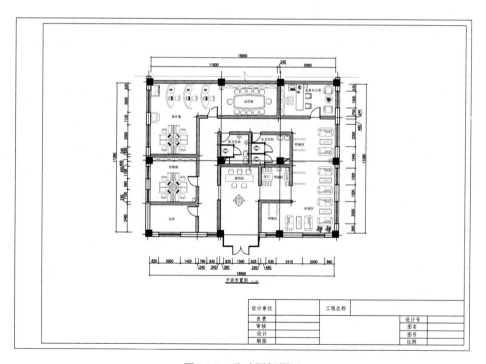

图 13-3 移动图框图形

13.1.2 页面设置

页面设置是包括打印设备、纸张、打印区域、打印样式、打印方向等影响最终打印外观和格式的所有设置的集合。页面设置可以命名保存，可以将同一个命名页面设置应用到多个布局图中，下面介绍页面设置的创建和设置方法。

（1）执行"文件|页面设置管理器"菜单命令，弹出"页面设置管理器"对话框，如图13-4所示。

（2）在"页面设置管理器"对话框中单击"新建"按钮，弹出"新建页面设置"对话框，在"新页面设置名"栏中输入"A3图纸"内容，如图13-5所示。

图13-4 页面设置管理器对话框

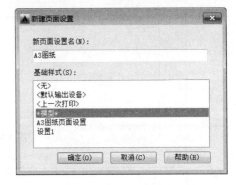

图13-5 新建页面设置对话框

（3）单击"确定"按钮，弹出"页面设置-模型"对话框，在"页面设置"对话框"打印机/绘图仪"选项组中选择用于打印当前图纸的打印机。在"图纸尺寸"选项组中选择 A3 类图纸，如图13-6所示。

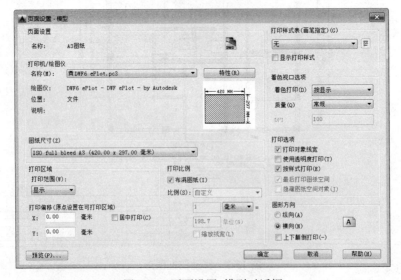

图13-6 页面设置-模型对话框

（4）在"打印样式表"列表中选择样板中已设置好的打印样式"A3"，如图 13-7 所示。

（5）勾选"打印选项"选项组"按样式打印"复选框，如图 13-8 所示。使打印样式生效，否则图形将按其自身的特性进行打印。

（6）勾选"打印比例"选项组"布满图纸"复选框，图形将根据图纸尺寸缩放打印图形，使打印图形布满图纸。在"图形方向"栏设置图形打印方向为横向。设置完成后单击【预览】按钮，检查打印效果。设置完成后的"页面设置-模型"对话框效果如图 13-8 所示。

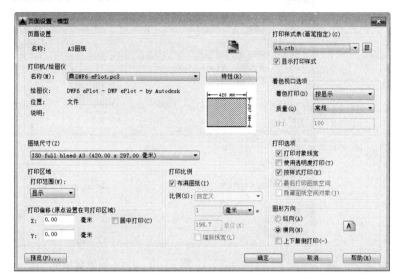

图 13-7 选择 A3 纸打印样式　　　　　图 13-8 设置完成效果

（7）单击"确定"按钮返回"页面设置管理器"对话框，在页面设置列表中可以看到刚才新建的页面设置"A3 图纸"，选择该页面设置，单击"置为当前"按钮，如图 13-9 所示。

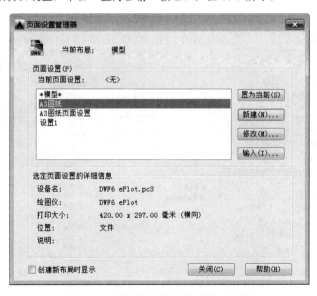

图 13-9 返回页面设置管理器对话框

（8）单击"关闭"按钮关闭对话框。

13.1.3 打印设置

前面已经完成了图框的调用和打印页面的设置，现在可以进行打印设置了，打印设置一般设置需要的打印样式、打印范围、选择打印机以及图形方向等。

（1）执行"文件|打印"菜单命令，弹出"打印-模型"对话框，如图13-10所示。

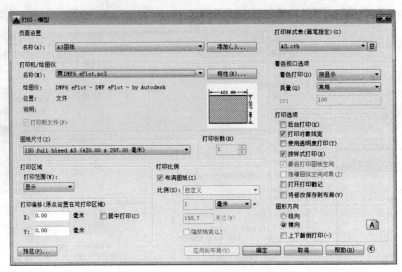

图 13-10　打印-模型对话框

（2）在"页面设置"选项组"名称"列表中选择前面创建的"A3图纸页面设置"。

（3）在"打印区域"选项组"打印范围"列表中选择"窗口"选项，单击"窗口"按钮，"页面设置"对话框暂时隐藏，在绘图窗口分别拾取图签图幅的两个对角点确定一个矩形范围，该范围即为打印范围，如图13-11所示。

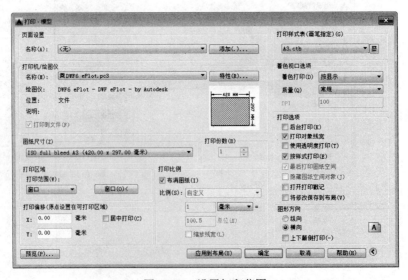

图 13-11　设置打印范围

（4）完成设置后，确认打印机与计算机已正确连接，单击"确定"按钮开始打印。

13.2　图纸空间打印

模型空间打印方式只适用于单比例图形打印，当需要在一张图纸中打印输出不同比例的图形时，可使用图纸空间打印方式。

13.2.1　进入布局空间

视频\13\图纸空间打印操作.avi
案例\13\公司接待室平面布置图的图纸空间打印.dwg

以打印第 5 章的公司接待室平面布置图来讲解空间打印，首先需要进入布局空间；布局空间就是布局简单的许许多多的窗口，通过显示不同的图层来达到一张图纸的效果，可以减少一些图元的复制，而且改动图元也改动了模型，布局也随之改变。

（1）启动 Auto CAD 2016 软件，然后执行"文件|打开"菜单命令，将配套光盘中的"案例\05\公司接待室平面布置图.dwg"文件打开。再按键盘上的"Ctrl+Shift+S"组合键，打开"图形另存为"对话框，将文件保存为"案例\13\公司接待室平面布置图的图纸空间打印.dwg"文件。

（2）要在图纸空间打印图形，必须在布局中对图形进行设置。在"草图与注释"工作空间下，单击绘图窗口左下角的"布局 1"或"布局 2"选项卡即可进入图纸空间。在任意"布局"选项卡上单击鼠标右键，从弹出的快捷菜单中选择"新建布局"命令，可以创建新的布局。

（3）单击图形窗口左下角的"布局 1"选项卡进入图纸空间。当第一次进入布局时，系统会自动创建一个视口，该视口一般不符合用户的要求，可以将其删除，删除后的效果如图 13-12 所示。

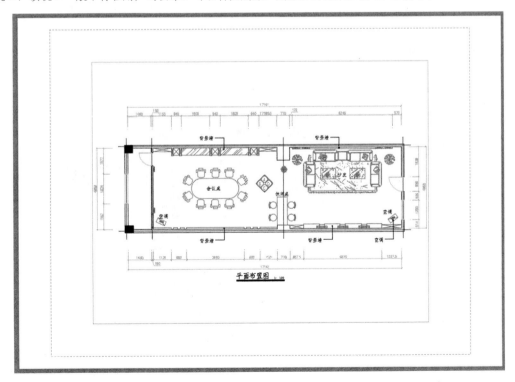

图 13-12　进入布局空间

13.2.2 页面设置

与模型空间打印一样，在图纸空间打印时，也需要重新进行页面设置。

（1）执行"文件|页面设置管理器"菜单命令，弹出"页面设置管理器"对话框，如图13-13所示。

（2）在"页面设置管理器"对话框中单击"新建"按钮，弹出"新建页面设置"对话框，在"新页面设置名"栏中输入"A3图纸页面设置"内容，如图13-14所示。

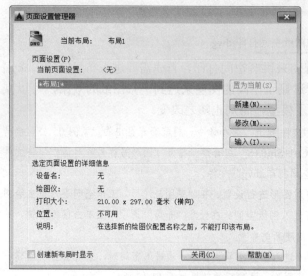

图 13-13　页面设置管理器对话框

图 13-14　新建页面设置对话框

（3）进入"页面设置"对话框后，在"打印范围"列表中选择"布局"，在"比例"列表中选择"1：1"，其他参数设置如图13-15所示。

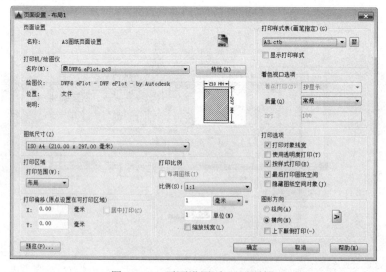

图 13-15　页面设置-布局对话框

（4）设置完成后单击"确定"按钮，关闭"页面设置"对话框，在"页面设置管理器"对话框中选择新建的"A3图纸页面设置"页面设置，单击"置为当前"按钮，将该页面设置应用到当前布局，如图13-16所示。

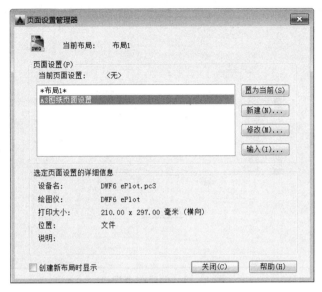

图 13-16　返回新建页面设置对话框

13.2.3　创建视口

通过创建视口，可将多个图形以不同的打印比例布置在同一张图纸空间中。创建视口的命令有 VPORTS 和 SOLVIEW，下面介绍使用 VPORTS 命令创建视口的方法。

（1）执行"删除"命令（E），将布局里的图形删除掉。

（2）创建第一个视口。调用 VPORTS 命令打开"视口"对话框，如图 13-17 所示。

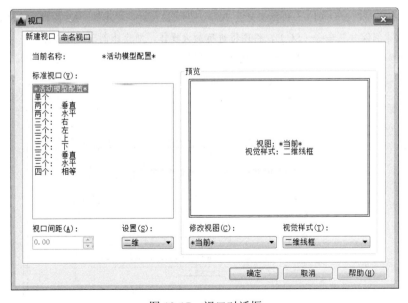

图 13-17　视口对话框

（3）在"标准视口"框中选择"单个"，单击"确定"按钮，在布局内拖动鼠标创建一个视口，如图 13-18 所示。

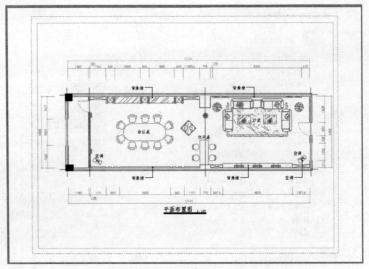

图 13-18 创建单个视口

13.2.4 加入图框

在图纸空间打印时，如果有需要，也可以加入相关的图框图形。

（1）调用 PSPACE/PS 命令进入图纸空间。

（2）在图层控制下拉列表中，将当前图层设置为"0"图层，如图 13-19 所示。

| 0 | 💡 | ☀ | 🔓 | ■白 | Continuous | —— 默认 |

图 13-19 设置图层

（3）执行"插入块"命令（I），将配套光盘中的"图块\13"文件夹中的"A3 图框"图块插入绘图区中。

（4）执行"比例缩放"命令（SC），将图框进行放大操作，放大比例因子为 70。

（5）执行"移动"命令（M），将放大后的图块移动到图形中，使其能完全框住平面图图形，如图 13-20 所示。

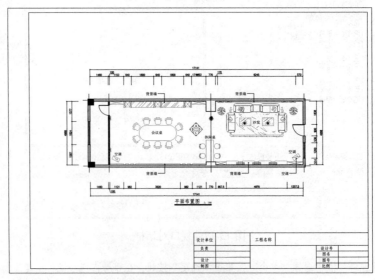

图 13-20 加入 A3 图框

（4）在视口外双击鼠标，或在命令窗口中输入 "PSPACE" 并按回车键，返回到图纸空间。就会发现，加入的图框已经超出了布局界限，如图 13-21 所示。

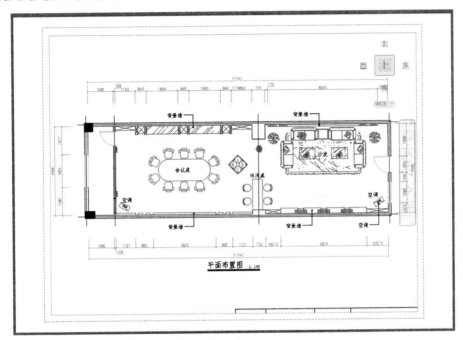

图 13-21 返回布局空间

（5）在创建的视口中双击鼠标，进入模型空间，或在命令窗口中输入 MSPACE/MS 并按回车键，如图 13-22 所示。

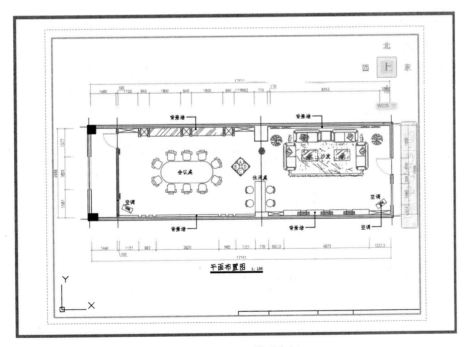

图 13-22 进入模型空间

（6）处于模型空间的视口边框以粗线显示。移动视图，或者调用"PAN"命令平移视图，使图形在视口中显示出来。注意，视口的比例应根据图纸的尺寸适当设置，在这里设置为1：30以适合A3图纸，如果是其他尺寸图纸，则应做相应调整，如图13-23所示。

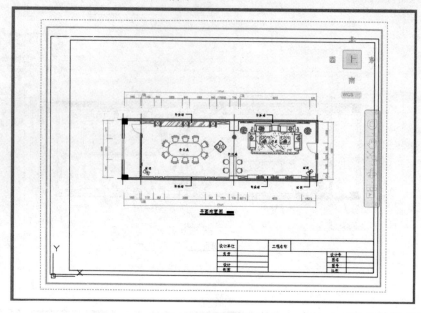

图 13-23　调整空间布局

（7）在视口外双击鼠标，或在命令窗口中输入"PSPACE"并按回车键，返回到图纸空间。

13.2.5　配置绘图仪管理器

通过"绘图仪配置编辑器"对话框中的"修改标准图纸尺寸（可打印区域）"选项重新设置图纸的可打印区域。

（1）单击"文件|绘图仪管理器"菜单命令，打开"Plotters"文件夹，如图13-24所示。

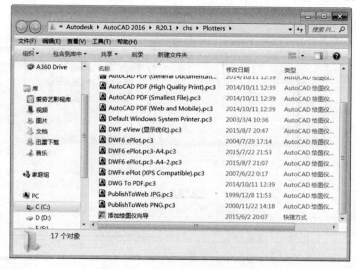

图 13-24　打开 Plotters 文件夹

（2）在对话框中双击当前使用的打印机名称（即在"页面设置"对话框"打印选项"选项卡中选择的打印机），打开"绘图仪配置编辑器"对话框。选择"设备和文档设置"选项卡，在上方的树型结构目录中选择"修改标准图纸尺寸（可打印区域）"选项，如图13-25所示。

（3）在"修改标准图纸尺寸"栏中选择当前使用的图纸类型（即在"页面设置"对话框中的"图纸尺寸"列表中选择的图纸类型），如图13-26所示。

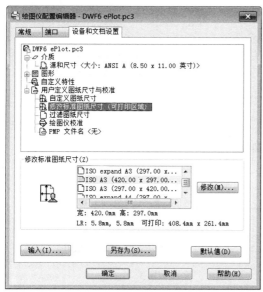

图13-25　绘图仪配置编辑器对话框

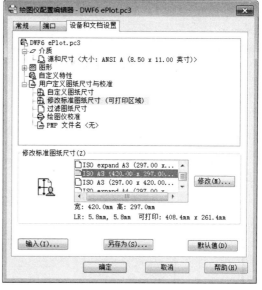

图13-26　选择图纸类型

（4）单击"修改"按钮弹出"自定义图纸尺寸"对话框，将上、下、左、右页边距分别设置为 2、2、10、2，如图13-27所示。

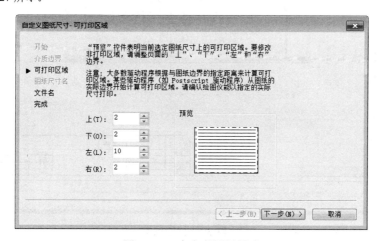

图13-27　自定义图纸尺寸

（5）单击"下一步"按钮，输入 PMF 文件名，如图13-28所示。

（6）单击"下一步"按钮，再单击"完成"按钮，如图13-29所示。返回"绘图仪配置编辑器"对话框，单击"确定"按钮关闭对话框。

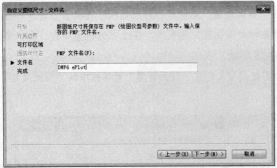

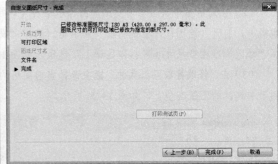

图 13-28　输入文件名　　　　　　　　　图 13-29　完成自定义图纸尺寸

13.2.6　打印预览

创建好视口并加入图签后，接下来就可以开始打印了。

（1）在打印之前，执行"文件|打印预览"菜单命令，或者单击 🔍，预览当前的打印效果，如图 13-30 所示。

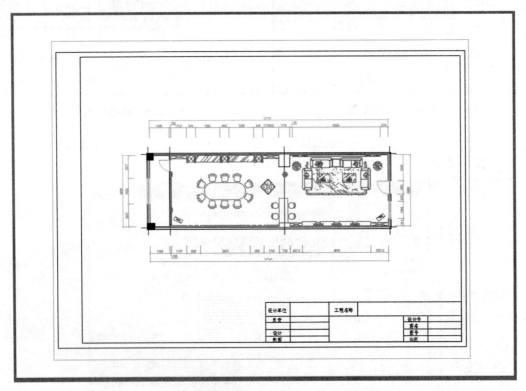

图 13-30　打印预览

（2）执行"文件|打印"菜单命令，弹出"打印-模型"对话框。

（3）在"页面设置"选项组"名称"列表中选择前面创建的"A3 图纸页面设置"。在"打印范围"列表中选择"布局"，在"比例"列表中选择"1：1"，其他参数设置，如图 13-31 所示。

（4）完成设置后，确认打印机与计算机已正确连接，单击"确定"按钮开始打印。

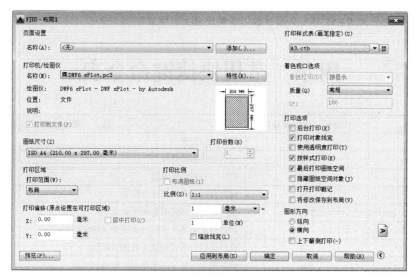

图 13-31　设置打印范围

13.3　本 章 小 结

通过本章的学习，可以使读者迅速掌握分别在模型空间与图纸空间中对图纸进行打印的方法以及相关的软件设置技巧。

附录　常用快捷键命令表

命　　令	快捷键（命令简写）	功　　能
圆弧	A	用于绘制圆弧
对齐	AL	用于对齐图形对象
设计中心	ADC	设计中心资源管理器
阵列	AR	将对象矩形阵列或环形阵列
定义属性	ATT	以对话框的形式创建属性定义
创建块	B	创建内部图块，以供当前图形文件使用
边界	BO	以对话框的形式创建面域或多段线
打断	BR	删除图形一部分或把图形打断为两部分
倒角	CHA	给图形对象的边进行倒角
特性	CH	特性管理窗口
圆	C	用于绘制圆
颜色	COL	定义图形对象的颜色
复制	CO、CP	用于复制图形对象
编辑文字	ED	用于编辑文本对象和属性定义
对齐标注	DAL	用于创建对齐标注
角度标注	DAN	用于创建角度标注
基线标注	DBA	从上一或选定标注基线处创建基线标注
圆心标注	DCE	创建圆和圆弧的圆心标记或中心线
连续标注	DCO	从基准标注的第二尺寸界线处创建标注
直径标注	DDI	用于创建圆或圆弧的直径标注
编辑标注	DED	用于编辑尺寸标注
线性标注	Dli	用于创建线性尺寸标注
坐标标注	DOR	创建坐标点标注
半径标注	Dra	创建圆和圆弧的半径标注
标注样式	D	创建或修改标注样式
单行文字	DT	创建单行文字
距离	DI	用于测量两点之间的距离和角度
定数等分	DIV	按照指定的等分数目等分对象
圆环	DO	绘制填充圆或圆环
绘图顺序	DR	修改图像和其他对象的显示顺序
草图设置	DS	用于设置或修改状态栏上的辅助绘图功能
鸟瞰视图	AV	打开"鸟瞰视图"窗口
椭圆	EL	创建椭圆或椭圆弧
删除	E	用于删除图形对象
分解	X	将组合对象分解为独立对象
输出	EXP	以其他文件格式保存对象
延伸	EX	用于根据指定的边界延伸或修剪对象
拉伸	EXT	用于拉伸或放样二维对象以创建三维模型
圆角	F	用于为两对象进行圆角

续表

命　令	快捷键（命令简写）	功　能
编组	G	用于为对象进行编组，以创建选择集
图案填充	H、BH	以对话框的形式为封闭区域填充图案
编辑图案填充	HE	修改现有的图案填充对象
消隐	HI	用于对三维模型进行消隐显示
导入	IMP	向 AutoCAD 输入多种文件格式
插入	I	用于插入已定义的图块或外部文件
交集	IN	用于创建交两对象的公共部分
图层	LA	用于设置或管理图层及图层特性
拉长	LEN	用于拉长或缩短图形对象
直线	L	创建直线
线型	LT	用于创建、加载或设置线型
列表	LI、LS	显示选定对象的数据库信息
线型比例	LTS	用于设置或修改线型的比例
线宽	LW	用于设置线宽的类型、显示及单位
特性匹配	MA	把某一对象的特性复制给其他对象
定距等分	ME	按照指定的间距等分对象
镜像	MI	根据指定的镜像轴对图形进行对称复制
多线	ML	用于绘制多线
移动	M	将图形对象从原位置移动到所指定的位置
多行文字	T、MT	创建多行文字
表格	TB	创建表格
表格样式	TS	设置和修改表格样式
偏移	O	按照指定的偏移间距对图形进行偏移复制
选项	OP	自定义 AutoCAD 设置
对象捕捉	OS	设置对象捕捉模式
实时平移	P	用于调整图形在当前视口内的显示位置
编辑多段线	PE	编辑多段线和三维多边形网格
多段线	PL	创建二维多段线
点	PO	创建点对象
正多边形	POL	用于绘制正多边形
特性	CH、PR	控制现有对象的特性
快速引线	LE	快速创建引线及引线注释
矩形	REC	绘制矩形
重画	R	刷新显示当前视口
全部重画	RA	刷新显示所有视口
重生成	RE	重生成图形并刷新显示当前视口
全部重生成	REA	重新生成图形并刷新所有视口
面域	REG	创建面域
重命名	REN	对象重新命名
渲染	RR	创建具有真实感的着色渲染
旋转实体	REV	绕轴旋转二维对象以创建对象
旋转	RO	绕基点移动对象
比例	SC	在 X、Y 和 Z 方向等比例放大或缩小对象

续表

命　令	快捷键（命令简写）	功　　能
切割	SEC	用剖切平面和对象的交集创建面域
剖切	SL	用平面剖切一组实体对象
捕捉	SN	用于设置捕捉模式
二维填充	SO	用于创建二维填充多边形
样条曲线	SPL	创建二次或三次（NURBS）样条曲线
编辑样条曲线	SPE	用于对样条曲线进行编辑
拉伸	S	用于移动或拉伸图形对象
样式	ST	用于设置或修改文字样式
差集	SU	用差集创建组合面域或实体对象
公差	TOL	创建形位公差标注
圆环	TOR	创建圆环形对象
修剪	TR	用其他对象定义的剪切边修剪对象
并集	UNI	用于创建并集对象
单位	UN	用于设置图形的单位及精度
视图	V	保存和恢复或修改视图
写块	W	创建外部块或将内部块转变为外部块
楔体	WE	用于创建三维楔体模型
分解	X	将组合对象分解为组建对象
外部参照管理	XR	控制图形中的外部参照
外部参照	XA	用于向当前图形中附着外部参照
外部参照绑定	XB	将外部参照依赖符号绑定到图形中
构造线	XL	创建无限长的直线（即参照线）
缩放	Z	放大或缩小当前视口对象的显示